Dive Into Distributed Cache System

principles, frameworks and best practices

深入分布式缓存
从原理到实践

于君泽　程　超　邱　硕　曹洪伟　刘璟宇
张开涛　何　涛　宋慧庆　陈　波　王晓波　　著

机械工业出版社
China Machine Press

图书在版编目（CIP）数据

深入分布式缓存：从原理到实践 / 于君泽等著 . —北京：机械工业出版社，2017.11（2022.8重印）

ISBN 978-7-111-58519-0

I. 深… II. 于… III. 互联网络－网络服务器 IV. TP368.5

中国版本图书馆 CIP 数据核字（2017）第 282885 号

深入分布式缓存：从原理到实践

出版发行：机械工业出版社（北京市西城区百万庄大街 22 号　邮政编码：100037）
责任编辑：孙海亮　　　　　　　　　　　　　　责任校对：殷　虹
印　　刷：北京建宏印刷有限公司　　　　　　　版　　次：2022 年 8 月第 1 版第 9 次印刷
开　　本：186mm×240mm　1/16　　　　　　　印　　张：26.25
书　　号：ISBN 978-7-111-58519-0　　　　　　定　　价：99.00 元

凡购本书，如有缺页、倒页、脱页，由本社发行部调换
客服热线：（010）88379426　88361066　　　　投稿热线：（010）88379604
购书热线：（010）68326294　88379649　68995259　　读者信箱：hzjsj@hzbook.com

本书围绕分布式缓存的基础概念、开源框架、应用案例三方面进行讲解，从理论到实战，循序渐进，深入浅出。看完部分章节后，意犹未尽，欲罢不能。国内基于真实应用案例的好书太少了，君泽以及他的朋友们做到了这一点，十分期待这本书能早日上市。

——黄勇　特赞科技 CTO、《架构探险》作者

分布式缓存，是任何一个互联网公司在成长过程中都会面临的技术难题。本书作者结合理论研究和长期的互联网行业从业经验，深入浅出地介绍了分布式系统理论和分布式缓存实战，给业界以借鉴和启发。本书是作者们的用心之作。

——朱攀　德比软件架构师

缓存是软件性能优化的大杀器，分布式缓存是网站架构的必杀技，玩转缓存就玩转了网站架构的半边天。遗憾的是，目前市面上专门讲述分布式缓存的书籍不多，幸运的是本书就是一本这方面的专著。本书所有作者都是多年工作在网站架构一线的老司机，值得信赖，故将本书推荐给大家。

——李智慧　《大型网站技术架构：核心原理与案例分析》作者

从十几年前的 Ehcache 到最近几年流行的 Redis，从 CDN、浏览器、API Gateway 到后端微服务，以及数据访问层的二级缓存，缓存无处不在。在体验为王、唯快不破的时代，分布式缓存是关键。本书从理论到实践，详细剖析了分布式缓存的实现原理以及应用案例，是一本接地气的好书。

——李林锋　华为 PaaS 平台架构师、公司总裁技术创新奖获得者

随着现代应用对速度的要求越来越高，对缓存机制的使用也越来越常见、越来越频繁。本书以缓存机制的基本原理为开始，逐渐过渡至缓存系统的组建以及使用上面，全书分析和讲解了多个缓存系统，并列举了缓存的各种使用场景。如果你正准备构建自己的缓

存系统，又或者你想进一步学习更多与缓存有关的知识，那么这本书将是你不容错过的一本书。

——黄健宏 《Redis 设计与实现》作者

在计算机的世界里，不论硬件层面还是软件层面，缓存都被广泛应用于解决处理响应慢的瓶颈。我们在构建微服务架构系统的时候也一样，缓存是提升性能的关键技术手段。然而，缓存在不同场景下的应用各有不同，要想用对缓存、用好缓存并不容易。本书针对不同的缓存类型、实现手段、算法策略做了非常细致的讲解，所以我推荐开发者和架构师们通过本书来对缓存做一次全面的学习，这有助于更好地使用缓存来优化我们的系统性能。

——翟永超 《Spring Cloud 微服务实战》作者

不同的存储介质，读写性能有很大的差异，价格亦是如此，性能越好的介质，价格就越高。把最常访问的数据放在读写性能最好的设备上，达到成本和性能的均衡，这便诞生了缓存。本书的几位作者都是大型分布式环境下历练出来的沙场老将，丰富的经验和翔实的案例，对于互联网行业的技术人员来说，颇有裨益。

——陈康贤 《大型分布式网站架构设计与实践》作者、阿里巴巴技术专家

如今的软件系统，已经成为分布式系统的天下。分布式的语境对系统的设计与开发提出了完全不一样的挑战，作为提升性能的关键要素——缓存，自然也不例外。在缓存的命中、更新与失效，以及数据一致性保障等诸多方面，分布式缓存应用的复杂度可能是按指数级增加的，许多问题都是我们在单机应用上无法涉猎的。倘若没有分布式系统设计的实战经验，面对分布式缓存的诸多问题，我们将束手无策。求助于网络？讲解缓存知识的文章是片鳞半爪，未成体系，故而无法窥其全部。本书的几位作者都经历过大型软件系统的深度洗礼，书中内容都来自他们的一线实战。阅读本书，读者就能站在他们的肩膀上看得更远，实在是幸运！

——张逸 民航信息技术架构师、《恰如其分的软件架构》译者

缓存是当前互联网的基石，极大弥补了关系型数据库的天然缺陷。缓存技术也是每一个架构师的必修课，从最初的 Memcached，到 Redis 及各种扩展架构，发展至今已经有些百花齐放的感觉。本书难得地进行了全面梳理，并附以在电商、社交、广告等典型场景下的大型应用。你值得拥有。

——萧田国 高效运维社区发起人、DevOpsDays 中国联合发起人

缓存是互联网架构中最关键的环节，本书作者在缓存的性能及高可用方面有丰富的经验，很高兴看到他们通过本书分享了多年的实践精华。

——杨卫华 微博研发副总经理

互联网高性能系统设计的核心之一就是缓存系统的设计。本书集合了缓存理论、开源缓存系统、大规模业务中缓存的具体实践，全方位解读了分布式缓存设计，既能够帮助读者深入理解分布式缓存系统，又提供了很好的架构设计案例供参考，细细品读，受益良多！

——李运华　阿里游戏资深技术专家、《面向对象葵花宝典》作者

推荐序 1 *Foreword*

　　缓存技术的大规模使用是互联网架构区别于传统 IT 技术最大的地方，对缓存的理解和使用的深度决定了是否能架构出一个高性价比、高扩展性的系统。阿里巴巴的系统使用了大量缓存技术（内部缓存的产品名字叫 Tair）。从 2007 年开始，缓存服务器的增长速度远远超过了数据库服务器的增长速度，而因为对缓存的充分使用，系统具备的吞吐量能力的增速又远远高于缓存本身规模的增速。这是一件非常划算的事情，成本下降非常明显，大概使用 1 台缓存服务器就可以完成以前 4 台服务器的工作，从而为整体集群节省 3 台服务器。

　　缓存代表了高性能的一项技术，同时缓存也是系统架构里非常核心的部分，一个系统缓存承担着 90% 以上的热点流量，缓存出一点点问题，系统的可用性会马上受到影响。在阿里巴巴的系统架构讨论会上，一般都会把做缓存产品的同事叫上，要求其在了解系统架构规模的前提下给出流量规模、分区方案、热点节点等方面的建议。负责缓存产品的同事往往也需要对业务有所了解，否则就不能设计出更好的产品。缓存的使用也使得架构更加清晰、更容易理解，流量走向变得更简单，这使得系统持续可用性有了明显的提升。

　　本书比较系统地介绍了缓存在各个层面的工作原理、作用和价值。理解了缓存的相关知识，会对架构一个高性能分布式系统有很大的帮助。

——小邪（蒋江伟）阿里研究员

无处不在的缓存，空间换时间的艺术

Cache 这个词，据说来自于法语，本意是当 CPU 处理数据时，先到 Cache 中去寻找，如果数据在之前的操作已经读取而被暂存其中，就不需要从主内存（Main memory）中读取。后来 Cache 的范围有所扩大，凡是位于速度相差较大的两种硬件之间，用于协调两者数据传输速度差异的结构，都称为 Cache。

现在，我们谈的缓存，已经远远突破了原有的概念，在我看来，缓存是一种通用的设计模式：这种模式利用增加存储空间的方式，实现低速部件与高速部件之间的解耦。换而言之，只要实现了解耦的地方，就有存在缓存的可能，既然解耦是计算机系统架构设计中最常用的手段，那么缓存就必将在计算机系统中无处不在。缓存用空间换时间的方式解决问题，而空间不可能无限使用，使用缓存时我们通常会考虑如何选择存储方式、如何使用多级缓存节省空间、如何有效提高缓存的命中率、如何确定有效的更新策略等问题，这些思考会有相当普遍的适用性。

本书重点解读了分布式系统下如何使用缓存。分布式系统中大规模使用缓存是从早期互联网三大法宝（MemCache、反向代理、分库分表）开始的，利用这种集中式、大规模的缓存技术，我们解决了数据库低速 IO 与高速应用之间的矛盾。我们也发现，除了缓存的通用问题之外，分布式系统缓存还需要解决更多的问题，例如如何对多种类型数据选择不同的存储方式、如何保证数据一致性、如何提高缓存自身的可用性、如何增强系统的可维护性。为了系统性解决这些问题，分布式缓存逐渐变成了分布式架构系统中的一个基础设施。

缓存的使用虽然广泛，但把缓存作为一种基础设施的发展历史并不长，大多数的商业化软件比较复杂，主要以内存数据库为主，而轻量型分布式缓存在不同场景下有不同的关注点和使用方式。君泽集合了一批老司机，为大家展示了多种分布式系统中缓存的使用场景与方案，既有新浪微博这样重量级社交平台信息聚合、分发缓存的方法，也有海量广告业务信息撮合的缓存模式；既有电商系统冷热数据分离的缓存策略，也有对完整分布式系统缓存的技术选型和总结。

通过分布式、微服务架构，实现业务的云化 / 数字化，建立起的应用生态是一个复杂的体系，其中方方面面的著作很多，但专注在缓存方面的还没有，本书选择了这个方向，就是希望能帮助我们形成一个完整的技术视图，我相信这是作者们做这件事的初衷。

——焦烈焱　普元信息 CTO

缓存为王

君泽人很低调也很友善，第一次和他见面还是在 2016 年的年底。2017 年的春夏之交，当我正在机场为飞机晚点心烦不已的时候，收到了君泽的一条微信。内容是说他自己正在忙着准备一本书，而且把主要的章节内容发给了我。在百无聊赖之间我就读了起来。

这本书是君泽组织国内互联网技术领域具有实战经验的部分专家，分工合作联合撰写的技术专著。以最常用、最有效果也最容易出问题的缓存为主题。从基础概念、开源框架和应用案例三个层次进行了讨论。给我的感觉是既有理论也有实践，既有广度也有深度，既有国外的开源软件也有国内的具体实践案例，是非常值得深入阅读和细心揣摩的一本工具书。

给我印象比较深刻的是开篇的"缓存为王"，因为今年年初我也专门写过一篇同名的文章，论述了从网络靠近用户端的 CDN，到内部网络缓存，到应用缓存，再到数据库缓存的一系列缓存手段、技术和方法。不敢说英雄所见略同，至少大家的关注点差不多。我还记得在当初的文章中用了一句耐人寻味的话，"解决雪崩问题的最好办法是不发生雪崩"。不论是在硅谷互联网公司里还是在国内的互联网平台上，曾多次遇到过海量规模的交易瞬间吞噬平台的悲惨故事。核心的解决方案大同小异，都是通过缓存，逐层减少流量的冲击，保护用户的体验和平台的服务可用。金融、财务行业有现金为王的说法，互联网技术行业用"缓存为王"清楚地概括了缓存的重要性。

这本书还深入浅出地讨论了 Ehcache、Memcached、Redis、Tair、EVCache 等各种常用缓存开源系统的方案及精粹。我读过不少国外有关缓存的技术专著，大多数偏原则和理论，具体实施方案和案例较少，特别是结合中国互联网技术实践的更少。所以君泽组织的这本书实际上填补了缓存技术文献在这方面的空白。尤其是结合微博、社交和电商平台的应用实践探讨，对想学习如何利用缓存技术解决实践中具体问题的读者大有裨益。

——陈斌　易宝支付 CTO

作者寄语 *Foreword*

　　我在这部书里，负责编写了 Tair 章节，合作编写了缓存周边、动手写缓存章节，期间阅读了大量的代码、整理了非常多的资料，希望能带给读者需要的知识。在一年多的时间里，工作之余的大部分时间，都投入到了书的编写中。在这个过程中，家人给了我极大的支持，这里特别感谢我的太太李春花。一年多的时间里，有因为大促工作量激增，有因为工作变动导致工余时间减少，感谢右军持续的鼓励，感谢一同编写本书的其他伙伴及时的帮助！

——刘璟宇　拍拍贷资深架构师

　　很幸运，从 2009 年新浪微博发展之初就参与微博平台系统的的研发及架构工作，经历了微博从起步到当前月活用户数亿的大型互联网系统的技术演进过程。系统演进中经历了很多曲折、困难、不眠之夜，多亏了 @TimYang、@zhulei、@liudaoru 等那么多良师益友，一路上大家志同道合披荆斩棘，回头看经历的种种困难却正好是不断进步的印记。最后感谢 @右军的邀请和大力组织，感谢 @Mis 晓晓 的包容和支持，正因为有了你们，我才得以完成相关内容的编写和完善。

——陈波　新浪微博平台架构技术专家

　　从事数据访问层工作期间，会收到很多缓存方面的技术支持，在支持的同时，对缓存也有了更深入的了解，也促使我思考如何将这些实践经验分享给更多的人。正好右军邀请参与本书的写作，便欣然同意。写作期间，阅读了大量的源码，并和联合作者相互交流缓存的原理及实践经验，力求能够呈现实用的技术。本书涉及的分布式缓存体系非常全面，从分布式、Redis、Memcached 等原理的剖析到大量的一线实践案例，并且对分布式缓存应用当中的一些痛点、难点进行了深入的阐述。希望本书能够为想了解缓存技术的读者带来快乐和收益。

——何涛　唯品会架构师

承右军兄邀请，有幸参与本书第 11 章"Aerospike 原理及广告业务应用"的编写。本人虽然在互联网广告行业摸爬打滚十余年，从广告网络到 SSP、DSP，再到苹果应用市场的推广（ASO, ASM），从 PC 广告到移动原生广告都有所涉及。对于广告系统架构搭建（存储，计算，缓存）以及系统的高可用较熟悉之外，对于写书确实是赶鸭子上架头一回。又由于平时工作繁忙，家里琐碎事情亦多，几有放弃之念想，但此事绝非君子所为。若如此辜负右军兄及其他几位一同写书的弟兄，于心不忍，日后亦无颜面对他们。故硬着头皮，把此章写完并交付出版社。听闻此章定稿之后，感觉如释重负，精神亦有所高涨。当然，能够坚持下去的另一个重要原因是，其他各位参与编写本书的弟兄的鞭策和鼓励。在这里要特别感谢右军和老曹。由于本人水平有限，还望各位亲爱的读者海涵。

——宋慧庆　勤诚互动高级架构师

首先非常感谢右军兄邀请我加入写作团队，我主要负责第 3 章、第 4 章，同时参与合作编写了第 6 章。虽然我自己经常写一些博客文章，但是写书和写博客是完全不一样的过程，写书是要能够带领读者逐步深入学习，而不是简单地将知识点罗列出来。在这个过程中非常感谢右军和孙海亮对我进行认真的指导，让我的写作水平有了非常大的提高。当我第一篇稿子定稿的时候，我内心的成就感是很难用言语来表达的。由于本书的写作时间周期比较长，在中途的过程中由于工作繁忙，我也曾经有退出的想法，右军和曹哥给了我巨大的鼓励，让我学会了坚持，同时我的妻子和我的父母也给了我巨大的支持，让我能够学会与团队协作。对于我来讲这本书对我的意义已经超过内容本身的范畴，我也希望通过这本书能够给我的孩子树立一个贵在坚持和勇于尝试的榜样。最后由于本人写作水平有限，还请各位读者朋友海涵和包容。

——程超　爱农驿站首席支付技术专家

Web 应用相对于传统的软件，在服务的吞吐量方面有更高的要求，也是其面临的主要难点之一。对于无状态的应用服务，日益增加的吞吐量最终转化成存储层的压力，使得后者既要解决数据一致性问题，又要考虑性能和吞吐量，成为 Web 应用性能的关键，因此已有的文档和书籍主要聚焦在它的优化上。

而缓存作为应用服务节点和持久化存储节点间的辅助层，分担着后者的吞吐量需求，好的缓存设计可以极大地降低存储层的容量风险。本书从缓存的原理、实现到缓存在不同场景的实施方案给出系统化的介绍，为"好的缓存设计"提供了指导。因此在受邀参与本书编写时，既感到荣幸，又感到意义重大。

好的写作依赖于热情和投入，而书籍的编写又需要长时间的毅力和坚持，这让本书的编写像是一段长跑里需要不断冲刺，也让这份"意义重大"既是之于内容本身，也是之于作者的自我提升。感谢本书主笔于君泽的坚持，也感谢其他每一位作者的投入，他们鞭策着我在此领域学习和思考。限于自己的水平，谨希望所编写的章节能为读者们带来一点帮助。内容有欠缺之处，也希望读者批评指教，以此驱动这个领域的应用和实践持续演进。

——邱硕　蚂蚁金服技术专家

作为一个 70 后的老码农，一个半吊子全栈工匠，在中生代技术（freshman Technology）社区有幸认识了很多志同道合的技术人。因为自己在公众号（wireless_com）上的一篇关于缓存基础的随笔而结识了 @右军，进而参与了本书的创作。在如今用户体验至上的时代，性能成为系统设计中的一种核心约束，在性能提升的各种技术手段中，缓存为王。随着技术的演进，缓存同样与时俱进。参与编写的过程是一个对经验梳理的过程，同时也是一个人提升的过程，尤其是和各位作者的切磋，获益匪浅。每一位作者都牺牲了大量的闲暇时间，为本书的出版付出了巨大的努力。我感谢自己的妻儿，感谢家人对自己的支持，希望这本书能够不负众望。

——曹洪伟　渡鸦科技 CTO

2014 年加入京东后，负责重新设计详情页架构，它是一个读服务，从前端浏览器到后端存储无处不用缓存，在实战中通过运用大量缓存技术提升性能、解决棘手问题，比如 618 期间有人来刷你的接口，简单上个缓存，会起到很大的保护作用，而且效果非常好。在运用缓存时有许多需要注意的地方，比如缓存一致性是否需要强一致；价格库存数据能否缓存，缓存多久；缓存分布算法是使用一致性哈希还是取模算法；热点数据怎么处理；缓存崩溃与快速恢复等等。要用好缓存并不是那么容易的，希望读者看完本书后能学到一招半式并应用到实战中。

——张开涛　京东架构师

缓存在整个高并发架构设计中是重中之重的关键一笔，所以用好缓存是每次架构设计的必经之路。感谢右军邀请我参与本书。我在本书中介绍了同程旅游的凤凰缓存系统（phoenix）是如何云化管理同程全部的缓存集群，并治理各应用中的缓存使用的。也讲述了一些我们为何要开发 phoenix 来解决缓存问题的坑事。回首这些坑事，历历在目。各种困难、各种痛苦伴随着凤凰缓存系统从构想到多个版本的更新上线。希望本书能够给踩到同样坑事的读者带来帮助和快乐。

——王晓波　同程旅游首席架构师

为了初心的纪念

　　一本历时 2 年的书即将出版难免有些激动，同时亦有些忐忑。激动在于这是一次有意义的社会实践，诸多作者参与其中。至完稿时，作者与发起计划时已有些不同。一些朋友因为各种原因退出了，所以从坚持的角度看，完成就意味着第一层面的成功。忐忑在于从初心出发，通读全稿仍有不足之处，诸位作者在具体实践中所遇到的线上问题远非本书所能尽数容纳。而最后精华的实践章节亦经过公司 PR 审核，略有删减。再一层，设计和编码很重要，运维管理同等重要。一个好用、易用、稳定的运维工具也是选择一套开源组件的重要参考因素，为了集中注意力，本书基本未覆盖运维部分的内容，且待有心人续之。写一本书，面世之后，作者或喜或忧，因为臧否之权利在于读者。

　　自觉而言，本书适合有一定研发经验的朋友阅读，它山之石，亦有攻玉之效。本书在逻辑上可分为三大篇章：基础概念篇、开源框架篇、应用案例篇。基础概念除了基础知识，也介绍了一些分布式方面的方法和思路；开源框架篇遴选了近年来流行的框架（比如 Redis），同时对淘宝 Tair、EVCache 也做了一些探索。在 Redis 大行其道之时，对于 Memcached 及其周边知识也做了介绍，某些公司还有大量的 Memcached 实例，比如微博、Twitter 等。工具的革新总是源自需求的不断被满足，而根据被满足的特性可以归纳其共性，比如解决单点高可用问题就是一个普适性问题，涉及主从模式、双活模式等，可用性同时又和性能、数据一致性相关。缓存为性能而生，但"缓存"设施的存在就决定了这个设施要符合分布式理论的要求。业界介绍理论和概要，或介绍设计原则的书不少，但拿出具体实践的稀有，比如新浪微博、Twitter 这样的社交 SNS 具体如何设计缓存。简约而不简单！在应用案例篇，笔者邀请了对应领域的专家为大家解读案例，可以让大家触摸到真实的设计意图。重要的是大家可以获得不同场景下不同设计策略的启发。

　　本书的产生要追溯到多年前。笔者一直对缓存技术抱有热情，关注开源框架的发展，亦在工作中关注所遇、所见，乃至所听的案例。从应用程序研发方面看分布式缓存，并不需要所有的程序员都具备开发一套组件的能力，但是需要具备正确使用它的能力。正如易宝 CTO 陈斌老师所言："解决雪崩问题的最好办法是不发生雪崩"。不论是在硅谷互联网公司里还是在国内的互联网平台上，曾多次遇到过海量规模的交易瞬间吞噬平台的悲惨故事。笔者亦了解一些缓存因为代码缺陷或者使用不当被击穿的案例，不同数量级的请求产生的结果有天壤之别，不可不慎。

两年前偶遇机械工业出版社的杨福川老师，攀谈之下就萌发了创作本书的念头。但由于工作繁忙且想呈现心中所想之提纲，故邀请一些不同场景下的专家共同完成。组团过程多有波折，特别感动的是北京的孔庆龙兄。他非常有兴趣参与合作，但时逢小孩即将出生，为此，孔兄开了一次家庭会议来讨论此事。虽然孔兄后续未决定参与，但可见其待人之真、之诚，是值得交的朋友。两年间发生了不少事情，刘曈宇（leo）、何涛、曹洪伟和程超都换了工作。在本书项目开始时程超家的小朋友还未出生，现在都快 2 岁了。大家都很忙，大约 1 个月碰一下进度，有时候可能一点进展都没有。期间，程超和 leo 都一度要退出，终坚持了下来。还有些朋友中间退出了，同时有陈波、王晓波等朋友加入。到这时，啥时候出版已不那么心焦了，水到渠成。就是问初心，我们有没有尽自己的努力来呈现一份关于工具书的纪念？

特别感谢曹洪伟身体力行，按时按质完成了分配的章节，同时 review 了不少章节，带动了这个虚拟组织迈上一个新台阶。这是一本书的编写过程，是一次心灵的旅行，是一次基于互联网的跨组织协同，也是关于工作和生活的点缀。感谢妻子晓娜对于我写作的支持，她对于进度的关注甚于我自己。她花了大量的时间辅导两个小朋友的学习，虽然周末有辅导班、家务等各种事项，但我总能申请到一些时间来构思本书。本书也是送给我的两个宝贝的礼物。这个礼物是初心，想到什么有意义的事情要义无反顾去做；同时，这个礼物也代表"坚持"，如同写作文一样，观察、总结，然后不断练习。

同时还要感谢所有的合作者，我们交叉 review 了所有章节。感谢机械工业出版社的杨福川老师、孙海亮老师。孙老师的审阅非常专业，从读者视角直面问题所在。朱攀兄弟 review 了部分章节，在写作过程中和高磊兄弟、丁浪兄弟也有交流，一并表示感谢。

囿于篇幅和知识局限，错漏之处难免，后续将通过勘误和调整完善的形式持续优化。为了初心的纪念，一次心灵的旅游！祝大家阅读愉快！

于君泽（右军）

扫二维码联系小助手加群，与作者交流或提交勘误

Contents 目　　录

缓 存 为 王

在商业的世界中，常说的一句话是"现金为王"。在互联网、移动互联网乃至整个软件技术世界中，与之相近的一个说法就是"缓存为王"。什么是缓存呢？

1.1　什么是缓存？

缓存：存储在计算机上的一个原始数据复制集，以便于访问。

——维基百科

缓存是系统快速响应中的一种关键技术，是一组被保存起来以备将来使用的东西，介于应用开发和系统开发之间，是产品经理们经常顾及不到的地方，也是技术架构设计中的非功能性约束。

因为"缓存为王"，很多技术都打着缓存的旗号，所以谈起缓存往往似是而非。

例如，CPU 的缓存，是指位于 CPU 与内存之间的临时存储器，容量比内存小得多但交换速度却比内存要快得多。由于 CPU 的运算速度要比内存读写速度快很多，CPU 总有等待数据的时候，而高速缓存则解决了 CPU 运算速度与内存读写速度不匹配的矛盾。缓存中的数据是内存中的一部分，且这部分是短时间内 CPU 即将访问的，当 CPU 调用数据时，先从缓存中调用，从而加快读取速度。而且，CPU 是有多级缓存的，有时候也称为几级流水。

再例如，Linux 操作系统中的文件缓存如图 1-1 所示。

我们平时在编程的时候，接触到的都是虚拟地址而不是真实的物理地址，这是虚拟内存的主要功能之一。假如请求一个页的地址，需要将页的虚拟地址转化为页的物理地址。页表（page table）和内存管理单元（MMU）就负责将页的虚拟地址映射到物理地址。页表负责记录哪些是物理页，哪些是虚拟页，以及这些页的页表条目（PTE）。而 MMU 是一个物理硬件，MMU 负责进行虚拟地址到物理地址的翻译，翻译过程中需要从页表获取页的 PTE，MMU 也会使用翻译后备缓存器（TLB）的缓存页号。可见，在操作系统层面都有缓存。

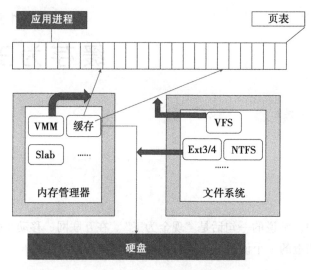

图 1-1　Linux 文件系统中的缓存

因此，缓存一词与语境有着紧密的关系，缓存在不同场景有着不同的意义，采用的技术手段也是不同的。不涉及操作系统和硬件的缓存，根据在软件系统中所处位置的不同，缓存大体可以分为三类：

❑ 客户端缓存；

❑ 服务端缓存；

❑ 网络中的缓存。

根据规模和部署方式缓存也可以分为：

❑ 单体缓存；

❑ 缓存集群；

❑ 分布式缓存。

可见，在软件系统中缓存几乎无处不在，这或许就是缓存为王的一个原因吧。

1.2　为什么使用缓存？

在看这个问题之前，我们可以先看一下成功的软件产品应具备哪些特点：能解决目标用户的痛点，能够为企业或个人带来利益，具有不错的用户黏性…… 其中一个极其重要的因素就是要有好的用户体验。

1.2.1　从用户体验说起

用户体验这个词最早被广泛认知是在 20 世纪 90 年代中期，由用户体验设计师唐纳德·诺曼（Donald Norman）提出和推广。信息技术在移动和图像处理等方面取得的进展已经使得人机交互（HCI）技术几乎渗透到人类活动的所有领域。这导致了一个巨大转变——系统的评价指标从单纯的可用性，扩展到范围更丰富的用户体验。用户体验在人机交互技术发展过程中受到了相当的重视，其关注度与传统的三大可用性指标（即效率、效益和基本主观满意度）不相上下，在某些方面说甚至更重要。

什么是用户体验？

ISO 9241-210 标准将用户体验定义为"人们对正在使用或期望使用的产品、系统或者服务的认知印象和回应"。因此，用户体验是主观的，且注重实际应用。ISO 在定义的补充说明中有着如下解释：用户体验，即用户在使用一个产品或系统之前、使用期间和使用之后的全部感受，包括情感、信仰、喜好、认知印象、生理反应、心理反应、行为和成就等各个方面。ISO 标准暗示了可用性也可以作为用户体验的一个方面，"可用性标准可以用来评估用户体验一些方面"。不过，该 ISO 标准并没有进一步阐述用户体验和系统可用性之间的具体关系。显然，这两者是相互重叠的概念。

有许多因素可以影响用户体验，这些因素被分为三大类：使用者的状态、系统性能及环境。其中系统性能是软件产品自身对用户体验的关键性因素之一。由于感受软件性能的主体是人，不同的人对于同样的软件可能有不同的主观感受，而且不同的人对于软件性能关心的视角也不同。系统性能是一种非功能特性，它关注的不是某种特定的功能，而是在完成该功能时所展示出来的及时性。

1.2.2　关于系统的性能

系统性能的指标一般包括响应时间、延迟时间、吞吐量，并发用户数和资源利用率等几个方面。

响应时间是指系统对用户请求做出响应的时间，与人对软件性能的主观感受是非常一致的，它完整地记录了整个系统处理请求的时间。由于一个系统通常会提供许多功能，而不同功能的处理逻辑也千差万别，因而不同功能的响应时间也不尽相同，甚至同一功能在不同输入数据的情况下响应时间也不相同。所以，响应时间通常是指该软件系统所有功能的平均响应时间或者所有功能中的最大响应时间。当然，有时候也需要对每个或每组功能讨论其平均响应时间和最大响应时间。

在讨论软件性能时，我们更关心所开发软件本身的"响应时间"。也就是说，可以把用户感受到的响应时间划分为"呈现时间"和"系统响应时间"，前者是指客户端在接收到系统数据时呈现页面所需的时间，而后者是指客户端接收到用户请求到客户端接收到服务器发来的数据所需的时间。还可以把"系统响应时间"进一步分解为"网络传输时间"和"应用延迟时间"，其中前者是指数据在客户端和服务器端进行传输的时间，而后者是指系统实际处理请求所需的时间。

吞吐量是指系统在单位时间内处理请求的数量。对于无并发的应用系统而言，吞吐量与响应时间成严格的反比关系，实际上此时吞吐量就是响应时间的倒数。无并发的应用都是单机应用，对于互联网或者移动互联网上的产品而言，并发用户数是指系统可以同时承载的正常使用系统功能的用户数量。与吞吐量相比，并发用户数是一个更直观但也更笼统的性能指标。而资源利用率反映的是在一段时间内资源平均被占用的情况。

从浏览器到网络，再到应用服务器，甚至到数据库，通过在各个层面应用缓存技术，整个系统的性能将大幅提高。例如，缓存离客户端更近，从缓存请求内容比从源服务器所用时间更少，呈现速度更快，系统就显得更灵敏。缓存数据的重复使用，大大降低了用户的带宽使用，其实也是一种变相的省钱（如果流量要付费的话），同时保证了带宽请求在一个低水平上，更容易维护。所以，使用缓存技术，可以降低系统的响应时间，减少网络传输时间和应用延迟时间，进而提高了系统的吞吐量，增加了系统的并发用户数。利用缓存还可以最小化系统的工作量，使用了缓存就可以不必反复从数据源中查找，缓存所创建或提供的同一条数据更好地利用了系统的资源。

因此，缓存是系统调优时常用且行之有效的手段，无论是操作系统还是应用系统，缓存策略无处不在。

如果说音乐是时间的艺术，那么，缓存就是软件系统中关于时间的艺术。"缓存为王"本质上是系统性能为王，对用户而言就是用户体验为王。

1.3 从网站的架构发展看缓存

最初的网站可能就是一台物理主机，放在 IDC 或者租用的是云服务器，上面只运行着应用服务器和数据库，LAMP（Linux Apache MySQL PHP）就是这样流行起来的。由于网站具备了一定的特色，吸引了部分用户的访问，逐渐会发现系统的压力越来越大，响应速度越来越慢，而这个时候比较明显的往往是数据库与应用的互相影响，于是将应用服务器和数据库服务器从物理上分离开来，变成了两台机器，这个时候技术上没有什么新的要求，系统又恢复到以前的响应速度了，支撑住了更高的流量，并且不会让数据库和应用服务器互相影响。这时网站后台的简单架构一般如图 1-2 所示。

随着访问网站的人数越来越多，响应速度又开始变慢了，可能是访问数据库的操作太多，导致数据连接竞争激烈，因此缓存开始登场。若想通过缓存机制来减少数据库连接资源的竞争和对数据库读的压力，那么可以选择采用静态页面缓存，这样程序上可以不做修改，就能够很好地减少对 Web 服务器的压力以及减少对数据库连接资源的竞争。随后，动态缓存登

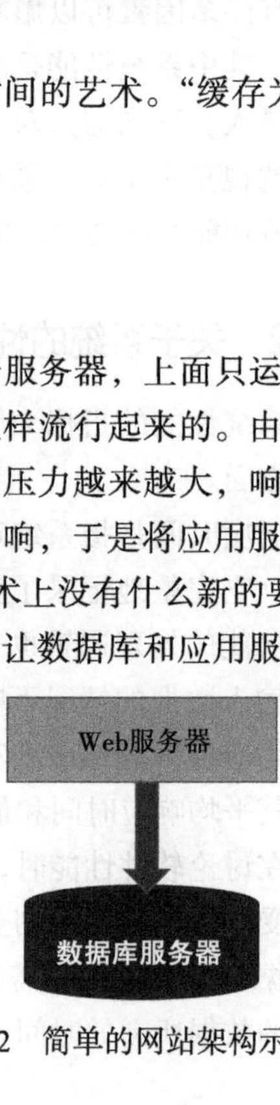

图 1-2　简单的网站架构示意图

场，将动态页面里相对静态的部分也缓存起来，因此考虑采用类似的页面片段缓存策略。

随着访问量的持续增加，系统又开始变慢，怎么办？数据缓存来了，将系统中重复获取的数据信息从数据库加载到本地，同时降低了数据库的负载。

随着系统访问量的再度增加，应用服务器又扛不住了，开始增加 Web 服务器。那如何保持应用服务器中数据缓存信息的同步呢？例如之前缓存的用户数据等，这个时候通常会开始使用缓存同步机制以及共享文件系统或共享存储等。

在享受了一段时间的访问量高速增长后，系统再次变慢。开始数据库调优，优化数据库自身的缓存，接下来是采用数据库集群以及分库分表的策略。分库分表的规则是有些复杂的，考虑增加一个通用的框架来实现分库分表的数据访问，这个就是数据访问层（Data Access Layer，DAL）。同时，在这个阶段可能会发现的之前的缓存同步方案会出现问题，因为数据量太大，导致现在不太可能将缓存存储在本地后再同步，于是分布式缓存终于来了，将大量的数据缓存转移到分布式缓存上。

至此，系统进入了无级缩放的大型网站阶段，当网站流量增加时，应对的解决方案就是不断添加 Web 服务器、数据库服务器、以及缓存服务器了。此时，大型网站的系统架构演变为图 1-3 所示。

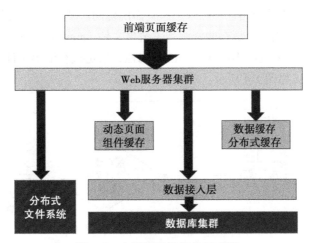

图 1-3　大型网站的架构示意图

纵观网站架构的发展历程，业务量的增长是幸福的，但也有成长的烦恼，而缓存技术就是解除烦恼的灵丹妙药，这再次证明了什么是缓存为王。

现在，可以从缓存在系统中的位置来看这一王者在系统中各个层面的应用了。

1.4　客户端缓存

客户端缓存相对于其他端的缓存而言，要简单一些，而且通常是和服务端以及网络侧的应用或缓存配合使用的。对于互联网应用而言，也就是通常所说的 BS 架构应用，可以分为页面缓存和浏览器缓存。对于移动互联网应用而言，是指 APP 自身所使用的缓存。

1.4.1 页面缓存

页面缓存有两层含义：一个是页面自身对某些元素或全部元素进行缓存；另一层意思是服务端将静态页面或动态页面的元素进行缓存，然后给客户端使用。这里的页面缓存指的是页面自身的缓存或者离线应用缓存。

页面缓存是将之前渲染的页面保存为文件，当用户再次访问时可以避开网络连接，从而减少负载，提升性能和用户体验。随着单页面应用（Single Page Application，SPA）的广泛使用，加之 HTML5 支持了离线缓存和本地存储，大部分 BS 应用的页面缓存都可以举重若轻了。在 HTML5 中使用本地缓存的方法也很简单，示例代码如下：

```
localStorage.setItem("mykey","myvalue")
localStorage.getItem("mykey","myvalue")
localStorage.removeItem("mykey")
localStorage.clear()
```

HTML5 提供的离线应用缓存机制，使得网页应用可以离线使用，这种机制在浏览器上支持度非常广，可以放心地使用该特性来加速页面的访问。开启离线缓存的步骤如下：

1）准备用于描述页面需要缓存的资源列表清单文件（manifest text/cache-manifest）。

2）在需要离线使用的页面中添加 manifest 属性，指定缓存清单文件的路径。

离线缓存的工作流如图 1-4 所示。

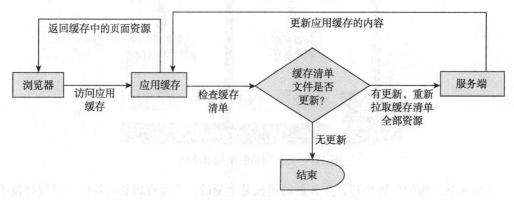

图 1-4 HTML5 离线缓存的工作流程示意

由图 1-4 可知：

1）当浏览器访问了一个包含 manifest 属性的页面时，如果应用的缓存不存在，浏览器会加载文档，获取所有在清单文件中列出的文件，生成初始缓存。

2）当对该文档再次访问时，浏览器会直接从应用缓存中加载页面以及在清单文件中列出的资源。同时，浏览器还会向 window.applicationCache 对象发送一个表示检查的事件，以获取清单文件。

3）如果当前缓存的清单副本是最新的，浏览器将向 window.applicationCache 对象发送一个表示无须更新的事件，从而结束更新过程。如果在服务端修改了任何缓存资源，必须同时修改清单文件，这样浏览器才能知道要重新获取资源。

4）如果清单文件已经改变，那么文件中列出的所有文件会被重新获取并放到一个临时缓存中。对于每个加入到临时缓存中的文件，浏览器会向 window.applicationCache 对象发送一个表示进行中的事件。

5）一旦所有文件都获取成功，它们会自动移动到真正的离线缓存中，并向 window.applicationCache 对象发送一个表示已经缓存的事件。鉴于文档早已经从缓存加载到浏览器中，所以更新后的文档不会重新渲染，直到页面重新加载。

需要注意的是：manifest 文件中列出的资源 URL 必须和 manifest 本身使用同样的网络协议，详情可参考 W3C 相关的标准文档。

1.4.2　浏览器缓存

浏览器缓存是根据一套与服务器约定的规则进行工作的，工作规则很简单：检查以确保副本是最新的，通常只要一次会话。浏览器会在硬盘上专门开辟一个空间来存储资源副本作为缓存。在用户触发"后退"操作或点击一个之前看过的链接的时候，浏览器缓存会很管用。同样，如果访问系统中的同一张图片，该图片可以从浏览器缓存中调出并几乎立即显现出来。

对浏览器而言，HTTP1.0 提供了一些很基本的缓存特性，例如在服务器侧设置 Expires 的 HTTP 头来告诉客户端在重新请求文件之前缓存多久是安全的，可以通过 if-modified-since 的条件请求来使用缓存。其中，发送的时间是文件最初被下载的时间，而不是即将过期的时间，如果文件没有改变，服务器可以用 304-Not Modified 来应答。客户端收到 304 代码，就可以使用缓存的文件版本了。

HTTP 1.1 有了较大的增强，缓存系统被形式化了，引入了实体标签 e-tag。e-tag 是文件或对象的唯一标识，这意味着可以请求一个资源，以及提供所持有的文件，然后询问服务器这个文件是否有变化。如果某一个文件的 e-tag 是有效的，那么服务器会生成 304-Not Modified 应答，并提供正确文件的 e-tag，否则，发送 200-OK 应答。以 Web 浏览器使用 e-tag 为例，如图 1-5 所示。

在配置了 Last-Modified/ETag 的情况下，

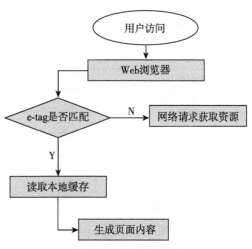

图 1-5　浏览器使用 e-tag 的流程示意

浏览器再次访问统一URI的资源时，还是会发送请求到服务器询问文件是否已经修改，如果没有，服务器会只发送一个304回给浏览器，浏览器则直接从本地缓存取数据；如果数据有变化，就将整个数据重新发给浏览器。

Last-Modified/ETag与Cache-Control/Expires的作用是不一样的，如果检测到本地的缓存还在有效的时间范围内，浏览器则直接使用本地缓存，不会发送任何请求。两者一起使用时，Cache-Control/Expires的优先级要高于Last-Modified/ETag。即当本地副本根据Cache-Control/Expires发现还在有效期内时，则不会再次发送请求去服务器询问修改时间（Last-Modified）或实体标识（e-tag）了。

Cache-Control与Expires的功能一致，都是指明当前资源的有效期，控制浏览器是直接从浏览器缓存取数据还是重新发请求到服务器取数据。只不过Cache-Control的选择更多，设置更细致，如果同时设置的话，其优先级高于Expires。

一般情况下，使用Cache-Control/Expires会配合Last-Modified/ETag一起使用，因为即使服务器设置缓存时间，当用户点击"刷新"按钮时，浏览器会忽略缓存继续向服务器发送请求，这时Last-Modified/ETag将能够很好利用服务端的返回码304，从而减少响应开销。

通过在HTML页面的节点中加入meta标签，可以告诉浏览器当前页面不被缓存，每次访问都需要去服务器拉取。代码如下：

```
<META HTTP-EQUIV="Pragma" CONTENT="no-cache">
```

令人遗憾的是，只有部分浏览器可以支持这一用法，而且一般缓存代理服务器都不支持，因为代理不解析HTML内容本身。

浏览器缓存能够极大地提升终端用户的体验，那么，用户在使用浏览器的时候，会有各种操作，如输入地址后回车、按F5刷新等等，这些行为对缓存的影响如表1-1所示。

表1-1 用户的浏览器操作对缓存的影响

用 户 行 为	Expires/Cache-contrl	Last-Modifed/Etag
地址栏回车	Y	Y
链接跳转	Y	Y
新开窗口	Y	Y
前进后退	Y	Y
F5 刷新	N	Y
Ctrl＋F5 刷新	N	N

1.4.3 APP 上的缓存

尽管混合编程（hybrid programming）成为时尚，但整个移动互联网目前还是原生应用（以下简称APP）的天下。无论大型或小型APP，灵活的缓存不仅大大减轻了服务器的压力，而且因为更快速的用户体验而方便了用户。如何把 APP 缓存对于业务组件透明，以及 APP 缓存数据的及时更新，是 APP 缓存能否成功应用起来的关键。APP 可以将内容缓存在内存、文件或本地数据库（例如 SQLite）中，但基于内存的缓存要谨慎使用。

APP 使用数据库缓存的方法：在下载完数据文件后，把文件的相关信息，如 URL、路径、下载时间、过期时间等存放到数据库，下次下载的时候根据 URL 先从数据库中查询，如果查询到当前时间并未过期，就根据路径读取本地文件，从而实现缓存的效果。这种方法具有灵活存放文件的属性，进而提供了很大的扩展性，可以为其他的功能提供良好的支持。需要注意的是，要留心数据库缓存的清理机制。

对于 APP 中的某些界面，可以采用文件缓存的方法。这种方法使用文件操作的相关 API 得到文件的最后修改时间，与当前时间判断是否过期，从而实现缓存效果，操作简单，代价较低。需要注意的是，不同类型文件的缓存时间不一样。例如，图片文件的内容是相对不变的，直到最终被清理掉，APP 可以永远读取缓存中的图片内容。而配置文件中的内容是可能更新的，需要设置一个可接受的缓存时间。同时，不同环境下的缓存时间标准也是不一样的，WiFi 网络环境下，缓存时间可以设置短一点，一是网速较快，二是不产生流量费。而在移动数据流量环境下，缓存时间可以设置长一点，节省流量，而且用户体验也更好。

在 iOS 开发中，SDWebImage 是一个很棒的图片缓存框架，主要类组成的结构如图 1-6 所示。

SDWebImage 是个比较大的类库，提供一个 UIImageView 的类以支持远程加载来自网络的图片，具有缓存管理、异步下载、同一个 URL 下载次数控制和优化等特征。使用时，只需要在头文件中引入 #import"UIImageView+WebCache.h" 即可调用异步加载图片方法：

```
-(void)setImageWithURL:(NSURL *)url placeholderImage:(UIImage *)placeholder
    options:(SDWebImageOptions)options;
```

URL 是图片的地址，placeholder 是网络图片在尚未加载成功时显示的图像，SDWebImageOptions 是相关选项。默认情况下，SDWebImage 会忽略 Header 中的缓存设置，将图片以 URL 为 key 进行保存，URL 与图片是一一映射关系。在 APP 请求同一个 URL 时，SDWebImage 会从缓存中取得图片。将第三个参数设置为 SDWebImageRefreshCached 就可以实现图片更新操作，例如：

```
NSURL *url = [NSURL URLWithString:@"http://www.abel.com/image.png"];
UIImage *defaultImage = [UIImage imageNamed:@"mydefault.png"];
[self.imageView setImageWithURL:url placeholderImage:defaultImage options:SDWebI
    mageRefreshCached];
```

在 SDWebImage 中有两种缓存，一种是磁盘缓存，一种为内存缓存，框架都提供了相应的清理方法：

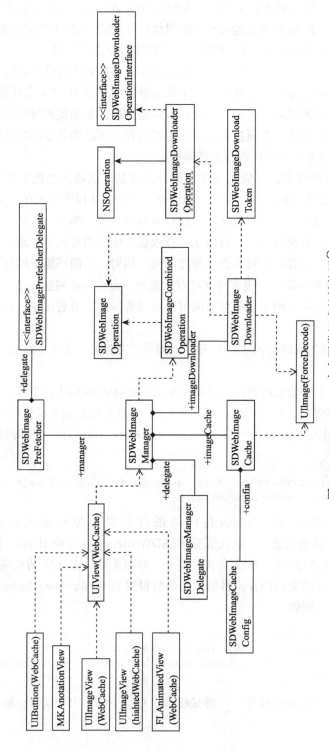

图 1-6 SDWebImage 中主要类组成的结构图①

① 来源 https://github.com/rs/SDWebImage/blob/master/Docs/SDWebImageClassDiagram.png

```
[[[SDWebImageManager sharedManager] imageCache] clearDisk];
[[[SDWebImageManager sharedManager] imageCache] clearMemory];
```

需要注意的是，在 iOS7 中，缓存机制做了修改，使用上述两个方法只清除了 SDWebImage 的缓存，没有清除系统的缓存，所以可以在清除缓存的代理中添加以下代码：

```
[[NSURLCache sharedURLCache] removeAllCachedResponses];
```

1.5　网络中的缓存

网络中的缓存位于客户端和服务端之间，代理或响应客户端的网络请求，从而对重复的请求返回缓存中的数据资源。同时，接受服务端的请求，更新缓存中的内容。

1.5.1　Web 代理缓存

Web 代理几乎是伴随着互联网诞生的，常用的 Web 代理分为正向代理、反向代理和透明代理。Web 代理缓存是将 Web 代理作为缓存的一种技术。

一般情况下，Web 代理默认说的是正向代理，如图 1-7 所示。

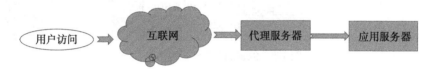

图 1-7　Web 代理

为了从源服务器取得内容，用户向代理服务器发送一个请求并指定目标服务器，然后代理服务向源服务器转交请求并将获得的内容返回给客户端。一般地，客户端要进行一些特别的设置才能使用正向代理。

反向代理与正向代理相反，对于客户端而言代理服务器就像是源服务器，并且客户端不需要进行设置。客户端向反向代理发送普通请求，接着反向代理将判断向何处转发请求，并将从源服务器获得的内容返回给客户端。

透明代理的意思是客户端根本不需要知道有代理服务器的存在，由代理服务器改变客户端请求的报文字段，并会传送真实的 IP 地址。加密的透明代理属于匿名代理，不用设置就可以使用代理了。透明代理的例子就是时下很多公司使用的行为管理软件。

这里的 Web 代理缓存是指使用正向代理的缓存技术。Web 代理缓存的作用跟浏览器的内置缓存类似，只是介于浏览器和互联网之间。

当通过代理服务器进行网络访问时，浏览器不是直接到 Web 服务器去取回网页而是向 Web 代理发出请求，由代理服务器来取回浏览器所需要的信息并传送给浏览器。而且，Web 代理缓存有很大的存储空间，不断将新获取的数据储存到本地的存储器上，如果浏览器所请求的数据在 Web 代理的缓存上已经存在而且是最新的，那就不重新从 Web 服务器取数据，而是直接将缓存的数据传送给用户的浏览器，这样就能显著提高浏览速度和效率。对于企业而言，使用 Web 代理既可以节省成本，又能提高性能。

对于 Web 代理缓存而言，较流行的是 Squid，它支持建立复杂的缓存层级结构，拥有详细的日志、高性能缓存以及用户认证支持。Squid 同时支持各种插件，例如，Squid Guard 就是一个提供 URL 过滤的插件，对于屏蔽某些站点和内容十分有用。如果需要分析 Squid 的各种指标，webalizer 应该是个不错的选择。

如果有兴趣的话，可以进一步了解一下 Squid 的内部机制，如图 1-8 所示。

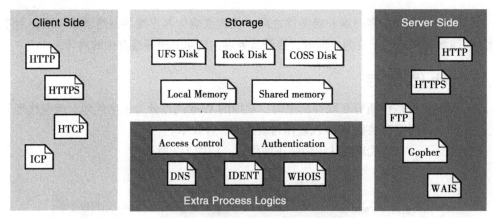

图 1-8　Squid 的系统架构图⊖

1.5.2　边缘缓存

使用 Web 反向代理服务器和使用正向代理服务器一样，可以拥有缓存的作用，反向代理缓存可以缓存原始资源服务器的资源，而不是每次都要向原始资源服务器请求数据，特别是一些静态的数据，比如图片和文件，很多 Web 服务器就具备反向代理的功能，比如大名鼎鼎的 Nginx。

如果这些反向代理服务器能够做到和用户来自同一个网络，那么用户访问反向代理服务器，就会得到很高质量的响应速度，所以可以将这样的反向代理缓存称为边缘缓存。边缘缓存在网络上位于靠近用户的一侧，可以处理来自不同用户的请求，主要用于向用户提供静态的内容，以减少应用服务器的介入。边缘缓存的一个有名的开源工具就是 Varnish，在默认情况下进行保守缓存。也就是说，Varnish 只缓存它所知的安全内容。Varnish 的一个特性是使用虚拟内存，精妙之处在于利用了操作系统的管理机制。Varnish 可以高度定制如何处理请求，缓存哪些内容。

如果感兴趣，可以进一步了解 Varnish 后端的内部机制，如图 1-9 所示。

⊖　源自 http://wiki.squid-cache.org/ProgrammingGuide/Architecture

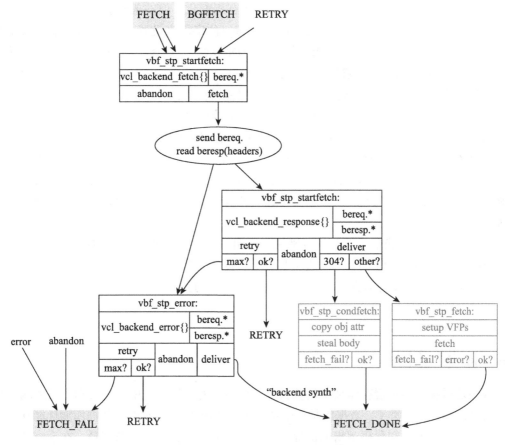

图 1-9　Varnish 的后端服务机制⊖

边缘缓存中典型的商业化服务就是 CDN 了，例如 AWS 的 Cloud Front，我国的 ChinaCache 等，现在一般的公有云服务商都提供了 CDN 服务。CDN 是 Content Delivery Network 的简称，即"内容分发网络"的意思。使用 CDN 之后，客户端与服务器通信如图 1-10 所示。

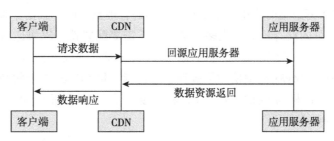

图 1-10　使用 CDN 后，客户端 / 服务器的通信方式

CDN 边缘节点的缓存策略因服务商不同而有所变化，但一般都会遵循 HTTP 标准协议，通过 HTTP 响应头中的 Cache-control: max-age 的字段来设置 CDN 边缘节点的数据缓存时间。当客户端向 CDN 节点请求数据时，CDN 节点会判断缓存数据是否过期，若缓存数据并没有过期，则直接将缓存数据返回给客户端；否则，CDN 节点就会向源站发出回源请求，从源站拉取最新数据，更新本地缓存，并将最新数据返回给客户端。

CDN 服务商一般会提供基于文件后缀、目录等多个维度来指定在 CDN 上的缓存时间，为用户提供更精细化的缓存管理。CDN 上的缓存时间会对"回源率"产生直接的影响。若数据在 CDN 上的缓存时间较短，则 CDN 边缘节点上的数据会经常失效，导致频繁回源，增加了源站的负载，同时也增大了访问延时；若数据在 CDN 上的缓存时间太长，会带来数据更新时间慢的问题。开发者需要针对各自特定的业务，来做特定的数据缓存时间管理。

一般地，CDN 边缘节点对开发者来说是透明的，开发者可以通过 CDN 服务商提供的"刷新缓存"接口来清理位于 CDN 边缘节点上的缓存数据。这样开发者在更新数据后，可以使用"刷新缓存"功能来强制要求 CDN 边缘节点上的数据缓存过期，保证客户端在访问时，拉取到最新的数据。

1.6　服务端缓存

服务端缓存是整个缓存体系中的重头戏，从网站的架构演进中已经看到了服务端缓存是系统性能的重中之重了。数据库是整个系统中的"慢性子"，有时候数据库调优能够以小搏大，在不改变架构和代码逻辑的前提下，缓存参数的调整往往是条捷径。在系统开发的过程中，可以直接在平台侧使用缓存框架，当缓存框架无法满足系统对性能的要求时，就需要在应用层自主开发应用级缓存了，即使利用可供参考的开源架构，应用级缓存的开发也是一件有挑战的事情。

1.6.1　数据库缓存

数据库属于 IO 密集型的应用，主要负责数据的管理及存储。数据库缓存是一类特殊的缓存，是数据库自身的缓存机制。大多数数据库不需要配置就可以快速运行，但并没有为特定的需求进行优化。在数据库调优的时候，缓存优化是一项很重要的工作。

以 MySQL 为例，MySQL 中使用了查询缓冲机制，将 SELECT 语句和查询结果存放在缓冲区中，以后对于同样的 SELECT 语句，将直接从缓冲区中读取结果，以节省查询时间，提高了 SQL 查询的效率。

1. MySQL 的查询缓存

Query cache 作用于整个 MySQL 实例，主要用于缓存 MySQL 中的 ResultSet，也就是

一条 SQL 语句执行的结果集，所以仅仅只能针对 select 语句。当打开了 Query Cache 功能，MySQL 在接收到一条 select 语句的请求后，如果该语句满足 Query Cache 的要求，MySQL 会直接根据预先设定好的 HASH 算法将接收到的 select 语句以字符串方式进行 hash，然后到 Query Cache 中直接查找是否已经缓存。也就是说，如果已经有结果在缓存中，该 select 请求就会直接将数据返回，从而省略了后面所有的步骤 (如 SQL 语句的解析，优化器优化以及向存储引擎请求数据等)，从而极大地提高了性能。当然，当数据变化非常频繁的情况下，使用 Query Cache 可能会得不偿失。

Query Cache 的使用需要多个参数配合，其中最为关键的是 query_cache_size 和 query_cache_type，前者设置用于缓存 ResultSet 的内存大小，后者设置在何种场景下使用 Query Cache。这可以通过计算 Query Cache 的命中率来进行调整。query_cache_type 可以设置为 0（OFF），1（ON）或者 2（DEMAND），分别表示完全不使用 Query Cache，除显式要求不使用 Query Cache 之外的所有 select 都使用 Query Cache，以及只有显式要求才使用 Query Cache。

2. 检验 Query Cache 的合理性

检查 Query Cache 是否合理，可以通过在 MySQL 控制台执行以下命令观察：

```
> SHOW VARIABLES LIKE '%query_cache%';
> SHOW STATUS LIKE 'Qcache%';
```

通过调节以下几个参数可以知道 query_cache_size 设置得是否合理：

- ❑ Qcache inserts；
- ❑ Qcache hits；
- ❑ Qcache lowmem prunes；
- ❑ Qcache free blocks。

如果 Qcache_lowmem_prunes 的值非常大，则表明经常出现缓冲不够的情况；如果 Qcache_hits 的值非常大，则表明查询缓冲使用非常频繁，如果该值较小反而会影响效率，那么可以考虑不用查询缓存；Qcache_free_blocks 值非常大，则表明缓存区中的碎片很多，可能需要寻找合适的机会进行整理。

其中 Qcache_hits 表示多少次命中，通过这个参数我们可以查看到 Query Cache 的基本效果；而 Qcache_inserts 表示多少次未命中然后插入。通过 "Qcache_hits" 和 "Qcache_inserts" 两个参数可以算出 Query Cache 的命中率：

```
Query Cache 命中率=Qcache_hits / (Qcache_hits+Qcache_inserts)
```

Qcache_lowmem_prunes 表示多少条 Query 因为内存不足而被清除出 Query Cache。通过 Qcache_lowmem_prunes 和 Qcache_free_memory 相互结合，能够更清楚地了解到系统中 Query Cache 的内存大小是否真的足够，是否频繁的出现因为内存不足而有 Query 被换出的情况。

3. InnoDB 的缓存性能

当使用 InnoDB 存储引擎的时候，innodb_buffer_pool_size 参数可能是影响性能的最为关键的一个参数了，用来设置用于缓存 InnoDB 索引及数据块的内存区域大小，更像是 Oracle 数据库的 db_cache_size。简单来说，当操作一个 InnoDB 表的时候，返回的所有数据或者查询过程中用到的任何一个索引块，都会在这个内存区域中去查询一遍。

和 key_buffer_size 对于 MyISAM 引擎一样，innodb_buffer_pool_size 设置了 InnoDB 存储引擎需求最大的一块内存区域的大小，直接关系到 InnoDB 存储引擎的性能，所以如果有足够的内存，尽可将该参数设置到足够大，将尽可能多的 InnoDB 的索引及数据都放入到该缓存区域中，直至全部。

可以通过 (Innodb_buffer_pool_read_requests – Innodb_buffer_pool_reads) / Innodb_buffer_pool_read_requests*100% 计算缓存命中率，并根据命中率来调整 innodb_buffer_pool_size 参数大小进行优化。

另外，table_cache 是一个非常重要的 MySQL 性能参数，主要用于设置 table 高速缓存的数量。由于每个客户端连接都会至少访问一个表，因此该参数与 max_connections 有关。当某一连接访问一个表时，MySQL 会检查当前已缓存表的数量。如果该表已经在缓存中打开，则会直接访问缓存中的表以加快查询速度；如果该表未被缓存，则会将当前的表添加进缓存并进行查询。在执行缓存操作之前，table_cache 参数用于限制缓存表的最大数目：如果当前已经缓存的表未达到 table_cache 数目，则会将新表添加进来；若已经达到此值，MySQL 将根据缓存表的最后查询时间、查询率等规则释放之前的缓存。

当然，深入数据库还有很多值得学习的地方，需要专业的技能，这就是很多公司专门设有 DBA 角色的原因。

1.6.2　平台级缓存

在系统开发的时候，适当地使用平台级缓存，往往可以取得事半功倍的效果。平台级缓存在这里指的是用来写带有缓存特性的应用框架，或者可用于缓存功能的专用库（如 PHP 中的 Smarty 模板库）。

在 Java 语言中，缓存框架更多，例如 Ehcache, Cacheonix, Voldemort, JBoss Cache, OSCache 等等。

Ehcache 是现在最流行的纯 Java 开源缓存框架，配置简单、结构清晰、功能强大，是从 hibernate 的缓存开始被广泛使用起来的。EhCache 有如下特点：

❑ **轻量快速**：EHcache 的线程机制是为大型高并发系统设计的。
❑ **良性伸缩**：数据可以伸缩到数 G 字节，节点可以到数百个。
❑ **简洁灵活**：运行时缓存配置，存活时间、空闲时间、内存和磁盘存放缓存的最大数目等是可以在运行时修改的。
❑ **标准支持**：Ehcache 提供了对 JSR107 JCache API 最完整的实现。

❑ **强扩展性**：节点发现，冗余器和监听器都可以插件化。
❑ **数据持久**：缓存的数据可以在机器重启后从磁盘上重新获得。
❑ **缓存监听**：提供了许多对缓存事件发生后的处理机制。
❑ **分布式缓存**：支持高性能的分布式缓存，兼具灵活性和扩展性。

Ehcache 的系统结构如图 1-11 所示。

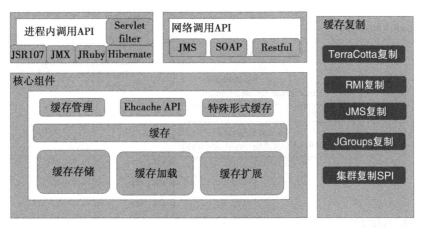

图 1-11 Ehcache 的系统结构示意

本书的第 4 章会重点介绍 Ehcache。

Voldemort 是一款基于 Java 开发的分布式键-值缓存系统，像 JBoss 的缓存一样，Voldemort 同样支持多台服务器之间的缓存同步，以增强系统的可靠性和读取性能。Voldemort 有如下特点：

❑ 缓存数据可以自动在各个服务器节点之间同步复制。
❑ 每一个服务器的缓存数据被横向分割，因此是总缓存的一个子集。
❑ 严格保持缓存的一致性。
❑ 提供服务器宕机快速恢复方案。
❑ 可配置的数据存储引擎。
❑ 可配置的数据序列化方式。
❑ 每一个数据项都有版本标识，用来保证数据的完整性和可用性。
❑ 每一个缓存节点都是独立的，因此任何一个节点的故障都不会影响系统的正常运行。

Voldemort 的逻辑架构图 1-12 所示。

Voldemort 相当于是 Amazon Dynamo 的一个开源实现，LinkedIn 用它解决了网站的高扩展性存储问题。

简单来说，就平台级缓存而言，只需要在框架侧配置一下属性即可，而不需要调用特定的方法或函数。系统中引入缓存技术往往就是从平台级缓存开始的，平台级缓存也通常会作为一级缓存使用。

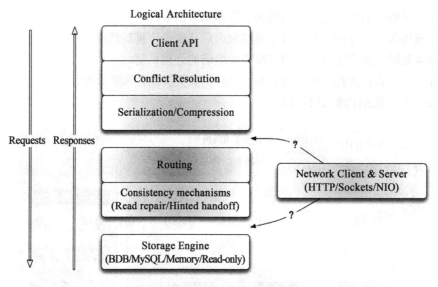

图 1-12 Voldemort 的逻辑架构图○

1.6.3 应用级缓存

当平台级缓存不能满足系统性能要求的时候，就要考虑使用应用级缓存了。

应用级缓存，需要开发者通过代码来实现缓存机制。这里是 NoSQL 的胜场，不论是 Redis 还是 MongoDB，以及 Memcached 都可以作为应用级缓存的重要技术。一种典型的方式是每分钟或一段时间后统一生成某类页面存储在缓存中，或者可以在热数据变化时更新缓存。

1. 面向 Redis 的缓存应用

Redis 是一款开源的、基于 BSD 许可的、高级键值对缓存和存储系统，在应用级缓存中的作用举足轻重，例如，新浪微博有着几乎世界上最大的 Redis 集群。Redis 支持主从同步，数据可以从主服务器向任意数量的从服务器同步，从服务器可以是关联其他从服务器的主服务器。这使得 Redis 可执行单层树状复制。由于完全实现了发布 / 订阅机制，使得从服务器在任何地方同步树的时候，可订阅一个频道并接收主服务器完整的消息发布记录。同步对读取操作的可扩展性和数据冗余很有帮助。

Redis 3.0 版本加入 cluster 功能，解决了 Redis 单点无法横向扩展的问题。Redis 集群采用无中心节点方式实现，无需 proxy 代理，客户端直接与 Redis 集群的每个节点连接，根据同样的哈希算法计算出 key 对应的 slot，然后直接在 slot 对应的 Redis 上执行命令。在 Redis 看来，响应时间是最苛刻的条件，增加一层带来的开销是不能接受的。因此，Redis

实现了客户端对节点的直接访问,为了去中心化,节点之间通过 Gossip 协议交换相互的状态,以及探测新加入的节点信息。Redis 集群支持动态加入节点,动态迁移 slot,以及自动故障转移。一个 Redis 集群的架构示意如图 1-13 所示。

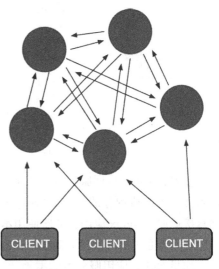

所有的 Redis 节点通过 PING-PONG 机制彼此互联,内部使用二进制协议优化传输速度和带宽。节点故障是通过集群中超过半数的节点检测失效时才会生效。客户端与 Redis 节点直连,客户端不需要连接集群所有节点,连接集群中任何一个可用节点即可。Redis Cluster 把所有的物理节点映射到 slot 上,cluster 负责维护 node、slot 和 value 的映射关系。当节点发生故障的时候,选举过程是集群中所有 master 参与的,如果半数以上 master 节点与当前 master 节点间的通信超时,认为当前 master 节点挂掉。如果集群中超过半数以上 master 节点挂掉,无论是否有 slave 集群,Redis 的整个集群将处于不可用状态。当集群不可用时,所有对集群的操作都不可用,都将收到错误信息 [(error) CLUSTERDOWN The cluster is down]。

图 1-13　Redis 3.0 集群的架构示意

支持 Redis 的客户端编程语言众多,可以满足绝大多数的应用,如图 1-14 所示。

ActionScript	Bash	C	C#	C++	Clojure
Common Lisp	Crystal	D	Dart	Delphi	Elixir
emacs lisp	Erlang	Fancy	gawk	GNU Prolog	Go
Haskell	Haxe	Io	Java	Julia	Lasso
Lua	Matlab	mruby	Nim	Node.js	Objective-C
OCaml	Pascal	Perl	PHP	Pure Data	Python
R	Racket	Rebol	Ruby	Rust	Scala
Scheme	Smalltalk	Swift	Tcl	VB	VCL

图 1-14　Redis 客户端支持的编程语言⊖

2. 多级缓存实例

一个使用了 Redis 集群和其他多种缓存技术的应用系统架构如图 1-15 所示。

首先,用户的请求被负载均衡服务分发到 Nginx 上,此处常用的负载均衡算法是轮询或者一致性哈希,轮询可以使服务器的请求更加均衡,而一致性哈希可以提升 Nginx 应用的缓存命中率。

⊖　源自 http://redis.io/clients。

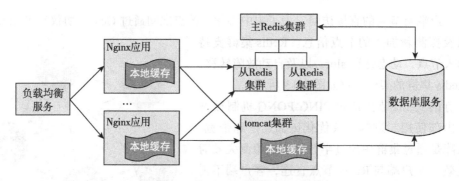

图 1-15　一个使用了多级缓存的系统架构

接着，Nginx 应用服务器读取本地缓存，实现本地缓存的方式可以是 Lua Shared Dict，或者面向磁盘或内存的 Nginx Proxy Cache，以及本地的 Redis 实现等，如果本地缓存命中则直接返回。Nginx 应用服务器使用本地缓存可以提升整体的吞吐量，降低后端的压力，尤其应对热点数据的反复读取问题非常有效。

如果 Nginx 应用服务器的本地缓存没有命中，就会进一步读取相应的分布式缓存——Redis 分布式缓存的集群，可以考虑使用主从架构来提升性能和吞吐量，如果分布式缓存命中则直接返回相应数据，并回写到 Nginx 应用服务器的本地缓存中。

如果 Redis 分布式缓存也没有命中，则会回源到 Tomcat 集群，在回源到 Tomcat 集群时也可以使用轮询和一致性哈希作为负载均衡算法。当然，如果 Redis 分布式缓存没有命中的话，Nginx 应用服务器还可以再尝试一次读主 Redis 集群操作，目的是防止当从 Redis 集群有问题时可能发生的流量冲击。

在 Tomcat 集群应用中，首先读取本地平台级缓存，如果平台级缓存命中则直接返回数据，并会同步写到主 Redis 集群，然后再同步到从 Redis 集群。此处可能存在多个 Tomcat 实例同时写主 Redis 集群的情况，可能会造成数据错乱，需要注意缓存的更新机制和原子化操作。

如果所有缓存都没有命中，系统就只能查询数据库或其他相关服务获取相关数据并返回，当然，我们已经知道数据库也是有缓存的。

整体来看，这是一个使用了多级缓存的系统。Nginx 应用服务器的本地缓存解决了热点数据的缓存问题，Redis 分布式缓存集群减少了访问回源率，Tomcat 应用集群使用的平台级缓存防止了相关缓存失效 / 崩溃之后的冲击，数据库缓存提升数据库查询时的效率。正是多级缓存的使用，才能保障系统具备优良的性能。

3. 缓存算法

在实现缓存应用的时候，需要了解缓存技术中的几个术语。

❑ **缓存命中**：当客户发起一个请求时，系统接收到这个请求，如果该请求的数据是在缓存中，这一数据就会被使用，这一行为叫作缓存命中。

- ❑ **没有命中**：cache miss 是没有命中。如果缓存中还有存储空间，那么没有命中的对象会被存储到缓存中来。
- ❑ **存储成本**：当没有缓存命中时，系统会从数据库或其他数据源取出数据，然后放入缓存。而把这个数据放入缓存所需要的时间和空间，就是存储成本。
- ❑ **缓存失效**：当存储在缓存中的数据需要更新时，就意味着缓存中的这一数据失效了。
- ❑ **替代策略**：当缓存没有命中时，并且缓存容量已经满了，就需要在缓存中去除一条旧数据，然后加入一条新数据，而到底应该去除哪些数据，就是由替代策略决定的。

替代策略的具体实现就是缓存算法，这里简要介绍一下主流的缓存算法：

（1）Least-Recently-Used（LRU）

替换掉最近被请求最少的对象，这种传统策略在实际中应用最广。在 CPU 缓存淘汰和虚拟内存系统中效果很好。然而在直接应用与代理缓存中效果欠佳，因为 Web 访问的时间局部性常常变化很大。

浏览器就一般使用了 LRU 作为缓存算法。新的对象会被放在缓存的顶部，当缓存达到了容量极限，底部的对象被去除，方法就是把最新被访问的缓存对象放到缓存池的顶部。

（2）Least-Frequently-Used（LFU）

替换掉访问次数最少的缓存，这一策略意图是保留最常用的、最流行的对象，替换掉很少使用的那些数据。然而，有的文档可能有很高的使用频率，但之后再也不会用到。传统的 LFU 策略没有提供任何移除这类文件的机制，因此会导致"缓存污染"，即一个先前流行的缓存对象会在缓存中驻留很长时间，这样，就阻碍了新进来可能会流行的对象对它的替代。

（3）Least Recently Used 2（LRU2）

LRU 的变种，把被两次访问过的对象放入缓存池，当缓存池满了之后，会把两次最少使用的缓存对象去除。因为需要跟踪对象 2 次，访问负载就会随着缓存池的增加而增加。

（4）Two Queues（2Q）

Two Queues 是 LRU 的另一个变种，把被访问的数据放到 LRU 的缓存中，如果这个对象再一次被访问，就把他转移到第二个、更大的 LRU 缓存，使用了多级缓存的方式。去除缓存对象是为了保持第一个缓存池是第二个缓存池的 1/3。当缓存的访问负载是固定的时候，把 LRU 换成 LRU2，就比增加缓存的容量更好。

（5）SIZE

替换占用空间最大的对象，这一策略通过淘汰一个大对象而不是多个小对象来提高命中率。不过，可能有些进入缓存的小对象永远不会再被访问。SIZE 策略没有提供淘汰这类对象的机制，也会导致"缓存污染"。

（6）LRU-Threshold

不缓存超过某一 size 的对象，其他与 LRU 相同。

（7）Log(Size)+LRU

替换 size 最大的对象，当 size 相同时，按 LRU 进行替换。

（8）Hyper-G

LFU 的改进版，同时考虑上次访问时间和对象 size。

（9）Pitkow/Recker

替换最近最少使用的对象，除非所有对象都是今天访问过的。如果是这样，则替换掉最大的对象。这一策略试图符合每日访问 Web 网页的特定模式。这一策略也被建议在每天结束时运行，以释放被"旧的"、最近最少使用的对象占用的空间。

（10）Lowest-Latency-First

替换下载时间最少的文档。显然它的目标是最小化平均延迟。

（11）Hybrid Hybrid

有一个目标是减少平均延迟。对缓存中的每个文档都会计算一个保留效用，保留效用最低的对象会被替换掉。位于服务器 s 的文档 f 的效用函数定义如下：

$$\frac{(C_s + K_1/b_s) \times (fr_f)^{K_2}}{size_f}$$

C_s 是与服务器 s 的连接时间；b_s 是服务器 s 的带宽；fr_f 代表 f 的使用频率；$size_f$ 是文档 f 的大小，单位字节。K_1 和 K_2 是常量，C_s 和 b_s 是根据最近从服务器 s 获取文档的时间进行估计的。

（12）Lowest Relative Value（LRV）

LRV 也是基于计算缓存中文档的保留效用，然后替换保留效用最低的文档。

（13）Adaptive Replacement Cache（ARC）

ARC 介于 LRU 和 LFU 之间，为了提高效果，由 2 个 LRU 组成，第一个包含的条目是最近只被使用过一次的，而第二个 LRU 包含的是最近被使用过两次的条目，因此，得到了新的对象和常用的对象。ARC 能够自我调节，并且是低负载的。

（14）Most Recently Used（MRU）

MRU 与 LRU 是相对，移除最近最多被使用的对象。当一次访问过来的时候，有些事情是无法预测的，并且在缓存系统中找出最少最近使用的对象是一项时间复杂度非常高的运算，这时会考虑 MRU，在数据库内存缓存中比较常见。

（15）First in First out（FIFO）

FIFO 通过一个队列去跟踪所有的缓存对象，最近最常用的缓存对象放在后面，而更早的缓存对象放在前面，当缓存容量满时，排在前面的缓存对象会被踢走，然后把新的缓存对象加进去。

（16）Random Cache

随机缓存就是随意的替换缓存数据，比 FIFO 机制好，在某些情况下，甚至比 LRU 好，但是通常 LRU 都会比随机缓存更好些。

还 有 很 多 的 缓 存 算 法, 例 如 Second Chance、Clock、Simple time-based、Extended time-based expiration、Sliding time-based expiration……各种缓存算法没有优劣之分,不同的实际应用场景,会用到不同的缓存算法。在实现缓存算法的时候,通常会考虑使用频率、获取成本、缓存容量和时间等因素。

4. 使用公有云的缓存服务

国内的共有云服务提供商如阿里云、青云、百度云等都推出了基于 Redis 的云存储服务,这些服务的有如下特点:

- ❑ **动态扩容**:用户可以通过控制面板升级所需的 Redis 存储空间,扩容的过程中服务不需要中断或停止,整个扩容过程对用户是透明的且无感知的,这点是非常实用的,在前面介绍的方案中,解决 Redis 平滑扩容是个很烦琐的任务,现在按几下鼠标就能搞定,大大减少了运维的负担。
- ❑ **数据多备**:数据保存在一主一备两台机器中,其中一台机器宕机了,数据还在另外一台机器上有备份。
- ❑ **自动容灾**:主机宕机后系统能自动检测并切换到备机上,实现了服务的高可用性。
- ❑ **成本较低**:在很多情况下,为了使 Redis 的性能更好,需要购买一台专门的服务器用于 Redis 的存储服务,但这样会导致某些资源的浪费,购买 Redis 云存储服务就能很好地解决这样的问题。

有了 Redis 云存储服务,能使后台开发人员从烦琐的运维中解放出来。应用后台服务中如果搭建一个高可用、高性能的 Redis 集群服务,需要投入相当的运维成本和精力。如果使用云服务,就没必要投入这些成本和精力,可以让后台应用的开发人员更专注于业务。

总而言之,"缓存为王"是因为在现代的软件系统中,缓存无处不在,是一种以空间换时间的艺术。尽管缓存是一种非常复杂的技术,但是真正掌握缓存技术是保证软件系统性能的关键手段。

Chapter 2 第 2 章

分布式系统理论

分布式理论体系宏大精深，可以通过一大厚本专著来专门阐述，本书难以尽述之，本章拟从分布式系统概论、分布式系统概念、分布式系统理论，比如 Paxos、分布式系统设计策略、心跳检测、分布式系统设计实践、全局 ID 生成等几个方面略勾画之。本章可作为后续章节阅读的基础，比如 Master-Slave 节点切换需要心跳检测、Redis 多节点选主也有相应的理论体系（Paxos 或者 Raft 协议等）支撑，一致性哈希、路由表甚至负载均衡也是常见的分布式服务调用策略。

2.1 分布式系统概论

当讨论分布式系统时，我们面临许多以下这些形容词，比如分布式的、并行的、分散的等等，这些形容词描述了不同的类型。由于本书侧重在分布式缓存技术，因此这里就不对分布式系统理论的提出进行考究了。Kleinrock ⊖ 提出了分布式系统行为的几个根本原则，这本书没有提供分布式系统整个领域的概观，而是深入地讨论了以下几个方面：

- ❑ 分布式程序设计语言：基本结构。
- ❑ 理论基础：全局状态和事件排序；逻辑时钟和物理时钟。
- ❑ 分布式操作系统：互斥和选举；死锁的检测和解决方法；自稳定；任务调度和负载平衡。
- ❑ 分布式通信：一对一通信；组（collective）通信。
- ❑ 可靠性：一致性；错误恢复；可靠通信。

⊖ 源自 Kleinrock, L., "Distributed systems", IEEE Computers, Oct. 1985, 103-11 0

❑ 分布式数据管理：复制数据的一致性；分布式并发控制。

❑ 应用：分布式操作系统；分布式文件系统；分布式数据库系统；分布式共享存储器；
异型处理。

上述目录远非分布式系统研究相关问题的详尽列表，它只是当今这个研究领域的有代表性的一个子集。

Coulouris[⊖]等作者在 *Distributed Systems-Concepts and Design*（*5th Edition*）一书中表达了他们对分布式系统（概念及设计实现）的观点，如图 2-1 所示。

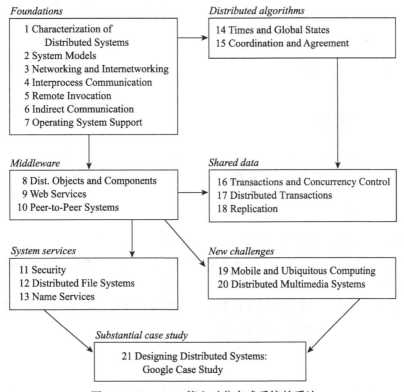

图 2-1　Coulouris 等人对分布式系统的看法

该书在中间件部分提及了远程对象、组件、Web Service、P2P 系统；在 shared data 又补充了非常重要的分布式事务一章。

cmu[⊜]是卡内基·梅隆大学的一份课程介绍，该课程属于博士学位的课程，其目标包括 3 点：

❑ 要了解操作系统和分布式系统中的尖端技术，以及为什么和如何实现。

❑ 了解如何从事系统研究。

⊖　Coulouris, George Coulouris、Jean Dollimore、Tim Kindberg、Gordon Blair，"Distributed Systems Concepts and Design"。

⊜　cmu, http://www.cs.cmu.edu/~dga/15-712/F13/syllabus.html。

❑ 通过一个学期的研究项目，来研究系统的新想法。

这个课程涉及到的内容包括：

❑ 并发、线程、并行、Ordering 和 Races；

❑ 存储和远程 DMA；

❑ 事务处理和数据库；

❑ 通用故障恢复（Paxos 等）；

❑ 安全策略。

综上所述，分布式系统是一个内涵极度丰富的领域，单就应用层次而言就涉及分布式缓存、分布式存储、分布式文件系统、分布式锁、分布式事务、分布式调度任务、分布式调度计算、分布式消息、分布式采集等等，因此本章仅从分布式系统的特点以及要求的角度做一些概览性的介绍，未尽之处，可阅读相关论文或者书籍。

2.2　分布式系统概念

本节主要介绍分布式方面的基本术语，比如进程与线程、并发等，在后续章节则有对应的解决方案，比如对于并发锁的问题可以拆分锁以及消除共享资源等。

2.2.1　进程与线程

进程是具有一定独立功能的程序关于某个数据集合上的一次运行活动，进程是系统进行资源分配和调度的一个独立单位。线程是进程的一个实体，是 CPU 调度和分派的基本单位，它是比进程更小的能独立运行的基本单位。线程自己基本上不拥有系统资源，只拥有一点在运行中必不可少的资源（如程序计数器、一组寄存器和栈），但是它可与同属一个进程的其他的线程共享进程所拥有的全部资源。

2.2.2　并发

当有多个线程在操作时，如果系统只有一个 CPU，则它根本不可能真正同时进行一个以上的线程，它只能把 CPU 运行时间划分成若干个时间段，再将时间段分配给各个线程执行，在一个时间段的线程代码运行时，其他线程处于挂起状态。这种方式我们称之为并发（Concurrent）。

应用层的并发概念可以推广之，定义为单位时间内对于共享资源的访问，比如在数据库单条记录更新时，一条在更新，一条并发请求则处于等待状态。

2.2.3　锁

锁（lock）作为用于保护临界区（critical section）的一种机制，被广泛应用在多线程程序中，比如 Java（synchronized，ReentrantLock…）。

减少或规避锁争用的几种策略:

❑ 分拆锁;

❑ 分离锁;

❑ 避免共享变量缓存;

❑ 使用并发容器如 Amino;

❑ 使用 Immutable 数据和 ThreadLocal 中的数据。

特别介绍一下分拆锁(lock splitting)和分离锁(lock striping)。如果一个锁守护多个相互独立的状态变量,你可能能够通过分拆锁,使每一个锁守护不同的变量,从而改进可伸缩性。通过这样的改变,使每一个锁被请求的频率都变小了。分拆锁对于中等竞争强度的锁,能够有效地把它们大部分转化为非竞争的锁,使性能和可伸缩性都得到提高。分拆锁有时候可以被扩展,分成若干加锁块的集合,并且它们归属于相互独立的对象,这样的情况就是分离锁。例如,ConcurrentHashMap 的实现使用了一个包含 16 个锁的数组,每一个锁都守护 HashMap 的 1/16。假设 Hash 值均匀分布,这将会把对于锁的请求减少到约为原来的 1/16。这项技术使得 ConcurrentHashMap 能够支持 16 个并发 Writer。当多处理器系统的大负荷访问需要更好的并发性时,锁的数量还可以增加。

2.2.4　并行

当系统有一个以上的 CPU 时,则线程的操作有可能非并发。当一个 CPU 执行一个线程时,另一个 CPU 可以执行另一个线程,两个线程互不抢占 CPU 资源,可以同时进行,这种方式我们称之为并行(Parallel)。

和并发的区别:并发和并行是即相似又有区别的两个概念,并行是指两个或者多个事件在同一时刻发生;而并发是指两个或多个事件在同一时间间隔内发生。

2.2.5　集群

集群是一组相互独立的、通过高速网络互联的计算机,它们构成了一个组,并以单一系统的模式加以管理。一个客户与集群相互作用时,集群像是一个独立的服务器。集群配置是用于提高可用性和可伸缩性。其实,分布式系统可以表达为很多机器组成的集群,靠彼此之间的网络通信,担当的角色可能不同,共同完成同一件事情的系统。可以划分为以下几种类型:

❑ 节点:系统中按照协议完成计算工作的一个逻辑实体,可能是执行某些工作的进程或机器。

❑ 网络:系统的数据传输通道,用来彼此通信。通信是具有方向性的。

❑ 存储:系统中持久化数据的数据库或者文件存储。

根据典型的集群体系结构,集群中涉及的关键技术可以归属于四个层次:

❑ 网络层:网络互联结构、通信协议、信号技术等。

- ❏ 节点机及操作系统层高性能客户机、分层或基于微内核的操作系统等。
- ❏ 集群系统管理层：资源管理、资源调度、负载平衡、并行 IPO、安全等。
- ❏ 应用层：并行程序开发环境、串行应用、并行应用等。

2.2.6 状态特性

在大部分应用中都提倡服务无状态，分布式环境中的任何节点（Node）也是无状态的。无状态是指不保存存储状态，则可以随意重启和替代，便于做扩展。比如负载均衡服务器 Nginx 是无状态的，应用服务绝大部分也是无状态的，在高压力访问下，撑不住了就加一些机器，扩展很容易。

如图 2-2 所示，当 Nginx、Jetty 服务出现故障，客户快速更换，但 MySQL、Memcached 出现故障，快速更换就未必是预案的全部了。以 Cache Server（memcached）宕掉为例，一定范围的 key 查询不到就会访问 DB（database），在极端情况下会导致 DB 穿透，甚至让 DB 服务器不可用。在业界对于缓存失效 / 缓存服务器不可用带来的雪崩效应未有完美的解决方案，一个可选的方案是：如果一个查询返回的数据为空（不管是数据不存在，还是系统故障），我们仍然把这个空结果进行缓存，但它的过期时间会很短，最长不超过五分钟。大多数系统设计者考虑用加锁或者队列的方式保证缓存的单线程（进程）写，从而避免失效时大量的并发请求落到底层存储系统上。

关于雪崩效应的方案，后续 2、3、4 节将详细描述。

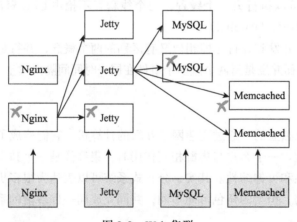

图 2-2　Web 集群

2.2.7 系统重发与幂等性

什么叫网络重发？在我的知识体系和百度并未找到原生定义。笔者讲一下现实的情况吧，我们模拟一下最简单的调用场景。如图 2-3 所示，用户访问一个应用，该应用需要调用一个远程服务，如果 app1 访问 service B 的链路出现网络异常，用户得到操作失败的反馈。为了减少失败率，httpClient 的设计一般增加重发（retry）的机制。

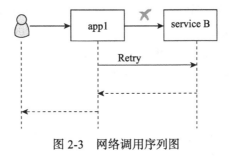

图 2-3　网络调用序列图

我们可以看看 DefaultMethodRetryHandler（commons-httpclient-3.0）的代码，默认 retry 次数为 3。

```
public class DefaultMethodRetryHandler implements MethodRetryHandler {
    private int retryCount = 3;
    private boolean requestSentRetryEnabled = false;

    public DefaultMethodRetryHandler() {
    }
    public boolean retryMethod(HttpMethod method, HttpConnection connection,
        HttpRecoverableException recoverableException, int executionCount,
        boolean requestSent) {
        return (!requestSent || this.requestSentRetryEnabled) && executionCount
            <= this.retryCount;
    }

    public boolean isRequestSentRetryEnabled() {
        return this.requestSentRetryEnabled;
    }

    public int getRetryCount() {
        return this.retryCount;
    }

    public void setRequestSentRetryEnabled(boolean requestSentRetryEnabled) {
        this.requestSentRetryEnabled = requestSentRetryEnabled;
    }

    public void setRetryCount(int retryCount) {
        this.retryCount = retryCount;
    }
}
```

提示　随着 httpClient（最新版本 4.5.2）的发展，相应类设计已经被改写，但 retry 的机制仍然存在。

因此，我们要考虑**幂等性**设计。所谓**幂等性**就是调用 1 次和调用 N 次要返回一样的结果。比如一次转账动作，A 账户转账 1000 到 B 账户，由于网络调用超时，客户端 client 基于上述保障成功率的原因发起了 retry，那么最终应该转账 1000 还是 2000 呢，客户的意愿是 1000。只需要在设计上加上调用订单号就可以规避这个问题，多次重发，调用的订单号一样，则在服务提供方内部只做一次真实转账动作就行了。

2.2.8　硬件异常

大家都知道一套提供给客户的运行系统包括硬件和软件，而硬件则涉及机房、网络、服务器、磁盘及其他存储设备等等。硬件异常就是硬件出现了问题，而导致运行程序部分不可用或者全部不可用。

1. 服务器宕机

引发服务器宕机的原因可能是服务器停电、内存错误等等故障，换言之，服务器故障是大概率事件。在分布式环境下，采用低廉的 PC Server 代替高大上的服务器已是常态。我们把宕机时不能提供服务的节点，称为**不可用**。服务器宕机时，节点将丢失所有内部信息，因此设计时需要考虑存储系统的持久化，在重启系统后，可以进行相关存储内容的恢复。

2. 网络异常

网络异常的原因可能是消息丢失、网络包数据错误。比如笔者见过一个校园网的案例。故障引发原因为校园网内部分问题主机不定时发起大量异常对互联网的连接数据包，导致校园网出口设备会话连接数急剧增加，从而无法接受用户正常的网络连接请求数据包。而经过排查，确认为校园网内大量主机存在安全漏洞，有相当数量的主机被植入木马和恶意软件。这些主机频繁发送大量数据包，严重影响校园网性能。

设计容错系统的一个方案是，任何消息只有收到对方回复才可以认为发送成功。即使通讯软件钉钉进一步延伸为通过确认机制来了解接收者是否**已读**，已读状态则无法抵赖，属于确认机制的一种延伸应用。

3. 磁盘故障

磁盘故障是高概率事件。我们一般区分故障为软件故障和硬件故障，而硬件故障又可以分为系统引起的，例如主板的 IDE 接口松动、与其他硬件设备不兼容、电源不稳定等等，而另一个就是硬盘本身的故障了，如出现坏道、分区表损坏、病毒等。磁盘损坏时，数据将丢失，当然还有一些专业的恢复策略，但是可靠性无法保障。因此，在分布式环境中，需要把数据存储在多台服务器，一旦一台出现故障，也能从其他服务器恢复。

4. 机房级异常

俗话说不要把鸡蛋放到一个篮子里，对容灾而言也有同城灾备和异地机房的做法。当发生机房级异常比如光纤出了问题，异地机房可以继续提供服务。

图 2-4 所示为一个示意性的机房容灾方案。机房 H 的备库放在机房 K，通过数据库同

步机制做信息复制。

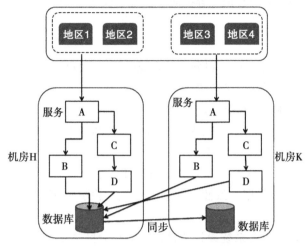

图 2-4　机房容灾示意图

当机房 K 宕掉的时候，则切换地区 3、4 的用户访问机房 H，如图 2-5 所示。

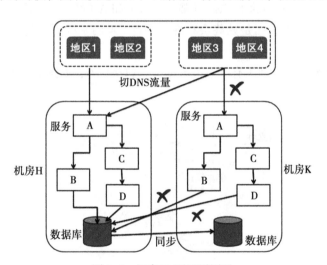

图 2-5　机房 K 不可用图示

2.3　分布式系统理论

在分布式系统研究领域有诸多理论，笔者选择和后续案例或缓存开源软件相关的一些理论，试简略叙述之，以增强读者对相应知识的了解，对于分布式理论感兴趣的朋友可以查阅相关资料以做进一步了解。CAP 理论提出了一致性、可用性、分区容忍性的取舍问题；Paxos、Raft、2PC、3PC 分别给出了一致性的解决方案；Lease 机制主要针对网络拥塞或瞬断的情况下，出现双主情况的解法；Quorum NWR 和 MVCC 主要解决分布式存储领域的一致性问题；Gossip 是一种去中心化、容错而又最终一致性的算法。

2.3.1 CAP 理论

分布式系统的 CAP 理论：首先将分布式系统中的三个特性进行如下归纳：

- ❑ **一致性**（C）：在分布式系统中的所有数据备份，在同一时刻是否有同样的值。（等同于所有节点访问同一份最新的数据副本）
- ❑ **可用性**（A）：在集群中一部分节点故障后，集群整体是否还能响应客户端的读写请求。（对数据更新具备高可用性）
- ❑ **分区容忍性**（P）：以实际效果而言，分区相当于对通信的时限要求。系统如果不能在一定时限内达成数据一致性，就意味着发生了分区的情况，必须就当前操作在 C 和 A 之间做出选择。

高可用、数据一致是很多系统设计的目标，但是分区又是不可避免的事情，由此引出了以下几种选择：

（1）CA without P

如果不要求 P（不允许分区），则 C（强一致性）和 A（可用性）是可以保证的。但其实分区不是你想不想的问题，而是始终会存在，因此 CA 的系统更多的是允许分区后各子系统依然保持 CA。

典型放弃分区容忍性的例子有关系型数据库、LDAP 等，如图 2-6 所示。

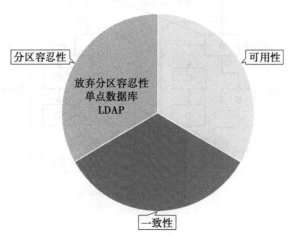

图 2-6　放弃分区容忍性

（2）CP without A

如果不要求 A（可用性），相当于每个请求都需要在 Server 之间强一致，而 P（分区）会导致同步时间无限延长，如此 CP 也是可以保证的。很多传统的数据库分布式事务都属于这种模式，分布式锁也属于此种情况，如图 2-7 所示。

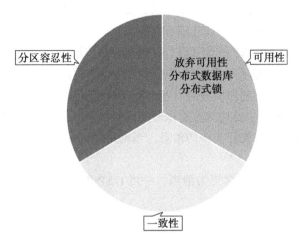

图 2-7　放弃可用性

（3）AP wihtout C

要高可用并允许分区，则需放弃一致性。一旦分区发生，节点之间可能会失去联系，为了高可用，每个节点只能用本地数据提供服务，而这样会导致全局数据的不一致性。现在众多的 NoSQL 都属于此类，如图 2-8 所示。

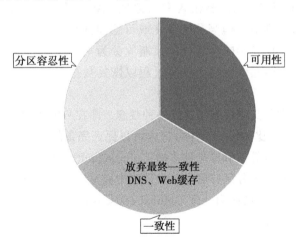

图 2-8　放弃一致性

该理论由 brewer ⊖ 提出，2 年后就是 2002 年，Lynch 与其他人证明了 Brewer 猜想，从而把 CAP 上升为一个 Lynch ⊜ 定理。但是，她只是证明了 CAP 三者不可能同时满足，并没

⊖ brewer http://www.cs.berkeley.edu/~brewer/cs262b-2004/PODC-keynote.pdf。

⊜ Lynch Brewer's Conje ture and the Feasibility of Consistent, Available, Partition-Tolerant Web Services。

有证明任意二者都可满足的问题，所以，该证明被认为是一个收窄的结果。

Lynch 的证明相对比较简单：采用反证法，如果三者可同时满足，则因为允许 P 的存在，一定存在 Server 之间的丢包，如此则不能保证 C，证明简洁而严谨。

在该证明中，Lynch 对 CAP 的定义进行了更明确的声明：

- ❏ C：一致性被称为原子对象，任何的读写都应该看起来是"原子"的，或串行的。写后面的读一定能读到前面写的内容。所有的读写请求都好像被全局排序。
- ❏ A：对任何非失败节点都应该在有限时间内给出请求的回应。（请求的可终止性）
- ❏ P：允许节点之间丢失任意多的消息，当网络分区发生时，节点之间的消息可能会完全丢失。

该定义比 Brewer 提出的概念更为清晰，一度 CAP 理论成为分布式方面的圣经，频繁地被引用，言必称 CAP。

2.3.2 CAP 理论澄清

《CAP 理论十二年回顾："规则"变了》一文首发于 Computer 杂志，后由 InfoQ 和 IEEE 联合呈现，非常精彩⊖。

文章表达了以下几个观点：

1. "三选二"是一个伪命题

不是为了 P（分区容忍性），要在 A 和 C 之间选择一个。分区很少出现，CAP 在大多数时候允许完美的 C 和 A。但当分区存在或可感知其影响的情况下，就要预备一种策略去探知分区并显式处理其影响。这样的策略应分为三个步骤：探知分区发生，进入显式的分区模式以限制某些操作，启动恢复过程以恢复数据一致性并补偿分区期间发生的错误。

"一致性的作用范围"其实反映了这样一种观念，即在一定的边界内状态是一致的，但超出了边界就无从谈起。比如在一个主分区内可以保证完备的一致性和可用性，而在分区外服务是不可用的。Paxos 算法和原子性多播（atomic multicast）系统一般符合这样的场景。像 Google 的一般做法是将主分区归属在单个数据中心里面，然后交给 Paxos 算法去解决跨区域的问题，一方面保证全局协商一致（global consensus）如 Chubby，一方面实现高可用的持久性存储如 Megastore。

2. ACID、BASE、CAP

ACID 和 BASE 这两个术语都好记有余而精确不足，出现较晚的 BASE 硬凑的感觉更明显，它是"Basically Available, Soft state, Eventually consistent（基本可用、软状态、最终一致性）"的首字母缩写。其中的软状态和最终一致性这两种技巧擅于对付存在分区的场合，

⊖ CAP 理论十二年回顾："规则"变了 http://www.infoq.com/cn/articles/cap-twelve-years-later-how-the-rules-have-changed/。

并因此提高了可用性。

CAP 与 ACID 的关系更复杂一些，也因此引起更多误解。其中一个原因是 ACID 的 C 和 A 字母所代表的概念不同于 CAP 的 C 和 A。还有一个原因是选择可用性只部分地影响 ACID 约束。

最终一致性（Eventually consistent）是令人相对难理解的一个概念，最终具体是什么时间范围才算？业界有一种我相对认同的解释：

1）给定足够长的一段时间，不再发送更新，则认为所有更新会最终传播到整个系统，且所有副本都会达到一致。

> 🔍 **注意**　事实上，7×24 小时持续提供服务的系统，比如电商网站，会不断有订单产生、有商品发布，这里说的不再更新是针对具体的对象（比如张三购买鞋子的交易记录，在大促活动期间可能没有及时更新到商户侧让商户可以查询到，但活动结束一般则可以查询到），如果有差错，IT 系统解决掉之后还是会保障其正确性。

2）当存在持续更新时，一个被接受的更新要么到达副本，要么在**到达副本的路上**，比如网络闪断，有重试机制；为避免持续压力，可加大重试时间；超过重试次数，则引入手工决策或者第二套方案处理。

2.3.3　Paxos

Paxos 算法是 Lamport 于 1990 年提出的一种基于消息传递的一致性算法。由于算法难以理解起初并没有引起人们的重视，Lamport 在八年后重新发表，即便如此 Paxos 算法还是没有得到重视。2006 年 Google 的三篇论文石破天惊，其中的 chubby 锁服务使用 Paxos 作为 chubby cell 中的一致性算法，工业界对它的兴趣趋于浓厚。2001 年 Lamport 用简单的语言而不是难懂的天书重写这篇论文，命名为 Paxos Made Simple。⊖

1. Paxos 是什么

一言以蔽之，Paxos 协议是一个解决分布式系统中，多个节点之间就某个值（提案）达成一致（决议）的通信协议。它能够处理在少数节点离线的情况下，剩余的多数节点仍然能够达成一致。

2. Paxos 协议简介

Paxos 协议是一个两阶段协议，分为 Prepare 阶段和 Accept 阶段。下面分别对 2 个阶段的处理展开叙述。

普及一下，该协议涉及 2 个参与者角色：Proposer 和 Acceptor。Proposer 是提议提案的服务器，而 Acceptor 是批准提案的服务器。二者在物理上可以是同一台机器。

⊖　https://github.com/papers-we-love/papers-we-love/blob/master/distributed_systems/paxos-made-simple.pdf。

Prepare 阶段

（1）Prepare 阶段 1：Proposer 发送 Prepare

Proposer 生成全局唯一且递增的提案 ID（生成方法很多，比如时间戳 +IP+ 序列号等），向 Paxos 集群的所有机器发送请求，这里无须携带提案内容，只携带提案 ID 即可（且把提案 id 叫作 Pn，也有一种说法 ID 其实代表版本 version），如图 2-9 所示。

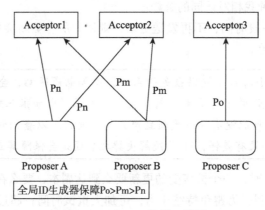

图 2-9　Prepare 阶段 1 图示

（2）Prepare 阶段 2：Acceptor 应答 Prepare

Acceptor 收到提案请求后，做出以下约定：

1）不再应答 <=Pn 的 Prepare 请求；

2）对于 <Pn 的 Accept 请求亦不处理。

Acceptor 做的处理包括：

1）应答前要在本地持久化当前提案 ID；

2）如果现在请求的提案 ID—Pn 大于此前存放的 proposalID，则做以下逻辑：

```
If Pn>proposalID then proposalID =Pn
```

如果该 Acceptor Accept 过的提案，则返回提案中 proposalID 最大的那个提案的内容，否则返回空值。

交互过程如图 2-10 所示。

Accept 阶段

（1）Proposer 发送 Accept

Proposer 收集到多数派应答（这里的多数派，就是超过 $n/2+1$，n 是集群数）Prepare 阶段的返回值后，从中选择 proposalID 最大的提案内容，作为要发起 Accept 的提案，如果这个提案为空值，则可以自己随意决定提案内容。然后携带上当前 proposalID，向 Paxos 集群的所有机器发送 Accpet 请求，如图 2-11 所示。

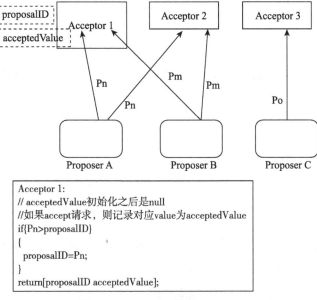

图 2-10　Proposer 发送 Prepare

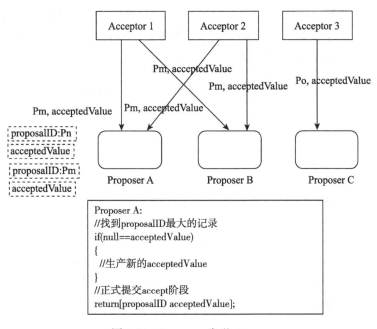

图 2-11　Proposer 发送 Accept

（2）Acceptor 应答 Accept

Accpetor 收到 Accpet 请求后，检查不违背自己之前做出约定的情况下，持久化当前
Proposal ID 和提案内容。最后 Proposer 收集到多数派应答的 Accept 回复后，形成决议。

如果需要进一步阅读，推荐倪超著的《从 Paxos 到 ZooKeeper》一书。

2.3.4　2PC

在事务处理、关系型数据库及计算机网络中，2 阶段提交协议（2PC）是一种典型的原子提交协议（atomic commitment protocol）。它是一种由协调器来处理分布式原子参与者是提交或者回滚事务的分布式算法。

该协议包括 2 个阶段：

（1）提交请求阶段或者叫投票阶段

该阶段的任务是确定相关参与者对于事务处理是否准备就绪，YES 代表可以 commit，NO 则反之。

（2）提交阶段

基于投票结果，由协调器决定提交事务抑或是退出事务处理；各事务参与者遵循指示，对本地事务资源做需要的动作。

1. commit request phase（提交请求阶段）

如图 2-12 所示，协调器用 coordinator 表示，cohot1、cohot2 分别表示事务参与者 1、事务参与者 2。在提交请求阶段，cohot1 执行 prepare（事务准备）动作，并返回给协调器；cohot2 亦是如此。如果均返回 YES 则进入下一个阶段：commit phase（提交阶段）。如果有一个事务参与者返回 NO，则协调器决策不进入 commit phase 阶段。

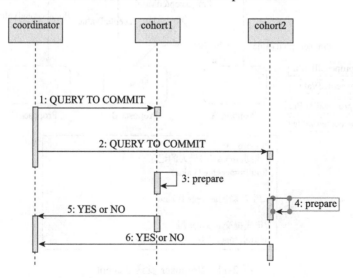

图 2-12　commit request phase 时序图

2. commit phase（提交阶段）

如图 2-13 所示，协调器向参与者 1（cohort1）发出提交（commit）指令，参与者 1 执行提交并发确认信息给协调器；cohort2 也是如法炮制。如果参与者 1（cohort1）或者参与者 2（cohort1）commit（提交）失败 / 超时，则通知协调器，发起回滚（rollback）。

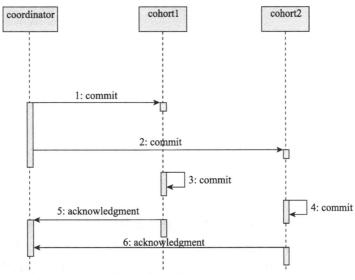

图 2-13　commit phase 时序图

2PC 最大的不足是提交协议是阻塞型协议，如果事务协调器宕机，某些参与者将无法解决他们的事务：一个参与者发送确认消息给协调器，因协调器无法工作而导致事务未处理完而处于悬挂状态。

因此在高并发网站中使用分布式事务的 2PC 协议要把握如下原则：

1）能不用 2PC 的尽量不用，综上所述可以发现，2PC 协议要有提交请求阶段、提交阶段，而每个阶段也有协调器分别与多个事务参与者的应答，复杂度高，性能也受到挑战。

2）要获得事务强一致性，也要在性能和一致性上做折中，比如加上超时机制，阶段性补偿机制等。

2.3.5　3PC

如图 2-14 所示，3PC 分为 3 次交互。第一阶段，投票，事务协调器询问参与者是否能提交（canCommit），都得到肯定回答后，继续第二阶段。第二阶段是预提交，都确认预提交成功后，进行第三阶段。第三阶段就是真实的提交，成功则完成事务；失败则继续重试。3PC 是在 2PC 的基础上增加了一次交互，也就是 preCommit（又称预提交）。只要预提交都成功，则一定要保证 doCommit 提交成功，即使协调器在下一阶段不可用，或者调用超时。这是协议的基本思想，在工业环境中，一般是通过重试补偿的策略来保证 doCommit 提交成功的。

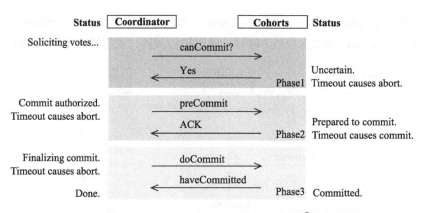

图 2-14   Three-phase_commit 时序图⊖

2.3.6   Raft

Raft 提供了和 Paxos 算法相同的功能和性能，但是它的算法结构和 Paxos 不同。Raft 算法更加容易理解并且更容易构建实际的系统。为了提升可理解性，Raft 将一致性算法分解成了几个关键模块，例如领导人选举、日志复制和安全性。同时它通过实施一个更强的一致性来减少需要考虑的状态的数量。Raft 算法还包括一个新的机制来允许集群成员的动态改变，它利用重叠的大多数来保证安全性。

Paxos 和 Raft 都是为了实现一致性（Consensus）这个目标，这个过程如同选举一样，参选者需要说服大多数选民（服务器）投票给他，一旦选定后就跟随其操作。Paxos 和 Raft 的区别在于选举的具体过程不同。

在 Raft 中，任何时候一个服务器可以扮演下面角色之一：

❑ **领导者**：处理所有客户端交互、日志复制等动作，一般一次只有一个领导者。

❑ **选民**：类似选民，完全被动的角色，这样的服务器等待被通知投票。

❑ **候选人**：候选人就是在选举过程中提名自己的实体，一旦选举成功，则成为领导者。

Raft 算法分为 2 个阶段，首先是选举过程，然后在选举出来的领导人带领进行正常操作，比如日志复制等。下面用图示展示这个过程：

1）任何一个服务器都可以成为一个候选者，它向其他服务器（选民）发出要求选举自己的请求，如图 2-15 所示。

2）其他服务器同意了，回复 OK（同意）指令，如图 2-16 所示。

此时如果有一个 Follower 服务器宕机，没有收到请求选举的要求，则只要达到半数以上的票数，候选人还是可以成为领导者的。

3）这样，这个候选者就成为领导者，它可以向选民们发出要执行具体操作动作的指令，比如进行日志复制，如图 2-17 所示。

⊖   https://en.wikipedia.org/wiki/Three-phase_commit_protocol。

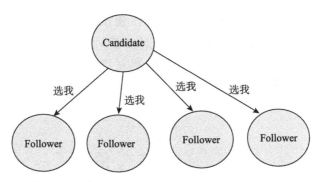

图 2-15　candidate 发出请求

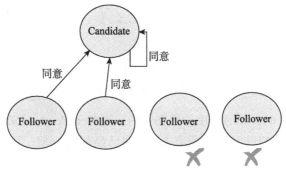

图 2-16　follower 返回请求

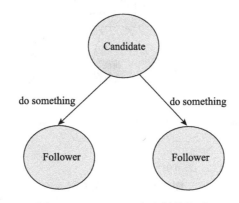

图 2-17　candidate 发出操作指示

4）如果一旦这个 Leader 宕机崩溃了，那么 Follower 中会有一个成为候选者，发出邀票选举，相当于再次执行 1）～2）的步骤。

总结：1）～2）是选举过程，3）是具体协同执行指令操作的过程。

2.3.7　Lease 机制

Lease 英文含义是"租期"、"承诺"。在分布式环境中，此机制描述为：Lease 是由授

权者授予分布式环境一段时间内的承诺。以图 2-18 缓存服务器为例，缓存服务器（Server）
把数据分发给对应的节点 NodeA、NodeB 以及 NodeC。其中节点 A、B 得到数据 v01，有
效期为 12:00:00，而节点 C 收到数据 v02，有效期为 12:15:00。节点 A 可以把 v01 数据缓
存在本地，在 Lease 时间范围内，放心使用。而 Server 也遵守承诺，在 Lease 过期时间内
不修改数据。

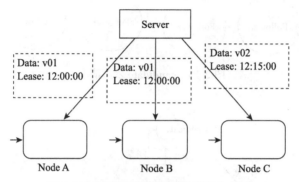

图 2-18　缓存服务器分发数据给众节点

当时间到 12:00:01 时，此时 v01 的数据过期，则 NodeA、NodeB 会删除本地数据。而
此时 Server 会阻塞一直到已发布的所有 Lease 都已经超时过期，再更新数据并发出新的
Lease，如图 2-19 所示。

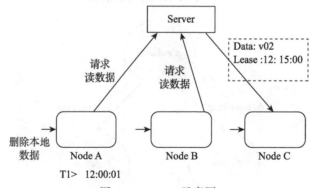

图 2-19　Lease 示意图

不难发现，这里有一些优化空间，且罗列如下：

1）已经过期的 Lease 的读问题。NodeA 的数据已经过期，这事 Server 还未更新发布，
读不到数据够郁闷的，影响业务可用性。改进之一就是还是给它数据，但是没有 Lease 时
间。下次来则继续到 Server 请求，可能此时新的 Lease 已经生成好。

2）主动通知机制，如果 Server 的数据通过配置后台也好、事件触发也好，修改了数
据，难道要等所有 Lease 都过期？ 它可以主动发起失效命令。如果所有失效成功，则直接
更新数据，颁发新的 Lease。如果不完全成功，则可以重试或者退化为原始的等待方案。

3）基于锁定资源的角度，如果一次更新动作的数据是分离的，则没有必要对所有 Lease 等待过期。比如对于 v01/Lease：xx-xx-xx 这个数据，只要所有节点的对应这个数据都过期或者失效就 ok 了，和 v02 没有关系。

2.3.8　解决"脑裂"问题

主备是实现高可用的有效方式，但存在一个脑裂问题。**脑裂**（split-brain），指在一个高可用（HA）系统中，当联系着的两个节点断开联系时，本来为一个整体的系统，分裂为两个独立节点，这时两个节点开始争抢共享资源，结果会导致系统混乱，数据损坏。

前面提到了心跳检测策略。我们通过心跳检测做主备切换的时候，就存在不确定性。心跳检测的不确定性是发生脑裂问题的一个非常重要的原因。比如 Slave 提供服务了，但此前被判死的 Master 又"复活"了，还在继续工作，则对应用程序逻辑带来未知因素，其中就包括抢夺资源。

如何解决这个问题呢？如图 2-20 所示，有一种做法称为设置仲裁机制，例如设置第三方检测服务器（Monitor），当 Slave 确定准备接管 Master 时，让 Monitor 也 ping 一下 Master，如果没有通讯，则判断其"死亡"；同时 Master 在对外提供服务时，每隔一段时间比如 10s 由 Master 服务器 ping Slave 服务器和 Monitor，如果均出现异常，则暂停业务

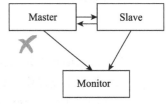

图 2-20　Master-Slave 示意图

操作，重试。重试多次之后则退出程序执行或者执行服务器重启操作。

当然，这里有新的问题，比如 Monitor 的高可用保障。

通过 Lease 机制也可以进一步处理双主脑裂问题，如图 2-21 所示。我们假设 Slave 已经在提供服务了，对应的 Server 服务器则获得 Slave 颁发的 Lease。假设老 Master 仍在提供服务，则 Lease 必然是过期的，因此请求失效，老 Master 请求频繁失效的情况下，可以通过配置监控点触发报警，以人工介入让老 Master 放弃身份，转换为 Slave。

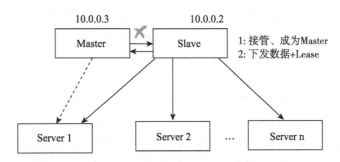

图 2-21　通过 Lease 解决双主脑裂

社区 Hadoop2.2.0 release 版本开始支持 NameNode 的 HA，采用了 Qurom Journal Manager 方式解决高可用环境下 NameNode 的切换问题。大家可以通过查阅相关资料进一步阅读。

2.3.9　Quorum NWR

NWR 是一种在分布式存储系统中用于控制一致性级别的一种策略。在 Amazon 的 Dynamo 云存储系统中，就应用 NWR 来控制一致性。

让我们先来看看这三个字母的含义：

❑ N：同一份数据的拷贝份数。

❑ W：是更新一个数据对象的时候需要确保成功更新的份数。

❑ R：读取一个数据需要读取的拷贝的份数。

具体策略通过 2 个公式计算：

$$W > N/2$$

$$W + R > N$$

这 2 个公式的意思是写操作要确保成功的份数应该高于同一份数据拷贝总份数的一半；同时，写操作加上读操作的总份数也要高于同一份数据拷贝总份数。

我们通过表 2-1 来讨论一下对于 N 不同取值，W、R 如何的优劣情况。

表 2-1　NWR 示例

N	W	R	说　明
1			$N=1$，单点问题，无法满足高可用
2			在一个节点宕掉之后，仍然是单点
3	2，3	1，2，3	读越大，读性能越差；写越大，写性能越差
4 或者更多			服务器节点成本高

由表 2-1 可得，N 至少达到 3，大于 3 则付出更高的成本。小于 3 无法保障高可用。一般采取 $N=3$、$R=2$、$W=2$ 的配置，$W=2$，可以保障大多数写成功，而 $R=2$，则能保障读到大多数一致的最新版本。关于由于不同节点都在提供 W 和 R，而 W 未必等于 N，则一定存在数据不一致的情况。冲突解决策略一般有 Cassandra 使用的 client timestamps 和 Riak 的 Vector clock 等，如果无法解决，冲突可能会硬性覆盖或者推到业务代码。

Taobao File System，简称 TFS，是淘宝针对海量非结构化数据存储设计的分布式系统，构筑在普通的 Linux 机器集群上，可为外部提供高可靠和高并发的存储访问，高可扩展、高可用、高性能、面向互联网的服务。TFS 采取了 $N=3$、$W=3$ 的策略，为了取得写性能与高可用之间的平衡，在某个 DataServer 出现问题的时候，采取异步策略，由对应 block 元数据管理机制启动恢复流程，选择继续写到成功为止。TFS 架构图如图 2-22 所示。

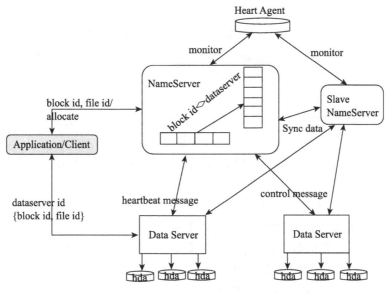

图 2-22 TFS 架构图⊖

具体的处理策略，描述如下：

TFS 采用 Block 存储多份的方式来实现 DataServer 的容错。每一个 Block 会在 TFS 中存在多份，一般为 3 份，并且分布在不同网段的不同 DataServer 上。对于每一个写入请求，必须在所有的 Block 写入成功才算成功。当出现磁盘损坏 DataServer 宕机的时候，TFS 启动复制流程，把备份数未达到最小备份数的 Block 尽快复制到其他 DataServer 上去。 TFS 对每一个文件会记录校验 crc，当客户端发现 crc 和文件内容不匹配时，会自动切换到一个好的 block 上读取。此后客户端将会实现自动修复单个文件损坏的情况。

2.3.10 MVCC

MVCC，全称 Multiversion concurrency control，翻译为基于多版本并发控制。人们一般把基于锁（比如行级锁）的并发控制机制称成为悲观机制，而把 MVCC 机制称为乐观机制。由于 MVCC 是一种宽松的设计，读写相互不阻塞，可以获得较好的并发性能。

下面用一个例子来说明一下 Multiversion ⊖，如表 2-2 所示。

表 2-2 MVCC 示例

Time	Object 1	Object 2	Object 3
0	"Foo" by T0	"Bar" by T0	
1	"Hello" by T1		
2		(deleted) by T3	"Foo-Bar" by T3

⊖ http://code.taobao.org/p/tfs/wiki/intro/

⊖ https://en.wikipedia.org/wiki/Multiversion_concurrency_control

如表 2-2 所示，事务 T0 修改了 Object1、Object2 的值，而事务 T1 修改了 Object1 的值，那么对于 Object1 需要记录 2 个版本，分别是 T0 时刻和 T1 时刻的。在 T1 提交之后，事务 T2 查询，则 T2 可以查询 Object1="Hello"、Object2="Bar"。而 T2 查询的时候，并发有 T3 事务，T3 删除 Object2 并修改 Object3，同样记录相应版本如表 2-2 所示。

不同数据库对于 MVCC 的具体实现有差异。MySQL 的 InnoDB 是这样做的：

❏ 引擎给每张表都增加 2 个字段，分别叫作 create version 和 delete version。
❏ 插入操作时：记录的创建版本号就是事务版本号。
❏ 更新操作时：采用的是先标记旧的那行记录为已删除，并且删除版本号是事务版本号，然后插入一行新记录的方式。
❏ 删除操作时：就把事务版本号作为删除版本号。

那么当我们做查询操作的时候，要符合以下两个条件的记录才能被事务查询出来：

1）delete version> 当前版本号，就是说删除操作是在当前事务启动之后做的。

2）create version<= 当前事务版本号。

下面我们通过表 2-3 来看一下 MySQL 实现 MVCC 的一个例子。我们在这个例子中做了三次操作。

1）insert 一条 name 为"友强"的记录。

2）修改该记录的 name 为"王友强"，此时 create version 设置为 2。

3）删除这条记录，在数据库引擎中的体现是 insert 新记录，并设置 delete version=3。

表 2-3 mysql 实现 mvcc 的示例

id	name	create version	delete version
1	友强	1	
1	王友强	2	
1	王友强	2	3

可以通过示例追溯 id=1 的这条记录的变迁历程。如果当前查询版本为 1，则查询 name 为友强，查询时版本为 2，则查询 name 结果为王友强。

2.3.11 Gossip

对于分布式系统而言，由于状态分散在集群中的各个节点上，集群的状态同步面临着集中式系统所不具备的问题：

❏ 其中的每一个节点如何较快的得知集群状态全集的某些特征？
❏ 如何避免多个节点就某个状态发生分歧，使得集群的状态实时或最终一致？

分布式系统中的各个节点通过一定的交互方式（分布式协议）解决上述问题。

Gossip 就是一种去中心化思路的分布式协议，解决状态在集群中的传播和状态一致性的保证两个问题。因为其实现简单，具备较高的容错性和性能，成为分布式系统最广泛使用的状态同步协议之一。

1. 状态的传播

以 Gossip 协议同步状态的思路类似于流言的传播，如图 2-23 所示。

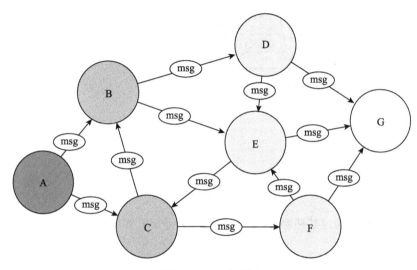

图 2-23 流言传播

A 节点率先知道了某个流言（msg），它首先将此信息传播到集群中的部分节点（比如相邻的两个节点）B 和 C，后者再将其传递到它们所选择的"部分"节点，例如 B 选择了 D 和 E，C 选择了将流言传播到 B 和 F。以此类推，最终来自于 A 的这条流言在 3 轮交互后被传播到了集群中的所有节点。

在分布式系统的实践中，这个"流言"可能是：某个节点所感知到的关于其他节点是否宕机的认识；也可能是数据水平拆分的缓存集群中，关于哪些 hash 桶分布在哪些节点上的信息。每个节点起初只掌握部分状态信息，不断地从其他节点收到 Gossip 信息，每个节点逐渐地掌握到了整个集群的状态信息。因此解决了状态同步的第一个问题：全集状态的获取。

对于集群中出现的部分网络分割，如图 2-24 所示。

消息也能通过别的路径传播到整个集群。

2. 状态的一致

状态同步的第二个问题：对于同一条状态信息，不同的节点可能掌握的值不同，也能通过基于 Gossip 通信思路构建的协议包版本得到解决。例如水平拆分的 Redis 缓存集群，初始状态下 hash 桶在各个节点的分布如图 2-25 所示。

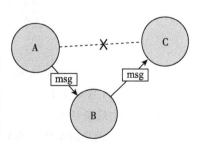

图 2-24 网络分割示意

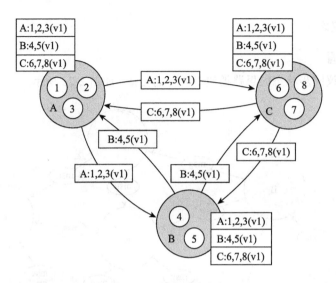

图 2-25　状态一致案例

此时各个节点预先通过某种协议（比如 Gossip）得知了集群的状态全集，此时新加入了节点 D，如图 2-26 所示。

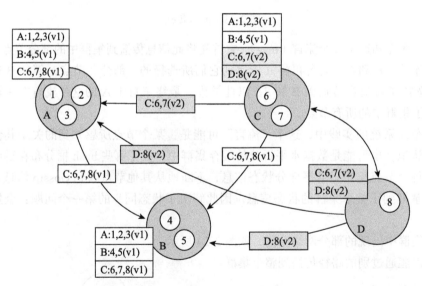

图 2-26　加入节点 D 的变化

D 分担了 C 的某个 hash 桶，此时 C/D 和集群中其他节点就 C 所拥有哪些 hash 这件事发生了分歧：A/B 认为 C 目前有 6/7/8 个 hash 桶。此时通过为 Gossip 消息体引入版本号，使得关于 C 的最新状态信息（只有 6/7 两个桶了）在全集群达到一致。例如 B 收到来自 A 和 C 的 Gossip 消息时会将版本号更新的消息（来自 C 的 v2）更新到自己的本地副本中。

各个节点的本地副本保存的集群全量状态也可能用来表示各个节点的存活状态。对于部分网络分割的情况如图 2-27 所示。

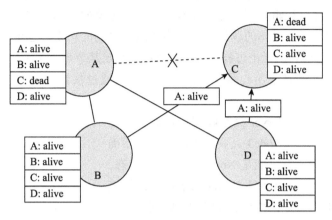

图 2-27　网络分割下的状态

例如 A 和 C 的网络断开，但 A 和 C 本身都正常运行，此时 A 和 C 互相无法通信，C 会将 A 标记为不可用状态。对于中心化思路的协议，如果 C 恰好是中心节点，那么 A 不可用的信息将会同步到集群的所有节点上，使得这些节点将其实可用的 A 也标记为宕机。而基于 Gossip 这类去中心化的协议进行接收到消息后的实现逻辑扩展（例如只有当接收到大多数的节点关于 A 已经宕机的消息时，才更新 A 的状态），最终保证 A 不被误判为宕机。

3. 特性总结

Gossip 的核心是在去中心化结构下，通过信息的部分传递，达到全集群的状态信息传播，传播的时间收敛在 O(Log(N)) 以内，其中 N 是节点的数量。同时基于 Gossip 协议，可以构建出状态一致的各种解决方案。

2.4　分布式系统设计策略

分布式系统本质是通过低廉的硬件攒在一起以获得更好的吞吐量、性能以及可用性等。一台设备坏了，可以通过负载均衡和路由到其他设备上。分布式系统有一些通用的设计策略，首先要解决心跳问题。一台服务器判定存活状态，才能执行任务，否则则不能。在分布式环境下，有几个问题是普遍关心的，我们称之为设计策略：

- ❑ 如何检测你还活着？
- ❑ 如何保障高可用？
- ❑ 容错处理。
- ❑ 重试机制。
- ❑ 负载均衡。

2.4.1 心跳检测

在分布式环境中，笔者提及过存在非常多的节点（Node），其实质是这些节点分担任务的运行、计算或者程序逻辑处理。那么就有一个非常重要的问题，如何检测一个节点出现了故障乃至无法工作了？具体的场景可以是主备服务之间的切换，也可以是一个管理服务器来管理具体的工作节点。无论怎样，都需要解决"判定某节点无法工作"这一命题。

传统解决这一命题是采用心跳检测的手段，如同通过仪器对病人进行一些检测诊断一样。

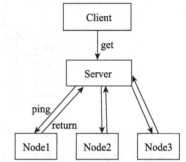

图 2-28 分布式环境下的节点示意图

如图 2-28 所示，当 Server 没有收到节点 Node3 发送的心跳时，Server 认为 Node3 失联。失联代表并不确定是否是 Node3 故障，有可能是 Node3 处于繁忙状态，导致调用检测超时；也有可能是 Server 与节点 C 之间链路出现故障或闪断。所以心跳不是万能的，收到心跳可以确认节点正常，但是收不到心跳却不能确认该节点已经宣告"死亡"。

Client 请求 Server，则 Server 需要和需要分派的 Node1-3 保持心跳连接，得到返回，说明状态没问题，可以分派。我们刚才已经说过了，没有返回不代表宕机，有一些具体的做法来帮助我们做决定，一般分为两类：周期检测心跳机制、累计失效检测机制。这里简单说一下周期检测心跳机制。Server 端每间隔 t 秒向 Node 集群发起监测请求，设定超时时间，如果超过超时时间，则判断"死亡"。这里的超时时间设置带有随意性，容易误判。进一步，可以统计实际检测 Node 的返回时间，包括得到一定周期内的最长时间。那么可以根据现有没有正确返回的时间在历史统计的分布中计算得到"死亡"概率，同时对于宣告濒临死亡的节点可以发起有限次数的重试，以作进一步判定。心跳检测本身也是有效资源利用和成本之间的一种权衡，如果迟迟不能判断节点是否"死亡"，会影响业务逻辑的处理。通过周期检测心跳机制、累计失效检测机制可以帮助判断节点是否"死亡"，如果判断"死亡"，可以把该节点踢出集群。

2.4.2 高可用设计

系统高可用性的常用设计模式包括三种：主备 (Master-SLave)、互备 (Active-Active) 和集群 (Cluster) 模式。

1. 主备模式

主备模式就是 Active-Standby 模式，当主机宕机时，备机接管主机的一切工作，待主机恢复正常后，按使用者的设定以自动（热备）或手动（冷备）方式将服务切换到主机上运行。在数据库部分，习惯称之为 MS 模式。MS 模式即 Master/Slave 模式，这在数据库高可用性方案中比较常用，如图 2-29 所示。

此类方案比较成熟，比如 MySQL 很早就具备相应的软件套装。但存在 Master 到 Slave 的数据延迟风险，尤其是跨地域复制。

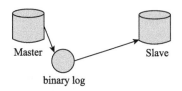

图 2-29　Master-Slave 复制的常用方式

2. 互备模式

互备模式指两台主机同时运行各自的服务工作且相互监测情况。在数据库高可用部分，常见的互备是 MM 模式。MM 模式即 Multi-Master 模式，指一个系统存在多个 master，每个 master 都具有 read-write 能力，需根据时间戳或业务逻辑合并版本。比如分布式版本管理系统 git 可以理解成 multi-master 模式，具备最终一致性。

在 2.2.8 节中机房级异常的示例，也是一种 Master-Master 的解决方案，如图 2-30 所示。机房 H、K 同时具体全套服务能力（读能力和写能力），而数据库之间需要通过同步来保障一致性。当然对于 K 机房的备库则在机房 H 不可用的时候发挥作用。

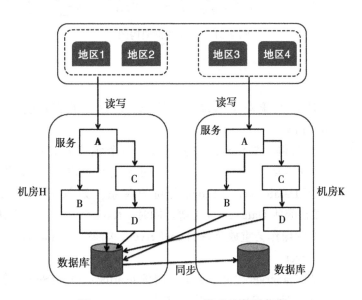

图 2-30　Master-Master 模式的常用方式

3. 集群模式

集群模式是指有多个节点在运行，同时可以通过主控节点分担服务请求，比如 zookeeper。集群模式要特别解决主控节点本身的高可用问题。我们再来看一看 2.3.9 一节提及的 TFS 这个案例，如图 2-31 所示。

TFS 涉及到 NameServer、DataServer 两类节点。NameServer 存放了元数据，而具体的业务数据存放于 DataServer。多个 DataServer 就是集群模式的运行状态。另外为了保障 NameServer 的高可用，通过 Heart Agent 机制做心跳检测来负责 NameServer 的主备切换。

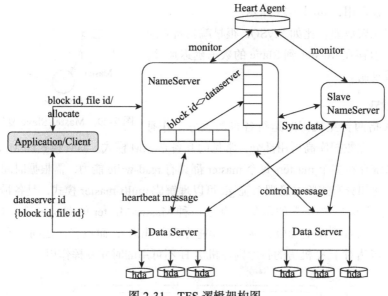

图 2-31　TFS 逻辑架构图

2.4.3　容错性

容错顾名思义就是 IT 系统对于**错误**包容的能力，这里的容错确切地说是**容故障**（Fault），而并非**容错误**（Error）。

以前文提及的 TFS 为例，TFS 集群需要容错（一个集群宕掉咋办？）、NameServer 需要容错、DataServer 也需要容错。NameServer 的容错机制是通过主备切换来完成。NameServer 主要管理了 DataServer 和 Block 之间的关系。如每个 DataServer 拥有哪些 Block，每个 Block 存放在哪些 DataServer 上等。同时，NameServer 采用了 HA 结构，一主一备，主 NameServer 上的操作会重放至备 NameServer。如果主 NameServer 出现问题，可以实时切换到备 NameServer。

另外 NameServer 和 DataServer 之间也会有定时的 heartbeat，DataServer 会把自己拥有的 Block 发送给 NameServer。NameServer 会根据这些信息重建 DataServer 和 Block 的关系。

容错的处理是保障分布式环境下相应系统的高可用或者健壮性，一个典型的案例就是对于缓存失效雪崩问题的解决方案。

假设有一个业务，用户查询不到数据，可能是数据库没有，也可能是未知异常，用户可以间隔一定时间后重试，那么可以这样设计缓存容错方案。我们来具体看一下这个例子，如图 2-32、图 2-33、

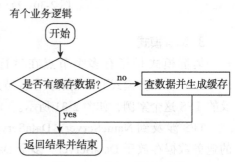

图 2-32　业务逻辑活动图

图 2-34 所示。

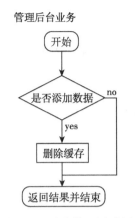

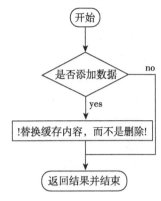

图 2-33　后台管理活动图　　　　图 2-34　后台管理活动图

　　上面三个图会有什么问题呢？我们在项目中使用缓存通常都是先检查缓存中是否存在，如果存在直接返回缓存内容，如果不存在就直接查询数据库然后再缓存查询结果返回。这个时候如果我们查询的某一个数据在缓存中一直不存在，就会造成每一次请求都查询 DB，这样缓存就失去了意义，在流量大时，可能 DB 就挂掉了。

　　那这种问题有什么好办法解决呢？要是有人利用不存在的 key 频繁攻击我们的应用，这就是漏洞。一个比较巧妙的方法是，可以将这个不存在的 key 预先设定一个值。比如，key="&&"。在返回这个 && 值的时候，我们的应用就可以认为这是不存在的 key，那我们的应用就可以决定是否继续等待继续访问，还是放弃掉这次操作。如果继续等待访问，过一个时间轮询点后，再次请求这个 key，如果取到的值不再是 &&，则可以认为这时候 key 有值了，从而避免了透传到数据库，把大量的类似请求挡在了缓存之中。

2.4.4　负载均衡

　　负载均衡集群：其关键在于使用多台集群服务器共同分担计算任务，把网络请求及计算分配到集群可用服务器上去，从而达到可用性及较好的用户操作体验。图 2-35 就是一个示意图，不同的用户 User1、User2、User3 访问应用，通过负载均衡器分配到不同的节点。

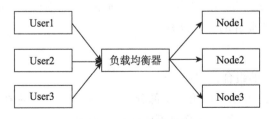

图 2-35　负载均衡示意图

负载均衡器有硬件解决方案，也有软件解决方案。硬件解决方案有著名的 F5，软件有 LVS、HAProxy、Nginx 等。

以 Nginx 为例，负载均衡有以下几种策略：

❑ 轮询：即 Round Robin，根据 Nginx 配置文件中的顺序，依次把客户端的 Web 请求分发到不同的后端服务器。

❑ 最少连接：当前谁连接最少，分发给谁。

❑ IP 地址哈希：确定相同 IP 请求可以转发给同一个后端节点处理，以方便 session 保持。

❑ 基于权重的负载均衡：配置 Nginx 把请求更多地分发到高配置的后端服务器上，把相对较少的请求分发到低配服务器。

2.5 分布式系统设计实践

有分布式理论指导，遵循分布式系统的设计策略，具体而言也可以总结一些常见的分析系统设计实践。本小节主要讨论几个通用性问题：

❑ 全局 ID 生成；

❑ 哈希取模分配；

❑ 路由表；

❑ 一致性哈希；

❑ 数据拆分。

2.5.1 全局 ID 生成

目前 TDDL（Taobao Distribute Data Layer）提供的 id 生成主要还是依托数据库来进行的，oracle 可以直接使用 sequence 来完成 id 生成，MySQL 则需要 DBA 建立一个表专门用于生成 id。

首先得思考一下，为什么存在全局 ID 这个问题？在分布式环境下，数据库是可以拆分（sharding）的，一张表的自增机制（比如 MySQL）只能保证该表唯一，在数据合并到历史库，迁移或者查询，如果出现 id 冲突无异于噩梦。

另外，由于数据库访问是高成本操作，也要避免每次 INSERT 都要到 id 生成器作 DB 层面的查询。我们来看看业界的一些方案。

1. UUID

UUID 由以下几部分的组合：

1）当前日期和时间，UUID 的第一个部分与时间有关，如果你在生成一个 UUID 之后，过几秒又生成一个 UUID，则第一个部分不同，其余相同。

2）时钟序列。

3）全局唯一的 IEEE 机器识别号，如果有网卡，从网卡 MAC 地址获得，没有网卡以其他方式获得。

优势：API 简单、易用。

不足：占用空间大、字符串本身无法加工，可读性不强。

2. ID 生成表模式

使用 id 生成表，比较经典的是 Flicker 的案例，Flicker 在解决全局 ID 生成方案里就采用了 MySQL 自增长 ID 的机制。先创建单独的数据库，然后创建一个表：

```
CREATE TABLE `Tickets64` (
    `id` bigint(20) unsigned NOT NULL auto_increment,
    `stub` char(1) NOT NULL default '',
    PRIMARY KEY  (`id`),
    UNIQUE KEY `stub` (`stub`)
)ENGINE=MyISAM
```

在我们的应用端需要做下面这两个操作，在一个事务会话里提交：

```
REPLACE INTO Tickets64(stub)VALUES('a');
SELECT LAST_INSERT_ID();
```

这样我们就能拿到不断增长且不重复的 ID 了，到上面为止，我们只是在单台数据库上生成 ID，从高可用角度考虑，要解决单点故障问题，Flicker 的方案是启用两台数据库服务器来生成 ID，通过区分 auto_increment 的起始值和步长来生成奇偶数的 ID。

这个方案优势简单易用，也有一定的高可用方案，不足是使用了 mysql 数据库的独特语法 REPLACE INTO。

3. Snowflake

Twitter 在把存储系统从 MySQL 迁移到 Cassandra 的过程中由于 Cassandra 没有顺序 ID 生成机制，于是自己开发了一套全局唯一 ID 生成服务：Snowflake。GitHub 地址：https://github.com/twitter/snowflake。根据 twitter 的业务需求，snowflake 系统生成 64 位的 ID。由 3 部分组成：

❑ 41 位的时间序列（精确到毫秒，41 位的长度可以使用 69 年）；

❑ 10 位的机器标识（10 位的长度最多支持部署 1024 个节点）；

❑ 12 位的计数顺序号（12 位的计数顺序号支持每个节点每毫秒产生 4096 个 ID 序号）。

优点：高性能，低延迟；独立的应用；按时间有序。

缺点：需要独立的开发和部署。

4. 结合缓存方案

如图 2-36 所示，可以采取 ID 生成表模式成批获取 id 比如 1000 放到本地缓存（Local cache），这样在 client 使用的时候可进一步提升性能。

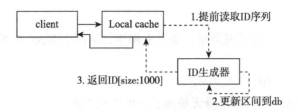

图 2-36　批量获取 ID 示意图

优点：高性能，低延迟。

缺点：ID 不连贯。

2.5.2　哈希取模

哈希方式是最常见的数据分布方式，实现方式是通过可以描述记录的业务的 id 或 key，通过 Hash 函数的计算求余。余数作为处理该数据的服务器索引编号处理，如图 2-37 所示。

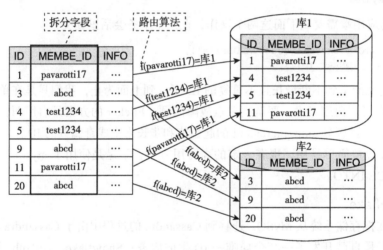

图 2-37　路由示意图

这样的好处是只需要通过计算就可以映射出数据和处理节点的关系，不需要存储映射。难点就是如果 id 分布不均匀可能出现计算、存储倾斜的问题，在某个节点上分布过重。另外在调整数据存储，比如把 2 个库扩展成 4 个库，数据迁移是一个比较麻烦的事情。

以分布式缓存和拆分数据库的情况分别做一下说明。

分布式缓存，假设有 3 台 server 提供缓存服务，假设数据基本均衡，则每台机器缓存 1/3 的数据，如图 2-38 所示。

如果增加 2 台服务器则算法变成为 Hash（key）

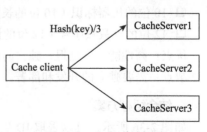

图 2-38　hash 分布示意

/5，大部分数据都会出现不能命中的情况，如图 2-39 所示。

拆分数据库也存在扩容的问题，解决方法是先预
设足够大的逻辑库，比如 100 个库，随着物理负载的
增加，把对应的逻辑库迁移到新增的物理库上即可，
对于应用透明，相当于在应用和物理数据库之间增加
了一层映射关系。

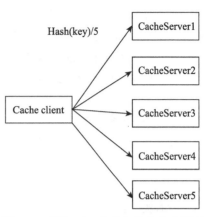

图 2-39 增加到 5 个节点的分布式缓存

2.5.3 一致性哈希

一致性哈希算法是在 1997 年由麻省理工学院提出
的一种分布式哈希（DHT）实现算法。主要解决单调
性（Monotonicity）和分散性（Spread）的问题。单调
性简单描述是哈希的结果应能够保证原有已分配的内
容可以被映射到原有缓冲中去，避免在节点增减过程
中导致不能命中。

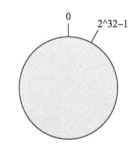

图 2-40 圆形空间对应哈希

按照常用的 hash 算法来将对应的 key 哈希到一个
具有 2^32 次方个桶的空间中，即 0~（2^32）-1 的数
字空间中。现在我们可以将这些数字头尾相连，想象
成一个闭合的环形，如图 2-40 所示。

在一致性哈希算法中，如果一台服务器不可用，
则受影响的数据仅仅是此服务器到其环空间中前一台
服务器（即沿着逆时针方向行走遇到的第一台服务器）之间数据，其他不会受到影响，如
图 2-41 所示。

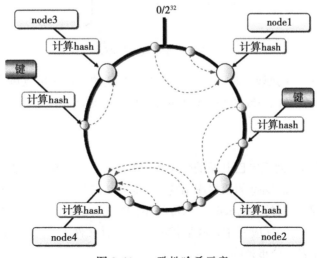

图 2-41 一致性哈希示意

　　一致性哈希的优点在于可以任意动态添加、删除节点，每次添加、删除一个节点仅影响一致性哈希环上相邻的节点。为了尽可能均匀地分布节点和数据，一种常见的改进算法是引入虚节点的概念，系统会创建许多虚拟节点，个数远大于当前节点的个数，均匀分布到一致性哈希值域环上。这种增强型方案主要解决平衡性问题，所谓平衡性（Balance）是指哈希的结果能够尽可能分布到所有的缓冲中去，这样可以使得所有的缓冲空间都得到利用。

2.5.4　路由表

　　什么情况下走到路由表模式，一般在于需要全局计算的节点。比如说如图 2-42 所示的场景，用户去抽奖，那么抽奖背后是有预算的。由于在高并发环境下比较单行记录热点，则对预算进行了拆分，并且拆分到不同逻辑数据库中去。那么如何知道，某些记录预算使用完没有呢，使用完的就不路由了。可以由子预算的服务更新后异步通知给预算。

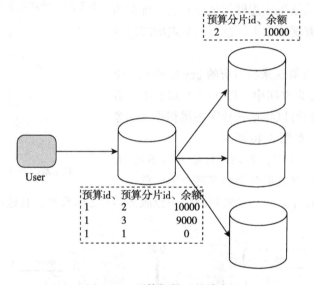

图 2-42　预算场景下的路由

　　采用路由表存在一个风险，就是数据是集中式管理的，存在单点风险。如果数据规模小，而数据库本身有备份机制或者 failover 能力，是可行的。

2.5.5　数据拆分

　　Cobar 是一个著名的阿里巴巴开源的分布式数据库中间件。解决数据规模增加对于应用这层 proxy 的问题，Cobar 支持的数据库结构（schema）的层次关系具有较强的灵活性，用户可以将表自由放置不同的 datanode，也可将不同的 datasource 放置在同一 MySQL 实例上。如图 2-43 所示。在实际应用中，我们需要通过配置文件（schema.xml）来定义我们需要的数据库服务器和表的分布策略。

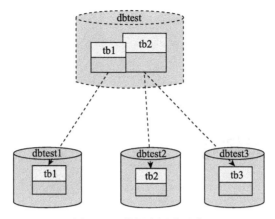

图 2-43　数据库拆分示意

路由函数定义，应用在路由规则的算法定义中，路由函数可以自定义扩展。如下示例，我们可以看出分表的规则是，按照 id 字段把某表中的数据分配到 db1 和 db2 两个分区中，其中 id 小于 1024 的数据会被放到 db2 库的分区中

```
<function name="func1"
class="com.alibaba.cobar.route.function.PartitionByLong">
    <property name="partitionCount">2</property>
<property name="partitionLength">1024</property>
</function>
```

当当开源了 sharding-jdbc，架构图如图 2-44 所示。

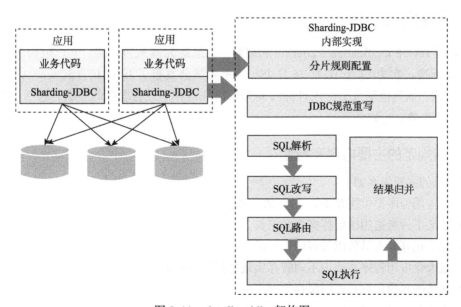

图 2-44　sharding-jdbc 架构图

Chapter 3 第 3 章

动手写缓存

目前市面上已经有很多开源的缓存框架，比如 Redis、Memcached、Ehcache 等，那为什么还要自己动手写缓存？本章将带领大家从 0 到 1 写一个简单的缓存框架，目的是让大家对缓存的类型、缓存的标准、缓存的实现及原理有一个系统的了解，做到知其然，知其所以然。

3.1 缓存定义的规范

JSR 是 Java Specification Requests 的缩写，意思是 Java 规范提案，它已成为 Java 界的一个重要标准。在 2012 年 10 月 26 日 JSR 规范委员会发布了 JSR 107（JCache API）的首个早期规范，该规范定义了一种对 Java 对象临时在内存中进行缓存的方法，包括对象的创建、访问、失效、一致性等。

3.1.1 新规范的主要内容及特性

新规范的主要内容如下：
- 为应用程序提供缓存 Java 对象的功能。
- 定义了一套通用的缓存概念和工具。
- 最小化开发人员使用缓存的学习成本。
- 最大化应用程序在使用不同缓存实现之间的可移植性。
- 支持进程内和分布式的缓存实现。
- 支持 by-value 和 by-reference 的缓存对象。
- 定义遵照 JSR-175 的缓存注解，定义一套 Java 编程语言的元数据。

从规范的设计角度来看，在 javax.cache 包中有一个 CacheManager 接口负责保存和控制一系列的缓存，主要特性包括：
- 能从缓存中读取数据
- 能将数据写入到缓存中
- 缓存具有原子性操作
- 具有缓存事件监听器
- 具有缓存注解
- 保存缓存的 KEY 和 VALUE 类型应该为泛型

3.1.2 新规范的 API 介绍

在 JSR107 规范中将 Cache API（javax.cache）作为实现的类库，通过如下的 Maven 进行引入。

```
<dependency>
    <groupId>javax.cache</groupId>
    <artifactId>cache-api</artifactId>
    <version>1.0.0</version>
</dependency>
```

1. 核心概念

Cache API 定义了 4 个核心概念：
- CachingProvider：定义了创建、配置、获取、管理和控制多个 CacheManager。一个应用可以在运行期访问多个 CachingProvider。
- CacheManager：定义了创建、配置、获取、管理和控制多个唯一命名的 Cache，这些 Cache 存在于 CacheManager 的上下文中。一个 CacheManager 仅被一个 CachingProvider 所拥有。
- Cache：是一个类似 Map 的数据结构并临时存储以 Key 为索引的值。一个 Cache 仅被一个 CacheManager 所拥有。
- Entry：是一个存储在 Cache 中的 key-value 对。

每一个存储在 Cache 中的条目有一个定义的有效期，即 Expiry Duration。一旦超过这个时间，条目即为过期的状态。一旦过期，条目将不可访问、更新和删除。缓存有效期可以通过 ExpiryPolicy 设置。

2. Store-By-Value 和 Store-By-Reference

Store-By-Value 和 Store-By-Reference 是两种不同的缓存实现：
- Store-By-Value：指在 key/value 存入缓存时，将其值拷贝一份存入缓存。避免在其他程序修改 key 或 value 的值时，污染缓存内存储的内容。
- Store-By-Reference：指在 key/value 存入缓存时，直接将其引用存入缓存。

Java 常见的堆内缓存，一般使用 Store-By-Reference 方式，提升缓存性能。常见的堆外缓存和进程外缓存，一般由于使用引用在技术上比较复杂，通常使用 Store-By-Value 方式。

3. 缓存过期策略

如果缓存中的数据已经过期，那它将不能从缓存返回。如果缓存没有配置过期策略，默认是永久有效的策略（Eternal）。

过期策略可以在配置时提供一个 ExpiryPolicy 实现的设置，见下面的定义：

```
public interface ExpiryPolicy<K, V> {
    Duration getExpiryForCreatedEntry(Entry<? extends K, ? extends V>entry);
    Duration getExpiryForAccessedEntry(Entry<? extends K, ? extends V>entry);
    Duration getExpiryForModifiedEntry(Entry<? extends K, ? extends V>entry);
}
```

其中：

❑ getExpiryForCreatedEntry()：当数据创建后的到期持续时间。

❑ getExpiryForAccessedEntry()：当数据访问后的到期持续时间。

❑ getExpiryForModifiedEntry()：当数据修改后的到期持续时间。

当这些方法被调用时，ExpiryPolicy 将返回下列值之一：

❑ 持续时间等于缓存配置的过期时间；

❑ Duration.ZERO 表明数据目前已经是过期的。

在特定的缓存操作执行后的一段时间之后数据需要进行回收，该时间由 Duration 类定义。Duration 是由一个由 java.util.concurrent.TimeUnit 和时长 durationAmount 组成，TimeUnit 的最小值为 TimeUnit.MILLISECONDS。

3.2 缓存框架的实现

基于 3.1 节缓存定义的规范，我们可以自己动手写一个简单的缓存框架，我们先对缓存框架做一个初步的规划，实现一个具有如表 3-1 所描述的特性的简单缓存。

表 3-1 缓存框架特性

特性点	特性描述
类型	进程内缓存
实现语言	Java
内存使用	Java 堆内存
内存管理	使用 LRU 淘汰算法
	支持 Weak key
缓存标准	JCache（JSR 107）

下面，我们将遵循我们的规划，由简入繁逐步迭代实现我们的缓存组件，我们给组件取名为 CsCache（Cache Study）。

3.2.1　前期准备

参考开源缓存组件 EhCache 和 Guava，提取它们的公共方法，可以得到最核心的，也是我们最关心的一些方法，如表 3-2 所示。

表 3-2　简单缓存的常用方法

接　口	说　明	EhCache	Guava	CsCache
clear	清空缓存	√	√	√
get	根据 Key 获取	√	√	√
getAll(keys)	根据 Key 列表获取，如果未命中可能触发加载动作	√	√	
getAllPresent(keys)	根据 Key 列表获取，如果未命中不会触发加载动作		√	
keySet()	获取所有 key 列表			
put(K,V)	写入一个 k/v	√	√	√
putAll(entries)	将 entries 写入缓存	√	√	
putIfAbsent	如果缓存中没有则写入	√	√	
remove	删除一个 key	√	√	√
remove(K,V)	匹配 k/v 删除	√	√	
removeAll(keys)	根据 key 列表删除	√	√	
replace(K,V)	替换一个 key	√	√	
replace (K,V,V)	匹配 k/v 替换	√	√	

我们的缓存框架选取了最基本的 get（获取缓存）、put（放入缓存）、remove（根据 key 值删除缓存）、clear（清空缓存）方法，这些方法是实际工作中当中最常用的功能。

3.2.2　缓存的架构介绍

通过 3.2.1 节的前期准备，我们确定了缓存框架的几个基本的使用方法，那么从这一小节，我们就由浅入深的介绍 CsCache 缓存框架。

通过 JSR107 规范，我们将框架定义为客户端层、缓存提供层、缓存管理层、缓存存储层。其中缓存存储层又分为基本存储层、LRU 存储层和 Weak 存储层，如图 3-1 所示。

其中：

□ **客户端层**：使用者直接通过该层与数据进行交互。

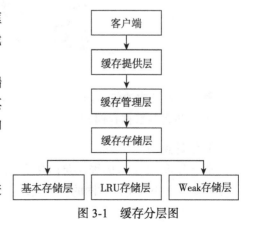

图 3-1　缓存分层图

- ❑ **缓存提供层**：主要对缓存管理层的生命周期进行维护，负责缓存管理层的创建、保存、获取以及销毁。
- ❑ **缓存管理层**：主要对缓存客户端的生命周期进行维护，负责缓存客户端的创建、保存、获取以及销毁。
- ❑ **缓存存储层**：负责数据以什么样的形式进行存储。
- ❑ **基本存储层**：是以普通的 ConcurrentHashMap 为存储核心，数据不淘汰。
- ❑ **LRU 存储层**：是以最近最少用为原则进行的数据存储和缓存淘汰机制。
- ❑ **Weak 存储层**：是以弱引用为原则的数据存储和缓存淘汰机制。

3.2.3 设计思路以及知识点详解

本节开始深入介绍缓存框架的类图以及相关知识点。图 3-2 所示列出了缓存框架的工程结构。

图 3-2　框架工程结构图

整个工程结构的包结构分为 JSR107 包和 store 包，JSR107 是与规范相关的一些类的封装，store 包是与数据存储相关类的封装。

1. 设计类图

通过分析 3.2.2 节的缓存架构介绍和图 3-2 工程结构图，我们能够对框架的整体情况有一个概览，本小节将以类图的方式展现框架的设计理念，如图 3-3 所示。

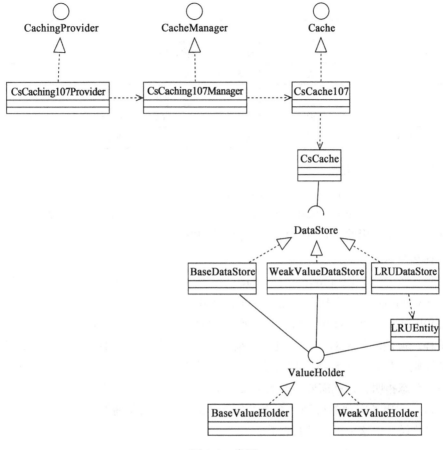

图 3-3 类图

根据规范，CacheProvider、CacheManager、Cache 是抽象出来的最基础的缓存接口。其中 Cache 是提供最终缓存实现的基础接口，其实现类是 CsCache107，初始化时即持有一个 BasicDataStore 对象。完整的类列表如表 3-3 所示。

表 3-3　框架核心类列表

类　名	类　型	说　明
CsCache	类	直接使用 CsCache 的时候，接口类
DataStore	接口	存储数据的规范定义
BasicDataStore	类	使用 ConcurrentHashMap 实现的简单数据存储
WeakValueDataStore	类	使用 ConcurrentHashMap 实现的弱引用数据存储
LRUDataStore	类	使用 ConcurrentHashMap 实现 LRU 算法的数据存储
ValueHolder	接口	具体存储值的规范定义
BasicValueHolder	类	简单的强引用值存储类

（续）

类　名	类　型	说　明
WeakValueHolder	类	简单的弱引用值存储类
LRUEntry	类	实现了简单 LRU 的数据存储类
*CsCache107	类	用于适配 JSR107 标准
*CsCache107Manager	类	用于实现 JSR107 标准中的 CacheManager，管理多个 cache 实例
*CsCaching107Provider	类	实现了 JSR107 标准中的 CacheProvider，用于提供 SPI 服务

2. 缓存框架的 SPI 机制

在工程结构中的 META-INF/services/ 下面有一个 javax.cache.spi.CachingProvider 配置文件，里面有一个 org.cachestudy.writeitbyself.jsr107.CsCaching107Provider 实现类，这个配置文件实际上是利用的 Java SPI 机制进行组件的发现与加载。

（1）什么是 SPI

SPI 的全名为 Service Provider Interface，是 JDK 内置的一种服务提供发现机制，在 Java.util.ServiceLoader 的文档里有比较详细的介绍。

Java SPI 机制的思想简单来说是：在面向的对象的设计里，我们一般推荐模块之间基于接口编程，模块之间不对实现类进行硬编码。一旦代码里涉及具体的实现类，就违反了可拔插的原则，如果需要替换一种实现，就需要修改代码。为了实现在模块装配的时候能不在程序里动态指明，这就需要一种服务发现机制。 Java SPI 就是提供了这样的一个机制，为某个接口寻找服务实现的机制。有点类似 IoC 的思想，就是将装配的控制权移到程序之外，在模块化设计中这个机制尤其重要。

（2）SPI 的使用约定

当服务的提供者，提供了服务接口的一种实现之后，在 jar 包的 META-INF/services/ 目录里同时创建一个以服务接口命名的文件。该文件里就是实现该服务接口的具体实现类。而当外部程序装配这个模块的时候，就能通过该 jar 包 META-INF/services/ 里的配置文件找到具体的实现类名，并装载实例化，完成模块的注入。 基于这样一个约定就能很好地找到服务接口的实现类，而不需要在代码里指定。而在 JDK 里面提供服务查找工具类：java.util.ServiceLoader，如图 3-4 所示。

图 3-4　SPI 约定结构图

3. 解读缓存数据层

缓存数据层实际承担的责任主要是缓存数据的存储和缓存的淘汰机制,在图 3-2 中可以看到数据的存储和淘汰是基于 DataStore 这个接口来实现的,而这一实现也正是图 3-1 提到的数据存储层。目前框架一共实现了三个实现类分别是:LRUDataStore、WeakDataStore 和 BaseDataStore。

我们先来分析一下 LRUDataStore 的设计原理:

(1)基于引用的淘汰算法

基于引用的淘汰算法,是一种简单有效的算法,由 JVM 的 GC 进行回收。Java 的引用主要分为强引用、软引用、弱引用、虚引用。

- ❑ **强引用(StrongReference)**:强引用是使用最普遍的引用。如果一个对象具有强引用,那垃圾回收器绝不会回收它。当内存空间不足,Java 虚拟机宁愿抛出 OutOfMemoryError 错误,使程序异常终止,也不会靠随意回收具有强引用的对象来解决内存不足的问题。

- ❑ **软引用(SoftReference)**:如果一个对象只具有软引用,则内存空间足够,垃圾回收器就不会回收它;如果内存空间不足了,就会回收这些对象的内存。只要垃圾回收器没有回收它,该对象就可以被程序使用。软引用可用来实现内存敏感的高速缓存。软引用可以和一个引用队列(ReferenceQueue)联合使用,如果软引用所引用的对象被垃圾回收器回收,Java 虚拟机就会把这个软引用加入到与之关联的引用队列中。

- ❑ **弱引用(WeakReference)**:弱引用与软引用的区别在于:只具有弱引用的对象拥有更短暂的生命周期。在垃圾回收器线程扫描它所管辖的内存区域的过程中,一旦发现了只具有弱引用的对象,不管当前内存空间足够与否,都会回收它的内存。不过,由于垃圾回收器是一个优先级很低的线程,因此不一定会很快发现那些只具有弱引用的对象。弱引用可以和一个引用队列(ReferenceQueue)联合使用,如果弱引用所引用的对象被垃圾回收,Java 虚拟机就会把这个弱引用加入到与之关联的引用队列中。

- ❑ **虚引用(PhantomReference)**:"虚引用"顾名思义,就是形同虚设,与其他几种引用都不同,虚引用并不会决定对象的生命周期。如果一个对象仅持有虚引用,那么它就和没有任何引用一样,在任何时候都可能被垃圾回收器回收。

我们的引用淘汰算法是基于弱引用来实现的,在图 3-5 中展示了 store 包的类列表。

其中 WeakValueDataStore 和 WeakValueHoler 是弱引用实现所需要的实现类。WeakValueDataStore 实现了 DataStore

图 3-5　弱引用淘汰算法

接口，提供基于弱引用的数据存储，WeakValueHolder 实现 ValueHolder 接口，提供基于弱引用的实际值存储逻辑。

WeakValueDataStore 类的代码及实现原理如下：

```java
//定义了使用简单弱引用的数据存储器，代码经过剪裁，完整代码请参考github
public class WeakValueDataStore<K, V> implements DataStore<K, V> {
ConcurrentHashMap<K, ValueHolder<V>> map = new ConcurrentHashMap<K, ValueHolder<V>>();
    @Override
    public ValueHolder<V> get(K key) throws StoreAccessException {
        return map.get(key);
    }
    @Override
    public PutStatus put(K key, V value) throws StoreAccessException {
        ValueHolder<V> v = new WeakValueHolder<V>(value);
        map.put(key, v);
        return PutStatus.PUT;
    }

    @Override
    public ValueHolder<V> remove(K key) throws StoreAccessException {
        return map.remove(key);
    }
    @Override
    public void clear() throws StoreAccessException {
        map.clear();
    }
}
```

WeakValueHolder 的代码及实现原理如下：

```java
//简单的弱引用实现
public class WeakValueHolder<V> implements ValueHolder<V> {
    public WeakValueHolder(V value) {
/* 使用JDK提供的WeakReference，建立对象的弱引用
* 在没有强引用时，JVM GC将回收对象，调用WeakReference.get时
* 返回null
*/
        this.v = new WeakReference<V>(value);
    }
    private WeakReference<V> v;
    @Override
    public V value() {
        return this.v.get();
    }
}
```

测试用例验证方法如下：

```java
@Test
public void TestWeakValue() throws InterruptedException {
    CsCache<String, User> cache = new CsCache<String, User>(new WeakValueDataStore
        <String, User>());
    String key = "leo";
```

```
    User user = new User();
    user.setName("leo");
    cache.put(key, user);
/* 释放对象的强引用，等待JVM GC */
    user = null;
    System.out.println("Hello " + cache.get(key).getName());
    System.gc();
    Thread.sleep(10000);
/* JVM显式调用GC后，回收了name是leo的user
 * get返回null
 */
    System.out.println("Hello " + cache.get(key));
}
```

（2）基于 LRU 的淘汰算法

LRU（Least recently used，最近最少使用）算法根据数据的历史访问记录来进行淘汰数据，其核心思想是"如果数据最近被访问过，那么将来被访问的概率也更高"。

CsCache 的 LRU 简单实现逻辑如下：我们通过维护 entry 的列表，在 get、put 时维护 entry 列表实现，使最少访问的键值对维持在 entry 列表的最尾部。在数据量超过缓存容量需要做 LRU 淘汰时，我们通过删除链表尾部的数据，来实现简单的 LRU 数据淘汰机制，如图 3-6 所示。

其中 LRUDataStore 和 LRUEntry 是弱引用实现所需要的实现类。LRUDataStore 实现了 DataStore 接口，LRUEntry 对象则是 LRU 的数据存储类。

LRUDataStore 类的关键代码及实现原理如下：

图 3-6　LRU 淘汰算法

```
    @Override
public ValueHolder<V> get(K key) throws StoreAccessException {
LRUEntry<K, ValueHolder<?>> entry = (LRUEntry<K, ValueHolder<?>>)
    getEntry(key);
    if (entry == null) {
        return null;
    }
    /**
    在获取数据的时候，将该entity节点数据移动到列表头。
    moveToFirst(entry);
    return (ValueHolder<V>) entry.getValue();
}
    @Override
public PutStatus put(K key, V value) throws StoreAccessException {
    LRUEntry<K, ValueHolder<?>> entry = (LRUEntry<K, ValueHolder<?>>) getEntry(key);
    PutStatus status = PutStatus.NOOP;
    if (entry == null) {
        /**
```

```
        数据缓存列表中的数据已经超过预定值，则删除列表中
            尾的节点数据，以实现LRU算法
    **/
    if (map.size() >= maxSize) {
        map.remove(last.getKey());
            removeLast();
    }
    entry = new LRUEntry<K, ValueHolder<?>>(key, new BasicValueHolder<V>(value));
    status = PutStatus.PUT;
} else {
    entry.setValue(new BasicValueHolder<V>(value));
    status = PutStatus.UPDATE;
}
/**
新添加的数据要加到列表的头部
**/
moveToFirst(entry);
map.put(key, entry);
return status;
}
```

这段关键代码的核心意思是，在 LRUDataStore 类中维护了一个 LRUEntity 的数据链表，当执行 put 操作的时，则将数据封装成 LRUEntity 数据节点，加入到链表的头部以表示数据是最新的，如果数据超出链表的设定的大小范围，则从链表的尾部删除最不活跃的数据节点。当执行 get 操作时，首先将 LRUEntity 数据节点移动到链表的头部，以表示该数据被最新请求访问，然后将数据返回。

4. 解读缓存管理层（CacheManager）

在上面图 3-1 中我们介绍了框架的分层结构，其中接口类 CacheManager 所对应的正是缓存管理层，在 CsCache 框架中 CacheManager 的实现类是 CsCache107Manager，它主要负责管理多个 Cache 客户端实例，以及负责缓存客户端实例的创建、销毁、获取等。

下面具体介绍 CsCache107Manager 类的关键代码及实现原理。

（1）缓存实例的创建

缓存实例创建的实现代码如下：

```
//缓存客户端实例的创建
//缓存池是用ConcurrentMap来实现的，用以缓存已经创建好的缓存实例
synchronized public <K, V, C extends Configuration<K, V>> Cache<K, V> createCache
    (String cacheName, C configuration)
        throws IllegalArgumentException {
    if (isClosed()) {
        throw new IllegalStateException();
    }
    //检查缓存实例名称是否为空
    checkNotNull(cacheName, "cacheName");
    //检查配置信息是否为空
    checkNotNull(configuration, "configuration");
```

```
//根据cacheName获取缓存客户端实例
CsCache107<?, ?> cache = caches.get(cacheName);
if (cache == null) {
    //如果无法从事先创建好的缓存池中获取，则创建一个新的实例
    cache = new CsCache107<K, V>(this, cacheName, configuration);
    //将新创建的缓存实例加到缓存池中
        caches.put(cache.getName(), cache);
    return (Cache<K, V>) cache;
} else {
    throw new CacheException("A cache named " + cacheName + " already exists.");
}
}
```

上面的代码只是针对 CsCache107Manager 类的 createCache 方法的代码进行了解读，完整的缓存实例的创建流程，如图 3-7 所示。

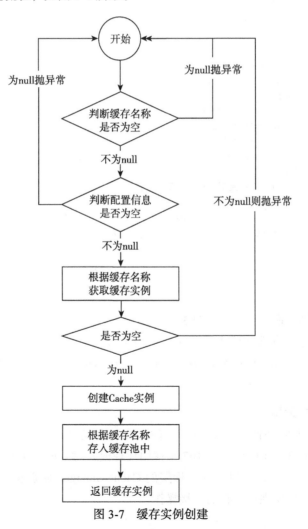

图 3-7　缓存实例创建

（2）缓存实例的获取

缓存实例获取的实现代码如下：

```
public <K, V> Cache<K, V> getCache(String cacheName, Class<K> keyClazz, Class<V>
    valueClazz) {
    if (isClosed()) {
        throw new IllegalStateException();
    }
    //判断key类型是否为空
    checkNotNull(keyClazz, "keyType");
    //判断值类型是否为空
    checkNotNull(valueClazz, "valueType");
    //从缓存池中获取缓存实例
    CsCache107<K, V> cache = (CsCache107<K, V>) caches.get(cacheName);
    //如果获取为空则返回null
    if (cache == null) {
        return null;
    } else {
        //判断传入的对象和值类型是否与设定的类型一致
        Configuration<?,?> configuration = cache.getConfiguration(Configuration.
            class);
        if (configuration.getKeyType() != null && configuration.getKeyType().
            equals(keyClazz)) {
            //如果一致则返回实例
            return cache;
        } else {
            //如果不一致则抛出类型不一致异常
            throw new ClassCastException("Incompatible cache key types
                specified, expected "
            + configuration.getKeyType() + " but " + valueClazz + " was
                specified");
        }
    }
}
```

完整的缓存实例获取流程图，如图 3-8 所示。

缓存实例的创建和获取实际上主要是基于一个缓存池来实现的，在代码中使用的是一个 ConcurrentHashMap 类，可以根据多个不同的缓存名称创建多个缓存实例，从而可以并发的读取。

5. 解读数据客户端层

缓存客户端层主要是针对实际使用者的，在工程结构中主要涉及两个类，分别是：CsCache 和 CsCache107，而 CsCache107 是使用代理模式对 CsCache 进行的包装，如图 3-9 所示。用户在使用的时候，通过缓存管理层的 CacheManager 对象就可以获得 CsCache107 客户端对象，从而可以实现对缓存的直接操作。

CsCache 关键代码和实现原理如下：

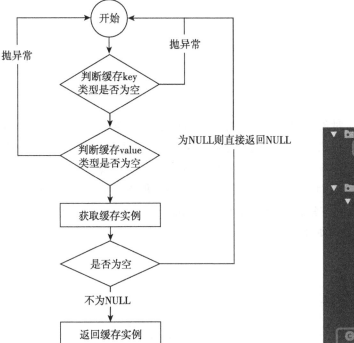

图 3-8　缓存实例的获取

图 3-9　数据客户端层

```
private final DataStore<K, V> store;
    private static Logger logger = LoggerFactory.getLogger(CsCache.class);
    //构造方法，参数是传入数据存储和淘汰策略对象
    public CsCache(final DataStore<K, V> dataStore) {
        store = dataStore;
    }
    //根据key值获取缓存数据
    public V get(final K key) {
        try {
            //从数据存储和淘汰策略对象中获取缓存数据
            ValueHolder<V> value = store.get(key);
            if (null == value) {
                return null;
            }
            //返回缓存数据
            return value.value();
        } catch (StoreAccessException e) {
            logger.error("store access error : ", e.getMessage());
            logger.error(e.getStackTrace().toString());
            return null;
        }
    }
    //缓存数据的存储
```

```
public void put(final K key, final V value) {
    try {
        将数据直接存放到数据和淘汰策略对象中
        store.put(key, value);
    } catch (StoreAccessException e) {
        logger.error("store access error : ", e.getMessage());
        logger.error(e.getStackTrace().toString());
    }
}
```

整个过程其实较为简单，对象的构造方法中有一个 DataStore 对象，这个对象正是缓数据存储与淘汰策略对象，这个机制已经在解读缓存数据层小节中进行了详解，get 方法则是从 DataStore 中获取缓存数据，put 方法则是往 DataStore 对象中存入数据。

CsCache107 对象实际上是对 CsCache 对象根据 JSR107 规范，使用了代理模式进行包装，下面将展示几个示例方法，原理与上面 CsCache 是一样的，本节就不再说明。CsCache107 关键代码和实现原理如下：

```
//获取缓存数据
@Override
public V get(K key) {
    return csCache.get(key);
}
//存放缓存数据
@Override
public void put(K key, V value) {
    this.csCache.put(key, value);
}
//删除缓存数据
@Override
public boolean remove(K key) {
    csCache.remove(key);
    return true;
}
```

通过上面代码可以看到 put、get、remove 方法都是调用的 CsCache 对象的相关方法进行的操作，其目的主要是在有特殊需求的时候可以对这几个方法进行功能的扩展和增强。

3.3 缓存框架的使用示例

缓存框架的原理以及实现到这里就基本介绍完了，下面我们将以一个使用示例结束本章的讲解。

```
    //获取缓存提供层对象
CachingProvider cachingProvider = Caching.getCachingProvider();
//获取缓存管理层对象
CacheManager manager = cachingProvider.getCacheManager();
```

```
//创建缓存实例对象
    Cache<String, User> cache = (Cache<String, User>) manager.<String, User,
        Configuration<String, User>> createCache("Test", new MutableCon-
        figuration<String, User>());
    String key = "leo";
    User user = new User();
user.setName("leo");
//将User数据对象存放到缓存中
    cache.put(key, user);
    System.out.println("Hello " + cache.get(key).getName());
```

为方便读者能够完整学习 CsCache 框架，本章实例的完整代码放入在 https://github. com/mfcliu/demo_cache，读者可以自行下载学习。

第 4 章

Ehcache 与 Guava Cache

Ehcache 是一个用 Java 实现的使用简单、高速、线程安全的缓存管理类库，其提供了用内存、磁盘文件存储，以及分布式存储等多种灵活的管理方案。同时 Ehcache 作为开放源代码项目，采用限制比较宽松的 Apache License V2.0 作为授权方式，被广泛地用于 Hibernate、Spring、Cocoon 等其他开源系统。Ehcache 从 Hibernate 发展而来，逐渐涵盖了全部功能，是目前发展势头很好的一个项目。Ehcache 具有快速、简单、低消耗、依赖性小、扩展性强、支持对象或序列化缓存、支持缓存或元素的失效、提供 LRU/LFU/FIFO 缓存策略、支持内存缓存及磁盘缓存、采用分布式缓存机制等特点。

为了方便大家了解最新版本的 Ehcache，4.2.1、4.2.2、4.2.3 节中采用最新的 Ehcache 3.0 的特性进行介绍，4.2.4 节采用 Ehcache 2.10.2 版本与 Spring 相结合来做案例介绍，包括后面的源码分析也将采用这个版本。

Guava Cache 和 Ehcache 一样也是本地缓存，但在细分领域也有不同的应用场景，4.5 节中将做详细介绍。

4.1　Ehcache 的主要特性

Ehcache 的主要特点如下：

1）**快速，简单**。在过去众多的测试中已经表明 Ehcache 是最快的 Java 缓存之一，Ehcache 的线程机制是为大型高并发系统设计的，而且很多用户都不知道他们正在使用 Ehcache，也可以看出使用 Ehcache 不需要什么复杂的配置，Ehcache 的 API 也易于使用，很容易部署上线和运行。

2）**多种缓存策略**。提供 LRU、LFU 和 FIFO 缓存策略。Ehcache 支持基于 Cache 和基于 Element 的过期策略，每个 Cache 的存活时间都是可以设置和控制的。Ehcache 提供了 LRU、LFU 和 FIFO 缓存淘汰算法，在 Ehcache 1.2 引入了最少使用和先进先出缓存淘汰算法，构成了完整的缓存淘汰算法。

3）**缓存数据有两级**。内存和磁盘，因此无须担心容量问题。缓存在内存和硬盘存储可以伸缩到 GB，Ehcache 为大数据存储做过优化。在大内存的情况下，所有进程可以支持数百 GB 的吞吐，在单台虚拟机上可以支持多缓存管理器，还可以通过 Terracotta 服务器矩阵伸缩到数百个节点。

4）**缓存数据会在虚拟机重启的过程中写入磁盘**。Ehcache 是第一个引入缓存数据持久化存储的开源 Java 缓存框架，缓存的数据可以在机器重启后从磁盘上重新获得，可以根据需要使用 cache.flush 方法将缓存刷到磁盘上面，极大地方便了 Ehcache 的使用。

5）**可以通过 RMI、可插入 API 等方式进行分布式缓存**。分布式缓存的选项包括：

❏ 通过 Terracotta 的缓存集群：缓存发现是自动完成的，并且有很多选项可以用来调试缓存行为和性能。

❏ 使用 RMI、JGroups 或者 JMS 来冗余缓存数据：节点可以通过多播或发现者手动配置。状态更新可以通过 RMI 连接来异步或者同步完成。

❏ 可靠的分发：使用 TCP 的内建分发机制。

❏ 缓存 API：支持 RESTFUL 和 SOAP 二种协议，没有语言限制

6）**具有缓存和缓存管理器的侦听接口**。

❏ **缓存管理器监听器**：允许注册实现了 CacheManagerEventListener 接口的监听器，方法分别是 notifyCacheAdded() 和 notifyCacheRemoved()。

❏ **缓存事件监听器**：允许注册实现了 CacheEventListener 接口的监听器，它提供了许多对缓存事件发生后的处理机制，notifyElementRemoved/Put/Updated/Expired。

7）**提供 Hibernate 的缓存实现**。Hibernate 默认二级缓存是不启动的，启动二级缓存通过采用 Ehcache 来实现。

4.2　Ehcache 使用介绍

Ehcache 是用来管理缓存的工具，缓存的数据既可以存放在内存里面，也可以是存放在硬盘上的。核心是 CacheManager，Ehcache 的应用都是从 CacheManager 开始的，它是用来管理 Cache（缓存）的，一个应用可以有多个 CacheManager，而一个 CacheManager 下又可以有多个 Cache。Cache 内部保存的是很多个的 Element，而一个 Element 中保存的是一个 key 和 value 的配对，相当于 Map 里面的一个 Entry。

4.2.1　Ehcache 架构图

由图 4-1 可知，Ehcache 架构共分为四大部分。

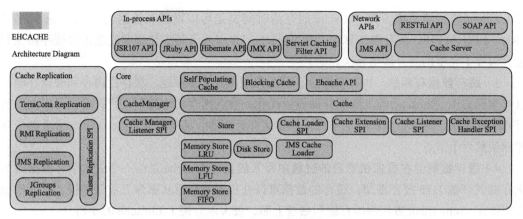

图 4-1　Ehcache 架构图

1）Cache Replication：这个模块主要负责缓存同步的几种实现，主要包括 TerraCotta、RMI、JMS 和 JGroup 四种方式。

2）In-Process APIS：这个模块主要包括 Ehcache 对外常用的 API，包括 JRuby、Hibernate、JMX、SOAP API、Cache Server 五种 API。

3）Network APIS：这个模块包括的是 Ehcache 的通信协议，主要有 RESTful API、SOAP API 和 JMX API 等。

4）Ehcache Core，这也是我们最关心的部分，下面列出了关于 Core 的一些关键技术点：

❑ CacheManager：是缓存管理器，可以通过单例或者多例的方式创建，也是 Ehcache 的入口类。

❑ Cache：每个 CacheManager 可以管理多个 Cache，每个 Cache 可以采用 hash 的方式管理多个 Element。

❑ Element：用于存放真正的缓存内容。

❑ SOR(system of record)：可以取到真实数据的组件，可以是真正的业务逻辑、外部接口调用、存放真实数据的数据库等等，缓存就是从 SOR 中读取或者写入到 SOR 中去的。

4.2.2　缓存数据过期策略

Ehcache 主要提供了三种缓存过期策略：

❑ FIFO：根据数据的写入时间，数据先进先出。

❑ LFU：最少被使用，缓存的元素有一个 hit 属性，hit 值最小的将会被清出缓存。

❑ LRU：最近最少使用，缓存的元素有一个时间戳，当缓存容量满了，而又需要腾出地方来缓存新的元素的时候，那么现有缓存元素中时间戳离当前时间最远的元素将被清出缓存。

1. 缓存数据过期的使用

上面介绍了三种缓存过期的策略，但是在实际过程中如何使用这三种策略呢？我们还是结合 Ehcache 的配置文件来看，通过配置文件设置缓存的过期策略。

```
<cache name="sampleCache"
    maxElementsInMemory="500"
    eternal="false"
    overflowToDisk="true"
    timeToIdleSeconds="300"
    timeToLiveSeconds="600"
    diskPersistent="true"
    diskExpiryThreadIntervalSeconds="1"
    memoryStoreEvictionPolicy="LRU"
/>
```

ehcache.xml 是使用 Ehcache 缓存的配置文件，而 memStoreEvictionPolicy 正是我们上面提到的缓存淘汰策略配置项，下面我们将对每个配置项进行说明：

- ❑ name：Cache 的唯一标识。
- ❑ maxElementsInMemory：内存中最大缓存对象数。
- ❑ maxElementsOnDisk：磁盘中最大缓存对象数，若是 0 表示无穷大。
- ❑ eternal：Element 是否永久有效，一旦设置了，timeout 将不起作用。
- ❑ overflowToDisk：配置此属性，当内存中 Element 数量达到 maxElementsInMemory 时，Ehcache 会将 Element 写到磁盘中。
- ❑ timeToIdleSeconds：设置 Element 在失效前的允许闲置时间。仅当 element 不是永久有效时使用，可选属性，默认值是 0，也就是可闲置时间无穷大。
- ❑ timeToLiveSeconds：设置 Element 在失效前允许存活时间。最大时间介于创建时间和失效时间之间。仅当 element 不是永久有效时使用，默认是 0，也就是 element 存活时间无穷大。
- ❑ diskPersistent：是否将缓存数据持久化在磁盘上。默认为 false，当设置为 true 时，如果 JVM 重启，原来的缓存数据将仍然存在。
- ❑ diskExpiryThreadIntervalSeconds：磁盘失效线程运行时间间隔，默认是 120 秒。
- ❑ diskSpoolBufferSizeMB：这个参数设置 DiskStore（磁盘缓存）的缓存区大小。默认是 30MB。每个 Cache 都应该有自己的一个缓冲区。
- ❑ memoryStoreEvictionPolicy：当达到 maxElementsInMemory 限制时，Ehcache 将会根据指定的策略去清理内存。默认策略是 LRU（最近最少使用）。你可以设置为 FIFO（先进先出）或是 LFU（较少使用）。比较遗憾的是，Ehcache 并没有提供一个用户定制策略的接口，目前仅支持三种预设策略。

2. 缓存过期的原理介绍

在 MemoreStore 源码中可以看到调用了如下方法，该方法主要是选择淘汰策略：

```
public Element selectedBasedOnPolicy(Element[] sampledElements, Element
    justAdded) {
    //当缓存储大小设置为0的时候，触发边缘条件
    if (sampledElements.length == 1) {
        return sampledElements[0];
    }
    Element lowestElement = null;
    for (Element element : sampledElements) {
        if (element == null) {
            continue;
        }
        if (lowestElement == null) {
            if (!element.equals(justAdded)) {
                lowestElement = element;
            }
        }
        //核心代码
        else if (compare(lowestElement, element) && !element.equals(justAdded)) {
            lowestElement = element;
        }
    }
    return lowestElement;
}
```

在该方法中会有三个策略对象分别是：LRUPolicy、LFUPolicy 和 FIFOPolicy，其中每个策略对象都会实现一个 compare 方法，而我们的淘汰机制就是在其内部实现的，下面列出三个 Policy 对象的 compare 方法进行比较。

（1）LRU：比较最后的访问时间

在 compare 方法中每次传入二个 Element 对象，每个 Element 对象中会有一个最后访问时间 getLastAccessTime 方法，compare 方法就是通过比较元素的最后访问时间来找出最不经常访问的元素。

```
public Boolean compare(Element element1, Element element2) {
    return element2.getLastAccessTime() < element1.getLastAccessTime();
}
```

（2）LFU：比较 get 次数

LFU 策略是比较元素被命中的次数，在 compare 方法中是 Element 对象的 getHitCount() 方法，找出被命中次数最少的元素。

```
public Boolean compare(Element element1, Element element2) {
    return element2.getHitCount() < element1.getHitCount();
}
```

（3）FIFO：根据创建或修改时间

FIFO 策略是比较元素创建或者修改的时间，在 compare 方法中是 Element 对象的 getLatestOfCreationAndUpdateTime()，找出最不经常更新的元素。

```
public Boolean compare(Element element1, Element element2) {
    return element2.getLatestOfCreationAndUpdateTime () < element1. getLatestOfC
reationAndUpdateTime ();
}
```

任何一种算法都有其优缺点和使用场景，下面我们用一个表格做对比，如表 4-1 所示，来看一下不同过期算法存在的问题是哪些。

表 4-1　过期算法比较

算法名称	存在的问题点
LRU	会存在一次冷数据的批量查询而误淘汰大量热点的数据
LFU	由于起始的频繁值低，导致最近新加入的数据总会很容易被剔除掉
FIFO	这种算法有其特殊的使用领域，比如在作业调度、消息队列等方面

4.2.3　Ehcache 缓存的基本用法

很多朋友认识 Ehcache 就是从使用 Hibernate 开始的，Hibernate 中的二级缓存默认使用的就是 Ehcache，Hibernate 在使用 Ehcache 的时候并没有完全发挥出它的威力，其主要是使用场景非常单一，所以 Ehcache 更多的使用是与 Hibernate 进行脱离，发挥出 Ehcache 良好的缓存机制。

Ehcache 在使用之前首先要对配置文件进行定制化修改，示例配置文件如下所示：

```
<?xml version="1.0" encoding="UTF-8"?>
<ehcache xmlns:xsi="http://www.w3.org/2001/XMLSchema-instance"
    xsi:noNamespaceSchemaLocation="http://ehcache.org/ehcache.xsd">

    <diskStore path="G:/development/workspace/test/WebContent/cache/
        temporary"/><!-- 达到内存上限后缓存文件保存位置 -->

    <defaultCache
        maxElementsInMemory="10000" <!-- 最大内存占用-->
        memoryStoreEvictionPolicy="LRU"  <!-- 缓存废弃策略，LRU表示最少使用的优先清除，
            此值对应之前3种策略 -->
        eternal="false"
        timeToIdleSeconds="1" <!--空闲时间，超出此时间未使用缓存自动清除-->
        timeToLiveSeconds="5" <!--清除时间，缓存保留的最长时间-->
        overflowToDisk="false" <!--超出最大内存占用后，是否将缓存写入磁盘-->
        diskPersistent="false" />

    <!-- 测试 -->
    <cache
        name="cache_test" <!-- 缓存名称 -->
        memoryStoreEvictionPolicy="LRU"
        maxElementsInMemory="1"
        eternal="false"
        timeToIdleSeconds="7200"
```

```
            timeToLiveSeconds="7200"
            overflowToDisk="true" />
</ehcache>
```

1. 创建 CacheManager

使用缓存首先要创建 CacheManager，通过 create 方法创建 CacheManager 一共有五种方法，分别是：

1）以默认配置创建一个 CacheManager 单例：

```
CacheManager cacheManager = CacheManager.create();
```

2）以 config 对应的配置创建 CacheManager 单例：

```
Configuration config = ...;//以某种方式获取的Configuration对象
cacheManager = CacheManager.create(config);
```

3）以 configurationFileName 对应的 xml 文件定义的配置创建 CacheManager 单例：

```
String configurationFileName = ...;//xml配置文件对应的文件名称,包含路径
cacheManager = CacheManager.create(configurationFileName);
```

4）以 is 对应的配置信息创建 CacheManager 单例：

```
InputStream is = ...; //以某种方式获取到的Xml配置信息对应的输入流
cacheManager = CacheManager.create(is);
```

5）以 URL 对应的配置信息创建 CacheManager 单例：

```
CacheManager cacheManager = CacheManager.create(URL);
//URL是指配置文件所在路径URL,通常使用getClass().getResource("/config/ehcache/
    ehcache-test.xml") 获取。
```

以 newInstance 方法创建 CacheManager 一共有五种方法：

1）以默认配置创建一个 CacheManager：

```
CacheManager cacheManager = CacheManager.newInstance();
```

2）以 config 对应的配置创建 CacheManager：

```
Configuration config = ...;//以某种方式获取的Configuration对象
cacheManager = CacheManager.newInstance(config);
```

3）以 configurationFileName 对应的 xml 文件定义的配置创建 CacheManager：

```
String configurationFileName = ...;//xml配置文件对应的文件名称,包含路径
cacheManager = CacheManager.newInstance(configurationFileName);
```

4）以 is 对应的配置信息创建 CacheManager：

```
InputStream is = ...; //以某种方式获取到的Xml配置信息对应的输入流
cacheManager = CacheManager.newInstance(is);
```

5）以 URL 对应的配置信息创建 CacheManager：

```
URL url = ...;   //以某种方式获取到的Xml配置信息对应的URL
cacheManager = CacheManager.newInstance(url);
```

2. 将数据存放到缓存中

将数据存放到缓存中的方法如下：

```
//key:根据此值获取缓存的value，不可重复，value值为需要缓存的数据
Element element = new Element(key, value);
//cacheName:指ehcache-test.xml配置文件中的缓存名称 name="xxx"中的值
Cache cache = cacheManager.getCache(cacheName);
cache.put(element);
```

3. 获取缓存

获取缓存的方法如下：

```
Cache cache = cacheManager.getCache(cacheName);
Element element = cache.get(key);
Object data = element.getObjectValue(); //获取到的缓存数据
```

4. 删除缓存

删除缓存的方法如下：

```
Cache cache = cacheManager.getCache("cacheName");
//根据key来移除一个元素
cache.remove("key");
```

5. 修改缓存

修改缓存的方法如下：

```
Cache cache = cacheManager.getCache("cacheName");
cache.put(new Element("key", "value1"));
//替换元素的时候只有Cache中已经存在对应key的元素时才会替换，否则将不会替换成功。
cache.replace(new Element("key", "value2"));
```

6. 关闭缓存

官方推荐在程序里面调用 CacheManager 的 shutdown() 方法来将当前 CacheManager 进行关闭。

4.2.4　在 Spring 中使用 Ehcache

这一小节将通过一个案例进行讲解，本案例使用的 Spring 版本是 4.1.4.RELEASE，目前 Spring 还不支持 Ehcache3.0 以上版本，因此案例使用的是 2.10.x 版本。

在 4.2.3 节中介绍了 Ehcache 的基本使用方式，但是我们在工作中经常会使用 Spring 框架，如何将 Ehcache 集成到 Spring 框架中？下面将进行详细介绍。

1. 配置文件介绍

在 Spring 配置文件中加入下面的配置信息：

```
<bean id="ehcache" class="org.springframework.cache.ehcache.EhCacheManagerFactoryBean">
        <property name="configLocation" value="classpath:ehcache/ehcache.xml"/>
    </bean>

    <bean id="cacheManager" class="org.springframework.cache.ehcache.EhCache-
        CacheManager">
    <property name="cacheManager" ref="ehcache"/>
    </bean>

    <!-- 启用缓存注解开关 -->
    <cache:annotation-driven cache-manager="cacheManager"/>
```

其中：

❑ org.springframework.cache.ehcache.EhCacheManagerFactoryBean ：这个类的作用是加载 Ehcache 配置文件。

❑ org.springframework.cache.ehcache.EhCacheCacheManager ：这个类的作用是支持 net.sf.ehcache.CacheManager。

2. 用 Spring 注解使用 Ehcache 缓存

Spring 为缓存功能提供了注解功能，使用的过程中需要启动注解，开启方式如下所示：

```
<cache:annotation-driven cache-manager="cacheManager"/>
```

Spring 提供了四个方法级的缓存注解分别是：

（1）@Cacheable

加了这个注解的方法表示是可以缓存的，当第一次调用这个方法时，它的结果会被缓存下来，在缓存的有效时间内，以后再访问这个方法的时候就直接返回缓存结果，不再执行方法中的代码段。

这个注解还可以用 condition 属性来设置条件，如果不满足条件，就不使用缓存能力，直接执行方法。该注解的属性如表 4-2 所示。

表 4-2 Cacheable 属性表

属性名称	解　释
value	缓存的名称，在 spring 配置文件中定义，必须指定至少一个，值是 ehcache.xml 中声明的 cache 的 name
key	缓存的 key，可以为空，如果指定要按照 SpEL 表达式编写，如果不指定，则缺省按照方法的所有参数进行组合
condition	缓存的条件，可以为空，使用 SpEL 编写，返回 true 或者 false，只有为 true 才进行缓存

（2）@CachePut

此注解的支持的属性和方法与 @Cacheable 一致，但是在使用的过程中不仅会缓存方法的执行结果，还会真实的执行方法。该注解的属性如表 4-3 所示。

表 4-3　CachePut 属性表

属性名称	解　　释
value	缓存的名称，在 spring 配置文件中定义，必须指定至少一个，值是 ehcache.xml 中声明的 cache 的 name
key	缓存的 key，可以为空，如果指定要按照 SpEL 表达式编写，如果不指定，则缺省按照方法的所有参数进行组合
condition	缓存的条件，可以为空，使用 SpEL 编写，返回 true 或者 false，只有为 true 才进行缓存

（3）@CachEvict

主要针对方法配置，能够根据一定的条件对缓存进行清空。该注解的属性如表 4-4 所示。

表 4-4　CachEvict 属性表

属性名称	解　　释
value	缓存的名称，在 spring 配置文件中定义，必须指定至少一个，值是 ehcache.xml 中声明的 cache 的 name
key	缓存的 key，可以为空，如果指定要按照 SpEL 表达式编写，如果不指定，则缺省按照方法的所有参数进行组合
condition	缓存的条件，可以为空，使用 SpEL 编写，返回 true 或者 false，只有为 true 才进行缓存
allEntries	是否清空所有缓存内容，缺省为 false，如果指定为 true，则方法调用后将立即清空所有缓存
beforeInvocation	是否在方法执行前就清空，缺省为 false，如果指定为 true，则在方法还没有执行的时候就清空缓存，缺省情况下，如果方法执行抛出异常，则不会清空缓存

（4）@CacheConfig

这是一个类级别的注解，主要是共享缓存的名称，比如 @Cacheable 里面有一个 value ＝ "xxx" 的属性，如果需要配置的方法很多，以后维护起来非常不方便，所以 @CacheConfig 就是用来统一声明。

4.3　Ehcache 集群介绍

由于 Ehcache 是进程中的缓存系统，一旦将应用部署在集群环境中，每一个节点就会维护各自的缓存数据，当某个节点对缓存数据进行更新，这些更新的数据无法在其他节点中共享，这不仅会降低节点运行的效率，而且会导致数据不同步的情况发生。例如某个网站采用 A、B 两个节点作为集群部署，当 A 节点的缓存更新后，而 B 节点缓存尚未更新就可能出现用户在浏览页面的情况，一会是更新后的数据，一会是尚未更新的数据，所以这就需要用到了 Ehcache 的集群方案。

4.3.1 集群的方式

EhCache 从 1.7 版本开始，支持五种集群方案分别是 Terracotta、RMI、JMS、JGroup、Ehcache Server，其中 RMI、JMS 和 Ehcache Server 是最经常使用的，下面我们来进行详细介绍：

1. RMI 组播方式

RMI 是一种点对点的基于 Java 对象的通讯方式。EhCache 从 1.2 版本开始就支持 RMI 方式的缓存集群。在集群环境中 EhCache 所有缓存对象的键和值都必须是可序列化的，也就是必须实现 java.io.Serializable 接口，这点在其他集群方式下也是需要遵守的。RMI 组播模式如图 4-2 所示。

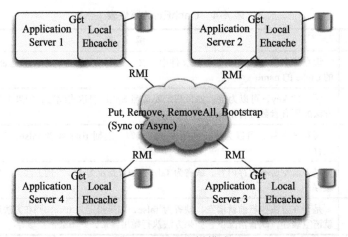

图 4-2　RMI 组播模式

当缓存改变时，Ehcache 会向组播 IP 地址和端口号发送 RMI UDP 组播包，Ehcache 的组播做得比较初级，功能只是基本实现（比如简单的一个 HUB，接两台单网卡的服务器，互相之间组播同步就没问题），对一些复杂的环境（比如多台服务器，每台服务器上多地址，尤其是集群，存在一个集群地址带多个物理机，每台物理机又带多个虚拟站的子地址），就容易出现问题。

在 Ehcache 中如果要使用集群，需要在 ehcache.xml 中配置 RMICacheManagerPeerProviderFactory 工厂，配置示例如下：

```
<cacheManagerPeerProviderFactory
class="net.sf.Ehcache.distribution.RMICacheManagerPeerProviderFactory"
    properties="peerDiscovery=automatic,
multicastGroupAddress=localhost,
    multicastGroupPort=4446,timeToLive=255"/>
```

2. JMS 消息方式

JMS 是两个应用程序之间进行异步通信的 API，它为标准消息协议和消息服务提供了一组通用接口，包括创建、发送、读取消息等，用于支持 JAVA 应用程序开发，JMS 也支持基于事件的通信机制，通过发布事件机制向所有与服务器保持连接的客户端发送消息，在发送消息的时候，接收者不需要在线，等到客户端上线的时候，能保证接收到服务器发送的消息。Ehcache 支持 JMS 消息模式，如图 4-3 所示。

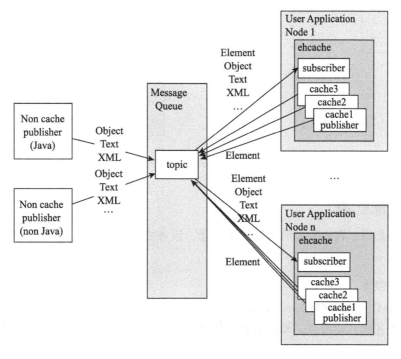

图 4-3　JMS 消息模式

JMS 的核心就是一个消息队列，每个应用节点都订阅预先定义好的主题，同时，节点有元素更新时，也会发布更新元素到主题中去。各个应用服务器节点通过侦听 MQ 获取到最新的数据，然后分别更新自己的 Ehcache 缓存，Ehcache 默认支持 ActiveMQ，也可以通过自定义组件的方式实现类似 Kafka 和 RabbitMQ 等。

3. Cache Server 模式

Ehcache 也支持缓存服务器集群模式如图 4-4 所示，缓存数据集中在 Ehcache Server 中存放，Ehcache Server 之间做数据复制。Ehcache Server 提供了强大的安全机制和监控功能，Ehcache 单实例在内存中可以缓存 20GB 以上的数据。

Cache Server 一般以 WAR 包的方式独立部署，Cache Server 有两种类型的 API：面向资源的 RESTful 以及 SOAP。这两种 API 都能够跨语言支持。

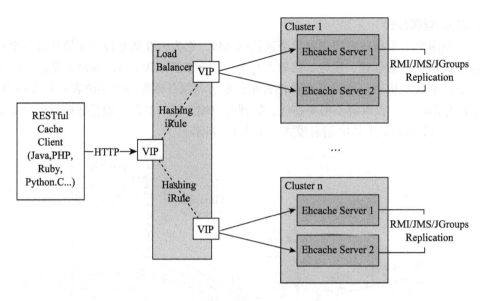

图 4-4　Cache Server 模式

4.3.2　如何配置集群

如何配置集群，首先要了解清楚三个概念，服务提供者、服务监听和事件监听，下面将重点介绍。

1. 服务提供者

我们以 RMI 的方式举例，在 ehcache.xml 配置文件中有两种配置方法，一种是通过广播的方式，服务间自动发现，动态更新存活服务的列表；另一种就是在配置文件中配置好静态服务列表。

（1）自动发现机制

在 cacheManagerPeerProviderFactory 中配置 multicastGroupAddress 广播地址、multicast-GroupPort 端口号和 timeToLive 会话保持时间。

配置示例如下：

```
<cacheManagerPeerProviderFactory
    class="net.sf.ehcache.distribution.RMICacheManagerPeerProviderFactory"
    properties="peerDiscovery=automatic, multicastGroupAddress=230.0.0.1,
        multicastGroupPort=4446, timeToLive=32"/>
```

（2）手动配置机制

通过在 rmiUrls 中指定地址来实现服务的扩展，可以做点对点的直连，不需要动态判断存活的服务列表。

配置示例如下：

```
<cacheManagerPeerProviderFactory class= "net.sf.Ehcache.distribution.RMICacheMan
    agerPeerProviderFactory"
properties="peerDiscovery=manual,rmiUrls=//localhost:40000/user"/>
```

2. 服务监听

服务 Listener 用来监听集群中其他服务器的 Ehcache 消息，所以 Listener 要监听本机端口，配置示例如下：

```
<cacheManagerPeerListenerFactory
    class="net.sf.Ehcache.distribution.RMICacheManagerPeerListenerFactory"
        properties="hostName=localhost,port=40001, socketTimeoutMillis=120000"/>
```

3. 事件监听器

事件监听器主要是配置 Replicator 监听本地缓存的增删改查事件，然后发送到集群中其他服务器。

配置示例如下：

```
<cache name="user"
    maxElementsInMemory="1000"
    eternal="false"
    timeToIdleSeconds="100000"
    timeToLiveSeconds="100000"
    overflowToDisk="false">
    <cacheEventListenerFactory    class="net.sf.Ehcache.distribution.RMICache-
        ReplicatorFactory"/>
</cache>
```

cache 标签的属性与 Ehcache 缓存配置文件基本相同，可参见 4.2.2 中对 ehcache.xml 配置项的说明。另有两个属性说明如下：

❑ cacheEventListenerFactory：注册相应的缓存监听类，用于处理缓存事件。

❑ bootstrapCacheLoaderFactory：指定相应的 BootstrapCacheLoader，用于初始化缓存，以及自动设置。

4.4　Ehcache 的适用场景

使用的过程中，根据优点和缺点进行权衡后再应用到项目中去，Ehcache 缓存也是如此，在实际工作中有很多种使用场景，在本节中还将会结合实际工作的案例，将 Ehcache 作为 Redis 的二次缓存使用。

1. Ehcache 场景要求

Ehcache 作为本地缓存会有一些场景的使用约束，下面将从三个方面做一下简单介绍帮助大家在选择合适的缓存。

（1）比较少的更新数据表的情况下

Ehcache 作为 Hibernate 的缓存时，在进行修改表数据 (save,update,delete 等等) 的时候，EhCache 会自动把缓存中关于此表的所有缓存全部删除掉，这样做只是能达到同步，但对于数据经常修改的表来说，可能就失去缓存的意义了。

（2）对并发要求不是很严格的情况

多台应用服务器中的缓存是不能进行实时同步的。

（3）对一致性要求不高的情况下

因为 Ehcache 本地缓存的特性，目前无法很好的解决不同服务器间缓存同步的问题，所以在一致性要求高的场合下，建议使用 Redis、Memcached 等集中式缓存。

2. Ehcache 的瓶颈点

Ehcache 作为本地缓存能够给我们使用便利和性能提升的同时，也有其一些问题所在，比如缓存漂移和数据库的瓶颈，下面我们将简单进行介绍。

（1）缓存漂移（Cache Drift）

每个应用节点只管理自己的缓存，在更新某个节点的时候，不会影响到其他的节点，这样数据之间可能就不同步了。

（2）数据库瓶颈（Database Bottlenecks）

对于单实例的应用来说，缓存可以保护数据库的读风暴；但是在集群的环境下，每一个应用节点都要定期保持数据最新，节点越多，要维持这样的情况对数据库的开销也越大。

3. 在实际工作中如何更好地使用

我们在项目中使用集中式缓存（Redis 或者 Memcached 等）通常都是先检查缓存中是否存在期望的数据，如果存在直接将数据返回，如果不存在就查询数据库然后再将数据缓存，而后将结果返回（如图 4-5 所示）。这时候如果缓存系统因为某些原因宕机，造成服务无法访问，那么大量的请求将直接穿透到数据库，对数据库造成巨大的压力。

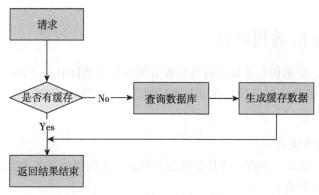

图 4-5　请求查询缓存流程

　　针对上述情况，我们有多种可行的解决方案，其中一种方案是将 Ehcache 作为集中式缓存的二级本地缓存，这样当缓存系统宕机后，服务器应用的本地缓存还能继续抗住大量请求。

　　使用了 Ehcache 作为二级本地缓存后，可能会出现本地缓存与缓存系统之间出现数据不一致的情况，因为本地缓存是在服务器应用中存在，在实际生产环境中必定是多台服务器分别部署，如何能够在更新缓存系统数据的同时，也能够更新 Ehcache 缓存数据，以及怎样保证不同服务器间 Ehcache 本地缓存数据的同步问题，下面将提供两种解决方案可供参考，案例中采用的是 Redis 缓存。

　　（1）方案一：定时轮询

　　这种方案是每台应用服务器定时轮询 Redis 缓存，比较缓存数据的版本号与本地 Ehcache 缓存的版本号大小，如果本地 Ehcache 缓存的版本号小于 Redis 缓存的版本号，则可以获取的最新的缓存，然后同步更新本地 Ehcache 缓存，否则跳过本次轮询。处理过程如图 4-6 所示。

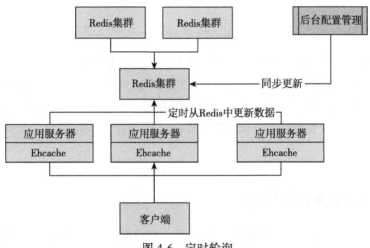

图 4-6　定时轮询

　　缺点：因为每台服务器定时轮询的时间点可能不一样，那么不同服务器刷新最新缓存的时间可能也不一样，这样就会产生数据不一致的问题，对一致性要求不是很高的时候可以使用。

　　（2）方案二：主动通知

　　这种方案引入了消息队列，使每台应用服务器的 Ehcache 同步侦听 MQ 消息，通过 MQ 推送或者拉取的方式，这样在一定程度上可以达到准同步更新数据，处理过程如图 4-7 所示。

　　缺点：因为不同服务器之间的网络速度的原因，所以也不能完全达到强一致性。基于此原理使用 ZooKeeper 等分布式协调通知组件也是如此。

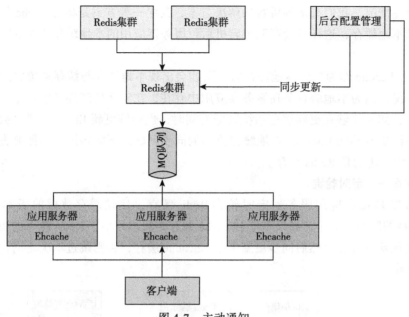

图 4-7   主动通知

总之，使用二级缓存的好处是减少缓存数据的网络传输开销，当集中式缓存出现故障的时候，Ehcache 等本地缓存依然能够支撑应用程序正常使用，增加了程序的健壮性。另外使用二级缓存策略可以在一定程度上阻止缓存穿透问题。根据 CAP 原理我们可以知道，如果要使用强一致性缓存（根据自身业务决定），集中式缓存是最佳选择，如（Redis，Memcached 等）。

4.5   Guava Cache 的使用

Guava Cache 和 Ehcache 一样也是本地缓存，虽然都是本地缓存，但是在细分领域中也还是有不同的应用场景，Guava 是 Google 提供的一套 Java 工具包，而 Guava Cache 作为 Guava 的 Cache 部分而提供了一套非常完善的本地缓存机制。在 Guava 之前，JDK 的 ConcurrentHashMap 因为能友好的支持并发而被经常用作本地缓存，但它毕竟还是个 Map，不具备缓存的一些特性，比如缓存过期，缓存数据的加载 / 刷新等。

4.5.1   Guava Cache 的适用场景

Guava Cache 适用于以下场景：

1. 愿意消耗一些本地内存空间来提升速度

一些数据对一致性要求不高，就可以不用放到 Redis 等集中缓存中，这样频繁读取还会增加网络开销，同时也需要考虑集中缓存宕机的情况。

我们在使用本地内存做缓存的时候，也需要考虑缓存的数据总量不能超出服务器内存，这样就应该做一些数据淘汰机制来确保。

2. 更新锁定

这个功能很好用，当请求查询某一个 key 的时候，如果不存在则从源中读取，然后再回填到本地缓存中，这时如果并发量非常大，可能会有多个请求同时从源中读取数据，然后再回填到本地缓存，造成多次执行的情况。

Guava Cache 可以在 CacheLoader 的 load 方法中加以控制，对同一个 key，只让一个请求去源中读取数据，而其他请求阻塞等待结果，在后面的章节中将详细介绍此功能。

4.5.2　Guava Cache 的创建方式

Guava Cache 是一个全内存的本地缓存实现，它提供了线程安全的实现机制。

Guava Cache 有两种创建方式：

❑ CacheLoader；

❑ Callable callback。

通过 CacheLoader 和 Callable 这两种方式创建 cache，和用 map 来缓存做对比的话，这两种方式都实现了一种逻辑：从缓存中取 key 值，如果该值已经缓存过了，则返回缓存中的值，如果没有缓存过，可以通过某个方法来获取这个值。

1. CacheLoader 创建方式

在构建 Cache 对象的时候定义一个 CacheLoader 来获取数据，在缓存不存在的时候能够自动加载数据到缓存中。

这种创建方式适用的场景是：在创建的时候采用指定的加载缓存的方式，经常用作从数据库中获取和缓存数据。

先看一段示例代码如下：

```
public static void main(String[] args) throws ExecutionException, InterruptedException {
    //缓存接口这里是LoadingCache，LoadingCache在缓存项不存在时可以自动加载缓存
    //CacheBuilder的构造函数是私有的，只能通过其静态方法newBuilder()来获得CacheBuilder实例
    LoadingCache<Integer, String> strCache = CacheBuilder.newBuilder()
        //设置并发级别为8，并发级别是指可以同时写缓存的线程数
        .concurrencyLevel(8)
        //设置写缓存后8秒钟过期
        .expireAfterWrite(8, TimeUnit.SECONDS)
        //设置缓存容器的初始容量为10
        .initialCapacity(10)
        //设置缓存最大容量为100，超过100之后就会按照LRU最近虽少使用算法来移除缓存
        .maximumSize(100)
        //设置要统计缓存的命中率
        .recordStats()
        //设置缓存的移除通知
        .removalListener(new RemovalListener<Object, Object>() {
```

```
        public void onRemoval(RemovalNotification<Object, Object> notification) {
            System.out.println(notification.getKey()+" was removed, cause is" +
                notification.getCause());
        }
    }) .build(
//build方法可以指定CacheLoader，在缓存不存在时通过CacheLoader的实现自动加载缓存
        new CacheLoader<Integer, String>() {
            @Override
            public String load(Integer key) throws Exception {
                System.out.println("load data: " + key);
                String str = key + ":cache-value";
                return str;
            }
        }
    );

    for (int i = 0; i < 20; i++) {
        //从缓存中得到数据，由于我们没有设置过缓存，所以需要通过CacheLoader加载缓存数据
        String str = strCache.get(1);
        System.out.println(str);
        //休眠1秒
        TimeUnit.SECONDS.sleep(1);
    }

    System.out.println("cache stats:");
    //最后打印缓存的命中率等情况
    System.out.println(strCache.stats().toString());
}
```

运行结果如图 4-8 所示。

总结：在 Guava 中使用缓存需要先声明一个 Cache-Builder 对象，并设置缓存的相关参数，然后调用其 build 方法获得一个 Cache 接口的实例。

2. Callable 方式

这个方法返回缓存中相应的值，如果未获取到缓存值则调用 Callable 方法。这个方法简便地实现了"如果有缓存则返回，否则读取、缓存、然后返回"的模式。

适用的场景是：这种方式比较灵活，可以在获取缓存的指定 Callable 对象，在缓存中获取不到数据的时候，可以动态决定采用哪种方式加载数据到缓存。

看示例代码如下：

图 4-8　执行结果

```
Cache<String, String> cache = CacheBuilder.newBuilder().maximumSize(1000).build();
    String resultVal = cache.get("test", new Callable<String>() {
        public String call() {
            //未根据key查到对应缓存，设置缓存
```

```
                String strProValue="test-value"
                return strProValue;
            }
        });
    System.out.println("return value : " + resultVal);
}
```

4.5.3　缓存数据删除

Guava 的 cache 数据删除的方式有两种，分别是主动删除和被动删除。

1. 被动删除

被动删除分为三种实现方式，分别是：

（1）基于数据大小的删除

按照缓存的大小来删除，如果缓存容量即将到达指定的大小时，就会把不常用的键值对从 cache 中移除。

使用 CacheBuilder.maximumSize(size) 方法进行设置。说明：

❑ size 指的是记录数，不是容量。

❑ 并不是超过缓存容量才会删除数据，而是接近的时候开始。

（2）基于过期时间删除

在 Guava Cache 中提供了两个方法可以基于过期时间删除

❑ expireAfterAccess（long, TimeUnit）：某个 key 最后一次访问后，再隔多长时间后删除。

❑ expireAfterWrite(long, TimeUnit)：某个 key 被创建后，再隔多长时间后删除。

（3）基于引用的删除

这种方式主要是基于 Java 的垃圾回收机制，判断缓存的数据引用的关系，如果没有被引用，则 Guava Cache 会将该数据删除。

2. 主动删除

主动删除分为三种实现方式，见表 4-5 所示。

表 4-5　主动删除的三种方式

序号	删除方式	调用 API 方法
1	单独删除	Cache.invalidate(key) 将某个 key 的缓存直接置为无效
2	批量删除	Cache.invalidateAll(keys) 将一批 key 的缓存直接置为无效
3	删除所有数据	Cache.invalidateAll() 删除所有缓存数据

4.5.4　并发场景下的使用

我们在 4.5.1 适用场景小节中介绍了 Guava Cache 更新锁定这个功能，Guava Cache 可以在 CacheLoader 的 load 方法中加控制，对同一个 key，只让一个请求去源中读取数据，而其他请求阻塞等待结果，但是只让一个请求从源中读数据然后回填数据到缓存，而其他的请求等待，这样虽然对后端服务不会造成压力，但其他所有的请求都被 blocked 了。

针对以上情况，Guava Cache 提供了一个 refreshAfterWrite 定时刷新数据的配置项，刷新时只有一个请求回源取数据，其他请求会阻塞在一个固定的时间段，如果在这个时间段内没有获得新值就直接返回旧值，这样请求被 blocked 情况就变的可控，如图 4-9 所示。

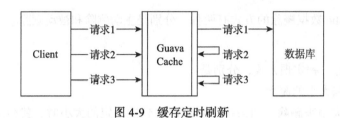

图 4-9 缓存定时刷新

4.6 本章小结

本章介绍了 Ehcache 和 Guava Cache，目前两者都是很成熟的 JVM 级别缓存，所以在绝大多数情况都是可以满足要求的。

适用 Ehcache 的情况有：

- ❑ 支持持久化功能。
- ❑ 有集群解决方案。

适用 Guava Cache 的情况是：Guava Cache 简单说就是一个支持 LRU 的 Concurrent-HashMap，它没有 Ehcache 那么多的特性，只是提供了增、删、改、查、刷新规则和时效规则设定等最基本的元素，同时 Guava cache 极度简洁又能满足大部分人的要求。

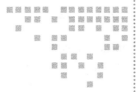

从 Memcached 开始了解集中式缓存

　　许多 Web 应用程序都将数据保存到 RDB 中，但随着数据量的增大，RDB 的负担加重，数据库响应恶化，性能严重下降。Memcached 是高性能的分布式内存缓存服务器，一般用来缓存访问的热点数据，减轻数据库的负担。

　　Memcached 是以 LiveJournal 旗下 Danga Interactive 公司的 Brad Fitzpatric 为首开发的一款软件。现在已成为 mixi、Twitter、Facebook、Vox、LiveJournal 等众多服务中提高 Web 应用扩展性的重要手段。许多 Web 应用都将数据保存到 RDBMS 中，应用服务器从中读取数据并在浏览器中显示。但随着数据量的增大、访问的集中，就会造成 RDBMS 的负担加重、数据库响应恶化、网站显示延迟等重大影响。减轻数据库压力，避免大量访问穿透到数据库是 Memcached 主要的用武之地。Memcached 是高性能的分布式内存缓存服务器。一般使用目的是，通过缓存数据库查询结果，减少数据库访问次数，以提高动态 Web 应用的速度，提高可扩展性。

　　现在使用 Memcached 的著名大户是 Facebook，著名的文章《Scaling Memcached at Facebook》披露了在 Facebook 公司 Memcached 的规模、优化创新解决方案，非常值得一读。Facebook 在 Memcached 上的内容已经超过 28TB，总服务器数量超过 800 台。笔者曾于 2013 年在公司内对该文章进行了学习分享，作为 SNS 类应用，Facebook 在朋友关系更新、热点数据、缓存与 MySQL 一致性、多机房数据一致性等方面存在挑战。从 LiveJournal 到 Facebook，是 Memcached 应用的极大发展，缓存数据量也从 30G 这个级别跃升为 28TB（实际数据可能还在增长），增长了近千倍。

5.1 Memcached 基本知识

有人把 Memcached 称为"万金油"，使用厂商包括 mixi、Twitter、Facebook、Vox、LiveJournal，而在国内，所有大厂无一例外或多或少都采用其作为解决方案，比如阿里巴巴、新浪微博、腾讯、大众点评、人人网等。Memcached 是一个开源、高性能的分布式内存对象缓存系统，Memcached 虽然看似简单但是非常强大，它的特点是快速部署、易于开发、简单实用，而且它的客户端包含大部分流行语言。

5.1.1 Memcached 的操作命令

Memcached 下载地址为 http://memcached.org/downloads，截至本书完稿，最新的版本为 Memcached-1.4.34.tar.gz（2017-1-25）。

1. 安装过程

对于 Debian/Ubuntu 系统而言，由于 Memcached 网络通信依赖 libevent-dev，需要优先安装 libevent-dev，具体安装命令如下：

```
apt-get install libevent-dev
wget http://memcached.org/latest
tar -zxvf memcached-1.4.34.tar.gz
cd memcached-1.4.34
./configure --prefix=/usr/local/memcached
make && make test && sudo make install
```

执行：./configure –help 可以查看详细说明。

其他操作系统安装方式类似，这里不做一一描述。

具体安装详情可参考：https://github.com/memcached/memcached/wiki/Install

2. 启动参数设置

一般可以使用下面命令来启动 memcached 服务：

```
/usr/local/memcached -d -m 1024 -u root -l 127.0.0.1 -p 11211 -c 1024 -P /usr/
    local/memcached/memcached.pid
```

下面对启动参数进行简单介绍：

（1）运行参数描述

❑ -d：以守护（daemon）进程方式启动。

❑ -u root：运行 Memcached 的用户。

❑ -P/tmp/a.pid：保存 Memcached 进程的 pid 文件。

（2）内存设置

❑ -m 1024：数据内存数量，不包含 Memcached 本身占用，单位为 MB。

❑ -M：内存不够时禁止 LRU，报错。

❑ -n 48：初始 chunk=key+suffix+value+32 结构体，默认 48 字节。

- ❑ -f 1.25：增长因子，默认 1.25。
- ❑ -L：启用大内存页，可以降低内存浪费，改进性能。

（3）连接设置

- ❑ -l 127.0.0.1：监听的 IP 地址，本机可以不设置此参数。
- ❑ -p 11211：TCP 端口，默认为 11211，可以不设置。
- ❑ -U 11211：UDP 端口，默认为 11211，0 为关闭。

（4）并发设置

- ❑ -c 1024：最大同时连接数，默认 1024。
- ❑ -t 4：线程数，默认 4。由于 Memcached 采用 NIO，并非线程数越大越好，一般线程数和 CPU 核数一致。
- ❑ -R 20：每个 event 连接最大并发数，默认 20。
- ❑ -C：禁用 CAS 命令（可以禁止版本计数，减少开销）。

3. Memcached 的常用命令

Memcached 标准命令结构如下：

```
command <key> <flags> <expiration time> <bytes> <value>
```

具体描述如表 5-1 所示。

表 5-1　命令参数说明

参　数	描　述
command	操作命令，主要命令有 set/add/replace/get/delete
key	缓存数据的 key，Memcached 内部限制不能大于 250 个字符，不包括空格和控制字符。在 memcached.h 中定义 key 的长度：#define KEY_MAX_LENGTH 250。key 的长度会影响 hash 查找 value 的效率及占有的内存空间
flags	客户端用来标识数据格式，如 JSON、XML、是否压缩等，即数据序列化格式。在 Memcached 里面存储数据为 byte，比如 GET 操作，客户端读取到 byte 格式的数据，如何进行序列化为对象
exptime time	存活时间，单位为 s，0 为不过期。Memcached 有丰富的数据过期策略，如果设置了时间，Memcached 会将过期的数据移除掉。笔者建议设置对象的过期时间，避免 memcached 存储大量无效的数据
bytes	Memcached 中存储的字节数，比如 value 为 1234，则对应的 bytes 便为 4，设置该值的主要目的：TCP 协议是 stream 机制，告诉数据包接收方完整数据包的位置
value	存储的值。比如 SET，value 代表设置到 Memcached 的值

比如：set qiang 0 0 4 good。qiang 代表设置的 key；第一个 0，代表 flag，这里描述为不用做序列化转换；第二个 0，代表过期时间不失效；4 代表 value 的长度；good，代表设置到 Memcached 的 value。

Memcached 的常用命令如表 5-2 所示。

表 5-2　Memcached 的常用命令

操　作	描　述	举　例
SET	无论如何都进行存储，如果 set 的 key 已经存在，该命令可以更新该 key 所对应的原来的数据。执行成功，则返回 STORED	set userid 0 0 4 1234
GET	查看已添加的数据	get userid
ADD	只有数据不存在时进行添加	add userid 0 0 4 1234
REPLACE	只有数据存在时进行替换	replace userid 0 0 5 12345
APPEND	往后追加	append name 0 0 5 qiang
PREPEND	往前追加	prepend name 0 0 5 qiang

5.1.2　Memcached 使用场景

Memcached 主要应用在减少数据库压力的场景，如图 5-1 所示，第一次访问，缓存数据未命中，则从数据库中获取数据并存储到 Memcached 中，第二次访问则直接从缓存中获取数据。

更新链路如图 5-2 所示，应用服务器对 key 进行更新，先对 DB 进行更新后，再对缓存进行更新。

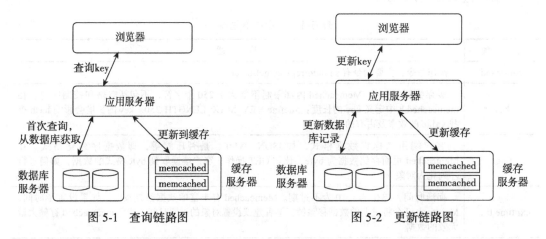

图 5-1　查询链路图　　　　　　　　　　图 5-2　更新链路图

5.1.3　Memcached 特征

Memcached 最主要的特征为：协议简单、基于 libevent 的事件处理、内置内存存储方式、客户端分布式。

❑ **协议简单**：Memcached 和客户端通信并不使用复杂的 XML 等格式，而是使用简单的基于文本协议或者二进制协议。

❑ **基于 libevent 的事件处理**：由于 epoll, kqueue, /dev/poll 每个接口都有自己的特点，程序移植非常困难，libevent 这个程序库就应运而生了。他将 Linux 的 epoll、

BSD 类操作系统的 kqueue 等事件处理功能封装成统一的接口。 Memcached 使用 libevent 库，因此能在 Linux、BSD、Solaris 等操作系统上发挥其高性能。限于篇幅，这里仅仅对事件处理进行了简要介绍，更多相关内容可以参考 Dan Kegel 的 The C10K Problem。

❑ **内置内存存储方式**：为了提高性能，Memcached 中保存的数据都存储在 Memcached 内置的内存存储空间中。由于数据仅存在于内存中，因此重启 Memcached 或者重启操作系统会导致全部数据消失。另外，内存容量达到指定的值之后，Memcached 会自动删除不使用的内存。缓存数据的回收采用的是 LRU（Least Recently Used）算法，5.2 节将详细介绍内存存储，5.3.1 节亦会探讨具体的 LRU 策略。

❑ **Memcached 客户端分布式**：Memcached 尽管是"分布式"缓存服务器，但服务器端并没有分布式功能。各个 Memcached 实例不会互相通信以共享信息。它的分布式主要是通过客户端实现的，如图 5-3 所示。

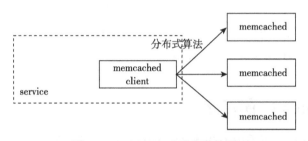

图 5-3　Memcached 基本结构图

service 表示某分布式服务，该服务在需要使用 Memcached 做缓存服务时，会利用 Memcached 客户端来连接 Memcached 缓存服务器。Memcached 客户端会通过一些路由算法选择具体定向到哪台 Memcached 缓存服务器。也就是说分布式能力是在客户端代码中实现的。

5.1.4　Memcached 的一些问题

Memcached 是简单的 key-value 的内存系统，设计及使用非常简单。但是在使用过程中也存在一些问题，这主要体现在以下几个方面：

❑ **无法备份，重启无法恢复**：重启无法恢复的问题，只能通过持久化解决。兼容 Memcached 的协议，持久化的解决方案有 MemcacheDB，以及 Tokyo Cabinet 和 Tokyo Tyrant 配合使用。Tokyo Cabinet 是一个 DBM 数据库，而 Tokyo Tyrant 是兼容 Memcached 协议的网络协议。

❑ **无法查询**：前面谈过 Memcached 的存储机制，不能按各种条件的 key 查询，比如范围查询。

❑ **没有提供内置的安全机制**：当然你可以找到一些解决方案。

❑ **单点故障 failover**：Memcached 不支持任何 fail-over/high-availability 机制，因为它是作为 cache 使用的，不是原始数据源，这也是其一大特点。面对单点故障，可以通过主从模式解决问题，如图 5-4 所示。

应用服务器 A 通过客户端 hash，进行双写操作，同时更新 MC1（Master）、MC1'（Slave）数据。而读数据的时候，先获取 Master 数据，当 Master 返回空，或者无法取到数据的时候，访问 Slave。

在这种模式下，涉及 Master、Slave 的 2 份数据一致性问题，则统一以 Master 为准。即如果有更新数据操作，需要从 Master 中获取数据，再对 Master 进行 CAS 更新。更新成功后，才更新 Slave。如果 CAS 多次后都失败，则对 Master、Slave 进行 delete 操作，后续让请求穿透，从数据库中获取数据，再写回到缓存。

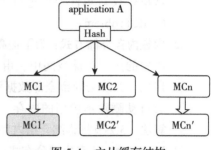

图 5-4　主从缓存结构

Memcached 的高可用方案，除了上面提及的主从模式，亦有 server 端的 proxy 模式及 Mcrouter 路由模式，参见 6.3 节的内容介绍。

5.2　Memcached 内存存储

Memcached 默认情况下采用了 Slab Allocatoion 的机制分配、管理内存。下面将详细描述数据是如何在 Memcached 内存中存储，以及如何高效率的管理数据。

5.2.1　Slab Allocation 机制

在 Slab Allocator 机制出现以前，内存的分配是通过对所有记录简单地进行 malloc 和 free 来进行的。但是，这种方式会导致内存碎片，加重操作系统内存管理器的负担。其实，Slab Allocation 的原理相当简单，按照预先规定的大小，将分配的内存分割成各种尺寸的块（chunk），并把尺寸相同的块分成组（chunk 的集合），注意，分配的块可以重复利用，不释放到内存中。如图 5-5 所示，将 88、112 和 144 等分别分成了不同的组（slab class）。

这里先介绍几个基本概念：

❑ **Page**：分配给 Slab 的内存空间，默认是 1MB。

❑ **Chunk**：用于缓存记录的内存空间。

❑ **Slab Class**：特定大小的 chunk 的组。

如图 5-5 所示，Chunk 是如何从 88 bytes 增长为 112bytes、144bytes 的呢？这其实是由 growth factor 决定的，growth factor 默认值为 1.25。比如最小 Chunk 为 88，则 88*1.25=112，112*1.25=144，Trunk 的大小依次类推。我们再来看下一个问题：对于确定的 Slab，一个 Page 可以存储几个？把 Page（默认 1MB）分给 112bytes 的 Slab，则可以得到

9 个 Slab（1024/112）。

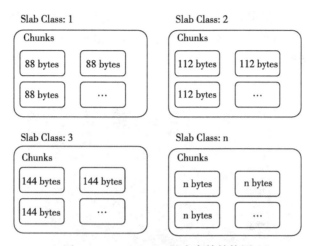

图 5-5　Memcached 基本存储结构图

Slab Allocator 机制简单来说就是，Memcached 根据收到的数据的大小，选择最适合数据大小的 Slab。 Memcached 中保存着 Slab 内空闲 Cehunk 的列表，根据该列表选择 Chunk，然后将数据缓存于其中。如图 5-6 所示，如果需要申请 100 bytes 的空间，则根据 Chunks 的大小选择 Slab Class2。

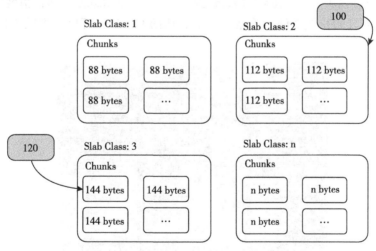

图 5-6　Memcached 基本存储结构图

Slab Allocator 解决了当初的内存碎片问题，但新的机制也给 Memcached 带来了新的问题。这个问题就是，由于分配的是特定长度的内存，因此无法有效利用分配的内存。例如，100 bytes 的空间使用了 112 字节的 Chunk，剩余的 12 字节就浪费了。

5.2.2　使用 Growth Factor 进行调优

Memcached 在启动时指定 Growth Factor 因子（通过 -f 选项），就可以在某种程度上控制 slab 之间的差异，默认值为 1.25。但是，在该选项出现之前，这个因子曾经固定为 2，称为"powersof2"策略。让我们用以前的设置，以 verbose 模式启动 Memcached 试试看，如图 5-7 所示。

```
D:\tools> memcached -f 2 -vv
slab class  1: chunk size      128 perslab 8192
slab class  2: chunk size      256 perslab 4096
slab class  3: chunk size      512 perslab 2048
slab class  4: chunk size     1024 perslab 1024
slab class  5: chunk size     2048 perslab  512
slab class  6: chunk size     4096 perslab  256
slab class  7: chunk size     8192 perslab  128
slab class  8: chunk size    16384 perslab   64
slab class  9: chunk size    32768 perslab   32
slab class 10: chunk size    65536 perslab   16
slab class 11: chunk size   131072 perslab    8
slab class 12: chunk size   262144 perslab    4
slab class 13: chunk size   524288 perslab    2
<248 server listening
<300 server listening
<304 send buffer was 8192, now 268435456
<304 server listening (udp)
```

图 5-7　启动 Memcached

从图 5-7 中可以了解到 Growth Factor 因子决定了 chunksize 的增长幅度差异，图 5-7 其实就是从 128 开始持续 2 倍的策略。采用默认的 f=1.25，可以得到图 5-8 所示的分配结果。

```
D:\tools> memcached -vv
slab class  1: chunk size      88 perslab 11915
slab class  2: chunk size     112 perslab  9362
slab class  3: chunk size     144 perslab  7281
slab class  4: chunk size     184 perslab  5698
slab class  5: chunk size     232 perslab  4519
slab class  6: chunk size     296 perslab  3542
slab class  7: chunk size     376 perslab  2788
slab class  8: chunk size     472 perslab  2221
slab class  9: chunk size     592 perslab  1771
slab class 10: chunk size     744 perslab  1409
slab class 11: chunk size     936 perslab  1120
slab class 12: chunk size    1176 perslab   891
slab class 13: chunk size    1472 perslab   712
slab class 14: chunk size    1840 perslab   569
slab class 15: chunk size    2304 perslab   455
slab class 16: chunk size    2880 perslab   364
slab class 17: chunk size    3600 perslab   291
slab class 18: chunk size    4504 perslab   232
slab class 19: chunk size    5632 perslab   186
slab class 20: chunk size    7040 perslab   148
slab class 21: chunk size    8800 perslab   119
slab class 22: chunk size   11000 perslab    95
slab class 23: chunk size   13752 perslab    76
```

图 5-8　启动 Memcached

我们可以使用 Memcached 的 stats 命令查看 slabs 的利用率等各种各样的信息，如表 5-3 所示。

表 5-3　stats 详细信息

名　　称	描　　述
pid	Memcached 进程 ID
uptime	Memcached 运行时间
time	Memcached 当前系统时间
version	Memcached 的版本号
curr_connections	当前连接数量
total_connections	Memcached 运行以来接受的连接总数
connection_structures	memcached 分配的连接结构的数量
cmd_get	查询请求总数
get_hits	命中次数
get_misses	miss 次数
cmd_set	存储请求总数
bytes	Memcached 当前存储所占用字节数
bytes_read	Memcached 从网络读取的总字节数
bytes_written	Memcached 向网络发送的总字节数
limit_maxbytes	Memcached 在存储时被允许使用的字节总数
curr_items	Memcached 当前存储的内容数量
total_items	Memcached 启动以来存储过的内容总数
evictions	LRU 释放对象数

同时，使用 Memcached 的作者 Brad 写的名为 memcached-tool 的 Perl 脚本，可以方便地获得 slab 的使用情况，相关地址为：http://code.sixapart.com/svn/memcached/trunk/server/scripts/memcached-tool。

5.2.3　Item

item 是我们要保存的数据，例如：

```
set name 0 30 5 qiang
```

代表我们把一个 key 为 name、value 为 qiang 的键值对保存在内存中 30 秒，Memcached 会把这些数据打包成一个 item，每一个完整的 item 包括几个部分：

❑ key：键。

❑ nkey：键长。

❑ flags：用户定义的 flag。

❑ nbytes：值长（包括换行符号 \r\n）。

❑ suffix：后缀 Buffer。

❑ nsuffix：后缀长。

一个完整的 item 长度是"键长＋值长＋后缀长＋item 结构大小（32 字节）"，item 操作就是根据这个长度来计算 slab 的 classid 的。

另外，如果设置了过期时间，比如 30s，表示 item 在 30s 后没有访问，则会失效。

5.3　典型问题解析

Memcached 的内存是有限的，对于大量的或者过期的数据，是如何进行管理的？

单实例 Memcached 的业务场景下，随着业务规模的不断增长，一般会出现以下几个问题：

（1）容量问题

单一服务节点无法突破单机内存上限。比如新浪微博已经超过千亿数据，虽然无须将所有数据都放入缓存当中，但在保证一定命中率的情况下（注：微博核心缓存命中率需要达到 99%）缓存部分数据，也需要以百 GB 甚至是 TB 为单位的内存容量。

（2）服务高可用（HA）

在单实例场景下，缓存如果因为网络波动、机器故障等原因不可用，会让访问全部穿透到数据库层，这在架构上是致命风险。

（3）扩展问题

单一服务节点无法突破单实例请求峰值上限，比如热点问题，微博的热点事件，淘宝的热点单品秒杀都是属于此类。我们要确保高于日常 N 倍的请求到达，扩展性问题也是分布式方案的基本问题。

5.3.1　过期机制

Memcached 有两种过期机制，一种是 Lazy Expiration，另一种是 LRU 算法。

❑ Lazy Expiration：Memcached 内部不会监视记录是否过期，而是在 get 时查看记录的时间戳，检查记录是否过期。这种技术被称为 lazy（惰性）expiration。因此，Memcached 不会在过期监视上耗费 CPU 时间。

❑ LRU 算法：LRU 顾名思义就是最近最少使用算法。而 LRU 又有一系列变种，如表 5-4 所示。

Memcached 启动时通过"-M"参数可以禁止 LRU，如下所示：

```
$ memcached -M -m 1024
```

Memcached 启动时必须注意的是，小写的"-m"选项是用来指定最大内存大小的。不指定具体数值则使用默认值 64MB。

表 5-4　LRU 变种策略

策　略	变　种	说　明
LRU	LRU	最近最少使用
	LRU-K	最近使用过 K 次
	Two queues	算法有两个缓存队列，一个是 FIFO 队列，一个是 LRU 队列
	Multi Queues	根据访问频率将数据划分为多个队列，不同的队列具有不同的访问优先级

指定"-M"参数启动后，内存用尽时，Memcached 会返回错误。

 提示　这里的 LRU 是在 Slab 范围内的，而不是全局的。

如图 5-8 所示，有 Slab 大小为 1176，有 Slab 大小为 2880。假设 Memcached 缓存系统中最常用的数据大小为 1000 bytes，而 Slab 为 2880 的数据块使用频度极低，当插入一条大小 1000 bytes 或者 1024 bytes 大小的数据，并不会释放 Slab 为 2880 的数据块的数据，而是在 Slab 为 1176 的数据块中执行 LRU 算法。读者可以去思考一下，其中缘由是什么。

5.3.2　哈希算法

哈希（Hash）就是：任意长度的输入，通过散列算法，变换成固定长度的输出。为了解决单实例的瓶颈，需要 Memcached 进行分布式部署。Memcached 常见的分布式部署结构如图 5-9 所示。

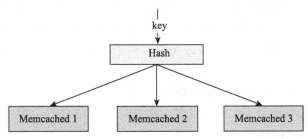

图 5-9　Memcached 分布式结构

该分布式部署依赖的核心便是 Hash 算法。图 5-9 中有三个 Memcached 实例，一般的 Hash 算法为：hash (key) mod 3，将 key 进行散列计算，再取模便可选择一个固定的 Memcached 实例。该 Hash 方案接口简单，但是缺点非常突出。假如现在需要扩容一台 Memcached 实例，那么该 Hash 算法便修改为：hash (key) mod 4，这会导致历史所有的数据都无法找到，导致大量的访问回源。

在分布式集群中，对机器的添加、删除，或者机器故障后自动脱离集群这些操作是分布式集群管理最基本的功能，使用一致性 hash 可以很好地解决动态变化环境下使用 Memcached 扩缩容带来的大量数据失效问题。

5.3.3 热点问题

热点数据就是 hot 数据，场景不同，热点数据也有差异，可以进一步分为热点数据和巨热数据，热点问题如图 5-10 所示。

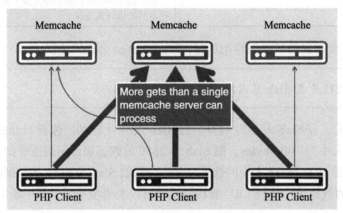

图 5-10 热点拓扑图

数据访问热点（读热点问题），比如电商的 Detail 详情页面。对某些热点商品的访问度非常高，即使是第 9 章中介绍的 Tair 缓存这种 Cache 本身也有瓶颈问题，一旦请求量达到单机极限也会存在热点保护问题。提供一个通用的解决思路，就是在 Cache 的 Client 端做本地 LocalCache，当发现热点数据时直接 Cache 在 Client 里，而不要请求到 Cache 的 Server。

巨热数据的处理方式，在 Facebook 有一招，就是通过多个 key_index（key:xxx#N），来获取热点 key 的数据，其实质也是把 key 分散。对于非高一致性要求的高并发读还是蛮有效的。

解决之道：把巨热数据的 key 发布到所有服务器上，每个服务器给对应的 key 一个别名，比如：
get key:xxx => get key:xxx#N

5.3.4 缓存与数据库的更新问题

缓存和数据库更新的一致性，这是一个常常会讨论的问题。我们来假设一下，如果更新数据库，再删除缓存时出现这样的情况，数据操作更新成功，缓存更新失败，结果是缓存中存在旧的数据，用户获取到旧信息，存在不一致性，如图 5-11 所示。虽

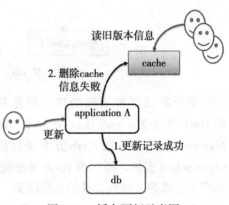

图 5-11 缓存更新示意图

然这种方案在某些场景下是没有问题的，比如在 SNS 系统中查看好友头像或者基本信息。

5.3.5　别把缓存当存储

大家都知道一个颠扑不破的真理：在分布式架构下，一切系统都可能 fail，无论是缓存、存储（包括数据库）还是应用服务器，而且部分缓存本身就未提供持久化机制（比如 Memcached）。即使使用有持久化机制的 cache，如果作为唯一存储的话也要慎用。

我们来看一个例子。如图 5-12 所示，A 系统是一个站点的关键应用，如果这个系统出现问题，用户就无法支付。而 A 系统依赖一个基础的缓存数据，该数据变化频度很小。平时缓存数据通过管理后台进行触发刷新，包括在一些时候做用户数据的提前预热。那么问题来了，在扩建机房的时候（扩建 Zone2），由于缓存系统的一些机制问题，cache 并未正常启动，则缓存数据无法进行初始化，导致应用 A 无法进行工作。

这个问题，应该如何优化呢？

首先思考，能不能去除依赖，或者具备高可用方案？我们来思考一下：

A 系统对外部的依赖示意如图 5-13 所示。

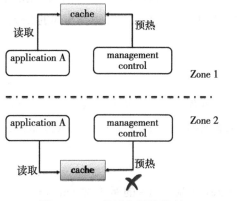

图 5-12　一种缓存预热情况

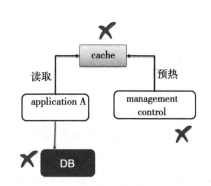

图 5-13　A 系统对外依赖关系

由图 5-13 可以分析到，如果数据库 DB 宕掉，management control 预热 cache 的功能异常，以及 cache 本身不可用都会影响应用 A 的正常运行。我们假设应用 A 在某段处理中不依赖数据，只依赖缓存，如图 5-14，那么依赖关系在这个具体功能上会进行简化。

图 5-14 提供了一种解决方案，就是应用 A 在启动中从文件或者别的存储中（min config）加载配置数据，如果未

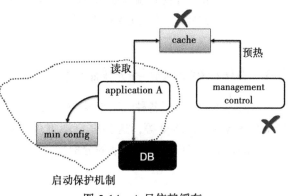

图 5-14　A 只依赖缓存

成功，则系统启动失败。换言之，应用 A 能启动，则能保障最小集的功能运行，而这部分功能运行在外部依赖 cache 不可用的情况下，仍然可以提供服务。

进一步看看，如果 DB 不可用，会如何处理？

众所周知，DB（database）传统的有 Master-Slave 方案，或者 Master-Master 方案。在主库不可用的情况下，要切换到备用数据库。关于延迟和可能的一致性问题不在此处展开。

5.3.6　命名空间

假如很多不同的业务系统同时使用一套 Memcached 服务，那么很有可能存在 key 的冲突。比如 A 服务存储的 key 为用户的 id，B 服务存储的 key 为订单的 id，则两个不同业务的 id 很有可能重复，导致不同业务之间的 key 冲突，数据被相互覆盖。那么如何对不同业务的数据进行隔离？如果对 key 设置一个命名空间，不同的系统使用不同的命名空间，便能很好进行数据隔离。

Memcached 原生不支持命名空间，但是可以通过其他方案来支持命名空间的特性。

使用 key 的 " 前缀 " 来模拟命名空间：比如 A 是用户服务，可以对所有的 key 增加一个 userId_ 前缀，比如："userid_111"，B 是订单服务，则对所有 key 增加 orderid_ 的前缀，比如：orderid_111。这样能很好地达到数据隔离的效果，不同业务操作不同的 key，有效解决了 key 冲突的问题。

5.3.7　CAS

CAS 主要解决原子操作的问题。比如用户操作一个 key 对应的 value，需要保证在操作当中，value 不允许被其他访问操作，如果被操作过，则操作失败。Memcached 的 CAS（Check-and-Set）机制便是解决该问题：

❑ 实现了 Check-and-Set 原子操作功能。

❑ 首先使用 gets 指令获取 key-value 及 key 对应 value 的版本号 version ；然后操作产生新的 value 值；最后使用 CAS 指令重新提交 key-value，并附带之前的版本号 version。当服务端判断 CAS 操作中的版本号不是最新的时候，则认为该 key 的值已经被修改，本次 CAS 操作失败。

5.4　Memcached 客户端分析

Memcached 提供了各种语言的客户端，比如 C 的 libmemcached、PHP 的 PECL/memcached、Java 的 Spymemcached 等，这些客户端方便了接入和使用 Memcached。本节会对 Java 的 Spymemcached 客户端进行详细的分析。

5.4.1　Memcached 的 Client

客户端主要的功能点包含：Memcached 协议的封装，连接池的实现，sharding 机制，故障转移，序列化等机制。

通过表 5-5 对 Java 的客户端 Spymemcached，Xmemcached，memcache-client-forjava 进行功能上的对比，可以了解三个客户端整体的功能差异。

表 5-5　Java 的客户端功能对比

开源项目	Spymemcached	Xmemcached	memcache-client-forjava
网络传输	NIO	NIO	NIO
协议	Binary,Text	Binary,Text	Binary,Text
连接池实现	N	Y	Y
高可用	有故障转移特性	支持 fail 模式和 standby 模式	支持多 pool，可以备份数据；节点不可用故障转移
其他特性	CAS 操作，迭代所有 key，自动重连	允许设置节点权重，动态增删节点，支持 JMX，命名空间，SASL 验证	LocalCache 结合 Memcached 使用，提高数据获取效率
最近更新	2016.5Version 2.12.1	2016.9Version 2.1.1	2009.4

5.4.2　Spymemcached 设计思想解析

Spymemcached 和 Xmemcached 是 Java 中最常用的两大 Memcached 客户端，下面重点介绍 Spymemcached 的设计与实现。

Spymemcached 主要有以下特性：

- ❑ Memcached 协议完善支持，同时支持 Text 和 Binary 协议。
- ❑ 异步：使用 NIO 作为底层通信框架。
- ❑ 集群：默认支持服务器集群的 sharding 机制。
- ❑ 自动恢复：网络闪断，会进行异步重连，自动恢复。
- ❑ failover 机制，提供可扩展的容错机制。
- ❑ 支持批量 get，本地进行数据的聚合。
- ❑ 序列化：默认支持 JDK 序列化机制，可自定义扩展。
- ❑ 超时机制，支持访问超时等设置。

1. 整体设计

Spymemcached 整体设计如图 5-15 所示。

对图 5-15 解析如下：

1）API 接口：对外提供同步的接口和异步的接口调用。异步的接口，实际返回的是一个 future，如果需要获取到结果，则调用 future.get()。

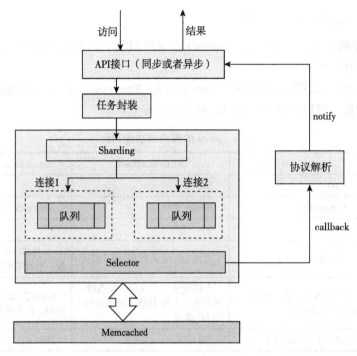

图 5-15　Spymemcaced 整体框架

2）任务封装：将访问的操作及 callback 封装为 Task。

3）路由机制：通过默认的 Sharding 策略（支持 arrayMod 和 Ketama），选择 key 对应的连接（connection）。

4）将 Task 放到对应连接的队列。

5）Selector 线程异步获取连接队列的 Task，进行协议的封装及发送。

6）收到 Memcached 返回的包，会找到对应的 Task，调用 callback 进行回调，对返回结果进行协议的解析，并进行序列化。

2. API 接口设计

对外的 API 接口一般是对 Memcached 协议的原生命令进行封装，比如调用 get (userid) 接口，实际上客户端会转换为 get userid 命令发送到 Memcached 服务器，调用 set(userid, "11"), 则客户端会转换为：set userid 0 0 2 11 发送到服务器端。

对外 API 接口一般有两种：同步接口（比如 get）（和异步接口（比如 asyncGet），Get 返回的是数据（阻塞获取数据，一般性能较差），而 asyncGet 返回的是 future（异步获取数据，socket 收到响应数据后，会进行回调通知）。

调用 asyncGet 接口返回 future，调用 future.get（timeout）来阻塞获取数据。如果应用是同步的，使用异步的 Spymemcached 并不能提升性能，所有的业务线程还是会阻塞，且会造成线程的上下文切换，性能反而比同步差。只有应用是纯异步的，异步的

Spymemcached 才能发挥它的价值。

Spymemcached 基本上对于 get、incr（自增）、decr（自减）、gets 等操作均提供了同步接口和异步的接口。Spymemcached 还封装了批量获取、发送数据等接口。

3. 线程设计

Spymemcached 主要涉及两类线程：业务线程和 selector 线程。

业务线程的工作：

❑ 封装请求 task，对象的序列化，封装发送的协议，并将 task 放到对应连接的队列上。

❑ 对收到的数据进行反序列化为对象。

Selector 线程的工作：

❑ 读取连接的队列，将队列的 task 的数据发送到 mc 端。

❑ 读取 mc 端返回的数据，协议的处理，及通知业务线程。

❑ 对失败的节点进行自动重连。

使用 NIO 可以避免业务线程阻塞等待，提升系统吞吐能力。NIO 是基于 callback 实现，在发送数据时，会将 callback 方法的上下文信息注册设置到 channel 的 attach 上面，在接收数据时，先获取注册在 channel 上面的 callback 上下文信息，对接收到的数据进行处理。其中：attach 是绑定在 channel 上面的一个 Object 对象，一般 NIO 均是将 callback 方法的上下文设置到 attach 上面。

4. sharding 机制及容错

如果后端 Memcached 服务是集群部署，必然会涉及如何选择 mc 服务的问题，具体结构如图 5-16 所示。

图 5-16 描述的核心点便是路由策略的选择。

（1）路由机制

路由是通过请求的 key，选择对应的连接节点。路由机制的设计主要考虑两个方面：平衡性和单调性。

❑ **平衡性**：key 尽可能均匀地分布到所有的节点上。

❑ **单调性**：如果已经有一些内容通过哈希分派到后端缓存服务中，又有新的缓存服务加入到集群中。哈希的结果应能够保证已分配的内容可以被映射到原有的或者新的缓存服务中。取模路由策略显然不符合。

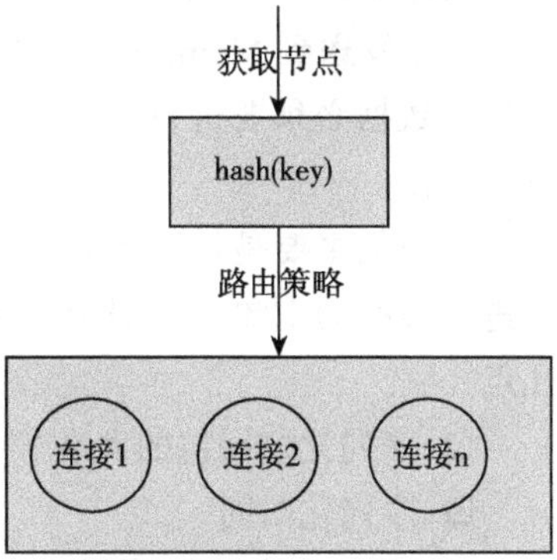

图 5-16　sharding 机制

Spymemcached 默认实现的 hash 算法有：

❑ NATIVE_HASH：默认的 hash 算法。使用 hashCode 方法计算。

❑ CRC_HASH：使用 crc32 进行 hash。

❑ KETAMA_HASH：ketama 的一致性 hash。

Spymemcached 默认支持 arrayMod 和 ketama（一致性 hash）两种路由策略。

❑ arrayMod：hash 采用的是 NATIVE_HASH，取模选择路由节点。但是取模带来了扩展性的问题。比如扩容缩容，会导致大量缓存不命中。不推荐使用。

❑ ketama：hash 采用的是 KETAMA_HASH，ketama 算法选择路由节点。同时满足平衡性和单调性。有效解决了扩缩容带来的大量 miss 的问题。

（2）容错

如果 key 路由到服务对应的节点，但是服务节点挂掉了，该如何处理？

1）**自动重连**：失败的节点，会从正常的队列中摘除，添加到重连队列中，定期对该节点进行重连。重连成功，再添加到正常的队列中。

2）**failover 处理**：Spy 默认支持三种容错机制：Redistribute，Retry，Cancel。

❑ Redistribute：如果路由的是失败节点，则根据策略会选择下一个节点。直到选到正常的节点（推荐方式）。优点是一个节点挂掉，会自动 failover 到其他节点，容错性较强；缺点是自动 failover 到其他节点，会导致大量回源，并且在启动的时候由于 Memcached 没有固化，导致再次大量回源。

❑ Retry：如果路由的是失败节点，仍然使用该节点访问。这会导致大量的访问失败。

❑ Cancel：如果路由的是失败节点，则直接抛异常。这会影响缓存的可用性。

5. 序列化

面向对象编程中，需要操作的均是对象，但是实际上存储在 Memcached 服务的是二进制数据，这里就涉及对象和二进制数据如何进行相互转换，具体如图 5-17 所示。

由于发送到 Memcached 的数据必须是二进制，所以发送的数据必须要进行序列化，同时接收的数据要进行发序列化。

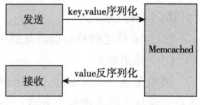

图 5-17 序列化和反序列化

序列化主要是将对象转换为二进制，反序列化是将二进制转换为对象。一般衡量序列化的性能主要有如下几点：

❑ 序列化之后包的大小

❑ 序列化时间

❑ 序列化对 CPU 损耗

❑ 序列化对 GC 影响

Spymemcached 提供了自定义扩展的序列化机制，只需要实现 Transcoder 的 encode 和 decode 接口即可。Spymemcached 提供了默认的序列化实现，SerializingTranscoder。实现的主要思路是根据不同的数据类型，使用不同的序列化方式。其中 flag（5.1.1 节中有描述）用来描述序列化的类型。

序列化的流程如下：

1）value 是 JSON 的 String 类型（通过判断是以 { 等开头的字符串），则直接使用 value. getBytes（"UTF-8"）序列化。

2）value 是 Long，则对 Long 型进行移位 8 个字节进行序列化。

3）value 是 Date，则获取到 date.getTime()，按照 Long 类型进行序列化。

4）value 是 Boolean，则使用 byte[0]=(byte)(value ? '1' : '0')。

5）value 是 Integer，则和 Long 类似，使用 4 个字节进行序列化。

6）value 是 Byte，则不需要进行序列化。

7）value 是 Float，通过 Float.floatToRawIntBits（（Float）value）转化为 Integer，再使用 Integer 的序列化方式。

8）value 是 Double，通过 Double.doubleToRawLongBits（（Double）o）转化为 Long，再使用 Long 的序列化方式。

9）value 是 byte[]，则不需要任何处理。

10）value 不是上述类型，则使用 JDK 的序列化机制。

11）序列化后，会判断序列化二进制长度是否大于压缩的阈值 16384 字节，默认采用 GZIP 进行压缩。

为什么要进行压缩，为什么要对压缩设置一个阈值，而不是全部开启压缩？

这里可以借鉴 HTTP 的压缩机制，Web 服务（比如 Nginx 或者 Tomcat）在返回数据的时候，会判断 body 的长度，如果长度超过一定的阈值，则会开启压缩，否则，不会进行压缩。压缩可以减少数据包的大小，但是却要消耗更多的 CPU 资源，需要在减少数据包和消耗 CPU 资源上面做一个平衡。只有数据包达到一定大小的时候，才有可能产生网络传输和存储的瓶颈，所以没有必要对全部数据开启压缩，而是需要设置一个阈值。

下面看一下压缩的优缺点：

压缩的优点：

❑ 减少网络的传输；

❑ 减少在 Memcached 存储的空间。

压缩的缺点：

❑ 压缩非常消耗 CPU，在获取数据的时候，还需要进行解压缩，性能较低。

❑ 在压缩的时候，需要申请额外的地址空间来存储压缩后的数据，如果对象较大，则申请的空间较大，会影响 GC。

如果所有的数据全部不压缩，则对于大数据的情况下，会很容易导致网络或者 Memcached 存储存在瓶颈。比如数据是 1M，那么 1G 的内存也只能存储 1024 个对象，并且网络的开销也很大。可以通过压缩很好地解决存储和网络问题。

如果所有的数据全部都压缩，有压缩就有解压，两者都是很耗 CPU 的一个操作，如果频繁存在压缩和解压的操作，会到导致应用端的 CPU 消耗过高，影响业务的稳定性。

所以这里设置了一个阈值 16384，主要是基于 CPU 消耗、网络和 Memcached 消耗的一个平衡值。

Spymemcached 默认实现的自定义对象序列化采用的 JDK 序列化，性能较差，具体性能可参考：https://github.com/eishay/jvm-serializers/wiki。推荐使用 Kyro 的序列化机制。

6. 反序列化

通过读取 flag，确定数据的序列化方式，然后按照序列化的逆过程进行反序列化。

7. 扩缩容

初始化 Spymemcached Client 完后，Spymemcached 完成对所有 Memcached 节点的连接。如果需要进行扩容、缩容，则要重新修改配置，重启应用，而无法做到动态的扩缩容。如果需要动态扩容，又该如何实现？

MC 的集群实现主要有两种方式：通过 proxy 实现集群和通过本地 sharding 实现集群。下面重点讨论通过 sharding 机制实现动态的扩缩容。

实现动态扩缩容考虑点：

❏ **操作的便利性**：比如运维可以很方便地往 MC 集群中增加实例或者删除实例。

❏ **单调性**：增加节点后，尽可能小地影响原有数据，避免大量数据回源数据库，影响系统稳定性。

下面介绍结合 ZooKeeper 来实现动态的扩缩容。具体结构如图 5-18 所示。

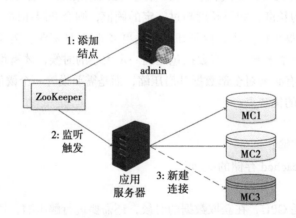

图 5-18 mc 扩容方案结构

如图 5-18 所示，admin 系统为 MC 节点的管理系统，可以在该系统上面对 MC 集群的实例进行扩容或者缩容。如果需要扩容，则在管理系统中添加 MC3，管理系统将 MC3 节点添加到 ZooKeeper 节点上。

应用服务器会监听 ZooKeeper 结点的状态，如果有数据变更，应用服务器便会得到通知。

应用服务器会拿到 MC3 节点的信息，将该节点添加到本地原有的 cluster 集群里。这里重点注意要采用一致性 hash，否则不满足单调性，对原有 hash 策略影响较大。

5.5　Memcached 周边工具发展

1. the InnoDB Memcached Plugin

the InnoDB Memcached Plugin 就是在 InnoDB 引擎内置了 Memcached，发布时还颇引起了社区的一些关注，其优势可总结如下：

- ❑ 用户可以使用 Memcached 接口直接操作 MySQL 中的 InnoDB 表，绕过 MySQL Server 层面的 SQL 解析、优化，甚至绕过 InnoDB Handler 层，直接操作 InnoDB 内部的方法，从而达到更优的响应时间与效率。
- ❑ InnoDB 可以把多列的值拼接到 Memcached 的单个 value 中，减少字符串 paring 和 concatenation 的数量。
- ❑ 数据在内存和磁盘间转换是自动的，简化应用逻辑。
- ❑ 数据存储在 MySQL 数据库中，防止缓存崩溃、中断。
- ❑ Memcached 获得高可用能力，该能力由 Master Server 组合 MySQL 复制技术提供。

当然，InnoDB Memcached Plugin 和 Memcached 相比，性能还是较差。并且在 MySQL 上面使用 MC，不利于系统的解耦和扩展性的设计。

InnoDB Memcached Plugin 的详情介绍可以参考官方文档：https://dev.mysql.com/doc/refman/5.6/en/innodb-memcached.html

2. Twemcache

Twemcache 是 Twitter 提交到开源的缓存技术，Twemcache 是 fork Memcached v.1.4.4 的一个开源产品，它是 Twitter 在大规模扩展的生产环境下经过验证的。

下载地址：https://github.com/twitter/twemcache/，具体介绍可参见后续 6.1 节。

3. Twemproxy

Twemproxy 是 Twitter 开源出来的快速的单线程代理程序，支持 Memcached ASCII 协议和 Redis 协议。Twemproxy 使用 C 语言编写，使用 Apache 2.0 License 授权。Twemproxy 的主要功能有：

- ❑ 失败节点自动删除。
- ❑ 支持设置自定义 HashTag。
- ❑ 减少与后端 cache 服务器的直接连接数。
- ❑ 提供多种 hash 算法和分布算法，将数据分片到后端多个 cache 实例上。
- ❑ 可以部署多个 Twemproxy，客户端自动选择其中一个，避免单点故障。
- ❑ 支持状态监控。

❑ 高吞吐量。

具体介绍可参见后续 6.2 节，这里不再赘述。

4. MemcacheDB

这里新浪互动社区技术团队 2007 年的一项重大的技术成果，应用于新浪互动社区多个产品线中，其中包括新浪博客等重头产品。它兼容大部分 Memcached 命令的调用，数据实时落地，支持主从复制等功能。

5. MemcacheQ

MemcacheQ 是新浪基于 MemcacheDB 开发的一款高性能队列服务程序。

6. Mcrouter

Mcrouter 是一个 Memcached 协议的路由器，被 Facebook 用在全球各大数据中心中的数十个集群几千个服务器之间控制流量。它适用于大规模的级别中，在峰值的时候，Mcrouter 处理接近 50 亿的请求 / 秒。Mcrouter 有丰富的路由算法和很多优异的特性，后续 6.3 节中会做详细介绍。

7. Tokyo Cabinet

Tokyo Cabinet 是一个 DBM 数据库，在整个数据库中既没有数据表的概念也没有数据类型的概念，它由一系列 key-value 对的记录构成，key 和 vlaue 既可以是二进制数据也可以为字符数据，它们的长度可以是任意长度的字节序列，所有的记录都保存在文件中。所有记录由 hash 表、B+ 树或定长的数组组成。具体可参考：http://fallabs.com/tokyocabinet/。

Tokyo Tyrant 是由同一作者开发的 Tokyo Cabinet 数据库网络接口。它拥有 Memcached 兼容协议，也可以通过 HTTP 协议进行数据交换。

Tokyo Tyrant 和 Tokyo Cabinet 可支持高并发的分布式持久存储系统，对任何原有 Memcached 客户端来讲，可以将 Tokyo Tyrant 看成是一个 Memcached，但是，它的数据是可以持久存储的。

诸如此类的软件还有不少，Memcached 已成为事实上的一种标准，即使一些具备持久化的缓存 Server 或者 Proxy，Memcached Client 也完全支持适配。

第 6 章 Chapter 6

Memcached 周边技术

对于 Memcached 等常用的缓存组件，本身大多是以单机方式运行的，服务能力受到单个主机处理器、内存等资源的限制。在大型的互联网应用中，往往需要更大的数据访问量以及缓存更多的数据，这些需求都大大超出了单机缓存系统所能提供的能力范围。

解决高流量访问的方案有很多，直接的方式是提高单机缓存的性能和资源利用率，例如 Twemcache，更多的是将多个缓存实例以集群的方式提供服务，利用资源优势提供更好的性能和更大的存储容量，以满足应用对缓存能力的需求。

如果说缓存是以空间换时间的艺术，那么，缓存的集群服务就是该艺术在另一种维度上的呈现，同时，还提供了高可用性。在设计缓存的集群方案时，一般考虑以下几点：

❑ **可扩展性**：集群可以方便通过扩充机器来提供更高的缓存能力。

❑ **高可用性**：集群能够对应用提供可靠的服务，实现缓存服务的高可用性。

❑ **可维护性**：集群能够方便监控和运维。

本章主要介绍基于 Memcached 的周边技术，重点对 Memcached 的定制版 Twemcache，对开源的缓存集群方案 Twemproxy，以及 Mcrouter 等进行解析，以便充分地利用分布式缓存服务。

6.1 Twemcache

Twemcache（发音" two-em-cache"）是 Twitter Memcached 的缩写，由 Twitter 研发团队根据 Memcached v.1.4.4 开发，并在 Twitter 内部大量应用的高性能内存对象缓存系统，能够满足大规模实时数据访问的需要。Twemcache 在 github 上的托管地址：https://github.com/twitter/twemcache。

实际上，Twitter 从早期就广泛地将缓存技术特别是 Memcached 用于改进系统响应时间以及平衡系统资源。在过去的几年时间里，Twitter 围绕 Memcached 协议和源代码进行了大量分析和改进——包括引入多种内存管理机制、改进统计模块、添加实时命令记录、提高代码质量等诸多功能。

6.1.1　Twemcache 的设计原理

这里主要分析一下 Twemcache 中线程模型、网络模型和存储模型的工作原理。其中，线程初始化模型如图 6-1 所示。

在 Twemcache 中大量使用了多线程，每产生一个任务就会有一个对应的线程去执行，Aggregator 线程主要负责采集 Twemcache 的运行状态，在客户端使用 stats 命令可以查看这些运行状态，该线程在启动的时候默认是每隔 100ms 采集一次运行数据。Klogger 线程负责采集打印所有工作线程的日志，默认每 1000ms 打印一次。主进程负责所有的初始化工作，负责执行主进程通知的所有任务工作，侦听主进程的管道 IO 事件和网络 IO 事件。

Twemcache 将 TCP/UDP/UNIX 域进行了统一处理，其中 TCP 和 UNIX 域套接字流程是一样的，UDP 不用建立连接则少了 listen+accept 的过程，下面以 TCP 和 UDP 进行说明。

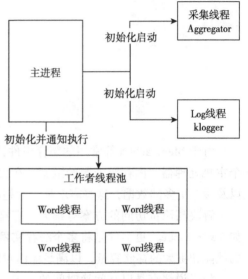

图 6-1　线程初始化模型

图 6-2 描述了 Twemcache 中的 TCP 通信。其中，与主进程相关联的事件域是 main_base，首先会向 main_base 中注册一个 listen 事件，用于监听连接的到达。当连接到来后，listen 事件触发并调用 accept() 接收，并为这个新的 cli_fd 分配一个新的连接标识 conn，此时 conn 的事件域是 main_base，然后选择一个线程 t 去处理这个连接，向选定的 t->thread_send_fd 发送一个字符，这里主进程与线程间通信是通过管道来实现的。而工作线程都会监听管道 IO 事件，事件触发后会注册连接 conn 的读事件并变更 conn 的事件域为 t->base，从而将一个连接交由线程去处理。这里的线程选择用的是 RoundRobin 算法，每个线程都是相对均匀地分配任务。

图 6-3 描述了 Twemcache 中的 UDP 通信。在 UDP 通信初始化时，主进程会对每个工作线程的管道 t->thread_send_fd 写字符，从而触发所有工作线程，注册 conn 的读事件（此时 conn 不代表一个完整的连接，只含有服务端信息），并变更 conn 的事件域为 t->base，这样所有线程都监听 fd 的报文。从这里看出线程策略上与 TCP 的不同，TCP 是均匀地分配任务给线程，而 UDP 则是启动所有线程去监听 fd 并竞争接收报文，任务的分配并不保证均匀。

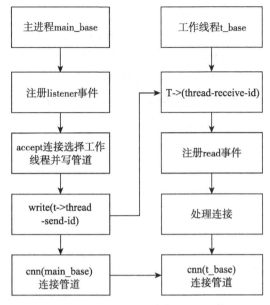

图 6-2　Twemcache 中的 TCP 通信

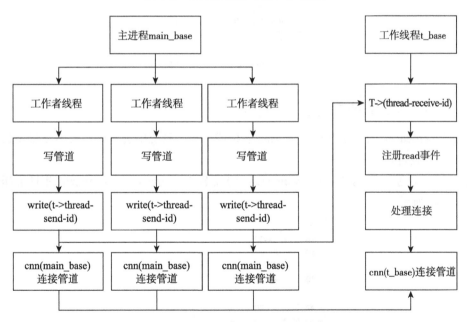

图 6-3　Twemcache 中的 UDP 通信

Twemcache 中的存储模型如图 6-4 所示。

slabclass 是一个数组，每个 Slab 对应不同大小的 item，size 表示该槽的 item 大小；需要 slabclass 数组的原因是 item 是变长的，预分配全部大小相同的 item 会造成大量碎片。从上至下，item 的大小依次增加，每个 slab 是一组 item 的集合，slab 的大小是固定的（slab_ size），可以通过参数 --slab_size 进行配置。当一个 slab 用完，新的分配请求到来时，则分配一个新的 slab。比较重要的两个属性是 free_item 和 nfree_itemq，free_item 指向当前槽中第一个空闲的 item，nfree_itemq 是一个链表，所有使用过被删除了的 item 会放入其中重复利用。item 是实际存储的数据单元，因此这里 slab 管理以 item 为单位，当需要分配一个 item 时，并不直接 malloc，而是从 slabclass 中取一个已经分配好的，因为每个槽代表了一种 item 大小且是递增有序的，可以用二分查找法找到最接近要分配 item 大小的槽，并从中直接获取。

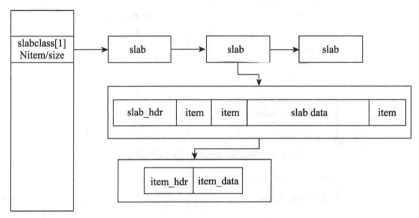

图 6-4 Twemcache 中的存储模型

6.1.2 Twemcache 的安装及命令行详解

目前 Twemcache 的安装环境是在 Mac 系统或 Linux 系统中进行的，暂不支持 Windows 操作系统，安装过程如下：

第一步：通过托管地址下载 Twemcache 的安装包 twemcache-master.zip 并且解压，解压后如图 6-5 所示。

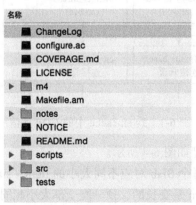

图 6-5 Twemcache 解压后的目录结构示意

第二步：使用如下命令进行构建。

```
$ ./configure
$ make
$ sudo make install
```

第三步：也可以使用指定路径的 libevent 来构建 Twemcache。

```
$ ./configure --with-libevent=<path>
$ make
$ sudo make install
```

第四步：还可以使用 libevent 静态链接库构建 Twemcache。

```
$ ./configure --enable-static=libevent
$ make
$ sudo make install
```

第五步：使用调试和诊断模式构建。

```
$ CFLAGS="-ggdb3 -O0" ./configure --enable-debug=full
$ make
$ sudo make install
```

第六步：启用调试模式，禁用诊断模式的构建。

```
$ git clone git@github.com:twitter/twemcache.git
$ cd twemcache
$ autoreconf -fvi
$ ./configure --enable-debug=log
$ make V=1
$ src/twemcache -h
```

至此，Twemcache 已经安装成功，这时的启动命令主要位于两个路径下：/usr/local/bin 和 twemcache-2.5.2/src。Twemcache 缓存没有配置文件，很多参数都是在启动的时候加载到命令行中的，这是和 Memcached 以及 Redis 的主要区别，启动命令参数如下，具体的参数说明如表 6-1 所示。

```
Usage: twemcache [-?hVCELdkrDS] [-o output file] [-v verbosity level]
    [-A stats aggr interval]
    [-t threads] [-P pid file] [-u user]
    [-x command logging entry] [-X command logging file]
    [-R max requests] [-c max conns] [-b backlog] [-p port] [-U udp port]
    [-l interface] [-s unix path] [-a access mask] [-M eviction strategy]
    [-f factor] [-m max memory] [-n min item chunk size] [-I slab size]
    [-z slab profile]
```

表 6-1　Twemcache 命令行参数说明

Options	说　明
-h, --help	this help（帮助）
-V, --versio	show version and exit（显示版本号并且退出）

（续）

Options	说　　明
-E, --prealloc	preallocate memory for all slabs（给所有的 slabs 预分配内存）
-L, --use-large-pages	use large pages if available（如果可用则使用大的 pages）
-k, --lock-pages	lock all pages and preallocate slab memory（锁定所有 pages 和 slab 预分配内存）
-d, --daemonize	run as a daemon（作为守护线程运行）
-r, --maximize-core-limit	maximize core file limit（最大的核心文件数）
-C, --disable-cas	isable use of cas（可以使用 cas）
-D, --describe-stats	print stats description and exit（打印统计信息）
-S, --show-sizes	print slab and item struct sizes and exit（打印 slab 和 item 结构体大小）
-o, --output=S	set the logging file (default: stderr)（设置日志格式默认是 sderr）
-v, --verbosity=N	set the logging level (default: 5, min: 0, max: 11)（设置日志级别）
-A, --stats-aggr-interval=N	set the stats aggregation interval in usec (default: 100000 usec)（设置统计间隔，默认是微秒）
-t, --threads=N	set number of threads to use (default: 4)（设置可用线程数）
-P, --pidfile=S	set the pid file (default: off)（设置 Pid 文件，默认关闭）
-u, --user=S	set user identity when run as root (default: off)（当以 root 用户运行的时候，设置用户标识）
-x, --klog-entry=N	set the command logging entry number per thread (default: 512)（设置每个线程的命令记录号）
-X, --klog-file=S	set the command logging file (default: off)（设置命令记录文件）
-R, --max-requests=N	set the maximum number of requests per event (default: 20)（设置每个事件的最大请求数）
-c, --max-conns=N	set the maximum simultaneous connections (default: 1024)（设置并发连接数）
-b, --backlog=N	set the backlog queue limit (default 1024)（设置积压队列大小）
-p, --port=N	set the tcp port to listen on (default: 11211)（设置 tcp 侦听端口）
-U, --udp-port=N	set the udp port to listen on (default: 11211)（设置 udp 侦听端口）
-l, --interface=S	set the interface to listen on (default: all)（设置侦听接口）
-s, --unix-path=S	set the unix socket path to listen on (default: off)（设置 UNIX 套接字侦听路径）
-a, --access-mask=O	set the access mask for unix socket in octal (default: 0700)（八进制 UNIX 套接字设置访问掩码）
-M, --eviction-strategy=N	set the eviction strategy on OOM (default: 2, random)（设置 OOM 的过期策略）
-f, --factor=D	set the growth factor of slab item sizes (default: 1.25)（设置 slab item 的增长因子）
-m, --max-memory=N	set the maximum memory to use for all items in MB (default: 64 MB)（对于 MB 级别的项目设置最大可用内存）
-n, --min-item-chunk-size=N	set the minimum item chunk size in bytes (default: 72 bytes)（以字节来设置最小项目块大小）
-I, --slab-size=N	set slab size in bytes (default: 1048576 bytes)（以字节设置 slab 大小）
-z, --slab-profile=S	set the profile of slab item chunk sizes (default: off)（设置 slab item profile 块大小）

在命令行输入 ./twemcache 后，出现如图 6-6 所示结果，表示启动成功了。

```
[Mon Jan 16 15:30:08 2017] mc.c:1241 twemcache-2.5.2 started on pid 11708 with 4 worker threads
[Mon Jan 16 15:30:08 2017] mc.c:1248 configured with debug logs disabled, asserts disabled, panic disabled, stats e
nabled, klog enabled
[Mon Jan 16 15:30:08 2017] mc_slabs.c:74 slab size 1048576, slab hdr size 32, item hdr size 57, item chunk size 96,
    total memory 67108864
[Mon Jan 16 15:30:08 2017] mc_slabs.c:81 class    1: items  10922 size      96 data      39 slack      32
[Mon Jan 16 15:30:08 2017] mc_slabs.c:81 class    2: items   8737 size     120 data      63 slack     104
[Mon Jan 16 15:30:08 2017] mc_slabs.c:81 class    3: items   6898 size     152 data      95 slack      48
[Mon Jan 16 15:30:08 2017] mc_slabs.c:81 class    4: items   5461 size     192 data     135 slack      32
[Mon Jan 16 15:30:08 2017] mc_slabs.c:81 class    5: items   4368 size     240 data     183 slack     224
[Mon Jan 16 15:30:08 2017] mc_slabs.c:81 class    6: items   3449 size     304 data     247 slack      48
[Mon Jan 16 15:30:08 2017] mc_slabs.c:81 class    7: items   2730 size     384 data     327 slack     224
[Mon Jan 16 15:30:08 2017] mc_slabs.c:81 class    8: items   2184 size     480 data     423 slack     224
[Mon Jan 16 15:30:08 2017] mc_slabs.c:81 class    9: items   1747 size     600 data     543 slack     344
[Mon Jan 16 15:30:08 2017] mc_slabs.c:81 class   10: items   1394 size     752 data     695 slack     256
[Mon Jan 16 15:30:08 2017] mc_slabs.c:81 class   11: items   1110 size     944 data     887 slack     704
[Mon Jan 16 15:30:08 2017] mc_slabs.c:81 class   12: items    885 size    1184 data    1127 slack     704
[Mon Jan 16 15:30:08 2017] mc_slabs.c:81 class   13: items    708 size    1480 data    1423 slack     704
[Mon Jan 16 15:30:08 2017] mc_slabs.c:81 class   14: items    564 size    1856 data    1799 slack    1760
[Mon Jan 16 15:30:08 2017] mc_slabs.c:81 class   15: items    451 size    2320 data    2263 slack    2224
[Mon Jan 16 15:30:08 2017] mc_slabs.c:81 class   16: items    361 size    2904 data    2847 slack     200
[Mon Jan 16 15:30:08 2017] mc_slabs.c:81 class   17: items    288 size    3632 data    3575 slack    2528
[Mon Jan 16 15:30:08 2017] mc_slabs.c:81 class   18: items    230 size    4544 data    4487 slack    3424
[Mon Jan 16 15:30:08 2017] mc_slabs.c:81 class   19: items    184 size    5680 data    5623 slack    3424
[Mon Jan 16 15:30:08 2017] mc_slabs.c:81 class   20: items    147 size    7104 data    7047 slack    4256
[Mon Jan 16 15:30:08 2017] mc_slabs.c:81 class   21: items    118 size    8880 data    8823 slack     704
[Mon Jan 16 15:30:08 2017] mc_slabs.c:81 class   22: items     94 size   11104 data   11047 slack    4768
[Mon Jan 16 15:30:08 2017] mc_slabs.c:81 class   23: items     75 size   13880 data   13823 slack    7544
[Mon Jan 16 15:30:08 2017] mc_slabs.c:81 class   24: items     60 size   17352 data   17295 slack    7424
[Mon Jan 16 15:30:08 2017] mc_slabs.c:81 class   25: items     48 size   21696 data   21639 slack    7136
[Mon Jan 16 15:30:08 2017] mc_slabs.c:81 class   26: items     38 size   27120 data   27063 slack   17984
```

图 6-6　Twemcache 启动成功的示意图

在命令行输入 netstat -ano | grep 11211 后，显示如图 6-7 所示。

```
tcp6    0    0   *.11211         *.*              LISTEN
tcp4    0    0   *.11211         *.*              LISTEN
udp6    0    0   *.11211         *.*
udp4    0    0   *.11211         *.*
```

图 6-7　Twemcache 运行时的端口状态示意

由此可见，Twemcache 使用的是默认的 11211 端口，这一点与 Memcached 是一致的。

6.1.3　基于 Java 的 Twemcache 用法

既然 Twemcache 是 Memcached 的 Twitter 升级定制版，当然也可以为多种编程语言提供服务。如何通过程序访问 Twemcache 呢？显然通过 Memcached 的客户端 API 就可以做到，下面是在 Java 中访问 Twemcache 的代码示例。

假定项目采用 Maven 来管理，在 pom 文件中引入：

```
<dependency>
    <groupId>net.spy</groupId>
    <artifactId>spymemcached</artifactId>
    <version>2.10.0</version>
</dependency>
```

本示例使用 Spymemcached 来作为连接 Twemcache 的客户端。

Java 示例代码如下：

```
MemcachedClient mcc = null;
try {
        // 本地连接 Memcached 服务
        mcc = new MemcachedClient(new InetSocketAddress("127.0.0.1", 11211));
        mcc.set("hello-world", 1, "test"); //设置值
        System.out.println("Connection to server sucessful.");
        System.out.println("Print value :" + mcc.get("hello-world")); //获取值
} catch (Exception e) {
        System.out.println(e);
} finally {
        if(mcc != null)
            mcc.shutdown();   // 关闭连接
}
```

程序运行结果输出如下：

```
2017-01-17 16:21:37.903 INFO net.spy.memcached.MemcachedConnection:   Added {QA
    sa=/127.0.0.1:11211, #Rops=0, #Wops=0, #iq=0, topRop=null, topWop=null,
    toWrite=0, interested=0} to connect queue
2017-01-17 16:21:37.924 INFO net.spy.memcached.MemcachedConnection:   Connection
    state changed for sun.nio.ch.SelectionKeyImpl@d1faace
Connection to server sucessful.
Print value :test
2017-01-17 16:21:38.019 INFO net.spy.memcached.MemcachedConnection:   Shut down
    memcached client
```

通过上面的 Java 示例可以发现，使用 Twemcache 的成本并不高，只需要一些 Memcached 缓存的使用基础就可以快速入门。当然，任何一种组件想要真正优化好或者使用好还是需要不断在项目中实践，反复调试配置参数才能总结出最适合的方式。

6.2 Twemproxy

Twemproxy 也是 Twitter 的一个开源项目，是一个单线程代理程序，支持 Memcached ASCII 协议和 Redis 协议。Twemproxy 使用较为广泛，在 Twemproxy 的 Github 网址 https://github.com/twitter/Twemproxy 给出了在生产环境中使用 Twemproxy 的用户列表。Twemproxy 是用 C 语言编写的，使用 Apache 2.0 License 授权。Twemproxy 通过引入一个代理层，将应用程序后端的多台 Redis 或 Memcached 实例进行统一管理，使应用程序只需要在 Twemproxy 上进行操作即可，而不用关心后面具体有多少个真实的 Redis 或 Memcached 实例。当某个节点宕掉时，Twemproxy 可以自动将它从集群中剔除，而当缓存系统恢复服务时，Twemproxy 也会自动连接。

Twemproxy 的主要特性如下：

- 支持失败节点自动删除，可以设置重新连接该节点的时间或者重试多少次之后删除该节点。
- 支持设置 HashTag，通过 HashTag 可以设定自定义的 Hash 规则。
- 通过保持与缓存服务端的长连接，减少了与缓存服务端的直接连接数，可以设定与每个缓存服务端连接的数量。
- 将请求分片到多个缓存服务端实例上时，支持多种 hash 算法，还可以设置后端实例的权重。
- 支持状态监控，通过设置状态来监控 IP 地址和端口，进而可以得到一个 JSON 格式的状态信息串，还可以设置监控信息刷新的间隔时间。
- 通过连接复用和内存复用提高了吞吐量，对于 Redis 缓存而言，可以将多个连接请求组成 Reids Pipeline 统一向 Redis 请求。

需要注意的是，Twemproxy 并不支持所有 Redis 命令，例如不支持 Redis 的事务操作，需要使用 SIDFF、SDIFFSTORE、SINTER、SINTERSTORE、SMOVE、SUNION 和 SUNIONSTORE 命令才能保证 key 都在同一个分片上。

6.2.1　Twemproxy 的常用部署模式

Twemproxy 常用的部署模式是一组 LVS 作为四层负载均衡，后面挂载一个 Twemproxy 对等集群，Twemproxy 后端挂载多个 Redis 或 Memcached 缓存服务，组成一个集群，整体对外提供服务。Twemproxy 节点之间的配置完全相同，由客户端根据一定算法或随机选择任何一个 Twemproxy 进行连接，如图 6-8 所示。

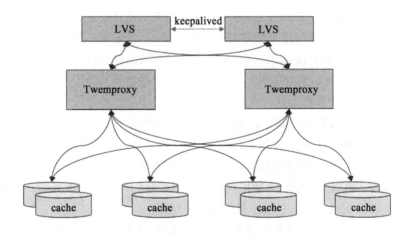

图 6-8　Twemproxy 的部署示意图

Twemproxy 使用 yml 文件进行配置，可以在命令行用 -c 参数指定使用的配置文件。配置文件中可以定义多个集群，可以参考的默认配置如下：

```
alpha:
    listen: 0.0.0.0:22121
    hash: fnv1a_64
    distribution: ketama
    auto_eject_hosts: true
    redis: true
    server_retry_timeout: 2000
    server_failure_limit: 1
    servers:
    - 10.0.0.1:6379:1
beta:
    listen: 127.0.0.1:22122
    hash: fnv1a_64
    hash_tag: "{}"
    distribution: ketama
    auto_eject_hosts: false
    timeout: 400
    redis: true
    servers:
    - 10.0.0.2:6380:1
    - 10.0.0.2:6381:1
    - 10.0.0.2:6382:1
    - 10.0.0.2:6383:1
```

Twemproxy 可用的配置项定义在 nc_conf.c 中，主要的参数如下：

❑ listen：监听地址和端口（name:port 或者 ip:port），也可以用 sock 文件（/var/run/nutcracker.sock）的绝对路径。

❑ hash：hash 指定函数的名字，例如 one_at_a_time，md5，crc16，crc32，fnv1_64，fnv1_32，fnv1a_32，hsieh，murmur，jenkins 等，默认配置是 fnv1a_64。

❑ hash_tag：由两个字符组成的字符串（比如 {}），指定 key 的部分做 hash 运算。例如两个 key aaaa,xxx:{aaaa}:xxxx；指定 {} 中间部分做哈希运算，它们将被分配到同一服务器（对于找不到的场景，使用完整的 key 做哈希）。

❑ distribution：数据分布方式，有如下三种方式：

  ○ ketama：一致性哈希算法，根据服务器构造哈希环，为每个阶段分配哈希范围。它的优点是一个节点挂掉后，整个集群 re-hash，有部分 key-range 会跟之前的 key-range 重合，所以它只能适合做单纯的缓存。

  ○ modula：根据 key 做哈希值取模，根据结果分配到对应的服务器。这种方式如果集群做 re-hash，所有的 key 值都会目标错乱。

  ○ random：不管 key 值的哈希结果如何，随机选取一个服务器作为操作目标，适合只读场景，需要配合数据加载。

❑ timeout：单位毫秒，等待到服务器建立连接的时间或者接收服务器相应过程的等待时间，默认是无限期等待，等待超时将报错 "SERVER_ERROR Connection timed out"。

❑ backlog：TCP backlog 队列，默认为 512。

❑ preconnect：在进程启动的时候，Twemproxy 需要判断是否要预连接到所有的后端缓存服务器，默认值是关闭的。

❑ redis：使用 Redis 还是 Memcached 协议，默认是使用 Memcached。

❑ redis_auth：连接 Redis 服务器的授权与验证。

❑ server_connections：每一个服务器能够打开的最大连接数，默认最大是 1。

❑ auto_eject_host：当连接一个后端服务失败次数超过 server_failure_limit 值时，判断是否把这个缓存服务器驱逐出集群，默认是关闭的。当 Redis 做缓存的时候应该启用 auto_eject_hosts，如果某个节点失败的时候将该节点删除，虽然丧失了数据的一致性，但作为缓存使用，保证了这个集群的高可用性。当 Redis 做存储使用时，为了保持数据的一致性，应该禁用 auto_eject_hosts，也就是当某个节点失败之后并不删除该节点。

❑ server_retry_timeout：单位毫秒，当 auto_eject_host 打开时，等待多长时间重试被删除的后端缓存服务器。

❑ server_failure_limit：当 auto_eject_host 打开时，一个后端服务器重试多少次将被删除。

❑ servers：serverpool 中包含的所有后端服务器地址、端口和权重的列表。

6.2.2　Twemproxy 的可扩展性

基于 Twemproxy 的对等集群在数据流量增大的时候，会产生性能瓶颈。这时候，通过扩展 Twemproxy 节点，即可完成 Twemproxy 对等集群的扩容，如图 6-9 所示。

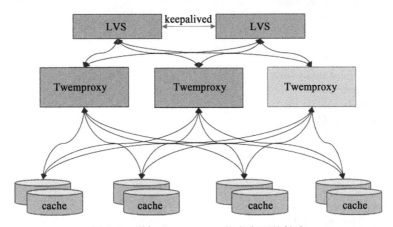

图 6-9　增加 Twemproxy 节点实现的扩容

基于 Twemproxy 的集群方案包含 LVS 层、Twemproxy 层、cache 层，每一层都有相应的高可用性保证。LVS 层使用了业内广泛使用的 keepalived，采用双节点热备方式确保

LVS 高可用。Twemproxy 层中 Twemproxy 的各个实例是对等实例，通过 LVS 做高可用，节点宕掉时，LVS 将流量摘除。cache 层的高可用由缓存系统自身的高可用方案决定，例如 Redis 的主从备份集群。

当缓存服务集群在容量产生瓶颈的时候，可通过更改 Twemproxy 配置中的 servers 字段，通过增加缓存服务器的数量来实现扩容，如图 6-10 所示。

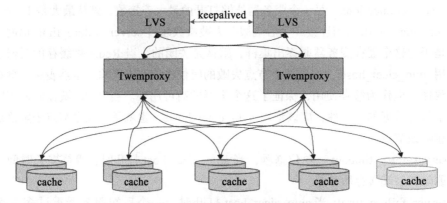

图 6-10　增加缓存节点实现系统扩容

由于 Twemproxy 使用配置文件定义后端集群、服务器，所以，在后端缓存集群扩容时，需要重启 Twemproxy 集群。如果 cache 集群用于存储数据，在配置更改后，需要人工迁移数据。这是 Twemproxy 使用中不方便的地方。

Twemproxy 默认监听端口 22222，可以使用 nc 等工具直接访问，以 JSON 格式输出：

```
{
    "service": "nutcracker",
    "source": "xxxxx",
    "version": "xxxxx",
    "uptime": 30,
    "timestamp":123456,
    "total_connections": 10,
    "curr_connections": 5,
    "group1": {
        "client_eof": 0,
        "client_err": 0,
        "client_connections": 0,
        "server_ejects": 0,
        "forward_error": 0,
        "fragments": 0,
        "10.0.0.1:6379": {
            "server_eof": 0,
            "server_err": 0,
            "server_timedout": 0,
            "server_connections": 1,
            "server_ejected_at": 1427074210000000,
            "requests": 1,
```

```
            "request_bytes": 10,
            "responses": 1,
            "response_bytes": 22,
            "in_queue": 0,
            "in_queue_bytes": 0,
            "out_queue": 0,
            "out_queue_bytes": 0
        }
    }
}
```

通过脚本或应用程序来解析这些输出信息，即可对 Twemproxy 进行监控。

6.2.3　Twemproxy 源代码简析

Twemproxy 核心启动流程如图 6-11 所示。

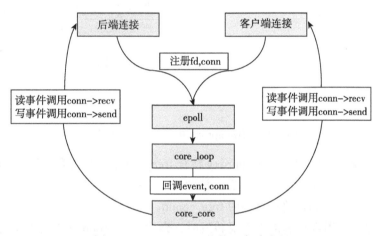

图 6-11　Twemproxy 的核心启动流程

Twemproxy 在启动的时候，核心启动流程在 core_ctx_create 函数中实现。

```
ctx->evb = event_base_create(EVENT_SIZE, &core_core);
```

这条语句将 core_core 初始化为 epoll 的消息处理回调函数，具体的客户端和服务端的处理流程，都使用这个核心 evb。Twemproxy 启动完成后会启动 core_loop，core_loop 的主要功能是调用 epoll_wait，一旦有 epoll 事件，就调用 evb->cb(ev->data.ptr, events)，最终都会调用 core_core 这个回调函数，这样所有的 socket fd 上触发了事件，core_core 成为 Twemproxy 中最为核心的一个处理函数。

Twemproxy 的核心数据结构是 server_pool，代表了配置文件中的一个 pool，如图 6-12 所示。

server_pool 中包含多个后端缓存服务，可以是 Redis，也可以是 Memcached，都被抽象为 struct server 数据结构。在 Twemproxy 启动时，会开启一个 listen 端口，并创建一个

conn 数据结构，挂载在 server_pool 上，这个 conn 是个特殊的实例，不像其他的 conn 以列表的方式存在，这个 listen 的 conn 对于每个 server_pool 只有一个实例。

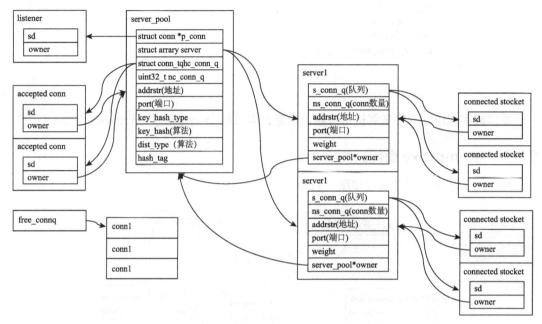

图 6-12　Twemproxy 中的核心数据结构

在每个客户端连接上来后，Twemproxy 检查 free_connq 中是否有空闲 conn 实例。如果有，则将其从队列中移出，进行设置后，挂载到 server_pool，然后注册到 epool 监听。使用完成后，调用 client_close 将连接还回 free_connq。

对于后端缓存，当客户端请求需要转发时，会检查 ns_conn_q 中是否有可用连接，如果没有可用连接，则从 free_connq 中取出一个 conn，进行初始化后使用。后端缓存服务的连接建立后，并不会主动关闭。在遇到 pool 被关闭，或连接终止时，conn 被还回到 free_connq。

在 Twemproxy 内部消息流转过程中，使用了 msg 和 mbuf 两种数据结构，如图 6-13 所示，来实现 Zero Copy。

在客户端或服务端 socket 被触发读操作的时候，会调用 conn->recv。conn->recv 是个函数指针，被初始化为 msg_recv。

```
msg_recv(struct context *ctx, struct conn *conn)
{
    ......
    do {
        msg = conn->recv_next(ctx, conn, true);
        ......
        status = msg_recv_chain(ctx, conn, msg);
```

```
    } while (conn->recv_ready);
    return NC_OK;
}
```

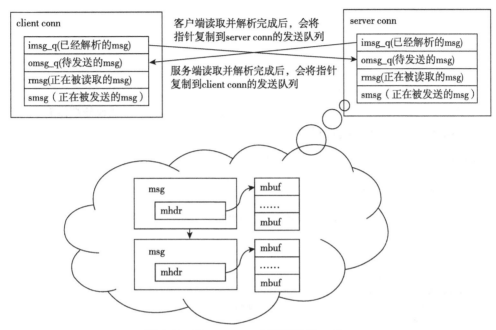

图 6-13　Twemproxy 中实现的 Zero Copy

msg_recv 函数的主要逻辑是一个循环，conn->recv_next 接收一个新的 msg，msg_recv_chain 函数则接收一个 msg 中的所有 mbuf。

```
msg_recv_chain(struct context *ctx, struct conn *conn, struct msg *msg)
{
    ......
    mbuf = STAILQ_LAST(&msg->mhdr, mbuf, next);//从msg下挂的缓存队列取最后一个mbuf
    if (mbuf == NULL || mbuf_full(mbuf)) {
        mbuf = mbuf_get();//如果没有可用的缓存mbuf或mbuf已经填满数据，则分配一个新的mbuf实例
        if (mbuf == NULL) {
            return NC_ENOMEM;
        }
        mbuf_insert(&msg->mhdr, mbuf);//将mbuf加到msg的mbuf缓存队列最后
        msg->pos = mbuf->pos;
    }
    msize = mbuf_size(mbuf);//取mbuf空闲字节数
    n = conn_recv(conn, mbuf->last, msize);
    ......
    mbuf->last += n;
    msg->mlen += (uint32_t)n;
    for (;;) {
        status = msg_parse(ctx, conn, msg);
```

```
        ......
        nmsg = conn->recv_next(ctx, conn, false);//收取数据，直到解析到一个完整命令
        if (nmsg == NULL || nmsg == msg) {
            /* no more data to parse */
            break;
        }
        msg = nmsg;
    }
    return NC_OK;
}
```

综合来说，msg_recv 的逻辑是循环接收 msg（命令）直到客户端 / 服务端没有数据再发来为止。msg_parse 负责解析接收到的数据。

```
msg_parse(struct context *ctx, struct conn *conn, struct msg *msg)
{
    if (msg_empty(msg)) {
        /* no data to parse */
        conn->recv_done(ctx, conn, msg, NULL);
        return NC_OK;
    }
    msg->parser(msg);
    switch (msg->result) {
    case MSG_PARSE_OK:
        status = msg_parsed(ctx, conn, msg);
        break;
    ......
    }
}
```

msg_parse 有两个退出条件：收到的 msg 是空的或者解析到一条完整的命令。其中的 msg-parser，根据配置可以初始化为 redis_parse_req 和 redis_parse_rsp，memcache_parse_req 和 memcache_parse_rsp。当解析到一条完整的命令后，调用 msg_parsed 进行后续的处理。

```
msg_parsed(struct context *ctx, struct conn *conn, struct msg *msg)
{
    struct msg *nmsg;
    struct mbuf *mbuf, *nbuf;
    mbuf = STAILQ_LAST(&msg->mhdr, mbuf, next);
    if (msg->pos == mbuf->last) {
        /* no more data to parse */
        conn->recv_done(ctx, conn, msg, NULL);
        return NC_OK;
    }
    nbuf = mbuf_split(&msg->mhdr, msg->pos, NULL, NULL);
    nmsg = msg_get(msg->owner, msg->request, conn->redis);
mbuf_insert(&nmsg->mhdr, nbuf);
    ......
```

```
    conn->recv_done(ctx, conn, msg, nmsg);
    return NC_OK;
}
```

如果 msg_parsed 检查到 msg 中最后一个 mbuf 中没有多余的数据时，就直接调用 conn->recv_done，如果有后续命令的数据，则申请一个新的 mbuf，将多余的数据拷贝到新申请的 mbuf，并申请一个新的 msg 实例，再将多接收的数据挂载到新生成 msg 实例的 nmsg 上。

最后调用 conn->recv_done 进行后续处理。conn->recv_done 可以被初始化为 req_recv_done 或 rsp_recv_done，这里只分析 req_recv_done，因为 resp_recv_done 的处理逻辑是与之相似的。

```
req_recv_done(struct context *ctx, struct conn *conn, struct msg *msg,
        struct msg *nmsg)
{
    ......
    conn->rmsg = nmsg;//设置多接受的msg为当前conn正在接收的msg
    if (req_filter(ctx, conn, msg)) {
        return;
    }
......
    pool = conn->owner;
    TAILQ_INIT(&frag_msgq);
    status = msg->fragment(msg, pool->ncontinuum, &frag_msgq);//如果接收到的是get
        // key1 key2 key3, 或者mget、mset等多key操作的时候，可能需要拆分到多个后端服务器。
    ......
    /* if no fragment happened */
    if (TAILQ_EMPTY(&frag_msgq)) {
        req_forward(ctx, conn, msg);
        return;
    }
    status = req_make_reply(ctx, conn, msg);
    if (status != NC_OK) {
        if (!msg->noreply) {
            conn->enqueue_outq(ctx, conn, msg);
        }
        req_forward_error(ctx, conn, msg);
    }
    for (sub_msg = TAILQ_FIRST(&frag_msgq); sub_msg != NULL; sub_msg = tmsg) {
        tmsg = TAILQ_NEXT(sub_msg, m_tqe);
        TAILQ_REMOVE(&frag_msgq, sub_msg, m_tqe);
        req_forward(ctx, conn, sub_msg);
    }
    return;
}
```

如果 req_recv_done 中是多主键操作，首先检查这些主键是否路由到同一个后端服务器，如果不是，则拆分成多个 msg，然后调用 req_forward 进行转发。

```
req_forward(struct context *ctx, struct conn *c_conn, struct msg *msg)
{
    .....
    s_conn = server_pool_conn(ctx, c_conn->owner, key, keylen);//根据key、hash、
        distribution取得后端的一个连接
    /* enqueue the message (request) into server inq */
    if (TAILQ_EMPTY(&s_conn->imsg_q)) {
        status = event_add_out(ctx->evb, s_conn);
        ......
    }
s_conn->enqueue_inq(ctx, s_conn, msg);
......
}
```

req_forward 从客户端收取的 msg 数据结构，放入后端 conn 的 imsg_q 中，等待发送，并将后端 conn 注册到 epoll，等待写事件。在 core_core 收到可写事件后，最终调用 msg_send_chain 进行数据发送。

```
msg_send_chain (struct context *ctx, struct conn *conn, struct msg *msg)
{
    ......
    array_set(&sendv, iov, sizeof(iov[0]), NC_IOV_MAX);
    nsend = 0;
    limit = SSIZE_MAX;
    for (;;) {//将后端conn待发送msg中的mbuf，尽可能多的放入ciov中，等待批量发出
        ......
        ciov = array_push(&sendv);
        ciov->iov_base = mbuf->pos;
        ciov->iov_len = mlen;
        nsend += mlen;
    }
    if (array_n(&sendv) >= NC_IOV_MAX || nsend >= limit) {
        break;
    }

    msg = conn->send_next(ctx, conn);
    if (msg == NULL) {
        break;
    }
    }
    conn->smsg = NULL;
    if (!TAILQ_EMPTY(&send_msgq) && nsend != 0) {
        n = conn_sendv(conn, &sendv, nsend);//调用conn_sendv把多个mbuf同时发往后端server
    } else {
        n = 0;
    }
    ......
    }
......
}
```

msg_send_chain 用于发送一个 conn 上的一个 msg 挂载的所有 mbuf。conn_sendv 最终将调用 sendv 系统函数，将多个 mbuf 缓存的数据发送出去。

　　从上面的分析可以看出，Twemproxy 通过 msg 和 mbuf 指针在客户端连接和服务端连接之间的指向，实现了数据接收后，除了切分 msg 和多主键分布到后端不同服务器上的情况，基本不会发生数据拷贝。

　　通过对源代码的简单解析可以知道，Twemproxy 通过合并请求和 Zero Copy 等优化手段，使得转发性能损失非常小，适合于流量中等的集群规模，主要用于缓存服务集群降低连接数、数据均衡分布等功能。但对于高流量的缓存系统，Twemproxy 本身的流量也会非常高，会形成瓶颈。具体应用 Twemproxy 时，还需要特别注意以下几点：

- ❑ 需要注意后端服务器的连接数配置，如果连接数大于 1，客户端接收到返回的顺序和发送的顺序有可能不一致。
- ❑ 仅仅依靠客户端超时设置并不能达到理想的超时效果，反而可能起到相反的作用。因为客户端的超时设置在这里变成了客户端对 Twemproxy 代理服务的超时，但代理对服务端的链接是一直保持的，所以客户端重试请求对于服务端是没有效果的。默认情况下，任何发送给服务端的请求，Twemproxy 都会无限期的等待，当 timeout 被设置后，如果在 timeout 的时间过后还没有从服务端得到回应，这时才会将超时错误信息 "SERVER_ERROR Connection time out" 发送给客户端。

6.3　Mcrouter

　　前面 5.5 节提过，Mcrouter 是一个基于 Memcached 协议的路由器，适用于大规模的集群中，在峰值的时候，每秒可以处理接近 50 亿个请求。其主要特性如下：

- ❑ 支持标准的 Memcached ASCII 协议。
- ❑ 多个客户端可以通过连接 Mcrouter 共享后端 Memcached 的连接池。
- ❑ 多种 hash 算法可供选择。
- ❑ 灵活的路由，支持前缀路由。
- ❑ 复制模式连接池，写操作复制到连接池中所有实例，读操作从其中一个实例读取。
- ❑ 支持流量复制，从生产环境复制流量，对新上的集群进行测试。
- ❑ 在线更新配置。
- ❑ 支持后端的 Memcached 健康检测和失败后的自动保护。
- ❑ 对 cold 集群热身。
- ❑ 在后端连接池 / 集群广播接收到的操作。
- ❑ 可靠删除。在后端某个实例删除失败时，Mcrouter 将操作记录在 redolog 中，后台线程间隔性地重新执行删除操作。
- ❑ 多集群支持，拥有丰富的监控和调试命令。
- ❑ QoS 支持。Mcrouter 支持根据主机、连接池、集群进行流量控制，可以对任何操作进行流控，例如 get/set/delete。还可以对超限流的请求进行拒绝，也可以对流量整形。

❑ 支持超大对象，Mcrouter 可以对不能放入 Memcached Slab 中的超大对象自动切分 / 重组。

❑ Mcrouter 支持本地缓存，实现多级高速缓存。

❑ IPv6 和 SSL 的支持。

6.3.1　Mcrouter 路由算法

Mcrouter 提供了非常丰富的路由算法。

❑ AllAsyncRoute：向 children 属性指定的所有 Memcached 集群发送相同的请求，不等待集群响应，返回由 NullRoute 定义的返回值。

❑ AllFastestRoute：向 children 属性指定的所有 Memcached 集群发送相同的请求，把第一个响应的集群返回内容返回给客户端。其他的 Memcached 集群响应被忽略。

❑ AllInitialRoute：向 children 属性指定的所有 Memcached 集群发送相同的请求，等待 children 属性指定的第一个 Memcached 集群返回，并将返回内容返回给客户端。其他的 Memcached 集群响应被忽略。

❑ AllMajorityRoute：向 children 属性指定的所有 Memcached 集群发送相同的请求，并等待半数以上 Memcached 集群成功返回，如果没有半数以上成功，则返回最后一个错误响应。

❑ AllSyncRoute：向 children 属性指定的所有 Memcached 集群发送相同的请求，并等所有 Memcached 集群返回，给客户端返回最坏的一个响应。

❑ DevNullRoute：和 NullRoute 类似，会同时返回 stat 报告。

❑ ErrorRoute：立即返回一个指定的错误信息。

❑ FailoverRoute：将请求转发给 children 属性指定的 Memcached 集群列表中的第一个集群，然后等待返回，如果成功，则将响应发送给客户端。如果失败，则轮询第二个集群，直到有一个成功。如果所有集群都失败，则返回给客户端最后接收到的失败消息。注意，key miss 不被当作错误，如果希望 key miss 做为一种错误处理，可以使用 MissFailoverRoute。

❑ FailoverWithExptimeRoute：带失效时间的 FailoverRoute，在某个集群被标记为失败后，隔一段时间重新路由到该集群，如果发生错误，重新进行 failover。

❑ HashRoute：通过 key 的 Hash 路由。

❑ HostIdRoute：根据客户端主机 ID 计算 hash，进行路由。

❑ LatestRoute：随机连接，如果返回错误则再次随机连接，最大随机次数为 failover_count。

❑ MigrateRoute：迁移模式路由。

❑ MissFailoverRoute：路由同 Failover 模式，key miss 认为后端集群出错。

❑ ModifyExptimeRoute：经过这个路由的请求，TTL 将被重新赋值。

❑ NullRoute：为每个请求都返回一个空的响应。默认的响应：

```
delete - not found
get - not found
set - not stored
```

❑ PrefixSelectorRoute：通过 key 的前缀进行路由。

❑ PoolRoute：路由到一个 Memcached 集群，类似 HashRoute，但通常还有限流等功能。

❑ RandomRoute：随机路由到 children 属性指定的 Memcached 集群列表中的某一个集群。

❑ WarmUpRoute：set 和 delete 命令发送到 cold 集群。get 命令首先尝试从 cold 集群获取，如果 key miss，则从 warm 集群获取，如果从 warm 集群取到，则返回客户端，并异步地更新 cold 集群。

6.3.2　典型的使用场景

关于 Mcrouter 典型的使用场景，可以参考 Mcrouter 在 Github 的官方 wiki（https://github.com/facebook/Mcrouter/wiki）上给出的使用范例。

1. 分片池（Sharded pools）

分片池也就是常说的数据水平切分。Mcrouter 可以将请求按照缓存 key 的哈希值发送到不同的 Memcached 服务器上。这样缓存数据将被均匀地分布在不同的 Memcached 服务器上，同时对同一个缓存的操作也将按照缓存 key 的哈希值发送到同一台 Memcached 服务器上。Mcrouter 对一个服务器资源池默认使用分片池的方式管理。

下面是一个简单的 Mcrouter 配置例子：

```
{
  "pools": {
    "A": {
      "servers": [
        "127.0.0.1:12345",
        "127.0.0.1:12346"
      ]
    }
  },
  "route": "PoolRoute|A"
}
```

配置说明：配置中定义了一个含有两个后端服务的连接池，路由规则是，将 Key 按照一致性 Hash 算法，分布到两个后端服务上。

2. 复制池（Replicated pools）

Mcrouter 支持随机发送一个 get 请求到复制池中。如果请求在复制池中的第一个服务上失败，将从其他服务上获取数据。同时发送 send 和 delete 到复制池将被池内的所有服务主机接受。基于这种能力，可以设计出多个 Memcached 实例同步写入，多个 Memcached 实例同时提供读能力。提供更高的读性能的一个 Mcrouter 配置示例如下：

```
{
    "pools": {
        "A": {
            "servers": [
                // hosts of replicated pool, e.g.:
                "127.0.0.1:12345",
                "127.0.0.1:12346"
            ]
        }
    },
    "route": {
        "type": "OperationSelectorRoute",
        "operation_policies": {
            "add": "AllSyncRoute|Pool|A",
            "delete": "AllSyncRoute|Pool|A",
            "get": "LatestRoute|Pool|A",
            "set": "AllSyncRoute|Pool|A"
        }
    }
}
```

配置说明：add、delete 和 set 被发送到池 A 中的所有实例执行，get 被随机发送到池 A 中的一个实例执行。如果 get 请求失败，自动尝试另一个实例，默认尝试 5 次。

3. 前缀路由（Prefix routing）

Mcrouter 可以根据 key 前缀把客户端分配到不同的 Memcahed 池。例如可以把以"a"为前缀的所有 key 分配到一个 "workload1" 池，把以 "b" 为前缀的所有 key 分配到另外一个 " workload2" 池，把以 "ab" 为前缀的所有 key 分配到另外一个 " workload3" 池，其他的 key 都分配到 "wildcard" 池。下面的配置可以实现这一功能：

```
{
    "pools": {
        "workload1": { "servers": [ /* list of cache hosts for workload1 */ ] },
        "workload2": { "servers": [ /* list of cache hosts for workload2 */ ] },
        "workload3": { "servers": [ /* list of cache hosts for workload3 */ ] },
        "common_cache": { "servers": [ /* list of cache hosts for common use */ ] }
    },
    "route": {
        "type": "PrefixSelectorRoute",
        "policies": {
            "a": "PoolRoute|workload1",
```

```
        "b": "PoolRoute|workload2",
        "ab": "PoolRoute|workload3"
    },
    "wildcard": "PoolRoute|common_cache"
    }
}
```

4. 缓存预热 (Cold cache warm up)

每当将一个新 Memcached 服务器加入到缓存服务集群中时，它是没有任何数据的。我们称这个缓存实例为"cold cache"。每一个发向这个新缓存服务的请求都将不能命中，因此客户端程序将会耗用很多资源来填充缓存。在最坏的情况下，将会影响到整个系统的性能，因为缓存未命中将会花更多的时间来获得数据。Mcrouter 提供了一种方法来为"cold cache"预热，而不对性能产生影响。这个想法很简单：用已有的一个"warm cache"去填充"cold cache"。下面的配置可以实现这一缓存预热的功能：

```
{
    "pools": {
        "cold": { "servers": [ /* cold hosts */ ] },
        "warm": { "servers": [ /* warm hosts */ ] }
    },
    "route": {
        "type": "WarmUpRoute",
        "cold": "PoolRoute|cold",
        "warm": "PoolRoute|warm"
    }
}
```

所有的 set 和 delete 的请求发送到"cold cache"路由处理时。数据都将先从"warm cache"路由处理（其中请求可能导致缓存命中）获取。如果"warm cache"返回命中，将响应转发给客户端，同时异步请求更新"cold cache"的路由处理。

5. 两级缓存 (Two level caching)

当一个单一 Memcached 服务池出现超载情况时，我们可以使用一种二级高速缓存架构。例如，除了一个大容量的共享缓存，可以给客户端额外增加一个附加 Memcached 实例。数据获取逻辑为：

❑ 先从本地的 Memcached 实例读取。

❑ 如果未命中，再从共享池中读取。

❑ 如果数据存在于共享池，将其同步到本地的 Memcached 实例中。

一个简单的方法是设置一个时间间隔定时同步数据，假定系统可以在一定时间内容忍旧数据的读取。相应的配置如下：

```
{
    "pools": {
        "shared": { "servers": [ /* shared memcached hosts */ ] },
```

```
        "local": { "servers": [ /* local memcached instance (e.g.
            "localhost:<port>") */ ] }
    },
    "route": {
        "type": "OperationSelectorRoute",
        "operation_policies": {
            "get": {
                "type": "WarmUpRoute",
                "cold": "PoolRoute|local",
                "warm": "PoolRoute|shared",
                "exptime": 10
            }
        },
        "default_policy": {
            "type": "AllSyncRoute",
            "children": [
                "PoolRoute|shared",
                {
                    "type": "ModifyExptimeRoute",
                    "target": "PoolRoute|local",
                    "exptime": 10
                }
            ]
        }
    }
}
```

配置说明：所有的 set 和 delete 都将发送到"shared"共享池和"local"池中。第一次向"local"池中读取数据；"shared"池会监听是否命中。如果"shared"池命中，则返回数据给客户端并且异步请求更新"local"池中的值。这时需要注意的是，客户端不会阻塞更新，所有数据在"local"池中只存活 10 秒。

6.3.3　Mcrouter 的可扩展性

与 Twemproxy 的可扩展性类似，Mcrouter 集群内部也可以是多个相同配置的对等节点，可以通过在 LVS 上增加节点的方式完成扩容，如图 6-14 所示。

缓存服务或缓存集群服务在容量上产生瓶颈的时候，都可以通过更改 Mcrouter 的配置，增加缓存服务器的数量，如图 6-15 所示。Mcrouter 在扩容方面相对于 Twemproxy 有更完善的支持，可以通过 warm up 方式对新加入的节点进行预热。

Mcrouter 层中的 Mcrouter 各个实例是对等实例，通过 LVS 做高可用，节点宕掉时，LVS 将流量摘除。Mcrouter 通过以下能力确保在后端 Memcached 发生故障时的可靠性：

❑ **心跳检测和自动故障转移**：Mcrouter 能够通过心跳握手来检测每个 Memcached 实例的状态。一旦 Mcrouter 将一个 Memcached 实例标记为无响应，它会直接将所有的请求转移到另一个可用的 Memcached 实例上。同时，后台将向无响应 Memcached 发送心跳请求，只要 Memcached 的心跳恢复正常，Mcrouter 将会重新启用这个

Memcached 实例。"软错误"（比如：数据超时）允许连续发生多次，但是一旦发生"硬错误"（比如：拒绝连接），Mcrouter 将立即该 Memcached 实例标记为无响应。

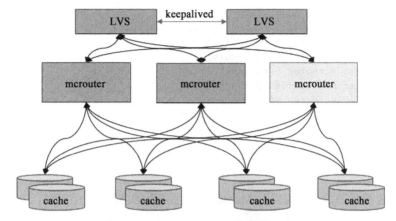

图 6-14　增加 Mcrouter 的集群扩容

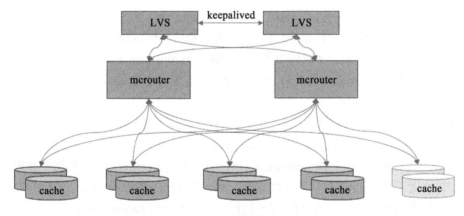

图 6-15　增加缓存节点的扩容

- **多集群互备**：通过在请求 key 里面增加自定义的前缀，可以把请求备份到多个 Memcached 池或者集群。
- **可靠的删除操作**：Mcrouter 尽量保证所有的删除操作都被执行。Mcrouter 将所有的删除操作都记录到硬盘上，防止由于网络中断或者其他原因导致的 Memcached 不可用。当连接恢复之后，Mcrouter 将启动一个单独的进程异步地重新执行这些删除操作。
- **保障服务质量**：Mcrouter 允许以主机、池或者集群为单位设置任何请求（比如 :get/set/delete）的速率阈值，当请求个数超过阈值时，剩下的请求将会被拒绝服务。

Mcrouter 提供了丰富的 stats 和 debug 命令。Mcrouter 通过"stats"命令可以导出很多内部计数器。Mcrouter 还提供自我调试命令，这种命令能够反应在运行时一个特定的请求被分配到哪一个主机。Mcrouter 默认在 /var/Mcrouter/stats 路径下记录运行状态，每 10 秒更新一次。例如：

```
{
    "libMcrouter.Mcrouter.5000.config_last_success" : 1410744409,
    "libMcrouter.Mcrouter.5000.uptime" : 10,
    "libMcrouter.Mcrouter.5000.result_busy_shadow" : 0,
    "libMcrouter.Mcrouter.5000.result_busy_failover" : 0,
    "libMcrouter.Mcrouter.5000.cmd_get_out_failover" : 0,
    "libMcrouter.Mcrouter.5000.cmd_meta" : 0,
    "libMcrouter.Mcrouter.5000.result_busy_failover_count" : 0,
    "libMcrouter.Mcrouter.5000.cmd_delete_out" : 0,
    "libMcrouter.Mcrouter.5000.result_error" : 0
    .......
}
```

通过分析这些状态信息，可以对 Mcrouter 进行完善的监控。

6.3.4 源码简要解析

Mcrouter 采用了大量 C++11 的语法，并引入了 fiber 进行流程异步化组装。Mcrouter 依赖于 Facebook 两个开源组件：Folly 和 fbthrift。在启动时，会启动多个相互独立的线程，使用 libevent 的线程来处理请求（源码参考 EventBase::runInEventBaseThread）。处理请求路由到后端进行编排时，Mcrouter 将任务包装成 context，使用轻量级线程（folly::fibers::fiber）进行异步化处理。

下面对代码主流程进行解析。

Mcrouter 启动时，会调用 runServer 启动 proxy 的运行，其中最重要的是初始化核心数据结构 AsyncMcServer server 和 auto router = McrouterInstance::init()。在这两个数据结构初始化时，初始化了 libevent，启动了网络监听，然后初始化了线程和 fiber。

然后，调用 server.spawn，启动线程池执行，并开始执行 serverLoop。

```
bool runServer(const McrouterStandaloneOptions& standaloneOpts,
        const McrouterOptions& McrouterOpts) {
....
    AsyncMcServer server(opts);
    auto router = McrouterInstance::init(
        "standalone",
        McrouterOpts,
        server.eventBases());
....
    server.spawn(
        [router, &standaloneOpts] (size_t threadId,
            folly::EventBase& evb,
            AsyncMcServerWorker& worker) {
        serverLoop(*router, threadId, evb, worker, standaloneOpts);
    },
```

```
    [router]() {
        router->shutdown();
    }
);
```

serverLoop 函数的主要作用是注册 OnRequest 回调类，并启动 libevent 的消息循环。worker 在收到请求后，先调用 bool McParser::readDataAvailable(size_t len)，将数据包组装成 Request 之后，会通过 proxy_t 的队列进行路由处理。

```
void serverLoop(......) {
    auto routerClient = router.createSameThreadClient(
        0 /* maximum_outstanding_requests */);
    auto proxy = router.getProxy(threadId);
    // Manually override proxy assignment
    routerClient->setProxy(proxy);

    worker.setOnRequest(ServerOnRequest(......));
    .......
    while (worker.isAlive() ||
    worker.writesPending() ||
    proxy->fiberManager.hasTasks()) {
        evb.loopOnce();
    }
    router.releaseProxy(threadId);
}
```

在 proxy 数据结构初始化的时候，会初始化队列，后续客户端发来的请求会推送到这个队列。同时，在队列上注册了回调函数，每次有请求进入队列时，都会触发回调函数进行处理。

```
proxy_t::proxy_t(McrouterInstance& rtr, size_t id)
    ......
{
  ......
    messageQueue_ = folly::make_unique<MessageQueue<ProxyMessage>>(
        router_.opts().client_queue_size,
        [this] (ProxyMessage&& message) {
            this->messageReady(message.type, message.data); //这里就是消息处理的
                //主函数，每个消息进入队列时都会调用消息处理函数。
        },
        router_.opts().client_queue_no_notify_rate,
        router_.opts().client_queue_wait_threshold_us,
        &nowUs,
        [this] () {
            stat_incr_safe(stats, client_queue_notifications_stat);
        }
    );
}
```

消息的主处理函数如下：

```
void proxy_t::messageReady(ProxyMessage::Type t, void* data) {
    switch (t) {
        case ProxyMessage::Type::REQUEST:
        {
            auto preq = reinterpret_cast<ProxyRequestContext*>(data);
            preq->startProcessing();
        }
        break;
        ......
    }
}
```

关于请求的分发，主要包含两部分，一部分是对请求进行校验，另一部分是对请求进行流控。

```
template <class Request>
void ProxyRequestContextTyped<Request>::startProcessing() {
    std::unique_ptr<ProxyRequestContextTyped<Request>> self(this);

    if (!detail::precheckRequest(*this, *req_)) {
        return;
    }

    proxy().dispatchRequest(*req_, std::move(self));
}
template <class Request>
void proxy_t::dispatchRequest(
    const Request& req,
    std::unique_ptr<ProxyRequestContextTyped<Request>> ctx) {
if (rateLimited(ctx->priority(), req)) {
//流控处理
....
queue.pushBack(std::move(w));
    } else {
        //实际处理请求
        processRequest(req, std::move(ctx));
    }
}
```

proxy_t的processRequest函数路由Memcached请求。

```
void proxy_t::processRequest(
        const Request& req,
        std::unique_ptr<ProxyRequestContextTyped<Request>> ctx) {
    ....
    ctx->processing_ = true;
    bumpStats(req);
    routeHandlesProcessRequest(req, std::move(ctx));
    ......
}
```

routeHandlesProcessRequest 函数的作用是释放接收线程中的上下文，同时创建异步化执行的上下文（ProxyRequestContextTyped），并将上下文提交到 folly 库提供的 fiber 中进行异步处理，接收线程到此结束。在 fiber 中执行的路由请求收到服务端响应后，会使用上下文中的信息，将响应转发给客户端。

```
proxy_t::routeHandlesProcessRequest(
        const Request& req,
        std::unique_ptr<ProxyRequestContextTyped<Request>> uctx) {
    auto sharedCtx = ProxyRequestContextTyped<Request>::process(
        std::move(uctx), getConfig());
    ......
    fiberManager.addTaskFinally(
        [&req, ctx = std::move(funcCtx)]() mutable {
            try {
                auto& proute = ctx->proxyRoute();
                fiber_local::setSharedCtx(std::move(ctx));
                return proute.route(req);//将请求路由到后端服务。
            } catch (const std::exception& e) {
                return ReplyT<Request>(mc_res_local_error, std::move(err));
            }
        },
        [ctx = std::move(sharedCtx)](
            folly::Try<ReplyT<Request>>&& reply) {
        ctx->sendReply(std::move(*reply));//将响应发送给客户端。
    });
}
```

　　通过对源码的简要分析可见，Mcrouter 的管控能力和支持的集群模式都非常丰富，对生产环境中的各种场景、多机房复制等需求有着全面的支持，被 Facebook、AWS、Reddit 等大型互联网公司实践过，可以稳定可靠地运行。但 Mcrouter 在国内使用较少，一个主要的原因是中文文档匮乏，另外，Mcrouter 本身实现较为复杂，掌握起来需要一定的时间。

Chapter 7 第 7 章

Redis 探秘

Redis（REmote DIctionary Server）是一个 key-value 存储系统，由 Salvatore Sanfilippo 开发，使用 ANSI C 语言编写，遵守 BSD 协议。

Redis 运行于独立的进程，通过网络协议和应用交互，将数据保存在内存中，并提供多种手段持久化内存数据。Redis 具备跨服务器的水平拆分、复制的分布式特性。Redis 不同于 Memcached 将 value 视作黑盒，Redis 的 value 本身具有结构化的特点，对于 value 提供了丰富的操作。基于内存存储的特点使得 Redis 与传统的关系型数据库相比，拥有极高的吞吐量和响应性能。

7.1 数据结构

Redis 作为 key-value 存储系统，数据结构如图 7-1 所示。

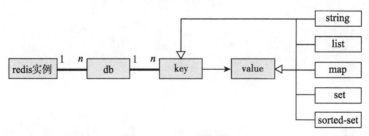

图 7-1 Redis 数据结构

Redis 没有传统关系型数据库的 table 模型。schema 所对应的 db 仅以编号区分，同一个 db 内，key 作为顶层模型，其值是扁平化的，即 db 本身就是 key 值的命名空间。实际使用中，通常以 ":" 号作为分隔符，将命名空间值和业务 key 连接，作为 Redis 中当前 db 下的 key 值，如 "article:12345" 作为 key 值，表示 article 这个命名空间下 id 为 12345 的元素的 key，类似于关系型数据库中的 article 表主键为 12345 的行。

因为扁平化的特点，在 Redis 中，针对 key 的操作变得很简单：所有操作针对 1 到几个（常数个）key 进行，不存在关系型数据库中的类似列表查询类的操作。

但是业务的多样性通常需要存储系统具有更丰富的数据结构，Redis 将这样的功能放到了单条 key-value 的内部，用结构化的 value 对象满足业务多样性的需求。

Redis 常用的 value 包含 5 种类型：string、list、set、map、sorted-set。以下分别介绍它们的模型和实现。

7.1.1 value 对象的通用结构

上述的 value 对象在 Redis 内部的通用结构如下：

```
typedef struct redisObject {
    unsigned type:4;
    unsigned encoding:4;
    unsigned lru:REDIS_LRU_BITS;
    int refcount;
    void *ptr;
} robj;
```

其中：

❑ type 指的是前一节讲到的 String、List 等结构化类型。

❑ encoding 指的是这些结构化类型在具体的实现（承载）方式，同一个类型可以有多种实现，例如 String 可以用 int 来承载，也可以用封装的 char[] 来承载，List 可以用 ziplist 或者链表来承载。

❑ lru 表示本对象的空转时长，用于有限内存下长久不访问的对象的清理。

❑ refcount 是应用计数用于对象的垃圾回收。

❑ ptr 指向的就是以 encoding 方式实现这个对象的实际承载者的地址，例如 string 对象对应的 sds 地址（sds 的结构下节讲述）。

7.1.2 String

Redis 的 string 和其他很多编程语言中的语义类似，它能表达 3 种值的类型：

❑ 字节串；

❑ 整数；

❑ 浮点数。

三种类型间根据具体场景由 redis 完成相互间自动转型，并且根据需要选取底层的承载方式。例如整数可由 {32-bit, 64-bit}*{ 有符号，无符号 } 承载，以适应不同使用场景下对值域的需求。浮点数的承载符合 IEEE754 协议，但限于双精度实现。

整数和浮点数类型的 value 具备自增、自减等数字型操作，并且 Redis 自动识别精度、值域范围，对这些操作进行类型升级。

1. 基本操作

String 型的 value 具备如表 7-1 所示的典型操作。

表 7-1　String 型的 value 具备的典型操作

操　作		描　述
针对数字类型	INC	将指定 key 的内容加 1。例如：INC key1 将 key1 对应的数字型的 value 值增加 1
	DECR	将指定 kcy 的内容减 1
	INCRBY	将指定 key 的内容增加给定的值。例如：INCBY key1 100 将 key1 对应的数字型 value 值增加 100
	DECRBY	将指定 key 的内容减少给定的值
	INCRBYFLOAT	将指定 key 的内容减少给定的浮点值
针对字节串类型	APPEND	将指定字节串内容添加到指定 key 对应的 value 后
	GETRANGE	对字节串 value 做范围截取
	SETRANGE	将指定字符串内容覆盖，指定 key 对应的 value，从指定位置开始覆盖
	STRLEN	获取字节串 value 的长度
	GETBIT	对字节串 value，获取指定偏移量上的 bit
	SETBIT	将字节串 value 视为 bit 串并设置从给定起始位置起设置值
	BITCOUNT	将字节串 value 视为 bit 串并统计 1 的数量
	BITOP	对多个 key 的 value 值做位操作，如：XOR、OR、AND、NOT

除此之外，针对 String 型 value 还具备简单的 Compare-And-Set 原子类操作，根据给定 key 是否存在设置 value 值。

2. 内存数据结构

在 Redis 内部，作为字节串承载的 String 型 value 内部以 int、SDS（simple dynamic string）作为结构存储。int 用来存放整型数据，sds 存放字节 / 字符串和浮点型数据。作为基于 C 实现的系统，相较于 C 的标准字符串，sds 封装了更多的信息以提升基本操作的性能，同时充分利用已有 C 的标准库，简化实现。

（1）sds 结构

sds 结构如下：

```
typedef struct sdshdr {
```

```
    unsigned int len;
    unsigned int free;
    char buf[];
};
```

buf 数组存储了字节串的内容，但它本身的长度通常大于所存储的内容的长度，后者通过 len 字段直接在 O(1) 的复杂度内得出。

buf 数组的结构如图 7-2 所示。

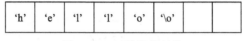

图 7-2　buf 数组的结构

其中存储的业务数据内容为 "hello"，Redis 采用类似 C 的做法存储字符串，即以 '\0' 结尾，以便充分复用 C 标准库已有的 str 类操作简化 Redis 自身的实现，但 '\0' 在 redis 实现中仅作为字符串的定界符，并不表示业务数据内容不能包含 '\0' 字符。此时 sds 的 bufSize 为 8，len 字段值为 5，即 "hello" 的字符数，而 free 为 2。

buf 中 free 区域的引入提升了 sds 对于字节串处理的性能，减少了处理过程中可能遇到的内存申请和释放的次数。

例如 7.1.2 节提到的对字节串的 APPEND 操作，当希望对 "hello" 附加长度小于 3 的串（例如 APPEND helloKey "!"）时，sds 不需要重新申请内存，buf 数组变成如图 7-3 所示的结构。

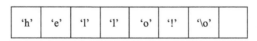

图 7-3　APPEND 操作后 buf 数组的结构

对串进行长度缩减的操作时，buf 中 free 的部分也不会立即释放而是继续保留以便后续操作利用。

（2）buf 的扩容与缩容

当对串进行业务操作后结果超出了 buf 的现有容量时，sds 会对 buf 进行扩容，触发条件如下：

❑ 字节串初始化时，buf 的大小 =len+1，即加上作为界定符的 '\0' 刚好等于业务数据的长度。

❑ 当对串的操作完成后预期的串长度小于 1MB 时，扩容后的 buf 大小 = 业务串预期长度 *2+1，即不考虑最后的 '\0'，buf 倍增。

❑ 对于大于 1MB 的长串，buf 总是留出 1MB 的 free 空间，即 buf 以业务串的 2 倍来扩容，但最大留出 1MB 的空间。

（3）字节串与字符串

sds 中存储的内容可以是 ASCII 字符串，也可以是字节串。由于 sds 通过 len 字段来确定业务串的长度，业务串可以存储非文本内容。

而对于业务串是字符串的场景，buf[len] 作为业务串结尾的 '\0' 又可以复用 C 的已有字符串函数。

（4）sds 编码的优化

value 对象通常具有个内存部分：redisObject 部分和 redisObject 的 ptr 指向的 sds 部分。在创建 value 对象时，通常需要为 redisObject 和 sds 申请两次内存。对于很多短小的字节串，sds 长度较小，可以把 redisObject 和 sds 连续存放，在创建 redisObject 时，一次性把 sds 对象的内存也申请了：

```
robj *createEmbeddedStringObject(char *ptr, size_t len) {
    robj *o = zmalloc(sizeof(robj)+sizeof(struct sdshdr)+len+1);
    struct sdshdr *sh = (void*)(o+1);

    o->type = REDIS_STRING;
    o->encoding = REDIS_ENCODING_EMBSTR;
    o->ptr = sh+1;
    o->refcount = 1;
    o->lru = LRU_CLOCK();

    sh->len = len;
    sh->free = 0;
    if (ptr) {
        memcpy(sh->buf,ptr,len);
        sh->buf[len] = '\0';
    } else {
        memset(sh->buf,0,len+1);
    }
    return o;
}
```

初始化 redisObject 时同时设置好了 sds 的内容。

7.1.3　List

List 即列表对象，用于存储 String 序列。

1. 基本操作

List 类型的主要操作如下：

❑ RPUSH/LPUSH：将指定的 String 内容添加到给定 key 对应的列表 value 的开头或末尾，例如：RPUSH key1 "a" 操作将 a 这个字符串添加到列表尾，作为最后一个元素。

❑ RPOP/LPOP：取出给定 key 对应的列表 value 的开头或末尾元素并删除之。

❑ LINDEX：取出给定 key 对应的列表 value 的某个元素。

❑ LRANGE：取出给定 key 对应的列表 value 的某个范围内的元素，例如 LRANGE key1 0 9 取得 key1 对应 value 的前 10 个元素。

❑ LTRIM：将给定 key 对应的列表 value 的某个范围内的元素从列表中去除。

上述操作都针对单个 key 的元素，和大多数程序语言中的 list 对象操作语义类似。Redis 针对 list 还包含了更复杂的操作，方便类似生产者消费者模式场景的实现：

❑ BLPOP/BRPOP：例如，BRPOP key1 key2 60，指的是如果 60 秒内，key1 非空则从 key1 对应的列表 value 中 POP 最右元素，否则从 key2 中 POP，如果 60 秒内两个 key 始终空，则超时返回

❑ BLPOPPUSH/ BRPOPPUSH：例如，BRPOPPUSH keySrc keyDest 60，指的是如果 60 秒内，keySrc 对应的列表型 value 非空，则将其最右元素删掉并移到 keyDest 的最后。

这样的涉及多个 key 的操作也可以在 Redis 的客户端上，由应用层通过两个单 key 操作实现，但 BLPOPPUSH/ BRPOPPUSH 在 redis 内部是原子的，避免了应用层实现时在并发场景下的一致性风险。

2. 内存数据结构

List 类型的 value 对象内部以 linkedlist 或 ziplist 承载。当 List 的元素个数和单个元素的长度较小时，Redis 会采用 ziplist 实现以减少内存占用，否则采用 linkedlist 结构。

3. linkedlist 实现

linkedlist 内部实现是双向链表，和大多数程序语言标准库的实现类似：

```
typedef struct list {
    listNode *head;
    listNode *tail;
    void *(*dup)(void *ptr);
    void (*free)(void *ptr);
    int (*match)(void *ptr, void *key);
    unsigned long len;
} list;

typedef struct listNode {
    struct listNode *prev;
    struct listNode *next;
    void *value;
} listNode;
```

在 List 中定义了头尾元素指针和列表的长度，使得 POP/PUSH 操作、LLEN 操作的复杂度为 O(1)。由于是链表，LINDEX 类的操作复杂度仍然是 O(N)。

列表的元素 listNode 包含前后相邻节点的指针，同时以 void* 的方式实现了多态，不同类型的 Node 的比对、复制、释放函数保存在 List 对象中。

4. ziplist 实现

ziplist 作为 List 对象承载实现时，通常用于 List 的元素个数不多且元素本身长度不大的情况。

（1）列表结构

List 的所有内容被放置在连续的内存中，结构如下：

```
<zlbytes><zltail><zllen><entry><entry>...<zlend>
```

其中 zlbytes 表示本 ziplist 的总长度；zltail 指向最末元素，由于 ziplist 是连续内存，所以实际 zltail 的值是最末元素距离 ziplist 头的偏移量；zllen 表示元素个数；后续的每个 <entry> 即元素自身内容，是自包含的；zlend 恒为 0xFF 作为 ziplist 定界符。

从这个结构可以看出，相对于 linkedlist，ziplist 对于获取 RPUSH、RPOP、LLEN 这样的操作，复杂度一致，都是 O(1)。LPUSH/POP 操作由于涉及全列表元素的移动，复杂度较高 O(N)，但由于 ziplist 应用于元素个数较小的 List，N 本身不大，使得这些常用操作的效率降低程度可控。

（2）元素结构

ziplist 的每个 entry 内部结构包含两部分：

- ❑ 相邻的前一个（前邻）entry 的长度
- ❑ 自描述的本 entry 内容

前邻 entry 长度记录的作用是方便地实现双向遍历，类似于 linkedlist 的节点的 prev 指针。由于 ziplist 是连续存储，指针用偏移量来承载，由于相邻，偏移量即前一个 entry 的长度 *-1，故直接记录长度。但是 List 的每一个 entry 的长度有长有短，长到长度本身大于 255，需要超过 1 个字节来表达。Redis 支持最多 5 个字节来表达前邻 entry 长度，足以涵盖所有的 entry 场景，但是大多数情况下 entry 长度不会超过 200，总是用 5 个字节会浪费存储。针对这样的情况，Redis 设计了两种长度的长度实现，当前邻 entry 的长度小于 254 时，其 length 用 1 个字节存放，否则用 5 个字节。

这里有一个问题，前邻元素长度发生变化时，本 entry 的长度（由于第一部分是变长的且和前邻元素长度相关）也可能会变化，从可能而引起本 entry 后一个相邻 entry 的长度变化，以此类推。当然，这样的情况概率极小。

entry 本身的业务内容是自描述的，意味着第二部分包含了几个信息：本 entry 的内容类型、长度、和内容本身。因此自描述信息本身又分为两部分：类型长度部分和内容本身部分。

类型和长度同样采用变长编码：

- ❑ 00xxxxxx：String 类型；长度小于 64，0~63 可由 6 位 bit 表示，即 xxxxxx 表示长度。
- ❑ 01xxxxxx|yyyyyyyy：String 类型；长度范围是 [64,16383]，可由 14 位 bit 表示，即 xxxxxxyyyyyyyy 表示长度。

- ❑ 10xxxxxx|yy..(32 个).y：String 类型，长度大于 16383。
- ❑ 1111xxxx：integer 型，integer 本身内容存储在 xxxx 中，只能是 1～13 之间的这 13 个取值，即本类型长度部分已经包含了内容本身。
- ❑ 11??????：其余情况下 redis 用 1 个字节的类型长度部分表示了 integer 的其他几种情况，例如 int_32、int_24 等。

由此可见 ziplist 的元素结构采用的是可变长度的压缩方法，针对值较小的整数、较短的 string 具有较好的压缩效果。

7.1.4　Map

Map 型的 value 在 Redis 中又叫 Hash，顾名思义，它的最初实现是一个哈希表。Map 的语义和大多数程序语言语义一致：包含若干个 key-value，其中 key 不重复。

Redis 本身就是 key-value 结构，它的 value 可以是 map 类型，此类型的 value 内部又是一个 subkey-subvalue。本节后续提及的 key-value 均指的 map 型 value 内部的 subkey-subvalue。

map 内部的 key 和 value 不能再嵌套 map 了，它只能是 String 型所能表达的内容：整形、浮点型、字节串。

1. 基本操作

map 的主要操作和大多数程序语言的操作类似：HGET、HSET、HMGET、HMSET、HGETALL、HDEL、HKEYS、HVALS、HGETALL、HLEN 等。可以对 map 进行 kv 赋值、批量复制，遍历所有 key 或 value 或 kv 对，取得长度等。

由于 map 的 value 可以表示整数和浮点数，所以 map 也包含对特定 key 的 value 做数字专有的操作，比如：HINCRBY 可以原子地操作某个 key 对应的数字型 value。

2. 内存数据结构

map 可以用 hashtable 和 ziplist 两种承载方式来实现。对于数据量较小的 map，采用 ziplist 实现。

3. hashtable 实现

哈希表在 Redis 中分为三层，自底向上分别是：

- ❑ dictEntry：管理一个 key-value 对，同时保留同一个桶中相邻元素的指针，以此维护哈希桶的内部链。
- ❑ dictht：维护哈希表的所有桶链。
- ❑ dict：当 dictht 需要扩容 / 缩容时，用于管理 dictht 的迁移。

（1）哈希表

哈希表的核心结构是 dictht，它的 table 字段维护着 hash 桶，它是一个数组，每个元素指向桶的第一个元素（dictEntry）：

```
typedef struct dictht {
    dictEntry **table;
    unsigned long size;
    unsigned long sizemask;
    unsigned long used;
}
```

如图 7-4 所示，当一个新的 key（例如"key3"）访问时，首先通过 MurmurHash 算法求出 key 的 hash 值，再对桶的个数（即 dictht 的 size 字段值）取模，得到 key3 对应的桶，再进入桶中，遍历全部 entry，判定是否已有相同的 key，如果没有，则将新 key 对应的键值对插入到桶头，并且更新 dictht 的 used 数量，后者表示当前 hash 表中已经存了多少元素。

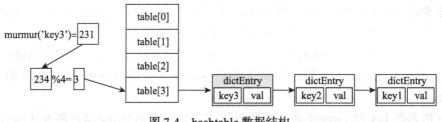

图 7-4　hashtable 数据结构

由于桶的个数永远是 2 的 n 次方，可以用 size-1 做位运算 & 快速得到哈希值的模，所以 dictht 中引入了 sizemask，其值恒等于 size-1。

从上述例子可以看出，每次插入新 key-value 对时，总是要先遍历 hash 桶中的全部 entry，以确保本次插入的 key 不会重复。当一个桶中的 entry 很多时，hash 表的插入性能线性下降。当它下降到一定程度时，需要增加桶的个数以减少 hash 冲突。

（2）扩容

和大多数 hash 实现一样，Redis 引入负载因子判定是否需要增加桶数，负载因子 = 哈希表中已有元素和哈希桶数的比值，目前有两个阈值：

❑ 小于 1 时一定不扩容；

❑ 大于 5 时一定扩容；

❑ 介于 1 到 5 之间时，Redis 如果没有进行 bgsave/bdrewrite 操作时则会扩容。

同样的，随着业务访问，哈希表可能 key-value 对越来越少，造成大量桶空置，无效地占用内存，需要缩容。Redis 同样根据负载因子决定是否缩容，目前的缩容阈值是 0.1。

无论是扩容还是缩容，桶的数量都是指数变化：扩容时新的桶数目是现有桶的 2n 倍，扩到刚好大于 used 值，缩容后新的桶数是原有的 0.5n 倍，也是缩到刚好大于 used 值。

扩 / 缩容通过新建哈希表的方式实现。也就是说，扩容发生时，并存了两个哈希表，一个是源表，一个是目标表。通过将源表的桶逐步迁移到目标表，以数据迁移的方式实现扩容。迁移完成后，目标表覆盖源表。

dict 对象维护着哈希表的迁移状态：

```
typedef struct dict {
    dictType *type;
    void *privdata;
    dictht ht[2];
    long rahashidx;
    int iterators;
} dict;
```

ht[0] 代表源表，也是正常情况下访问的表。仅在迁移过程中，ht[1] 可用，作为目标表。此时首先访问源表，如果发现 key 对应的源表桶已完成迁移，则重新访问目标表，否则在源表中操作。dict 通过 rehashindex 记录已完成迁移的桶，如图 7-5 所示。

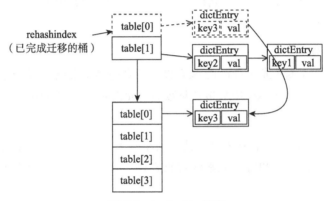

图 7-5　hashtable 扩容

由于 Redis 是单线程处理请求，迁移和访问的请求在相同线程内时分复用地进行，因此迁移过程中的并发性问题不存在。结构性 value 的并发问题也无须加锁进行（后续 7.3 节再详细介绍）。

4. ziplist 实现

这里的 ziplist 和 List 的 ziplist 实现类似，都是通过 entry 存放 element。和 List 不同的是，map 对应 ziplist 的 entry 个数总是 2 的整数倍，第奇数个 entry 存放 key，key 对应 entry 的下一个相邻 entry 存放该 key 对应的 value。

ziplist 实现下，map 的大多数操作的复杂度不再是 O(1) 了，由哈希遍历变成了链表的顺序遍历，复杂度变成 O(N)。但由于采用 ziplist 的 map 大小通常偏小，所以性能损失可控。通常情况下，只有很少几个 kv 对的 map，采用 ziplist 效率反而更高，省去了 hash 计算、内存寻址等操作。尤其对于长字符串 key，其 hash 值计算本身的开销甚至远大于顺序遍历时字符串比较的开销。

7.1.5　Set

Set 类似 List，但它是一个无序集合，其中的元素不重复。

1. 基本操作

Set 包含的操作和大多数程序语言类似：

❑ SADD/SREM/SISMEMBER：实现向 set 中增加、删除元素，以及检查某元素是否在 set 里。

❑ SCARD/SMEMBERS/SRANDMEMBER：实现统计元素个数、列出所有元素、随机获取元素的操作。

❑ 除此之外，Redis 还包含多个 set 间的复合操作，SINTER/SUNION/SDIFF：分别实现多个 set 的交集、并集和差集。

❑ 同时还可以将复合操作的结果储存在另一个 key 中：SINTERSTORE、SUNIONSTORE、SDIFFSTORE。

2. 内存数据结构

Set 在 Redis 中以 intset 或 hashtable 来存储。后者前述章节已介绍，对于 Set，hashtable 中的 value 永远为 NULL。当 set 中只包含整数型的元素时，采用 intset 作为实现。

3. intset

intset 的核心元素是一个字节数组，其中从小到大地有序存放着 set 的元素，length 和 encoding 分别表示元素个数和每个元素的编码方式。其中编码方式指定了一个整数元素占用多少个 contents 数组位：

```
typedef struct intset {
    uint32_t encoding;
    uint32_t length;
    int8_t contents[];
} intset;
```

由于元素有序排列，所以 set 的获取操作采用二分查找方式实现，复杂度 O(log(N))。

进行插入操作时，首先通过二分查找得到本次插入的位置，再对元素进行扩容，再将预计插入位置之后的所有元素向后移动一个位置，最后插入元素。插入的复杂度为 O(N)。删除操作类似。

为了使得二分查找的速度足够快，存储在 content 中的元素应该是定长的，即所有的元素占用 content 数组相同的格子。intset 使用的保存数据的数组是 int8_t，如果 set 中的所有元素的值全部属于 [-128,127] 之间，那么所有元素使用一个 content 位存储。如果 Set 中大于 127 的整数，和处于 [-128,127] 间的整数并存，所有元素采用最大需要的字节数来存储，这意味着对于一个所有元素为小整数的 intset 里突然插入一个大整数（例如 32767，需要两个 content 字节来存储），intset 中原有的所有元素都需要将所占有的字节升级为 2 字节。这个过程涉及全集合的移动。由于引起升级的新元素一定大于（或小于）全部已有元素。所以新插入的位置要么在头要么在尾。原有元素的移动过程可以只在单个数组内部进行，如图 7-6 所示。

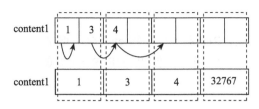

图 7-6　set 插入的元素移动

原有元素从后往前移动，由于每个元素的新位置一定大于旧位置，移动过程不会发生覆盖。

intset 同样针对小整数进行了性能优化，对不同类型的整数采用变长的存储，在元素均不大的情况下减少了内存开销。

7.1.6　Sorted-Set

Sorted-Set 是 redis 特有的数据类型，类似 Map 是一个 key-value 对，但它是一个有序的 key-value 对：

- □ key：key-value 对中的键，在一个 sorted-set 中不重复。
- □ value：是一个浮点数，称为 score。
- □ 有序：sorted-set 内部按照 score 从小到大排序。

1. 基本操作

由于 sorted-set 本身包含排序信息，在普通 set 的基础上，sorted-set 新增了一系列和排序相关的操作：

- □ ZRANK：确定某个 key 值在本 sorted-set 内按照顺序排在第几位；
- □ ZRANGE：例如 ZRANGE key start stop，获取 sorted-set 中排名为 start 和 stop 间的数据；
- □ ZRANGEBYSCORE：例如 ZRANGEBYSCORE key min max，获取 sorted-set 中 score 介于 min 和 max 间的数据，由于 sorted-set 本身具备一定的 map 特性，所以 map 类的部分操作也适用；
- □ ZSCORE：确定某个 key 值在本 sorted-set 内对应的 value；
- □ ZINCRBY：将 sorted-set 中某个 key 的 value 进行自增操作并给定自增增量值。

2. 内存数据结构

Sorted-set 类型的 value 对象内部以 ziplist 或 skiplist+hashtable 来实现。

作为 ziplist 的实现方式和 map 类似。由于 sorted-set 包含了 score 的排序信息，ziplist 内部的 key-value 元素对的排序方式也是按照 score 顺序递增排序的，意味着每次新元素的插入都需要移动所有排在它之后的元素。因此 ziplist 适用于元素个数不多、元素内容不大的场景。

对于更通用的场景，sorted-set 采用 skiplist（跳表）来实现。

3. skiplist

和通用的跳表实现不同，Redis 为每一个 level 对象增加了 span 字段，表示该 level 指向的 forward 节点和当前节点的距离，使得 getByRank 类的操作效率提升，skiplist 定义如下：

```
typedef struct skiplist {
    struct zskiplistNode * header, *tail;
    unsigned long length;
    int level;
} zskiplist;
```

一个典型的 Redis 中的 skipList 结构如图 7-7 所示。

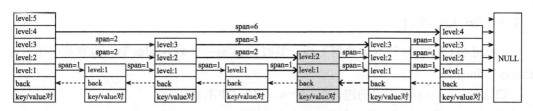

图 7-7 跳表的数据结构

每次向 skiplist 中新增或删除一个元素（如图灰色的元素），需要同时修改图中标粗的箭头，修改其 forward 指针和 span 字段值。可以发现，需要修改的箭头和对 skip 进行查找操作遍历并废弃过的路径是吻合的，对于 span 的修改仅仅是加 1 或者减 1（取决于本次操作是新增还是删除）。skiplist 的查找复杂度平均是 O(Log(N))，因此 add/remove 的复杂度也是 O(Log(N))。因此 redis 新增的 span 字段并没有带来更多的复杂度和性能牺牲，同时提升了 rank 类操作的速度：求一某个元素在 skiplist 中的排名，仅需要将遍历路径上的 span 相加。

skiplist 每个节点的高度随机生成，这点和通用的 skiplist 实现是类似的。

4. hashtable

跳表是一种实现顺序相关操作的较高效的数据结构，但它对于简单的 ZSCORE 操作效率并不高，Redis 在实现 sorted-set 时，同时使用 hashtable 和 skiplist，它的结构如下：

```
typedef struct zset {
    dict *dict;
    zskiplist *zsl;
} zset;
```

hashtable 的存在使得 sorted-set 中的 map 特性操作复杂度从 O(N) 降低为 O(1)。

7.2 客户端与服务器的交互

Redis 实例运行于单独的进程，应用系统和 Redis 通过 Redis 协议进行交互。在 redis 协议之上，客户端和服务器可以实现多种典型的交互模式：串行的请求／响应模式、双工的请求／响应模式（pipeline）、原子化的批量请求／响应模式（事务）、发布／订阅模式、脚本化的批量执行（脚本模式）。

本节首先介绍 Redis 的客户端／服务器交互协议，再分别讨论几种交互模式的语义和实现。

7.2.1　客户端／服务器协议

Redis 的交互协议分为两部分：网络模型和序列化协议。前者讨论数据交互的组织方式，后者讨论数据本身如何序列化。

1. 网络交互

Redis 协议位于 TCP 层之上，即客户端和 Redis 实例保持双工的连接，如图 7-8 所示。

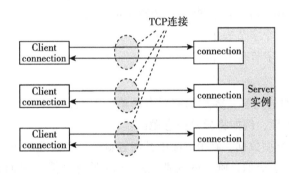

图 7-8　双工连接模式

客户端和服务器端交互的内容是序列化后的相应类型的协议数据，服务器端为每个客户端建立对应的连接（上图的 connection），在应用层维护一系列状态保存在上图的 connection 中，connection 间相互无关联。在 Redis 中，connection 通过 redisClient 结构体实现。

2. 序列化协议

客户端／服务器端交互的是序列化后的协议数据，在 Redis 中，协议数据分为不同的类型，每种类型的数据均以 CRLF（\r\n）结束，通过数据的首字符区分类型。

（1）inline command

这类数据表示 Redis 命令，首字符为 Redis 命令名的字符，格式为 str1 str2 str3…。例如："EXISTS key1"，首字符为 'E'，表示 Redis 检查 key1 是否存在这个命令。命令和参数以空格分割。

（2）simple string

首字符为 '+'；后续字符为 string 的内容，且该 string 不能包含 '\r' 或 '\n' 两个字符；最

后以 "\r\n" 结束。例如："+OK\r\n" 这 5 个字节，表示 "OK" 这个 string 数据。

simple string 本身不包含转义，所以客户端的反序列化效率很高，直接将 '+' 和最后两个字节 "\r\n" 之间的内容拷贝即可。

（3）bulk string

对于 string 本身内容包含了 '\r' 或者 '\n' 的情况，simple string 不再适用。解法通常有两种：转义和长度自描述。前者使得反序列化效率低下（需要遍历每一个字节），Redis 采用的是后者，称为 "bulk string"。

bulk string 首字符为 '$'，紧随其后的是 string 数据的长度，"\r\n" 之后紧跟着 string 的内容本身（可以包含包括 '\r' 和 '\n' 在内的特殊字符），最后以 "\r\n" 结束。例如：

```
"$12\r\nhello\r\nworld\r\n"
```

这 19 个字节描述了 "hello\r\nworld" 这个两行的 string。

对于 " " 空字符串和 null，通过 '$' 之后的数字进行区分：

❑ "$0\r\n\r\n" 这 6 个字节表示空字符串。

❑ "$-1\r\n" 这 5 个字节表示 null。

（4）error

对于服务器端返回的内容，客户端需要有简单的手段识别它是正常的执行结果还是异常信息，并对此分别处理，例如将异常信息抛出。

异常信息即 error 类型数据，在 Redis 中其内容就是一个普通的 string，和 simple string 的表达能力一致，格式也类似，唯一的区别就是 error 的首字符为 '-' 而 simple string 首字符为 '+'。客户端直接通过首字符即可判断本次交互是否出错。

例如："-ERR unknown command 'foobar'\r\n" 这 31 个字节表示一个 error 和它的 error 信息。

有的客户端需要对不同种类的 error 分别做不同处理，为了使得 error 种类的区分更加快速，在 Redis 序列化协议的上层，还包含一个简单的 error 格式协议，以 error 种类开头，空格之后紧跟着 error 信息。

（5）integer

以 ':' 字符开头，紧跟着整型数字本身，最后以 "\r\n" 结尾。例如：":13\r\n" 这 5 个字节表示 13 这个整数。

（6）array

以 "*" 字符开头，紧跟着数组的长度，"\r\n" 之后是数组中每个元素的序列化数据。例如："*2\r\n+abc\r\n:9\r\n" 这 13 个字节表示一个长度为 2 的数组：["abc", 9]。

数组长度为 0 或 –1 分别表示空数组或 null。

数组的元素本身也可以是数组，多级数组其实是树状结构，采用类似先序遍历的方式序列化，例如这样的一个数组：[[1,2],["abc"]]，序列化为："*2\r\n*2\r\n:1\r\n:2\r\n*1\r\

n+abc\r\n"。

（7）C/S 两端使用的协议数据类型

由客户端发送给服务器端的类型为：inline command、由 bulk string 组成的 array。

由服务器端发送给客户端的类型为除了 inline command 之外的所有类型，并根据客户端命令或者交互模式的不同进行确定。例如：

- ❑ 请求 / 响应模式下，对客户端发送的 EXISTS key1 命令，返回 integer 型数据。
- ❑ 发布 / 订阅模式下，对 channel 订阅者推送的消息，采用 array 型数据。

7.2.2　请求 / 响应模式

对 7.1 节所述数据结构的基本操作，都是通过请求响应模式完成的。同一个连接上，请求 / 响应模式如下：

- ❑ 交互方向：客户端发送请求数据，服务器发送响应数据。
- ❑ 对应关系：每一个请求数据有且仅有一个对应的响应数据。
- ❑ 时序：响应数据的发送发生在"服务器完全接收到其对应的请求数据"之后。

1. 串行化实现

最简单的实现方式为串行化实现，即同一个连接上，客户端收完第一个请求的响应之后，再发起第二个请求，如图 7-9 所示。

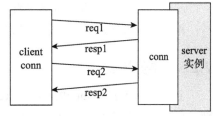

图 7-9　串行化交互模式

上图这种串行化的 request/response 模式的问题在于，每一次请求的发送都依赖于上一次请求的响应结果完全接收，同一个连接的每秒吞吐量低：

$$单连接吞吐量 = \frac{1}{2* 网络延迟 + 服务器单请求处理时间 + 客户端单请求处理时间}$$

Redis 对单个请求的处理时间通常比局域网的延迟小一个数量级，因此串行化模式下，单连接的大部分时间都处于网络等待，没有充分利用服务器的处理能力。

2. pipeline 实现

由于依赖的 TCP 协议本身是全双工的，请求 / 响应即便穿插进行，也不会发生请求和响应数据的混淆，因此可将请求数据批量发送到服务器，再批量地从服务器连接的字节流中依次读取每个响应数据，可极大地提高单连接吞吐量，如图 7-10 所示。

这种模式适合于批量的独立写入操作（每次写入的数据值不依赖上一次请求的执行结果）。上图中示意的是 response 后于全部 req 的情况，实际中两者可能

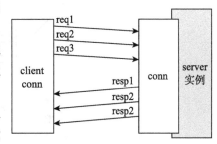

图 7-10　pipeline 交互模式

穿插，如图 7-11 所示。

这种不等上一次结果返回就发送下一次请求的模式称为 pipeline。

pipeline 的实现取决于客户端，需要考虑以下方面：

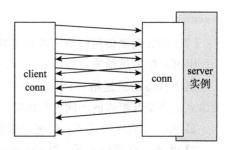

❑ 通过批量请求发送还是异步化请求发送来实现。

❑ 非异步化的批量发送下需要考虑每个批次的数据量，避免连接的 buffer 满之后的死锁。

图 7-11　pipeline 交互模式穿插请求响应

❑ 对使用者如何封装接口，使得 pipeline 使用简单。

pipeline 能达到的单连接每秒最高吞吐量为：

$$\frac{n-2*\ 网络延迟}{n*（服务器单请求处理时间＋客户端单请求处理时间）}$$

其中的时间单位是秒。当 n 无穷大时：

$$\frac{1}{服务器单请求处理时间＋客户端单请求处理时间}$$

相当于串行模式下，分母去掉网络延迟，吞吐量提升了一个数量级。

7.2.3　事务模式

上节介绍的 pipeline 模式对于 Redis 服务器端来讲和普通的请求 / 响应模式没有太大区别，仅仅是客户端提交请求的时序控制做到了不依赖前置请求的响应结果。所以当同时存在多个客户端时，一个客户端批量发送的每一条命令和另一个客户端的命令在 Redis 服务器端看来是同等的，其执行顺序可能存在交叉，类似于多个串行请求 / 响应模式的客户端并发发送命令的效果，图 7-12 展示了并发请求下的穿插问题。

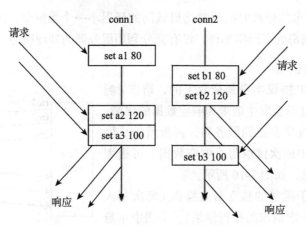

图 7-12　pipeline 模式下的并发请求穿插

图 7-12 中，竖直箭头代表命令执行的时间轴，客户端 1 和 2 分别使用了 pipeline 批量化地执行了语句，但是两个客户端 1 的 3 条命令中穿插了客户端 2 的命令。

当我们需要将批量执行的语句原子化时，需要引入 Redis 的事务模式，达到图 7-13 所示的效果。

从上图可见，一次事务中的多条命令以原子化的方式执行，不同事务的命令相互时序不再交叉。

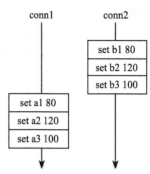

图 7-13　串行化的批量请求

1. 入队 / 执行分离的事务原子性

客户端通过和 redis 服务器两阶段的交互做到批量命令原子化执行的事务效果：

- ❑ **入队阶段**：客户端将请求发送到服务器端，后者将其暂存在连接对象对应的请求队列中。
- ❑ **执行阶段**：发送完一个批次的所有请求后，Redis 服务器依次执行连接对象队列中的所有请求。由于单个实例的 Redis 仅单线程执行所有请求（后文介绍），一个连接的请求在执行**批量请求**的过程中，不会执行其他客户端的请求。

由于 Redis 执行器单线程的一次执行的粒度是"命令"，所以为了让批量的请求一次性全部执行，引入"批量执行命令"：EXEC。

一次原子化批量执行的客户端 / 服务器交互过程如图 7-14 所示。

由 MULTI 命令开启事务，随后发送的请求都只暂存在服务器端的连接上，最后通过 EXEC 一次性批量执行（发生实际的数据修改），并将所有执行结果作为一个响应，以 array 类型的协议数据返回给客户端。

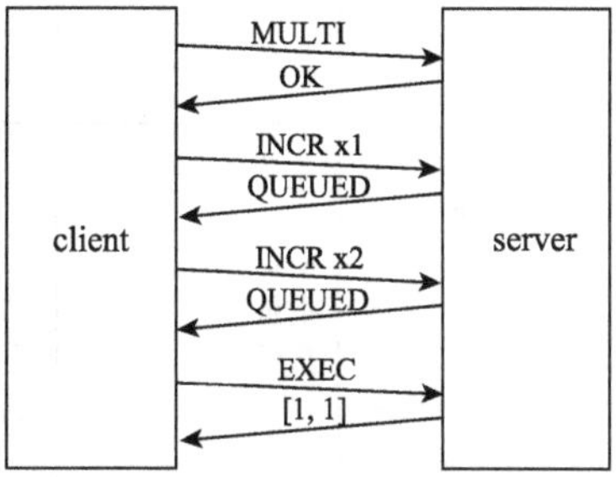

图 7-14　事务交互模式

2. 事务的一致性

当入队阶段出现语法错误时，不执行后续 EXEC，不会对数据实际产生影响。当 EXEC 中有一条请求执行失败时，后续请求继续执行，只在返回客户端的 array 型响应中标记这条出错的结果，由客户端的应用程序决定如何恢复，Redis 自身不包含回滚机制（执行到一半的批量操作必须继续执行完）。

回滚机制的缺失使得 Redis 的事务实现极大地简化：无须为事务引入数据版本机制，无须为每个操作引入逆向操作。所以严格地讲，Redis 的事务并不是一致的。

3. 事务的只读操作

批量请求在服务器端一次性执行，应用程序需要一开始就在入队阶段（未真正执行时）确定每次写操作的值，也就是说，每个请求的参数取值不能依赖上一次请求的执行结果。

只读操作放在批量执行中没有任何意义：它的结果既不会改变事务的执行行为、也不会改变 Redis 的数据状态。所以入队的请求应该全是写操作。

一个事务常常需要包含只读操作，应用程序根据只读操作的结果控制事务的流程或者后续操作的参数。例如 a 账号转账给 b 账号 10 元，业务事务的逻辑应该如下：

```
100 <== GET a      // 获取a的当前值，Redis返回客户端100
100 <== GET b      // 获取b的当前值，Redis返回客户端100
OK <== MULTI
QUEUED <== SET b 110
QUEUED <== SET a 90
[1,1] <== EXEC     //执行上述两条SET操作，Redis一并返回客户端两次执行的结果
```

由于在入队的模式下所有操作都只返回是否入队成功，只读操作无法在此状态下获取真正的数据结果，所以一个完整的业务事务，其只读操作需放到 MULTI 语句之前执行。

然而，两条 GET 操作和 EXEC 是作为三条独立命令执行的，它们之间可能会穿插别的客户端的其他语句，后者如果在 EXEC 前改变了 a 或者 b 的值，可能会导致最终的数据不一致，如表 7-2 所示。

表 7-2　Redis 批量执行时序示例

业务事务	Redis 批量执行	客户端 1	客户端 2
		100 <== GET a	
		100 <== GET b	
		MULTI	
		SET a 100-10	
			INCR a //给a充值1元
		SET b 100+10	
		EXEC	

最终，客户端 2 对 a 的操作被客户端 1 的事务覆盖，最终造成不一致（a 应该为 91 结果变成了 90）

4. 乐观锁的可串行化事务隔离

Redis 通过 WATCH 机制实现乐观锁解决上述一致性问题：

❑ 将本次事务涉及的所有 key 注册为观察模式，假设此时逻辑时间为 tstart。
❑ 执行只读操作。
❑ 根据只读操作的结果组装写操作命令并发送到服务器端入队。
❑ 发送原子化的批量执行命令 EXEC 试图执行连接的请求队列中的命令，假设此时逻辑时间为 tcommit。

执行时有以下两种情况：

❑ 假设前面注册为观察模式的 key 中有一个或多个，在 tstart 和 tcommit 之间被修改过，那么 EXEC 将直接失败，拒绝执行。

❑ 否则顺序执行请求队列中的所有请求。

表 7-2 中示例的时序变成如表 7-3 所示。

表 7-3　Redis 事务隔离执行时序示例

客户端 1			客户端 2
业务 事务	Redis 批量 执行	WATCH a b	
		100 <== GET a	
		100 <== GET b	
		MULTI	
		SET a 100-10	
			INCR a　// 给 a 充值 1 元
		SET b 100+10	
		EXEC // 拒绝执行	

EXEC 无论是否执行，都会 UNWATCH 本连接注册的所有 key。

此时客户端 1 必须重试业务事务以完成需要的转账操作。

5. 事务实现

事务的状态保存在 redisClient 中，通过两个属性控制：

```
typedef struct redisClient{
    ...
    int flags;
    multiState mstate;
    ...
} redisClient;
```

flags 包含多个 bit，其中两个 bit 分别标记了：当前连接处于 MULTI 和 EXEC 之间、当前连接 WATCH 之后到现在它所观察的 key 是否被修改过；

mstate 结构如下：

```
typedef struct multiState {
    multiCmd *commands;
    int count;
    ...
} multiState;
```

count 用来标记 MULTI 到 EXEC 之间总共有多少个待执行命令，同时 commands 就是该连接的请求队列。

watch 机制通过维护在 redisDb 中的全局 map 来实现：

```
typedef struct redisDb {
    dict *dict;
    dict *expires;
    dict *blocking_keys;
    dict *ready_keys;
    dict *watched_keys;
    struct evictionPoolEntry * eviction_pool;
    int id;
    long long avg_ttl;
} redisDb;
```

map 的键是被 watch 的 key，值是 watch 这些 key 的 redisClient 指针的链表。

每当 redis 执行一个写命令时，它同时会对执行命令的这个 key 在 watched_keys 中找到对应的 client 并将后者的 flag 对应位置为 REDIS_DIRTY_CAS，后续这个 client 在执行 EXEC 前如果看到 flag 有 REDIS_DIRTY_CAS 标记，则拒绝执行。

事务的结束或者显式 UNWATCH 都会重置 redisClient 中的 REDIS_DIRTY_CAS 标记并从 redisDb 对应 watched_keys 中的链表中删除自己。

6. 事务交互模式

综上，一个连接上的事务，交互模式如下：

❏ 客户端发送四类请求：监听相关（WATCH、UNWATCH）、只读请求、写请求的批量执行或放弃执行请求（EXEC/DISCARD）、写请求的入队（MULTI 和 EXEC/DISCARD 之间）。

❏ 交互时序为：开启对读写主键的监听、只读操作、MULTI 请求、根据前面只读操作的结果编排 / 参数赋值 / 入队写操作、一次性批量执行队列中的写请求。

通过上述模式，事务隔离级别可以达到可串行化级别：

❏ 其他类似的方式如快照隔离常见的 write skew 问题，都可通过 Redis 的 watch 机制解决：不管某个 key 是否在本事务中涉及写操作，只要它被读到并且其值会影响写逻辑或参数，都将其放进 watch list。

❏ 由于 Redis 没有原生的悲观锁或者快照实现 repeatable read，fuzzy read 的问题通过乐观锁绕过了：一旦两次读到的操作不一样，watch 机制触发，拒绝了后续的 EXEC 执行。

❏ Redis 的执行器是单线程的，所以写操作的执行本身就是通过串行的方式实现的可串行化。

7.2.4 脚本模式

通过 7.2.3 节所述的事务模式，可以总结出，为实现可串行化隔离级别，Redis 使用者需要做到三点约束：

❏ 事务的只读操作须先于写操作（在批量执行中进行读操作没有意义）。

❑ 所有写操作的执行不依赖其他写操作的执行结果。

❑ 使用乐观锁避免一致性问题，对相同 key 并发访问频繁时事务成功率低。

上述约束的原因是：事务中多条读写操作的编排逻辑由客户端的应用程序实现，由于客户端 / 服务器间的网络延迟，使得一个业务事务执行时间较长，不可能阻塞其他客户端的操作，从而无法实际串行地执行。为保证一定的隔离级别，必须通过锁或快照的辅助手段实现。但 Redis 没有原生的共享 / 排他锁（可以通过原生 cas 操作 +loop 实现但开销较大）和快照机制。故只能通过上节所述的方式实现。

然而，如果将编排逻辑直接置于服务器端执行，由于 Redis 的执行器是单线程的，原生地以串行方式实现了事务的原子 / 串行化隔离，保证一致性，称为逻辑嵌入。

Redis 允许客户端向服务器提交一个脚本，后者结构化地（分支、循环）编排业务事务中的多个 Redis 操作，脚本还可获取每次操作的结果作为下次操作的入参。使得服务器端的逻辑嵌入成为可能。下文介绍 Redis 基于脚本的交互。

1. 脚本交互模式

基于脚本的交互模式如下：

❑ 客户端发送 eval lua_script_string 2 key1 key2 first second 给服务器端。

❑ 服务器端解析 lua_script_string 并根据 string 本身的内容通过 sha1 计算出 sha 值，存放到 redisServer 对象的 lua_scripts 成员变量中，它为 map 类型，sha 作为键。

❑ 服务器端原子化地通过内置 lua 环境执行 lua_script_string，后者可能包含对 Redis 的方法调用比如 set key 命令。

❑ 执行完成后将 lua 的结果转化成 Redis 的类型返回给客户端。

2. script 特性

提交给服务器端的脚本包含以下特性：

❑ 每一个提交到服务器端的 lua_script_string 都会在服务器端的 lua_script map 中常驻，除非显式通过 FLUSH 命令清理。

❑ script 在实例的主备间可通过 script 重放和 cmd 重放两种方式实现复制。

❑ 之前执行过的 script 后续可直接通过它的 sha 指定而不用再向服务器端发送一遍 script 内容。

7.2.5　发布 / 订阅模式

上面所述的几种交互模式都由客户端主动触发，服务器端被动接收。模式间的区别主要是触发操作的结构顺序、总分关系。Redis 还有一种交互模式是一个客户端触发，多个客户端被动接收，通过服务器的中转，称为发布 / 订阅模式如图 7-15 所示。

图 7-15 中，server 主动向 client2 和 3 发送数据，

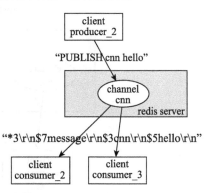

图 7-15　发布 / 订阅交互模式

而 client 成为数据的被动接收者。

1. 发布 / 订阅交互模式

前述交互模式都由客户端驱动服务器执行来完成，即服务器端作为交互的监听方，监听客户端的命令并执行相应操作。而有时候客户端需要作为监听者，关注服务器层面的一些数据变化，做相应的业务处理，这类需求可以通过发布 / 订阅的交互模式实现。该模式如下：

1）角色关系：
- ❏ 客户端分为发布者和订阅者两种角色。
- ❏ 发布端和订阅者通过 channel 关联。

2）交互方向：
- ❏ 发布者和 Redis 服务器的交互仍为请求 / 响应模式。
- ❏ 服务器向订阅者发送数据（推送）。
- ❏ 时序：推送发生在服务器收到发布者消息之后。

2. 两类 channel

channel 分为两类：

- ❏ 普通 channel：订阅者通过 SUBSCRIBE/UNSUBSCRIBE 将自己绑定 / 解绑到某个 channel 上；发布者的 publish 命令指定某个消息发送到哪个 channel，再由服务器将消息转发给 channel 上绑定的订阅者。
- ❏ pattern channel：订阅者通过 PSUBSCRIBE/PUNSUBSCRIBE 将自己绑定 / 解绑到某个 pattern channel 上；发布者的 publish 命令指定某个消息发送到哪个 channel，再由服务器通过 channel 的名字和 pattern channel 的名字做匹配，匹配成功则将消息转发给这个 pattern channel 上绑定的订阅者，如图 7-16 所示。

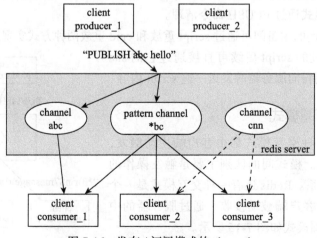

图 7-16 发布 / 订阅模式的 channel

图 7-16 中，client2 同时订阅了普通 channel abc 和 pattern channel *bc，当发布者向 abc 发来消息时，redis server 发给 abc 这个普通 channel 上的所有订阅者，同时，abc 也匹配上了 pattern channel 的名字，所以该消息也会同时发给 pattern channel *bc 上的所有订阅者。

3. 订阅关系的实现

channel 的订阅关系，维护在 Redis 实例级别，独立于 redisDb 的 key-value 体系，由如下两个成员变量维护：

```
typedef struct redisServer {
    ...
    dict *pubsub_channels;
    list *pubsub_patterns;
    ...
};
```

pubsub_channels map 维护普通 channel 和订阅者的关系：键是 channel 的名字，value 是它所有订阅者 client 的指针链表；

pubsub_patterns 维护 pattern channel 和订阅者的关系：链表的每个元素包含两部分（pattern channel 的名字和订阅它的 client 指针）

每当发布者向某个 channel publish 一条消息时，redis 首先会从 pubsub_channels 中找到对应的 value，向它的所有 client 发送该消息；同时，遍历 pubsub_patterns 列表，向能够匹配到的元素的 client 也发送该消息。

普通 /pattern channel 的订阅关系增减仅在 pubsub_channels/pubsub_patterns 独立进行，不做关联变更。例如，向普通 channel subscribe 一个订阅者时，不会同时修改 pubsub_patterns。

7.3 单机处理逻辑

面对高吞度量的访问需求，同一个 db 这个 key-value 的 hashtable 面临着来自客户端的并发访问。这个过程中 hashtable 可能会访问相同桶、rehase，如何保证客户端并发访问时 hashtable 的线程安全？ Redis 的做法很直接：单线程地处理来自所有客户端的并发请求。

7.3.1 多路复用

Redis 服务器端对于命令的处理是单线程的，但是 I/O 层面却同时面向多个客户端并发地提供服务，并发到内部单线程的转化通过多路复用框架实现，如图 7-17 所示。

图 7-17 中粗线描述的就是这个单线程主循环的主要逻辑：

1）首先从多路复用框架中 select 出已经 ready 的 fileDescriptor，aeApiPoll 函数的实现根据实际宿主机器的具体环境，分为 4 中实现方式：epoll、evport、kqueue，以上实现都找不到时使用 select 这种最通用的方式。

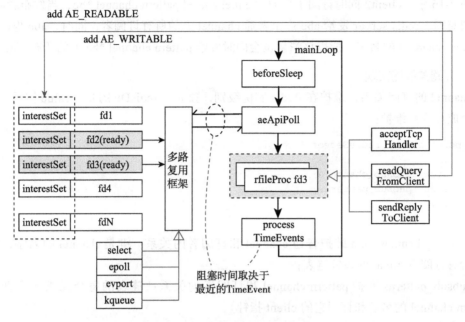

图 7-17　单机的多路复用结构

2）ready 的标准是依据每个 fd 的 interestSet，如已有数据到达 kernel（AE_READABLE）、已准备好写入数据（AE_READABLE）。

3）对于上一步已经 ready 的 fd，redis 会分别对每个 fd 上已 ready 的事件进行处理，处理完相同 fd 上的所有事件后，再处理下一个 ready 的 fd。fd 的事件处理逻辑根据所属场景主要分为 3 种实现：

❑ acceptTcpHandler 处理 redis 的 serverSocket 上来自客户端的连接建立请求。它会为客户端对应的 fd 注册其关注的事件（interestSet）：AE_READABLE，以便感知该 fd 后续发来的数据；

❑ readQueryFromClient 处理来自客户端的数据，它会读取每一个完整的命令并执行，再将执行结果暂存，待客户端对应 fd 准备好写时想客户端写入。所以该方法需要为 fd 注册 AE_WRITABLE 事件并以 sendReplyToClient 作为处理器。对于 multi（批处理的事务），需等到 multi 包含一个全部的命令时才进行执行；

❑ sendReplyToClient 将暂存的执行结果写回客户端。

4）对来自客户端的命令执行结束后，接下来处理定时任务（processEvent）。

5）aeApiPoll 的等待时间取决于定时任务处理（TimeEvents）逻辑。

6）本次主循环完毕，进入下一次主循环的 beforeSleep 逻辑，后者负责处理数据过期、增量持久化的文件写入等任务。

7.3.2　定时任务处理

在主线程的主循环执行过程中，有一个对象持续地流转并记录着 Redis 的事件状态，Redis 就是由这些事件驱动运转的：

```
typedef struct aeEventLoop {
    int maxfd;
    int setsize;
    long long timeEventNextId;
    time_t lastTime;
    aeFileEvent *events;
    aeFiredEvent *fired;
    aeTimeEvent *timeEventHead;
    int stop;
    void *apidata;
    aeBeforeSleepProc *beforesleep;
} aeEventLoop;
```

其中 events 和 fired 共同维护着和多路复用框架交互的各个事件，而 aeTimeEvent* 以链表的形式维护着待处理的定时任务（aeTimeEvent 对象）：

```
typedef struct aeTimeEvent {
    long long id;
    long when_sec;
    long when_ms;
    aeTimeProc *timeProc;
    aeEventFinalizerProc *finalizerProc;
    void *clientData;
    struct aeTimeEvent *next;
} aeTimeEvent;
```

其中两个 when_ 表示这个任务下一次的执行时间，timeProc 表示定时任务的执行逻辑。timeProc 函数的返回值为这个任务执行完了以后下次再执行的时间间隔，对于周期性的定时任务，timeProc 每次总是返回一个正数（执行间隔），而对于一次性的任务 timeProc 则返回 AE_NOMORE 表示"不存在下次执行"。

上节提到"aeApiPoll 的等待超时时间取决于定时任务"，redis 只有一个线程，循环地处理来自客户端的请求和定时任务，如何保证每个定时任务按时执行呢？图 7-18 展示了定时任务的执行过程。

如图 7-18 所示，aeApiPoll 方法最多等到待处理定时任务中最近的一个的执行时刻，如果多路复用框架未返回已 ready 的事件，则 Redis 直接执行定时任务。

每次一个 aeTimeEvent 执行结束后，都会根据其 timeProc 方法的返回值更改其下次执行的时间（when_sec/when_ms），如果 timeProc 返回 AE_NOMORE，则将 aeTimeEvent 删除之。

默认情况下，Redis 只会有一个周期性定时任务 serverCron 存在，它负责：

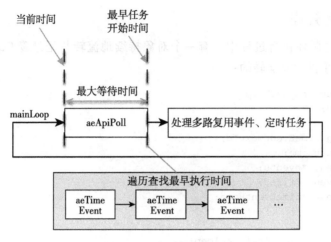

图 7-18 定时任务处理

- ❑ 主动地处理过期 key
- ❑ 执行命令执行频度、网络读写、内存使用等统计信息
- ❑ hash 表的增量 rehase
- ❑ 内存数据持久化逻辑（BGSAVE/AOF）
- ❑ 清理过期的客户端连接
- ❑ 主备复制的重连

serverCron 通过 redisServer 类的 hz 属性进行控制。

7.4 持久化

Redis 对外提供数据访问服务时使用的是驻存在内存中的数据，其模型如 7.1 数据结构小节所示，这些数据在 Redis 重启之后将消失。为了让数据在重启之后得以恢复，Redis 具备将数据持久化到本地磁盘的能力。

Redis 的持久化有两种方式：**全量模式**和**增量模式**。

7.4.1 基于全量模式的持久化

Redis 作为一个有状态节点，其"状态"可以用实例内部所有 db 的 key-value 值来定义，每一次 Redis 处理一个数据访问写命令修改了 db 的 key-value 数据时，Redis 就发生了一次状态变迁。基于全量的持久化即在持久化触发的时刻，将当时的状态（所有 db 的 key-value 值）完全保存下来，形成一个 snapshot，如图 7-19 所示。

当 Redis 重启时，通过加载最近一个 snapshot 数据，可将 Redis 恢复至最近一次持久化时的状态上。

后文分别介绍全量持久化的**写入**和**恢复**流程。

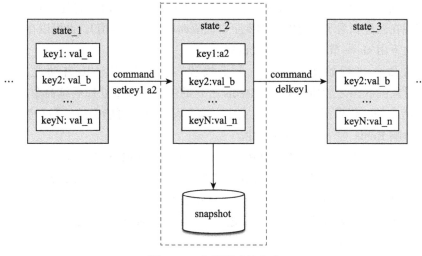

图 7-19　全量模式持久化

1. 写入流程

Redis 的全量写入包含两种方式：SAVE 和 BGSAVE，两者逻辑如图 7-20 所示。

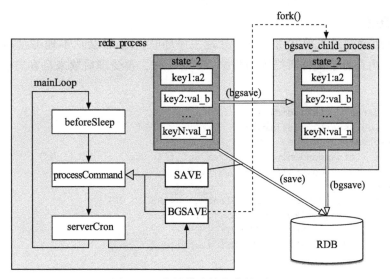

图 7-20　全量模式持久化的写入

SAVE 可以由客户端显式触发，也可以在 redis shutdown 时触发，无论以哪种形式触发，SAVE 本身都是以普通命令的方式执行——单线程串行化地执行一个一个命令。SAVE 的执行过程就是把 Redis 的当前状态写入磁盘作为快照保存的过程，期间其他所有命令不会并发执行，所以即便写入磁盘的过程持续时间很长，数据的状态始终是一致的，不会发生变更。

BGSAVE 可以由客户端通过命令显示触发、可以通过配置由定时任务触发（例如当上次持久化离现在已经积累了一定次数的变更且间隔时间超过一定值），也可以在 master-slave 的分布式结构下由 slave 节点触发（后文讲述）。

BGSAVE 命令执行始于 fork 出一个子线程，在子线程成功启动之后修改一些 redisServer 对象的状态之后执行完毕，Redis 进程的主循环接着处理后续命令。将 Redis 数据状态写入磁盘的工作由子线程并发地完成，这个写入操作可能会持续数秒到几十分钟不等，期间不影响 Redis 对外服务的可用性。

对于 BGSAVE，写入磁盘快照的状态来源于子进程 fork 时的 Redis 数据状态，因此父进程一旦完成 fork，后续执行的新的客户端命令对数据状态产生的变更（如修改了某个 key-value 值）将不会反应在本次快照文件中，无论这些后续命令在子进程完成文件写入之前还是之后。子进程写入文件面对的是父进程在 fork 时的数据库状态副本，该副本在整个磁盘写入期间不会发生变更。

BGSAVE 相比于 SAVE 的优势是持久化期间可以持续提供数据读写服务，作为代价，子进程 fork 时，涉及父进程内存的复制，其存在期间会增加服务器内存的开销，当内存开销高到不得不使用虚拟内存时，BGSAVE 的 fork 会阻塞服务器运行，造成秒级以上的不可用。因此，使用 BGSAVE 需保证 Redis 服务器空闲内存足够。

2. 恢复流程

从 Redis 启动到进入前文所述事件处理主循环时，Redis 会从本地磁盘加载之前持久化的文件，将内存置于文件所描述的数据"状态"时，再受理后续来自客户端的数据访问命令：

```
void loadDataFromDisk(void) {
    long long start = ustime();
    if (server.aof_state == REDIS_AOF_ON) {
        if (loadAppendOnlyFile(server.aof_filename) == REDIS_OK)
            redisLog(REDIS_NOTICE, ...);
    } else {
        if (rdbLoad(server.rdb_filename) == REDIS_OK) {
            redisLog(REDIS_NOTICE,...);
        } else if (errno != ENOENT) {
            redisLog(REDIS_WARNING, ... );
            exit(1);
        }
    }
}
```

上述的 rbdLoad 方法就是将全量数据文件的内容加载到内存，该方法同步执行。

7.4.2　基于增量模式的持久化

基于全量的持久化保存的是数据的"状态"，而增量持久化保存的则是状态的每一次

"变迁"。当初始状态给定，经过相同的"变迁"序列之后，最终的状态也是确定的。因此基于增量持久化数据，可以通过对给定初始状态之后的变迁回放，恢复出数据的终态。

在 Redis 中，增量持久化称为 AOF（append-only file）方式，在此基础上以 rewrite 机制优化性能。如图 7-21 所示，Redis 仅对数据的变化进行存储。

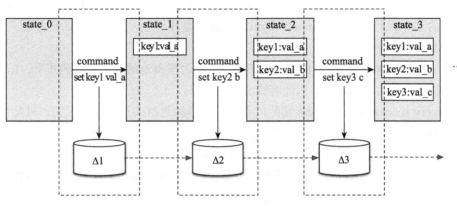

图 7-21　增量模式持久化

1. 写入流程

Redis 的增量持久化在主循环中的每次处理完写命令的执行之后，通过 propagate 函数触发，如图 7-22 所示。

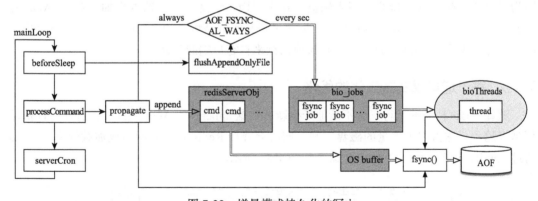

图 7-22　增量模式持久化的写入

propagate 方法将当前命令的内容 append 到 redisServer 对象的 aof_buf 变量中。主循环在下一个迭代进入多路复用的 select 方法前，Redis 会通过 flushAppendOnlyFile 方法将 aof_buf 的内容 write 到 AOF 对应的文件中。但 write 操作只是将数据写到缓存中，什么时候从缓存真正落地到磁盘上，取决于操作系统。只有显式调用 fsync() 方法才能强制地让操作系统落地数据到磁盘。

Redis 的 AOF 包含 3 种同步策略：

❑ always：主循环的每个迭代的 flushAppendOnlyFile 函数中直接同步触发 fsync 方法，强制数据落地磁盘。该策略会降低 Redis 吞吐量，使得磁盘的写入成为 Redis 对外写服务的瓶颈，但由于每个命令都在写入磁盘后才返回，这种模式拥有最高的容错能力。

❑ every second：每秒异步地触发一次 fsync 方法。fsync 方法的执行者是 bio 线程池中的某个线程。flushAppendOnlyFile 函数只是作为生产者将 fsync 任务放入队列，由 bio 线程消费并执行。

❑ no：不显式调用 fsync，由操作系统决定什么时候落地磁盘。这种模式下，Redis 无法决定增量的落地时间，因此容错能力不可控。

对于 every second 策略，Redis 实际的吞吐量仍然和磁盘的写入能力相关，只是 1 秒钟内的请求可能会被批量一次性落地到磁盘提升写入吞吐量，但 Redis 的对外写服务吞吐量仍然不可能超过磁盘的写入吞吐量，否则会造成 bio 任务队列积压，通常为保护内存用量会限制任务队列的长度使得后续提交任务时阻塞。Redis 仍然通过阻塞来处理磁盘吞吐量过低的情况，但阻塞不是发生在任务队列上。Redis 在发现 bio 执行 fsync 的线程还在执行中的时候，是不会再往队列提交任务的，阻塞发生在 write 函数上：当 bio 线程执行 fsync 时，write 方法自然会阻塞。

2. 回放流程

AOF 的回放时机和全量回放一致，一旦存在 AOF，Redis 会选择增量回放而不是全量，因为增量持久化的数据持续地写入磁盘，相比定期全量持久化，数据更加"新"。AOF 通过 loadAppendOnlyFile 方法回放数据，回放过程其实就是将 AOF 中保存的命令重新执行一遍。执行完成后，Redis 才进入主循环接收后续来自客户端的新命令。

7.4.3　基于增量模式持久化的优化

随着 Redis 持续的运行，会不断地产生新的数据 append 到 AOF 文件中，后者会日积月累越来越大，它占用了大量的磁盘空间，同时会降低 Redis 启动时的回放加载效率。Redis 通过 rewrite 机制合并历史 AOF 记录，如图 7-23 所示。

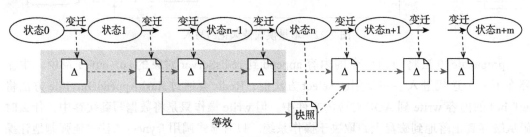

图 7-23　增量模式的 rewrite 机制

随着 Redis 持续的执行命令，灰色方框中的增量数据会积累到大于某个状态快照的程度，此时将这些增量用快照来代替，以减少磁盘空间占用。

由于快照的状态也是历史增量的变迁结果，所以快照的信息等效于历史增量信息。

Redis 的这份快照仍然用 cmd 的形式来承载，只是将快照的所有 key-value 值用插入命令来表示。这样一来，rewrite 出来的快照文件和普通的 AOF 文件格式一致，可复用相同的加载逻辑统一处理 Redis 启动时的数据恢复。

rewrite 通过 bgrewrite 方法实现，如图 7-24 所示。

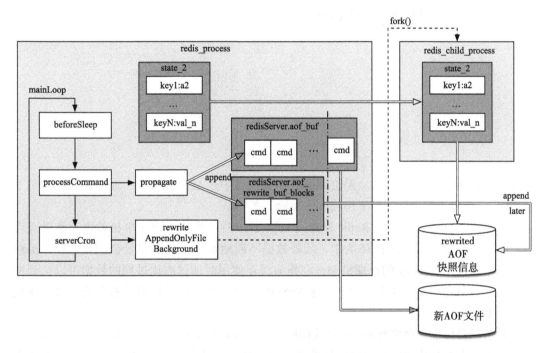

图 7-24　增量模式的 rewrite 机制的写入

图 7-24 中，主循环运行到定时任务处理时，一旦 Redis 发现 Rewrite 条件满足，则通过 rewriteAppendOnlyFileBackground 函数 fork 出一个子进程，后者创建完成后获得了 Redis 主进程的数据状态，子进程将状态写入 rewrite 的 AOF 文件中。子进程运行期间，Redis 主进程继续对外提供服务，新的增量写入 redisServer 对象的 aof_rewrite_buf_blocks 中，待子进程完成后，这部分内容将 append 到 rewrite 快照文件末尾，再后续的增量，会写入新的 AOF 文件中。整个过程中持久化的数据如下：

❑ 历史 AOF：以快照的方式（仍然使用 cmd 形式，但转换成插入命令）保存。

❑ 快照写入期间的增量：待快照写入完成后 append 到快照文件末尾。

❑ 再后续的增量：写入新的 AOF。

分布式 Redis

Redis 作为数据存储系统，无论数据存储在内存中还是持久化到本地，作为单实例节点，在实际应用中总会面临如下挑战：

- **数据量伸缩**：单实例 Redis 存储的 key-value 对的数量受限于单机的内存和磁盘容量。长期运行的生产环境中，随着数据不断地加入，存储容量会达到瓶颈。虽然 Redis 提供了 key 的过期机制，在作为缓存使用时通过淘汰过期的数据可以达到控制容量的目的。但当 Redis 作为 NoSQL 数据库时，业务数据长期有效使得淘汰机制不再适用。

- **访问量伸缩**：单实例 Redis 单线程地运行，吞吐量受限于单次请求处理的平均时耗。当业务数据集面临超过单实例处理能力的高吞吐量需求时，如何提升处理能力成为难点。

- **单点故障**。Redis 持久化机制一定程度上缓解了宕机 / 重启带来的业务数据丢失问题，但当单实例所在的物理节点发生不可恢复故障时，如何保证业务数据不丢以及如何在故障期间迅速地恢复对应业务数据的可用性也成为单点结构的挑战。

上述问题对于数据存储系统而言是通用的，基于分布式的解决方案如下：

- **水平拆分**：分布式环境下，节点分为不同的分组，每个分组处理业务数据的一个子集，分组之间的数据无交集。数据无交集的特性使得水平拆分解决了数据量瓶颈，随着分组的增加，单个分组承载的数据子集更小，即通过增加分组来伸缩数据量。同时水平拆分也解决了访问量瓶颈，业务数据全集的请求被分摊到了不同分组，随着分组数的增加，数据全集的总吞吐量也增加，访问量的伸缩性得以实现。

- **主备复制**：同一份业务数据存在多个副本，对数据的每次访问根据一定规则分发到某一个或多个副本上执行。通过 W+R>N 的读写配置可以做到读取数据内容的实时性。随着 N 的增加，当读写访问量差不多时，业务的吞吐量相比单实例会提升到逼近 2 倍。但实际中，读的访问量常常远高于写的量，W=N，R=1，吞度量会随着读写比例的增加而提升。

- **故障转移**：当业务数据所在的节点故障时，这部分业务数据转移到其他节点上进行，使得故障节点在恢复期间，对应的业务数据仍然可用。显然，为了支撑故障转移，业务数据需要保持多个副本，位于不同的节点上。

本章的编写目的就是，帮助读者了解如何通过 Redis 实现上述解决方案，本章包含的主要知识如下：

- sharding：水平拆分的支持。
- replication：作为读写分离和故障转移的基础。
- fail-detect：和 replication 配合，支撑故障转移。
- cluster(all-in-one)：完整的分布式解决方案。

8.1 水平拆分（sharding）

为了解决数据量和访问量增加后对单节点造成的性能压力，通常引入水平拆分机制，将数据存储和对数据的访问分散到不同节点上分别处理。水平拆分后的每个节点存储和处理的数据原则上没有交集，使得节点间相互独立；但内部的拆分和多节点通常对外部服务透明，通过数据分布和路由请求的配合，可以做到数据存放和数据访问对水平拆分的适配。

8.1.1 数据分布

分布式环境下，有多个 Redis 实例 I[i] (i=0, …, N)，同时业务数据的 key 全集为 {k[0], k[1], …, k[M]}。数据分布指的是一种映射关系 f，每个业务数据 key 都能通过这种映射确定唯一的实例 I，即 f(k)=i，其中 k 对应的业务数据存放于 I[i]。

如何确定这个映射关系的算法？这其实主要取决于 Redis 的客户端。常用的是映射有 3 种：

- **hash 映射**。为了解决业务数据 key 的值域不确定这个问题，引入 hash 运算，将不可控的业务值域 key 映射到可控的有限值域（hash 值）上，且映射做到均匀，再将有限的均匀分布的 hash 值枚举地映射到 Redis 实例上。例如，crc16(key)%16384 这个 hash 算法，将业务 key 映射到了 0~16383 这一万多个确定的有限整数集合上，再依据一定规则将这个整数集合的不同子集不相交地划分到不同 Redis 实例上，以此实现数据分布。
- **范围映射**。和 hash 映射不同，范围映射通常选择 key 本身而不是 key 的某个函数运算值（如 hash 运算）作为数据分布的条件，且每个数据节点存放的 key 的值域是连续的一段范围。例如，当 0≤key<100 时，数据存放到实例 1 上；当 100≤key<200

时，数据存放到实例 2 上；以此类推。key 的值域是业务层决定的，业务层需要清楚每个区间的范围和 Redis 实例数量，才能完整地描述数据分布。这使得业务域的信息（key 的值域）和系统域的信息（实例数量）耦合，数据分布无法在纯系统层面实现，从系统层面看来，业务域的 key 值域不确定、不可控。

❏ **hash 和范围结合**。典型的方式就是一致性 hash，首先对 key 进行 hash 运算，得到值域有限的 hash 值，再对 hash 值做范围映射，确定该 key 对应的业务数据存放的具体实例。这种方式的优势是节点新增或退出时，涉及的数据迁移量小——变更的节点上涉及的数据只需和相邻节点发生迁移关系；缺点是节点不是成倍变更（数量变成原有的 N 倍或 1/N）时，会造成数据分布的不均匀。

8.1.2 请求路由

确定了业务数据如何分布到 Redis 的不同实例之后，实际数据访问时，根据请求中涉及的 Key，用对应的数据分布算法得出数据位于哪个实例，再将请求路由至该实例，这个过程叫做请求路由。需要关注数据跨实例问题：

❏ **只读的跨实例请求**。需要将请求中的多个 key 分别分发到对应实例上执行，再合并结果。其中涉及语句的拆分和重生成。

❏ **跨实例的原子读写请求**：事务、集合型数据的转存操作（如 ZUNIONSTORE），向实例 B 的写入操作依赖于对实例 A 的读取。单实例情况下，Redis 的单线程特性保证此类读写依赖的并发安全，然而跨实例情况下，这个前提被打破，因此存在跨节点读写依赖的原子请求是不支持的。

在 Redis Cluster 之前，通常通过 proxy 代理层处理 sharding 逻辑。代理层可以位于客户端本身（如 Predis），也可以是独立的实例（如 Twemproxy）。

8.2 主备复制（replication）

前述水平拆分章节讨论如何将数据划分到没有交集的各个数据节点上，即，不同节点间没有相同的数据。而在有的场景下，我们需要将相同的数据存放在多个不同的节点上。例如，当某个节点宕机时，其上的数据在其他节点上有副本，使得该数据对外服务可以继续进行，即，数据复制为后续 8.3 节所述的故障转移提供了基础。再如，同一份数据在多个节点上存储后，写入节点可以和读取节点分离，提升性能。

当一份数据落在了多个不同节点上时，如何保证节点间数据的一致性将是关键问题，在不同的存储系统架构下方案不同，有的采用客户端双写，有的采用存储层复制。Redis 采用主备复制的方式保证一致性，即所有节点中，有一个节点为主节点（master）它对外提供写入服务，所有的数据变更由外界对 master 的写入触发，之后 Redis 内部异步地将数据从主节点复制到其他节点（slave）上。

8.2.1 主备复制流程

Redis 包含 master 和 slave 两种节点：master 节点对外提供读写服务；slave 节点作为 master 的数据备份，拥有 master 的全量数据，对外不提供写服务。主备复制由 slave 主动触发，主要流程如图 8-1 所示。

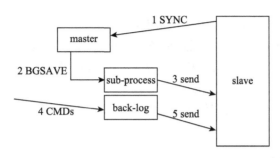

图 8-1　主备复制主要流程

1）首先 slave 向 master 发起 SYNC 命令。这一步在 slave 启动后触发，master 被动地将新进 slave 节点加入自己的主备复制集群。

2）master 收到 SYNC 后，开启 BGSAVE 操作。BGSAVE 是 Redis 的一种全量模式的持久化机制，在第 7 章中已介绍，此处不展开。

3）BGSAVE 完成后，master 将快照信息发送给 slave。

4）发送期间，master 收到的来自用户客户端的新的写命令，除了正常地响应之外，都再存入一份到 backlog 队列。

5）快照信息发送完成后，master 继续发送 backlog 队列信息。

6）backlog 发送完成后，后续的写操作同时给 slave，保持实时地异步复制。

在上图的 slave 侧，处理逻辑如下：

❑ 发送完 SYNC 后，继续对外提供服务。

❑ 开始接收 master 的快照信息，此时，将 slave 现有数据清空，并将 master 快照写入自身内存。

❑ 接收 backlog 内容并执行它，即回放，期间对外提供读请求。

❑ 继续接收后续来自 master 的命令副本并继续回放，以保持数据和 master 一致。

如果有多个 slave 节点并发发送 SYNC 命令给 master，企图建立主备关系，只要第二个 slave 的 SYNC 命令发生在 master 完成 BGSAVE 之前，第二个 slave 将收到和第一个 slave 相同的快照和后续 backlog；否则，第二个 slave 的 SYNC 将触发 master 的第二次 BGSAVE。

8.2.2 断点续传

每次当 slave 通过 SYNC 和 master 同步数据时，master 都会 dump 全量数据并发发送。

当一个已经和 master 完成了同步并持续保持了长时间的 slave 网络断开很短的时间再重新连上时，master 不得不重新做一遍全量 dump 的传送。然而由于 slave 只断开了很短时间，重连之后 master-slave 的差异数据很少，全量 dump 的数据中绝大部分，slave 都已经具有，再次发送这些数据会导致大量无效的开销。最好的方式是，master-slave 只同步断开期间的少量数据。

Redis 的 PSYNC（Partial Sync）可以用于替代 SYNC，做到 master-slave 基于断点续传的主备同步协议。master-slave 两端通过维护一个 offset 记录当前已经同步过的命令，slave 断开期间，master 的客户端命令会保持在缓存中，在 slave 重连之后，告知 master 断开时的最新 offset，master 则将缓存中大于 offset 的数据发送给 slave，而断开前已经同步过的数据，则不再重新同步，这样减少了数据传输开销。

8.3 故障转移（failover）

当两台以上 Redis 实例形成了主备关系，它们组成的集群就具备了一定的高可用性：当 master 故障时，slave 可以成为新的 master，对外提供读写服务，这种运营机制称为 failover。剩下的问题在于：谁去发现 master 的故障做 failover 的决策？

一种方式是，保持一个 daemon 进程，监控着所有的 master-slave 节点，如图 8-2 所示。

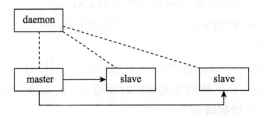

图 8-2　daemon 单点监视 Redis 多节点

在图 8-2 中，一个 Redis 集群里有一个 master 和两个 slave，这个 daemon 进程监视着这三个节点。这种方式的问题在于：daemon 作为单点，它本身的可用性无法保证。因此需要引入多 daemon，如图 8-3 所示。

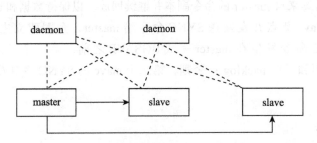

图 8-3　daemon 多节点监视 Redis 多节点

在图 8-3 中，为了解决一个 daemon 的单点问题，我们引入了两个 daemon 进程，同时监视着三个 Redis 节点。但是，多个 daemon 的引入虽然解决了可用性问题，但带来了一致性问题：多个 daemon 之间，如何就某个 master 是否可用达成一致？比如，daemon1 和 master 之间的网络不通，但 master 和其余节点均畅通，那么 daemon1 和 daemon2 观察到的 master 可用状态不同，那么如何决策此时 master 是否需要 failover？

Redis 的 sentinel 提供了一套多 daemon 间的交互机制，解决故障发现、failover 决策协商机制等问题，如图 8-4 所示。

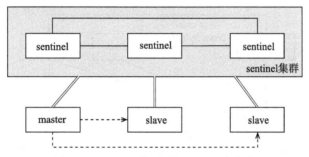

图 8-4　sentinel 集群监视 Redis 多节点

在图 8-4 中，多个 daemon 组成了一个集群，称为 sentinel 集群，其中的 daemon 也被称为 sentinel 节点。这些节点相互间通信、选举、协商，在 master 节点的故障发现、failover 决策上表现出一致性。

8.3.1　sentinel 间的相互感知

sentinel 节点间因为共同监视了同一个 master 节点从而相互也关联了起来，一个新加入的 sentinel 节点需要和有相同监视的 master 的其他 sentinel 节点相互感知，方式如下：所有需要相互感知的 sentinel 都向他们共同的 master 节点上订阅相同的 channel：__sentinel__:hello，新加入的 sentinel 节点向这个 channel 发布一条消息，包含了自己信息，该 channel 的订阅者们就可以发现这个新的 sentinel。随后新 sentinel 和已有的其他 sentinel 节点建立长连接。sentinel 集群中所有节点两两连接，如图 8-5 所示。

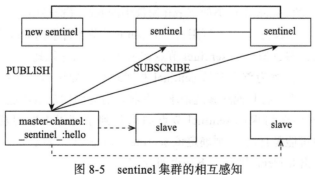

图 8-5　sentinel 集群的相互感知

在图 8-5 中，新的 sentinel 节点加入后，它向 master 节点发布自己加入这个信息，此时现有的订阅 sentinel 节点将会发现这条消息从而感知到了新 sentinel 节点的存在。

8.3.2 master 的故障发现

sentinel 节点通过定期地向 master 发送心跳包判断其存活状态，称为 PING。一旦发现 master 没有正确地响应，sentinel 将此 master 置为"主观不可用态"，所谓主观，是因为"master 不可用"这个判定尚未得到其他 sentinel 节点的确认。如图 8-6 所示。

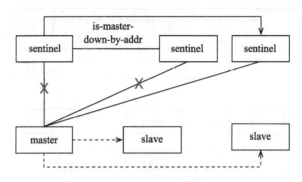

图 8-6　sentinel 故障发现

随后它将"主观不可用态"发送给其他所有的 sentinel 节点进行确认（即图 8-6 的 "is-master-down-by-addr" 这条交互），当确认的 sentinel 节点数 >=quorum（可配置）时，则判定为该 master 为"客观不可用"，随后进入 failover 流程。

8.3.3　failover 决策

当一台 master 真正宕机后，可能多个 sentinel 节点同时发现了此问题并通过交互确认了相互的"主观不可用态"猜想，同时达到"客观不可用态"，同时打算发起 failover。但是最终只能有一个 sentinel 节点作为 failover 的发起者，此时需要开始一个 leader 选举的过程，选择谁来发起 failover。

Redis 的 sentinel 机制采用类似 Raft 协议实现这个选举算法：

❏ sentinelState 的 epoch 变量类似于 raft 协议中的 term（选举回合）。

❏ 每一个确认了 master"客观不可用态"的 sentinel 节点都会向周围广自己参选的请求。

❏ 每一个接收到参选请求的 sentinel 节点如果还没人向它发送过参选请求，它就将本选举回合的意向置为首个参选 sentinel 并回复它；如果已经在本回合表过意向了，则拒绝本回合内所有其他的参选请求，并将已有意向回复给参选 sentinel。

❏ 每一个发送参选请求的 sentinel 节点如果收到了超过 1 半的意向同意某个参选 sentinel（也可能是自己），则确定该 sentinel 为 leader；如果本回合持续了足够长的时间还未选出 leader，则开启下一个回合。

leader sentinel 确定之后，从 master 所有的 slave 中依据一定的规则选取一个作为新的 master，告知其他 slave 连接这个新的 master。

8.4　Redis Cluster

Redis 3.0 之后，节点之间通过去中心化的方式提供了完整的 sharding、replication（复制机制仍复用原有机制，只是 cluster 具备感知主备的能力）、failover 解决方案，称为 Redis Cluster。即，将 proxy/sentinel 的工作融合到了普通的 Redis 节点里。

本小节介绍在 Redis Cluster 这种新的模式下，水平拆分、故障转移等需求的实现方式。

8.4.1　拓扑结构

一个 Redis Cluster 由多个 Redis 节点组构成。不同节点组服务的数据无交集，即每一个节点组对应数据 sharding 的一个分片。节点组内部分为主备两类节点，对应前述章节的 master 和 slave 节点，两者数据准实时一致，通过异步化的主备复制机制保证。一个节点组有且仅有一个 master 节点，同时有 0 到多个 slave 节点。只有 master 节点对用户提供写服务，读服务可以由 master 或者 slave 提供。

Redis Cluster 的节点结构示例如图 8-7 所示。

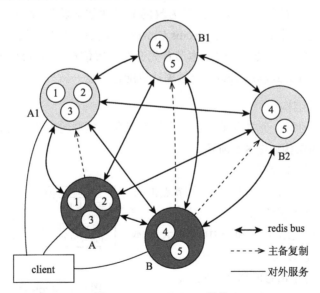

图 8-7　Redis Cluster 结构

该示例下，key-value 数据全集被分成了 5 份，即 5 个 slot（实际上 Redis Cluster 总共有 16384 个 slot，每个节点服务一部分 slot，见后述章节。这里为了讲述方便，以 5 个 slot 为例）。A 和 B 分别为两个 master 节点，对外提供数据的读写服务，分别负责 1/2/3 三个

slot 和 4/5 两个 slot。A、A1 作为主备关系，构成一个节点组，它们之间用 8.2 主备复制小节所述方式同步数据，所以 A1 作为 A 的 slave 节点，仍然持有 1/2/3 三个 slot 的数据。同理 B1、B2 作为 B 的 slave 也构成一个节点组。

上述示例中的 5 个节点间，两两通过 Redis Cluster Bus 交互，相互交换如下关键信息：

❑ 数据分片（slot）和节点的对应关系。

❑ 集群中每个节点可用状态。

❑ 集群结构（配置）发生变更时，通过一定的协议对配置信息达成一致。数据分片的迁移、故障发生时的主备切换决策、单点 master 的发现和其发生主备关系的变更等场景均会导致集群结构变化。

❑ publish/subscribe（发布 / 订阅）功能在 cluster 版的内部实现所需要交互的信息。

Redis Cluster Bus 通过单独的端口进行连接，由于 bus 是节点间的内部通信机制，交互的是字节序列化信息，而不是 client 到 Redis 服务器的字符序列化以提升交互效率。

Redis Cluster 是一个去中心化的分布式实现方案，客户端可以和集群中的任一节点连接，通过后文所述的交互流程，逐渐地获知全集群的数据分片映射关系。

8.4.2 配置的一致性

对于一个去中心化的实现，集群的拓扑结构并不保存在单独的配置节点上，后者的引入同样会带来新的一致性问题。那么各自为政的节点间如何就集群的拓扑结构达成一致，是 Redis Cluster 配置机制解决的问题。Redis Cluster 通过引入两个自增的 epoch 变量来使得集群配置在各个节点间达成最终一致。本节首先介绍配置信息的数据结构和交互信息结构，接下来讨论集群以何种方式利用 epoch 变量来达成配置信息一致。

1. 配置信息数据结构

Redis Cluster 中的每一个节点（Node）内部都保存了集群的配置信息，这些信息存储在 clusterState 中，它的结构如图 8-8 所示。

上图的各个变量语义如下：

❑ clusterState 记录了从集群中某个节点的视角看来的集群配置状态。

❑ currentEpoch 表示整个集群中的最大版本号，集群信息每变更一次，该版本号都会自增以保证每个信息的版本号唯一。

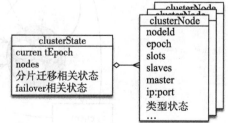

图 8-8 Redis Cluster 配置数据结构

❑ nodes 是一个列表，包含了本节点所知的集群所有节点的信息（clusterNode），其中也包含本节点自身。

❑ clusterNode 记录了每个节点的信息，其中比较关键的包括该信息的版本 epoch，该版本信息的描述：该节点对应的数据分片（slot）、当该节点为 master 时的 slave 节点列表、当该节点为 slave 时对应的 master 节点。

❑ 每个节点包含一个全局唯一的 NodeId。

❑ 当集群的数据分片信息发生变更，即数据分片在节点组之间迁移的时候，Redis Cluster 仍然保持对外服务，在迁移的过程中，通过"分片迁移相关状态"的一组变量来管控迁移过程。

❑ 当集群中某个 master 出现宕机时，Redis Cluster 会自动发现并触发故障转移的操作，将宕机 master 的某个 slave 升级为新的 master，这个过程中同样包含一组变量来控制故障转移的一系列过程。

从图 8-8 可见，每个节点都保存着它的视角看来的集群结构，它描述了数据的分片方式、节点主备关系，并通过 epoch 作为版本号实现集群结构信息（配置）的一致性，同时也控制着数据迁移和故障转移的过程。

2. 信息交互

由于去中心化的架构下不存在统一的配置中心，各个节点对整个集群状态的认知来自于节点间的信息交互。在 Redis Cluster 中，这个信息交互通过 Redis Cluster Bus 来完成，后者端口独立。在 Redis Cluster Bus 上交互的信息结构如图 8-9 所示。

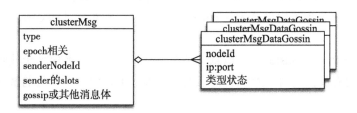

图 8-9　Redis Cluster 交互信息数据结构

clusterMsg 的 type 字段指明了消息的类型，配置信息的一致性达成主要依靠 PING 和 PONG 两种类型的 msg，两者除了 type 不同之外，其余字段信息语义一致，其消息体即上图中所示的 Gossip 数据。本节下文将对 PING/PONG 统一叙述。其他类型的消息在后续小节涉及。

每一个节点向其他所有节点较为频繁地周期性发送 PING 消息同时接收 PONG 回应。在这些交互消息的 Gossip 部分，包含了发送者节点（或者响应节点）所知的集群其他节点信息，接收节点根据这些 Gossip 信息更新自己对于集群结构的认识。对于一个规模较大的集群，其中可能包含成千个节点，对于两两频繁交互的 PING/PONG 包，每次都包含整个集群的结构信息将造成极大的网络负担。然而集群大多数时间结构稳定，即便发送全量数据，其中的大部分和接收节点已有的数据是相同的，这部分数据其实没有实际用处。作为优化，Redis Cluster 在每次 PING/PONG 包中，只包含全集群的部分节点信息，节点随机选取，以此控制网络流量。由于交互较为频繁，短时间的几次交互之后，集群状态以这样的 Gossip 协议方式被扩散到了集群中的所有节点。

3. 一致性的达成

当集群结构不发生变化的时候，集群中的各个节点通过 gossip 协议可以在几轮交互之后得知全集群的结构信息，且达到一致的状态。然而，故障转移、分片迁移等情况的发生会导致集群结构变更，由于无统一的配置服务器，变更的信息只能靠各个节点自行协调，优先得知变更信息的节点利用 epoch 变量将自己的最新信息扩散到整个集群，达到最终一致。

- ❑ 配置信息的 clusterNode 的 epoch 属性描述的粒度是单个节点，即某个节点的数据分片、主备信息版本。
- ❑ 配置信息的 clusterState 的 currentEpoch 属性的粒度是整个集群，它的存在用来辅助 epoch 自增地生成。由于 currentEpoch 信息也是维护在各个节点自身的，Redis Cluster 在结构发生变更时，通过一定时间窗口控制和更新规则保证每个节点看到的 currentEpoch 都是最新的。

集群信息的更新遵循以下规则：

- ❑ 当某个节点率先知道了信息变更时，这个节点将 currentEpoch 自增使之成为集群中的最大值，再用自增后的 currentEpoch 作为新的 epoch 版本。
- ❑ 当某个节点收到了比自己大的 currentEpoch 时，更新自己的 currentEpoch 值使之保持最新。
- ❑ 当收到的 Redis Cluster Bus 消息中某个节点信息的 epoch 值大于接收者自己内部的配置信息存储的值时，意味着自己的信息太旧了，此时将自己的映射信息更新为消息的内容。
- ❑ 当收到的 Redis Cluster Bus 消息中某个节点信息未包含在接收节点的内部配置信息时，意味着接收者尚未意识到消息所指节点的存在，此时接收者直接将消息的信息添加到自己的内部配置信息中。

上述规则保证了信息的更新始终是单向的，始终朝着 epoch 值更大的信息收敛，同时 epoch 也随着每次配置变更时 currentEpoch 的自增而单向增加，确定了各节点信息更新的方向稳定。

8.4.3 sharding

不同节点分组服务于相互无交集的数据子集（分片，sharding），本节将介绍数据分片方式。同时，因为 Redis Cluster 不存在单独的 proxy 和配置服务器，所以如何让客户端正确地路由请求也将在本节给出答案。

1. 数据分片（slot）

Redis Cluster 将所有的数据划分为 16384 个分片（slot），每个分片负责其中一部分。每一条数据（key-value）根据 key 值通过数据分布算法映射到 16384 个 slot 中的一个。

数据分布的算法为：

```
slotId=crc16(key)%16384
```

客户端根据 slotId 决定将请求路由到哪个 Redis 节点。cluster 不支持跨节点的单命令，例如 SINTERSTORE，如果涉及的两个 key 对应的 slot 分布在不同的 node 上，则操作失败。

通常 key 由具备一定业务含义的多个部分组成，有的表示表名，有的表示业务模型的 id 值。很多的业务场景下，不同表的业务实体间存在一定的关系，例如商品交易摘要记录和商品详情记录，即便对于同一个商品，也会在 Redis 中以不同的 key 分成两条记录存储，常常需要在同一个命令中操作这两条记录。由于数据分布算法将 key 的内部组成作为一个黑盒，这两条记录有极大的可能分散到不同的节点上，阻碍单条命令以原子性的方式操作这两条关联性很强的记录。为此，Redis 引入了 HashTag 的概念，使得数据分布算法可以根据 key 的某一部分进行计算，让相关的两条记录落到同一个数据分片。例如：

❑ 某条商品交易记录的 key 值为：product_trade_{prod123}。
❑ 这个商品的详情记录的 key 值为：product_detail_{prod123}。

Redis 会根据 {} 之间的子字符串作为数据分布算法的输入。

2. 客户端的路由

Redis Cluster 的客户端相比单机 Redis 需要具备路由语义的识别能力，且具备一定的路由缓存能力。当一个 client 访问的 key 不在对应 Redis 节点的 slots 中，Redis 返回给 client 一个 moved 命令，告知其正确的路由信息，如图 8-10 所示。

从 client 收到 moved 响应，到再次向 moved 响应中指向的节点（假设为节点 B）发送请求期间，Redis Cluster 的数据分布可能又发生了变更，使得 B 仍然不是正确的节点，此时，B 会继续响应 moved。client 根据 moved 响应更新其内部的路由缓存信息，以便下一次请求时直接能够路由到正确的节点，降低交互次数。

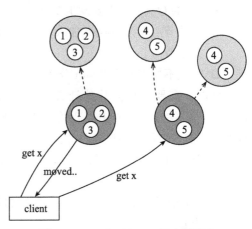

图 8-10　Redis Cluster 客户端路由

当 cluster 处在数据重分布（目前由人工触发）过程中时，可以通过 ask 命令控制客户端的路由，具体过程如图 8-11 所示。

例如图 8-11 中，slot 1 打算迁移到新节点上，迁移过程中，如果客户端访问已经完成迁移的 key，节点将响应 ask 告知客户端向目标节点重试。

ask 命令和 moved 命令不同的语义在于，后者会更新 client 数据分布，前者只是本条操作重定向到新节点，后续的相同 slot 操作仍路由到旧节点。

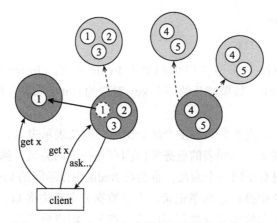

图 8-11　Redis Cluster 数据重分布的客户端路由

迁移的过程可能持续一段时间，这段时间某个 slot 的数据同时在新旧两个节点上各分布了一部分，由于 move 操作会使得客户端的路由缓存变更，如果新旧两个节点对于迁移中的 slot 上所有不在自己节点的 key 都回应 moved 信息，客户端的路由缓存信息可能会频繁变动。故引入 ask 类型消息，将重定向和路由缓存更新分离。

3. 分片的迁移

在一个稳定的 Redis Cluster 下，每一个 slot 对应的节点是确定的。但是在某些情况下，节点和分片的对应关系需要发生变更：

❑ 新的节点作为 master 加入。

❑ 某个节点分组需要下线。

❑ 负载不均需要调整 slot 分布。

此时，需要进行分片的迁移。分片迁移的触发和过程控制由外部系统完成，Redis Cluster 只提供迁移过程中需要的原语供外部系统调用。这些原语主要包含两种：

❑ 节点迁移状态设置：迁移前标记源 / 目标节点。

❑ key 迁移的原子化命令：迁移的具体步骤。

为了进一步帮助读者了解外部系统操作 Redis Cluster 进行 slot 迁移的流程，下面我们通过一个示例来进行介绍，具体如图 8-12 所示，该示例中期望将 slot 1 从节点 A 迁移至节点 B。

由图 8-12 可知，这个示例的简单工作流程如下：

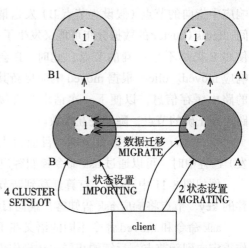

图 8-12　Redis Cluster 数据分片迁移

1）向节点 B 发送状态变更命令，将 B 的对应 slot 状态置为 IMPORTING。

2）向节点 A 发送状态变更命令，将 A 的对应 slot 状态置为 MIGRATING。

3）针对 A 的 slot 上所有的 key，分别向 A 发送 MIGRATE 命令，告知 A 将对应 key 的数据迁移到 B。

当节点 A 的状态置为了 MIGRATING 后，表示对应的 slot 正在从 A 迁出，为保证该 slot 数据的一致性，A 此时对 slot 内部数据提供读写服务的行为和通常状态下有所区别，对于某个迁移中的 slot：

❑ 如果客户端访问的 key 尚未迁移出，则正常地处理该 key。

❑ 如果 key 已经迁移出或者根本就不存在该 key，则回复客户端 ASK 信息让其跳转到 B 执行。

当节点 B 的状态置为了 IMPORTING 后，表示对应的 slot 正在向 B 迁入中，即使 B 仍能即对外提供该 slot 的读写服务，但行为和通常状态下也有所区别：

❑ 当来自客户端的正常访问不是从 ASK 跳转而来时，说明客户端尚不知道迁移正在进行，很有可能操作了一个目前尚未迁移完成的正处在 A 上的 key，如果此时这个 key 在 A 上已被修改了，那么 B 和 A 的修改值将在未来发生冲突。

❑ 所以对于该 slot 上的所有非 ASK 跳转而来的操作，B 不会进行处理，而是通过 MOVED 命令让客户端跳转至 A 执行

这样的状态控制保证了同一个 key 在迁移之前总是在源节点执行，迁移后总是在目标节点执行，杜绝了两边同时写导致值冲突的可能性。且迁移过程中新增的 key 总是在目标节点执行，源节点不会再有新增的 key，使得迁移过程时间有界，可以在确定的某个时刻结束。

剩下的问题就在于某个 key 的迁移过程中数据的一致性问题了。单个 key 的迁移过程被抽象为了原子化的 MIGRATE 命令，这个命令完成数据传输到 B、等待 B 接收完成、在 A 上删除该 key 的动作。从前述章节得知，Redis 单机对于命令的处理是单线程的，同一个 key 在执行 MIGRATE 的过程中不会处理对该 key 的其他操作，从而保证了迁移的原子性。A 和 B 各自的 slave 通过 8.2 主备复制小节所述的方式分别同步新老 master 节点的增删数据。

当 slot 的所有 key 从 A 上迁移至了 B 上之后，客户端通过 CLUSTER SETSLOT 命令设置 B 的分片信息，使之包含迁移的 slot。设置的过程中会自增一个新的 epoch，它大于当前集群中的所有 epoch 值，根据后者随着前述小节的配置一致性策略，这个新的配置信息会传播到集群中的其他每一个节点，完成分片节点映射关系的更新。

8.4.4 failover

同 Sentinel 一样，Redis Cluster 也具备一套完整的节点故障发现、故障状态一致性保证、主备切换机制。

1. failover 的状态变迁

failover 的完整过程如下：

1）故障发现：当某个 master 宕机时，宕机事件如何被集群其他节点感知。

2）故障确认：多个节点就某个 master 是否宕机如何达成一致。

3）slave 选举：集群确认了某个 master 确实宕机后，如何将它的 slave 升级成新的 master；如果原 master 有多个 slave，选择谁升级。

4）集群结构变更：选举成功的 slave 升级为新 master 后如何让全集群的其他节点知道以更新它们的集群结构信息。

2. 故障发现

如前文所述，Redis Cluster 的节点间通过 Redis Cluster Bus 两两周期性地进行 PING/PONG 交互，当某个节点宕机时，其他发向它的 PING 消息将无法及时响应，当 PONG 的响应超过一定时间（NODE_TIMEOUT）未收到，则发送者认为接收节点故障，将其置为 PFAIL 状态（Possible Fail），后续通过 Gossip 发出的 PING/PONG 消息中，这个节点的 PFAIL 状态将会传播到集群的其他节点。

Redis Cluster 的节点间两两通过 TCP 保持 Redis Cluster Bus 连接，当对端无 PONG 回复时，可能是对端节点故障，也有可能只是 TCP 连接断开。如果是后者导致的响应超时，将对端节点置为 PFAIL 状态并散播出去将会产生误报，虽然误报消息同样会因为其他节点连接的正常而被忽略，但是这样的误报原本可以避免。Redis Cluster 通过预重试机制排除此类误报：当 NODE_TIMEOUT/2 过去了却还未收到 PING 对应的 PONG 消息，则重建连接重发 PING 消息，如果对端正常，PONG 会在很短的时间内抵达。

3. 故障确认

对于网络分割的状况，某个节点（假设叫节点 B）并没有故障，但是可能和 A 无法连接，但是和 C/D 等其他节点可以正常联通，此时只会有 A 将 B 标记为 PFAIL 态，而其他节点仍认为 B 正常。此时 A 和 C/D 等其他节点信息不一致。Redis Cluster 通过故障确认协议达成一致。

集群中的每个节点同时也是 Gossip 的接收者，A 也会收到来自其他节点的 Gossip 消息，被告知节点 B 是否处于 PFAIL 状态，A 持续的通过 Gossip 收集来自不同节点的关于 B 的状态信息。当 A 收到的来自其他 master 节点的 B 的 PFAIL 达到一定数量后，会将 B 的 PFAIL 状态升级为 FAIL 状态，表示 B 已确认为故障态，后续发起 slave 选举流程。

A 节点内部的集群信息中，B 的状态从 PFAIL 到 FAIL 的变迁如图 8-13 所示。

当 A 收到了超过一半的 master 节点（包含 A 自己，如果 A 也是一个 master 的话）报告来的 B 的 PFAIL 信息，那么 A 将会认为 PFAIL 足够了，则将 B 的状态置为 FAIL，将 B 已经 FAIL 的消息广播到其他所有可达节点。

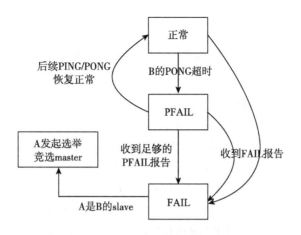

图 8-13　Redis Cluster 故障确认流程

4. slave 选举

上例中，如果 B 是 A 的 master，且 B 已经被集群公认为是 FAIL 状态了，那么 A 发起竞选，期望替代 B 成为新的 master。

如果 B 有多个 slave A/E/F 都认识到 B 处于 FAIL 态了，A/E/F 可能会同时发起竞选，当 B 的 slave 数量 ≥ 3 个时，很有可能这些 slave 票数太平均以至于无法选出胜者，此时不得不再次发起竞选，导致竞选轮数过多延误 B 的新 master 的选出，延长 B 上的 slot 不可用时间。为此，slave 间也会在选举前协商优先级，优先级高的 slave 更有可能更早地发起选举，提升一轮完成选举的可能性，优先级较低的 slave 发起选举的时间越靠后，避免和高优先级 slave 竞争。优先级最重要的决定因素是 slave 最后一次同步 master 信息的时间，越新表示这个 slave 的数据越新，竞选优先级越高。

slave 通过向其他 master 节点发送 FAILOVER_AUTH_REQUEST 消息发起竞选，master 收到之后回复 FAILOVER_AUTH_ACK 消息告知自己是否同意改 slave 成为新的 master。slave 发送 FAILOVER_AUTH_REQUEST 前会将 currentEpoch 自增并将最新的 epoch 带入到 FAILOVER_AUTH_REQUEST 消息中，master 收到 FAILOVER_AUTH_REQUEST 消息后，如果发现对于本轮（本 epoch）自己尚未投过票，则回复同意，否则回复拒绝。

5. 结构变更通知

当 slave 收到超过半数的 master 的同意回复时，该 slave 顺利的替代 B 成为新 master，此时它会以最新的 epoch 通过 PONG 消息广播自己成为 master 的信息，让集群中的其他节点尽快地更新拓扑信息。

当 B 恢复可用之后，它首先仍然认为自己是 master，但逐渐地通过 Gossip 协议得知 A 已经替代自己的事实之后降级为 A 的 slave。

8.4.5 可用性和性能

除了 8.4.3、8.4.5 小节介绍的数据分片、故障转移之外，Redis Cluster 还提供了一些手段提升性能和可用性。

1. Redis Cluster 的读写分离

对于有读写分离需求的场景，应用对于某些读的请求允许舍弃一定的数据一致性，以换取更高的读吞吐量。此时希望将读的请求交由 slave 处理以分担 master 的压力。

默认情况下，数据分片映射关系中，某个 slot 对应的节点一定是一个 master 节点，客户端通过 MOVED 消息得知的集群拓扑结构也只会将请求路由到各个 master 中，即便客户端将读请求直接发送到 slave 上，后者也会回复 MOVED 到 master 的响应。

为此，Redis Cluster 引入了 READONLY 命令。客户端向 slave 发送该命令后，slave 对于读操作，将不再 MOVED 回 master 而是直接处理，这称为 slave 的 READONLY 模式。通过 READWRITE 命令，可将 slave 的 readonly 模式重置。

2. master 单点保护

假设集群的结构如图 8-14 所示。

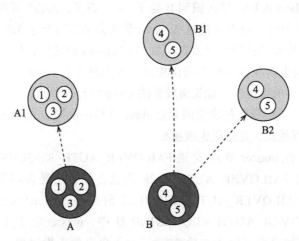

图 8-14 Redis Cluster 单点保护 – 初始状态

A、B 这两个 master 分别有 1、2 个自己的 slave，假设 A1 发生宕机，集群变成图 8-15 所示的结构：

此时 A 成为了单点，一旦 A 再次宕机，将造成不可用。此时 Redis Cluster 会将 B 的某一个 slave（假设是 B1）进行副本迁移，让其变成 A 的 slave，如图 8-16 所示。

这使得集群中每个 master 至少有一个 slave，即高可用状态。这样一来，集群只需要保持 2*master+1 个节点，就可以在任一节点宕机后仍然能自动地维持高可用状态，称为 master 的单点保护。如果不具备此功能，则需要维持 3*master 个节点，而其中 master-1 个

slave 节点在可用性视角看来都是浪费掉的。

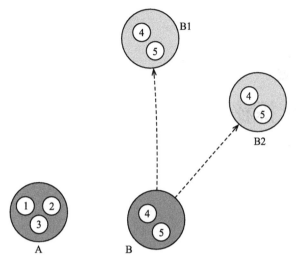

图 8-15 Redis Cluster 单点保护 -slave 宕机态

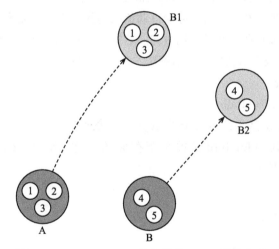

图 8-16 Redis Cluster 单点保护 -slave 重分布态

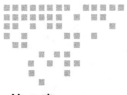

Tair 探秘

Tair（TaoBao Pair 的意思，Pair 即 Key-Value 数据对）是淘宝开发的一个优秀的分布式高可用的 key/value 存储引擎。采用服务端自动负载均衡的方式，使客户端逻辑简单。

Tair 分为持久化和非持久化两种使用方式。非持久化的 Tair 可以看成是一个分布式缓存。持久化的 Tair 将数据存放于磁盘中。在最新版本的 Tair 项目中实现了以下 4 种存储引擎。

- ❏ 非持久化：mdb
- ❏ 持久化：fdb、kdb 和 ldb

这 4 种存储引擎分别基于四种开源的 key/value 数据库：Memcached、Firebird、Kyoto Cabinet 和 LevelDB。其中 Firebird 是关系型存储数据库，Memcached、Kyoto Cabinet 和 LevelDB 是 NoSQL 数据库。

9.1　Tair 总体架构

Tair 的总体架构图如图 9-1 所示。

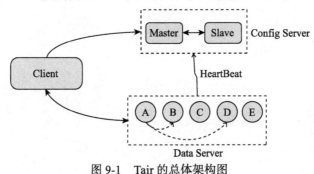

图 9-1　Tair 的总体架构图

一个 Tair 集群主要包括 Client、Config Server 和 DataServer 三个不同的应用。Config Server 通过和 Data Server 的心跳（HeartBeat）维护集群中可用的节点，并根据可用的节点，构建数据的在集群中的分布信息。Client 在初始化时，从 Config Server 处获取数据的分布信息，根据分布信息和相应的 Data Server 交互完成用户的请求。Data Server 负责数据的存储，并按照 Config Server 的指示完成数据的复制和迁移工作。

9.2　Config Server 简介

Tair 的 Config Server 维护了集群内可用 Data Server 的信息，Data Server 的信息，以及用户配置的桶数量、副本数、机房信息等，构建数据分布的对照表，以达到负载均衡和高可用的目标。Tair Config Server 和 client 相互配合根据对照表决定数据的具体分布。如果 Data Server 宕机或扩容，Config Server 负责协调数据迁移、管理进度，将数据迁移到负载较小的节点上。

Tair 客户端和 Config Server 的交互主要是为了获取数据分布的对照表，客户端从 Config Server 拿到对照表后，会在本地缓存对照表，在需要存储 / 获取数据时根据对照表查找数据在哪个 Data Server 上。由此也可以看出，数据访问请求不需要和 Config Server 交互，所以 Config Server 本身的性能高低并不会形成集群的瓶颈。

Config Server 维护的对照表有版本概念，由于集群变动或管理触发，构建新的对照表后，对照表的版本号递增，并通过 Data Server 的心跳，将新表同步给数据节点。

客户端和 Data Server 交互时，Data Server 每次都把自己缓存的对照表版本号放入 response 结构中，返回给客户端，客户端将 Data Server 的对照表版本号和自己缓存的对照表版本号比较，如果不相同，会主动和 Config Server 通信，请求新的对照表。

Tair 的 Config Server 使客户端使用时，不需要配置数据节点列表，也不需要处理节点的状态变化，这使得 Tair 对最终用户来说使用和配置都很简单。

Config Server 源代码目录下主要有下面几个 cpp 文件：

（1）tair_cfg_svr.cpp、server_conf_thread.cpp

Config server 的主文件，tair_cfg_svr 被执行后，会检查参数和配置，然后启动几个主要的线程：

❑ task_queue_thread，处理请求的具体线程。

❑ packet_transport，发送和接收命令数据包的线程，其中引用了 tbnet 公共包处理 epoll。

❑ server_conf_thread，Config server 的主要业务逻辑实现线程。包括 Config server 之间的心跳保持，根据心跳维持 Data server 存活列表，维护对照表，数据迁移过程管理等逻辑。

❑ heartbeat_transport，发送和接收心跳数据包的线程，其中引用了 tbnet 公共包处理 epoll。

（2）conf_server_table_manager.cpp

管理对照表的辅助类，提供对照表持久化、取得一些元信息等功能，还提供打印对照表的功能，方便调试。

（3）table_builder.cpp、table_builder1.cpp、table_builder2.cpp

构造对照表的实际逻辑，其中：

❑ table_builder，是基类，定义了构造对照表的主体逻辑，其中有几个虚函数：rebuild_table、set_available_server、is_this_node_OK、caculate_capable、get_tokens_per_node 用于不同的构造实现扩展不同的逻辑。

❑ table_builder1，构建负载均衡策略对照表的实现类，继承了 table_builder 类，对几个虚函数进行了基于负载均衡优先的逻辑实现。

❑ table_builder2，构建多数据中心策略对照表的实现类，继承了 table_builder 类，对几个虚函数进行了基于位置和负载均衡双因子的逻辑实现。

实际的对照表构建过程是由 server_conf_thread::table_builder_thread::build_table 触发的。

（4）group_info.cpp

group_info 负责处理 group.conf 和持久化文件 $TAIR_DATA_DIR/data/group_1_server_table，通过读取配置和持久化的信息，构建 Data Server 位置信息，供 Config Server 主逻辑使用。

（5）server_info

记录 Data Server 存活信息的主要数据结构，server_info 由下面几个部分组成：

❑ serverid：Data server 在集群里的唯一标识，由 ip 和 port 构成。

❑ last_time：记录最后一次接收到该 Data Server 心跳时间。

❑ status：表示该 Data Server 的状态，有三种状态，参考下面的代码段：

```
enum
    {
        ALIVE = 0,
        DOWN,
        FORCE_DOWN,
    };
```

server_info 会被持久化到 $TAIR_DATA_DIR/data/server_info.0 中。

（6）server_info_file_mapper.cpp、server_info_allocator.cpp

实现了 server_info 持久化逻辑。

持久化的文件存放在 $TAIR_DATA_DIR/data 目录下，如图 9-2 所示。

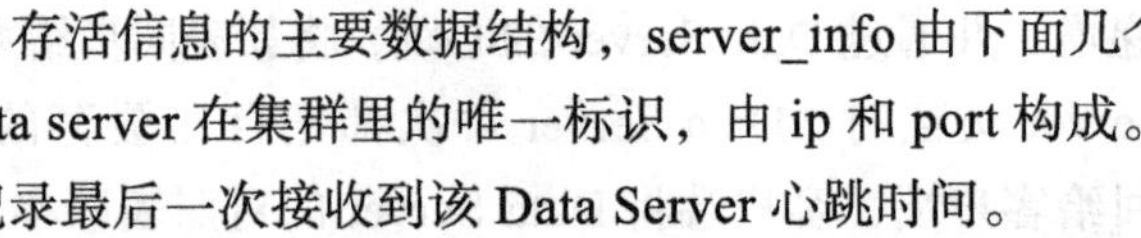

图 9-2　data 目录

server_info_allocator 维护了 server_info 持久化化文件集合和其中包含的 server_info 数量。如果当前文件没有空间来存储新的 server_info，那么就新建一个序列化文件。

（7）stat_info_detail.cpp

存储统计信息。主要的数据结构 vector<u64> data_holder，包含 GETCOUNT，PUTCOUNT，EVICTCOUNT，REMOVECOUNT，HITCOUNT，DATASIZE，USESIZE，ITEMCOUNT。

9.3 Data Server 简介

Data Server 负责数据的物理存储，并根据 Config Server 构建的对照表完成数据的复制和迁移工作。Data Server 具备抽象的存储引擎层，可以很方便地添加新存储引擎。Data Server 还有一个插件容器，可以动态地加载 / 卸载插件。Data Server 的逻辑架构如图 9-3 所示。

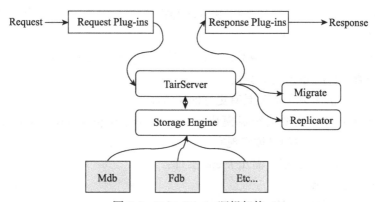

图 9-3 Data Server 逻辑架构

1. 抽象的存储引擎层

Tair 的存储引擎有一个抽象层，只要满足存储引擎需要的接口，便可以很方便地替换 Tair 底层的存储引擎。比如可以将 bdb、tc 甚至 MySQL 作为 Tair 的存储引擎，而同时使用 Tair 的分布方式、同步等特性。

Tair 默认包含两个存储引擎：mdb 和 fdb。

mdb 是一个高效的缓存存储引擎，它有着和 Memcached 类似的内存管理方式。mdb 支持使用 share memory，这使得我们在重启 Tair 数据节点的进程时不会导致数据的丢失，从而使升级对应用来说更平滑，不会导致命中率的较大波动。

fdb 是一个简单高效的持久化存储引擎，使用树的方式根据数据 key 的 hash 值索引数据，加快查找速度。索引文件和数据文件分离，尽量保持索引文件在内存中，以便减小 IO 开销。使用空闲空间池管理被删除的空间。

2. 自动的复制和迁移

为了增强数据的安全性，Tair 支持配置数据的备份数。比如你可以配置备份数为 3，则每个数据都会写在不同的 3 台机器上。得益于抽象的存储引擎层，无论是作为 cache 的 mdb，还是持久化的 fdb，都支持可配的备份数。

当数据写入一个 Data Server（主节点）后，主节点会根据对照表自动将数据写入到其他备份节点，整个过程对用户是透明的。

当有新 Data Server 加入或者有 Data Server 不可用时，Config Server 会根据当前可用的 Data Server 列表，重新构建对照表。Data Server 获取到新的对照表时，会自动将在新表中不由自己负责的数据迁移到对照表中相应的 Data Server。迁移完成后，客户端可以从 Config Server 同步到新的对照表，完成扩容或者容灾过程。整个过程对用户是透明的，服务不中断。

3. 插件容器

Tair 还内置了一个插件容器，可以支持热插拔插件。

插件由 Config Server 配置，Config Server 会将插件配置同步给各个数据节点，数据节点会负责加载 / 卸载相应的插件。

插件分为 request 和 response 两类，可以分别在 request 和 response 时执行相应的操作，比如在 put 前检查用户的 quota 信息等。

插件容器也让 Tair 在功能方便具有更好的灵活性。

Tair 的 Data server 最主要的组成模块有 tair_server、request_processor、tair_manager、storage_manager 和各种存储的具体实现实现。

关于 Data Server 主要介绍下面几个 cpp 文件：

（1）tair_server.cpp

Data Server 的主要应用逻辑在这个模块里实现。

在 tair_server::start 函数中，启动了几个线程：

```
task_queue_thread.start();
duplicate_task_queue_thread.start();
heartbeat.start();
```

tbnet::transport 提供了 epoll 处理支持，包括监听端口、连接复用等。

task_queue_thread，用于处理客户端的请求包，例如，put、get、range 等命令的请求包。duplicate_task_queue_thread，用于处理其他 Data server 发送来的数据复制相关的请求包。request_processor，处理由 task_queue 和 duplicate_task_queue 两个线程解包出来的命令，实现 put、get、range 等命令的逻辑，最终的处理由重载的 request_processor:: process 函数，根据不同的类进行处理。

heartbeat 用于处理心跳数据，数据包的处理由 heartbeat_thread:: handlePacket 进行处理。

（2）request_processor.cpp

通过重载的 process 函数，处理 put、get、range 等请求。request_processor 定义了每种请求的最高层执行流程，每个请求的大体流程都相似，如图 9-4 所示。

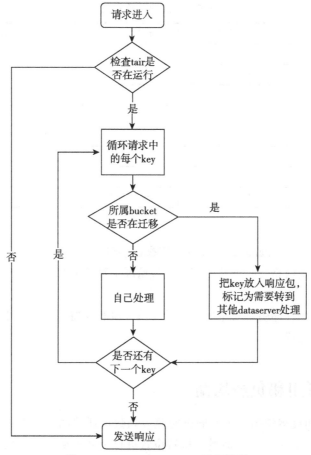

图 9-4　request_processor 处理流程

如图 9-4 所示，Tair 接收到请求后，会循环处理每一个 key，如果 key 在迁移，会发送数据迁移的响应给客户端，客户端重新获取数据分布后，到新的 Data Server 操作相应的数据。

处理过程中会调用性能监控工具，统计相应的性能数据。

（3）tair_manager.cpp

业务流程的第二层定义，主要定义了各个命令的主要处理流程。例如：

get 的流程，确定 bucket -> 调用 storage_mgr 获取数据 -> 返回数据。

put 的流程，将 area 合并到 key 里 -> 调用 storage_mgr -> 通过 hash_table 确定怎样复制数据。

（4）storage_manager.cpp

存储引擎的接口，用于接入不同的底层存储。不同的存储引擎支持的主要功能（还有一些辅助功能没有列出）如表9-1所示。

表 9-1 四种引擎对比

storage_mgr 接口	是否必选	mdb	ldb	fdb	kdb
put	是	√	√	√	√
batch_put	否	×	√	×	×
get	是	√	√	√	√
remove	是	√	√	√	√
add_count	否	√	×	×	×
get_range	否	×	√	×	×
del_range	否	×	√	×	×
clear	是	√	√	√	√

说明：

❑ 第一列是 storage_manager 定义的常用操作接口。

❑ 第二列是虚函数是否有默认实现，一般情况下默认的实现函数是返回一个操作不支持的消息。

❑ 其余列是各个存储引擎对主要功能的支持，没有支持的，会调用默认的实现函数返回该操作不支持。

9.4 Tair 高可用和负载均衡

Tair 的高可用和负载均衡，主要通过对照表和数据迁移两大功能进行支撑。对照表将数据分为若干个桶，并根据机器数量、机器位置进行负载均衡和副本放置，确保数据分布均匀，并且在多机房有数据副本。在集群发生变化时，会重新计算对照表，并进行数据迁移。

9.4.1 对照表

在 Tair 系统中，对照表是一个非常重要的概念。分布式系统需要解决的一个重要问题便是决定数据在集群中的分布策略，好的分布策略应该能将数据均衡地分布到所有节点上，并且还应该能适应集群节点的变化。Tair 采用的对照表方式较好地满足了这两点。Tair 基于一致性 hash 算法存储数据，根据配置建立固定数量的 bucket，将这些 bucket 尽量均衡的分配到 Data Server 节点上，并建立副本，达到负载均衡和高可用的目的。

Config Server 启动之后，会等待 4 秒，然后根据有连接和心跳的状态，检查 Data

Server 是否在线，然后决定是否重建对照表，所以 Data Server 需要在 Config Server 启动之前启动。

1. 对照表的初始化

对照表的初始化过程如下：

在 tair_cfg_svr 程序启动之后，会调用 tair_config_server::start()，这个方法会调用 my_server_conf_thread.start()。

my_server_conf_thread 有个属性 table_builder_thread builder_thread，这个类在构造方法里，会调用自己的 start 方法，把自己启动为一个线程。这个线程会每秒钟检查一次是否需要重新构造对照表。如果需要重新构造，就调用组对象的 rebuild 方法重新构建对照表。

Config server 会定期调用 server_conf_thread::check_server_status() 方法检查是否需要重建对照表或者有节点变动。

第一次启动的时候，由于没有原有的对照表，所以 check_server_status 调用 group_info::is_need_rebuild() 的时候，会固定返回 true，因此，第一次启动的时候，会根据在线的服务器列表重构对照表。

重建对照表有三种策略选择，可以通过 group.conf 中的 _build_strategy 配置项进行配置。

❑ _build_strategy=1 表示所有机器不分机房。
❑ _build_strategy=2 表示按照机房分组。
❑ _build_strategy=3 表示让 Config server 自动决定使用哪种模式。

在设置为自动选择模式时，是根据 _pos_mask 设置的值，检测 Data server 所在的机房，如果有机器分布在不同机房，且不同机房的服务器数量差不大于 _build_diff_ratio 配置项指定的差异率，则使用策略类型 2，否则使用策略类型 1；如果没有分布在不同机房的机器，则使用策略类型 1。代码如下：

```
pos_mask, (*it)->server->server_id & pos_mask);
    (pos_count[(*it)->server->server_id & pos_mask])++;
if (pos_count.size() <= 1){
        strategy = 1;}
```

机房之间的差异算法：假设有两个机房 A 和 B，配置差异比率 _build_diff_ratio=0.5，假设机房 A 有 8 台 Data server，机房 B 有 4 台 Data server。那么差异比率 = (8–4) / 8 = 0.5。这个时候，是满足条件的。如果后续对机房 A 进行扩容，增加一台 data server，扩容后的差异比率 = (9–4) / 9 = 0.556. 也就是说，对 Data server 多的机房扩容会扩大差异比率。如果我们的 _build_diff_ratio 配置值是 0.5，那么扩容后 Config server 会拒绝再继续 build 新表。

如果正在做数据迁移，则调用 p_table_builder->build_quick_table()，否则调用 p_table_builder->rebuild_table() 重建对照表。

2. 负载均衡策略

由于允许数据存放多备份，某个桶最多会存储 copyCount 次（本例用 Y 表示），也就是说集群中存在 Y 个 bucket 的内容是完全一样的，这些一样的数据桶，我们将其中的一个叫作主桶，下面的推演实例为方便和代码对照，主桶都存放在 line0 中。

采用负载均衡策略（_build_strategy=1）建出的对照表将使 bucket 会均衡分布到集群中的 Data server 上。假设共有 X 个桶，Y 个副本，N 个节点，那么在负载均衡优先的策略下，每个节点存放桶最少的个数为：（X*Y）/N。如果（X*Y）%N 等于 0，每个节点就会存放相同数量的桶。如果（X*Y）%N 不等于 0，那么将有（X*Y）%N 个节点将负载（X*Y）/N+1 个桶。也就是说，如果使用这种策略，任意两个节点存放的桶数量至多相差 1。

单机架负载均衡策略情况下，对照表的初始化过程相对简单，可以参照后续的多机架支持的推演过程。

做一个假设实例推演重建对照表的过程。

假设 Tair 正常运行时，有 M1~M6 节点存活，列表如表 9-2 所示。

表 9-2　存活节点列表

节　　点	代号
节点 1（192.168.100.2）id：3232261122	M1
节点 2（192.168.100.3）id：3232261123	M2
节点 3（192.168.100.4）id：3232261124	M3
节点 4（192.168.100.5）id：3232261125	M4
节点 5（192.168.100.6）id：3232261126	M5
节点 6（192.168.100.7）id：3232261127	M6

假设集群处于稳定状态，某一时刻的对照表如表 9-3 所示。

表 9-3　四种引擎对比

	数据块 D1	数据块 D2	数据块 D3	数据块 D4	数据块 D5	数据块 D6
主桶（line=0）	M1	M1	M2	M4	M6	M3
备桶（line=1）	M6	M2	M3	M1	M2	M4
备桶（line=2）	M3	M3	M1	M5	M3	M5

表中每一列是一个桶，比如，编号为 D1 的数据块，所在的主桶，存在于 M1 机器上，备份数据所在的桶，存在于 M6、M3 上，依此类推，各个数据块都有一主两备，三份数据，均匀分散在集群的机器上。

假设在某一时刻，节点 M4 宕机，Tair 开始重构对照表的过程。

M4 宕机后，存活的节点，如表 9-4 所示。

表 9-4　M4 宕机存活的机器列表

节　　点	代号
节点 1（192.168.100.2）id：3232261122	M1
节点 2（192.168.100.3）id：3232261123	M2
节点 3（192.168.100.4）id：3232261124	M3
节点 5（192.168.100.6）id：3232261126	M5
节点 5（192.168.100.7）id：3232261127	M6

M4 宕机后的对照表，如表 9-5 所示。

表 9-5　M4 宕机后对照表

	数据块 D1	数据块 D2	数据块 D3	数据块 D4	数据块 D5	数据块 D6
主桶（line=0）	M1	M1	M2	丢失	M6	M3
备桶（line=1）	M6	M2	M3	M1	M2	丢失
备桶（line=2）	M3	M3	M1	M5	M3	M5

从表中可以看出，数据块 D4 的主数据副本丢失，数据块 D6 的备份副本丢失。Tair 将根据下面所描述的步骤，重新构建对照表。

1）第一步，根据当前对照表，统计每个存活节点上存储的 bucket 数量和主 bucket 数量。表 9-6 是根据 M4 宕机后的对照表（见表 9-5）统计出的每个节点上数据桶的数量，例如：M1 上存储了 D1 的主数据、D2 的主数据、D3 的副本、D4 的副本四个数据桶。

表 9-6　机器存储桶数量统计表

	M1	M2	M3	M5	M6	合计
桶数量	4	3	5	2	2	16

表 9-7 是根据 M4 宕机后的对照表（见表 9-5）统计出的每个节点上主数据桶的数量，例如：M1 上存储了 D1 的主数据、D2 的主数据、D3 的副本、D4 的副本四个数据桶，其中主数据两个。

表 9-7　机器存储主桶数量统计表

	M1	M2	M3	M5	M6	合计
主桶数量	2	1	1	0	1	5

2）第二步，根据第一步中生成的表把负责相同数量桶的节点做一个列表，即对于负载相同的节点存放在同一列表里。

表 9-8 是根据表 9-6 统计的数据量相同机器的列表，例如，M5 和 M6 都存储两个数据桶，所以归入 2 个桶这一行。

表 9-8 相同数据量机器统计表

桶 的 数 量	节 点	节 点
2	M5	M6
3	M2	
4	M1	
5	M3	

表 9-9 是根据表 9-7 统计的相同主数据量机器列表。例如，M2、M3、M6 分别存储了 D3、D6、D5 的主数据副本，所以这三个节点归入一个数据副本的行。

表 9-9 相同主数据机器统计表

主桶数量	节 点	节 点	节 点
0	M5		
1	M2	M3	M6
2	M1		

3）第三步，根据当前存活的节点，计算每个节点存放的桶数量。这一步只是确定每一个节点上可以储存多少个桶，而不确定到底存储哪一些桶。注意，使用负载均衡策略调用 table_builder1::caculate_capable 方法，而位置优先策略调用 table_builder2::caculate_capable 方法进行计算。

在具体给每个节点分配 bucket 的过程中，假设某个节点上已经存放了 B 个桶，现在 N 个节点需要存放 M 个桶（本例中是 18 个），如果 B < M/N（本例中就是 B<18/5），则让该节点存放 M/N 个桶（本例中是 3 个）。如果 B>=M/N 则该节点存放 M/N+1 个桶（本例中是 4 个）。这样做的目的是，在负载均衡的前提下，减少数据迁移。主桶也需要平均分配在每一个节点上，所以 caculate_capable 方法同时也生成主桶分布表，算法和前面一样。

代码如下，注释中有重要节点的解释。

```
void table_builder1::caculate_capable() {
    int S = available_server.size();
//每个节点上平均存放的桶的数量
    tokens_per_node_min = bucket_count * copy_count / S;
    //存放M/N+1个桶的节点数量
    tokens_per_node_max_count = bucket_count * copy_count
        - tokens_per_node_min * S;
    tokens_per_node_min_count = S - tokens_per_node_max_count;
    master_tokens_per_node_min = bucket_count / S;
    master_tokens_per_node_max_count = bucket_count
        - master_tokens_per_node_min * S;
    master_tokens_per_node_min_count = S - master_tokens_per_node_max_count;
    server_capable.clear();  //初始化列表
    master_server_capable.clear();
```

```
int max_s = 0;
int mmax_s = 0;
int i = 0;
int pre_node_count_min = 0;
int pre_mnode_count_min = 0;
int size = 0;
int sum = 0;
//计算节点上现有桶分布情况
for (map<server_id_type, int>::iterator it = tokens_count_in_node.begin();
        it != tokens_count_in_node.end(); it++) {
    if (it->second != 0) {
        size++;
    sum += it->second;
        }
}
if (size > 0) {
    pre_node_count_min = sum / size;
}
size = sum = 0;
for (map<server_id_type, int>::iterator it = mtokens_count_in_node.begin();
        it != mtokens_count_in_node.end(); it++) {
    if (it->second != 0) {
        size++;
        sum += it->second;
    }
}
if (size > 0) {
    pre_mnode_count_min = sum / size;
}
log_debug("pre_node_count_min: %d, pre_mnode_count_min: %d",
        pre_node_count_min, pre_mnode_count_min);
/*根据现有存活节点和目前存放的桶数量，计算负载均衡后，每个节点将要存储桶的数量*/
for (server_list_type::const_iterator it = available_server.begin();
        it != available_server.end(); it++) {
    int last_node_count = tokens_count_in_node[*it];   //记录节点原有bucket数量
    if (last_node_count <= pre_node_count_min) {
        int min_s = i - max_s;
        if (min_s < tokens_per_node_min_count) {
            server_capable[*it] = tokens_per_node_min;
        } else {
            server_capable[*it] = tokens_per_node_min + 1;
            max_s++;
        }
    } else {
        if (max_s < tokens_per_node_max_count) {
            server_capable[*it] = tokens_per_node_min + 1; // round1 :
                server_capable[M1] = 3+1  round3 : server_capable[M3] = 3+1
            max_s++;
        } else {
            server_capable[*it] = tokens_per_node_min;
        }
```

```
        }
        int last_mnode_count = mtokens_count_in_node[*it];
        if (last_mnode_count <= pre_mnode_count_min) {
            int mmin_s = i - mmax_s;
            if (mmin_s < master_tokens_per_node_min_count) {
                master_server_capable[*it] = master_tokens_per_node_min;
            } else {
                master_server_capable[*it] = master_tokens_per_node_min + 1;
                mmax_s++;
            }
        } else {
            if (mmax_s < master_tokens_per_node_max_count) {
                master_server_capable[*it] = master_tokens_per_node_min + 1;
                mmax_s++;
            } else {
                master_server_capable[*it] = master_tokens_per_node_min;
            }
        }
        i++;
    }
}
```

计算后的结果如表 9-10 所示，经过计算，M1 最多存放 4 个数据桶，包含主数据和副本数据。

表 9-10 机器容量统计表

M1	M2	M3	M5	M6	合计
4	3	4	3	4	18

如表 9-11 所示，经过计算，M1 最多存放 2 个主数据桶，M2 最多存放 1 个主数据桶，以此类推。

表 9-11 主数据容量统计表

M1	M2	M3	M5	M6	合计
2	1	1	1	1	6

4）第四步，逐行扫描原有的对照表，根据统计和生成的信息，确定每一个桶的存储位置。具体的逻辑是先在 get_suitable_node 中根据级别检查每个 Data Server 存储的桶是否合适。

在使用负载均衡策略构建对照表的时候，会按照约束级别（CONSIDER_ALL = 0; CONSIDER_POS = 1; CONSIDER_BASE = 2; CONSIDER_FORCE = 3;）调用 table_builder1::is_this_node_OK 函数，决定一个 Data Server 是否适合存储某个桶。

table_builder1::is_this_node_OK 函数共有四个约束：

❑ c1：如果 Data Server 存储主桶的个数，超过了计算出来的主桶容量，就会返回

TOOMANY_MASTER。

- c2：如果 Data Server 存储的桶的总个数，超过了计算出来的容量，就会返回 TOOMANY_BUCKET。
- c3：如果 Data Server 存储的桶数量超过了 M/N，且存储（M/N+1）个桶的 Data Server 数量超过了计算出的最大个数 +1，会返回 TOOMANY_BUCKET。
- c4：存储相同数据的任何两个桶不能在同一个 Data Server 上，如果违反此条，会返回 SAME_NODE。

主桶和副本桶检查约束的规则如表 9-12 所示。

表 9-12　主桶和副本桶约束规则

	ALL	POS	BASE	FORCE
正在迁移的是主桶	c1、c4	c1、c4	c1	
正在迁移的是副本桶	c2、c4	c2、c4	c3、c4	c4

根据表 9-12 中的约束，和程序中的设置。主桶没有宕机的情况下，检查当前 Data server 上的主桶数量是否过多，如果数量过多，则轮询每个节点，查看如果主桶迁移到该 Data server，是否引起数量过多，或者和自己的副本在同一个节点；主数据桶宕机的情况下，副本桶进行提升，如果即将存放主桶的 Data server 存放的主桶数量过多，则轮询每个节点，查看如果主桶迁移到该 Data server，是否引起数量过多，或者和自己的副本在同一个节点。

M4 宕机后的对照表如表 9-13 所示。

表 9-13　M4 宕机后的对照表（同表 9-5）

	数据块 D1	数据块 D2	数据块 D3	数据块 D4	数据块 D5	数据块 D6
主桶（line=0）	M1	M1	M2	丢失	M6	M3
备桶（line=1）	M6	M2	M3	M1	M2	丢失
备桶（line=2）	M3	M3	M1	M5	M3	M5

先扫描 line=0 的行，也就是主桶，发现数据块 D4 的主桶不可用，查找 D4 的备份桶，找到 M1 和 M5，由于 M1 存储的主桶量为 2，大于 M5 存储的主桶量 0，因此，选择提升 M5，然后将原 M5 的位置标 0，执行后的状态如表 9-14 所示。

表 9-14　副本提升为主数据后的对照表

	数据块 D1	数据块 D2	数据块 D3	数据块 D4	数据块 D5	数据块 D6
主桶（line=0）	M1	M1	M2	M5	M6	M3
备桶（line=1）	M6	M2	M3	M1	M2	丢失
备桶（line=2）	M3	M3	M1	0	M3	M5

表 9-14 中 M5 中存储的数据，被提升为数据块 D4 的主数据。

副本数据不可用直接标 0，执行后的状态如表 9-15 所示。

表 9-15　不可用副本标记后的对照表

	数据块 D1	数据块 D2	数据块 D3	数据块 D4	数据块 D5	数据块 D6
主桶（line=0）	M1	M1	M2	M5	M6	M3
备桶（line=1）	M6	M2	M3	M1	M2	0
备桶（line=2）	M3	M3	M1	0	M3	M5

表 9-15 中，数据块 D6 的 1 号备份丢失，被标记为 0。

之后，检查每个副本桶，D4 的副本缺失，从 M1 开始检查是否适合存放，M1 的 capable 是 4，对照表中 M1 已经存放了 4 个桶；接下来检查 M2，M2 的 capable 是 3，M2 已经存放了 3 个桶；接下来检查 M3，M3 的 capable 是 4，M3 已经存放的桶数量 3，所以选择 M3 作为存放的节点。

同理，副本桶 D6 可以选择 M6 存放缺失的副本，重新计算后的新对照表如表 9-15 所示。

表 9-16　重新计算后的对照表

	数据块 D1	数据块 D2	数据块 D3	数据块 D4	数据块 D5	数据块 D6
主桶（line=0）	M1	M1	M2	M5	M6	M3
备桶（line=1）	M6	M2	M3	M1	M2	M6
备桶（line=2）	M3	M3	M1	M3	M3	M5

之后，Config server 就可以根据新的对照表和原来的对照表，进行数据迁移。

3. 多机架支持

Tair 的设计考虑了多机架支持，在机架 / 机房灾难的时候，确保异地有数据备份。假设我们搭建 Tair 集群后，配置数据的副本数为 3，搭建 5 个 Data Server 分布在两个机架上。Tair 在建立对照表的时候，会确保每一份数据至少在两个机架的 Data Server 上至少有一个副本，如果数据在某一个机架上有两份副本，Tair 会尽量使这两份副本分布在不同的 Data Server 上。

下面简要介绍一下 Tair 在多机架情况下对照表的建立过程。

Tair 当前通过在 group.conf 配置 _pos_mask 配置项作为的掩码，把存活的 Data Server 划分为若干个机架，来判断机器所属的机架，默认 _pos_mask=65535。假设我们有 6 个数据块，配置了 3 个数据副本，有 5 个存活 Data Server 分布在两个机架上，在 Config Server 第一次启动时，将检测到这 5 个 Data Server，原始状态如表 9-17 所示。

Config server 建立 Data server 列表之后，将调用 group_info::rebuild 方法重建对照表。

第一步，由于新启动，对对照表进行初始化，如表 9-18 所示。

表 9-17 机器机架对照表

节 点	代号	RACK
节点 1（192.168.100.2） id：3232261122	M1	R1
节点 2（192.168.100.3） id：3232261123	M2	R1
节点 3（192.168.100.4） id：3232261124	M3	R1
节点 5（10.16.100.6） id：168846342	M4	R2
节点 6（10.16.100.7） id：168846343	M5	R2

表 9-18 初始化的对照表

	数据块 D1	数据块 D2	数据块 D3	数据块 D4	数据块 D5	数据块 D6
主桶（line=0）	0	0	0	0	0	0
备桶（line=1）	0	0	0	0	0	0
备桶（line=2）	0	0	0	0	0	0

第二步，计算每个 Data Server 上当前存放的数据副本数量和主副本数量，形成表 9-19、表 9-20、表 9-21、表 9-22 四张表。

表 9-19 机器存放数据量列表

	M1	M2	M3	M4	M5	合计
副本数量	0	0	0	0	0	0

表 9-20 机器存放主数据量列表

	M1	M2	M3	M4	M5	合计
主副本数量	0	0	0	0	0	0

表 9-21 数据量和机器列表

副本的数量	节 点
0	M1、M2、M3、M4、M5

表 9-22 主数据量和机器列表

主副本数量	节 点
0	M1、M2、M3、M4、M5

第三步，计算每个 Data server 的容量上限。

代码实现主要在table_builder2::caculate_capable()。下面列出源代码、注解和推演过程：

```
void table_builder2::caculate_capable()
    {
        int available_server_count = available_server.size();
        int real_copy_count = copy_count;

        if(copy_count <= 1) {
            build_stat_normal = false;
        }
        if(build_stat_normal == false) {
            if(real_copy_count > 2) {
                real_copy_count = 2;
            }

        }
        int mtoken_per_node_min = 0;
        int mtoken_per_node_max_count = 0;
        int mtoken_per_node_min_count = 0;
        int otoken_per_node_min = 0;
        int otoken_per_node_max_count = 0;
        int otoken_per_node_min_count = 0;
        int mmaster_token_per_node_min = 0;
        int mmaster_token_per_node_max_count = 0;
        int mmaster_token_per_node_min_count = 0;
        int omaster_token_per_node_min = 0;
        int omaster_token_per_node_max_count = 0;
        int omaster_token_per_node_min_count = 0;

        assert(build_stat_normal);
        int token_per_node_min =
            bucket_count * real_copy_count / available_server_count;
/*计算每个节点最少存储多少个数据块，例如，6个桶，三副本，共18个数据块，如果5个ds，每个ds存放3
    个数据块，如果6个ds每个ds也存放3个数据块*/
        int token_per_node_max_count =
            bucket_count * real_copy_count -
            token_per_node_min * available_server_count;/*6个桶3副本，如果5个ds, 18
                - 3*5 = 3 , 即会有三个ds存储 N/C + 1个数据块。*/
        int token_per_node_min_count =
            available_server_count - token_per_node_max_count;/*计算多少个ds存储N/c
                个数据块，6个桶3副本，如果5个ds, 18 - 3*5 = 3 , 5-3=2 */
        int master_token_per_node_min = bucket_count / available_server_count;
/*计算每个节点上存放主数据块的个数，6个桶3副本，如果5个ds, 6/5=1 */
        int master_token_per_node_max_count =
            bucket_count - master_token_per_node_min * available_server_count;/*
                计算多少个ds存放 M/C + 1个数据块，6个桶3副本，如果5个ds, 6 - 1*5 = 1*/
        int master_token_per_node_min_count =
            available_server_count - master_token_per_node_max_count;/*计算多少个
                dc存放M/C个数据块，6个桶3副本，如果5个ds, 6 - 1 = 5 */
```

```
if(build_stat_normal) {
    assert(real_copy_count >= 2);

    int total_bucket = bucket_count * (real_copy_count - 1); /*计算副本数
        据块数量, 6个桶3副本, 如果5个ds,  6*(3-1)=12 */
    int master_bucket =
        (int) (bucket_count * ((float) pos_max / available_server_
            count));/* 计算主机房能够存放多少个主数据块。6个桶3副本, 如果5个ds, 2
            个idc, 其中一个idc有3个ds, 另一个有两个ds。
        pos_max的值就是机器数量比较多的那个机房的ds数量, 这里假设为3。  6 * (3/5)
            = (int) 3.6 = 3 */

int server_count = pos_max; //3
int balance_bucket =
    (int) (bucket_count * real_copy_count *
        ((float) pos_max / available_server_count));/*计算主机房能够存放多少
            个数据块, 6个桶3副本, 如果5个ds, 2个idc, 其中一个idc有3个ds, 另一个有
            两个ds */
        //(6*3)*(3/5) = (int)10.8 = 10

if(total_bucket > balance_bucket) { /*主机房不能存放所有数据副本, 则按照实际需
    要存放的数据块计算 */
total_bucket = balance_bucket;
}
mtoken_per_node_min = total_bucket / server_count;/*主机房每个ds上能够存放的
    副本数据块数量, 10/3 = 3 */
mtoken_per_node_max_count =
    total_bucket - mtoken_per_node_min * server_count; /*主机房存放N/C+1个
        副本数据块的ds数量:  10 - 3*3 = 1 */
mtoken_per_node_min_count = server_count - mtoken_per_node_max_count; /*
    主机房存放N/C个副本数据块的ds数量:  3 - 1 = 2*/
mmaster_token_per_node_min = master_bucket / server_count;/*主机房每个ds上
    能够存放的主数据块数量, 3/3 = 1 */
mmaster_token_per_node_max_count =
    master_bucket - mmaster_token_per_node_min * server_count;/*主机房存放
        M/C + 1个副本数据块的ds数量:  3 - 3*1 = 0 */
mmaster_token_per_node_min_count =
    server_count - mmaster_token_per_node_max_count;/*主机房存放M/C个副本数
        据块的ds数量:  3 - 0 = 3 */

total_bucket = bucket_count * real_copy_count -
    (mtoken_per_node_min * mtoken_per_node_min_count +
        (mtoken_per_node_min + 1) * mtoken_per_node_max_count);/*计算另一
            个机房存放的数据块个数6*3 - 3*2 - 4*1 = 8 */
master_bucket =
    bucket_count -
        (mmaster_token_per_node_min * mmaster_token_per_node_min_count +
            (mmaster_token_per_node_min + 1) * mmaster_token_per_node_
                max_count); /*计算另一个机房存放的主数据块个数 6 - 1 * 3 +
                    2*0 = 3    */
```

```
    server_count = available_server_count - server_count; /*另一个机房里ds数量
        : 5 - 3 = 2    */
    otoken_per_node_min = total_bucket / server_count;/*计算另一个机房平均每个ds
        存放的数据块数量 8/2 = 4    */
    otoken_per_node_max_count = total_bucket - otoken_per_node_min * server_
        count; /*计算备机房存放N/C+1个数据块的ds数量 :   8 - 4 * 2 = 0 */
    otoken_per_node_min_count = server_count - otoken_per_node_max_count; /*
        计算存放N/C 个数据块的ds数量 :  2 - 0 = 0 */
    omaster_token_per_node_min = master_bucket / server_count;/* 计算备机房每个
        ds存放主数据块的数量 3/2 = 1 */
    omaster_token_per_node_max_count = master_bucket - omaster_token_per_
        node_min * server_count; /*计算备机房存放M/C + 1个数据块的ds数量：  3 - 1*2
        = 1 */
    omaster_token_per_node_min_count = server_count - omaster_token_per_node_
        max_count; /*计算备机房存放M/C个数据块的ds数量：  2 - 1 = 1 */
    }
    server_capable.clear();
    master_server_capable.clear();
    {
        token_per_node_min = mtoken_per_node_min;
        token_per_node_max_count = mtoken_per_node_max_count;
        token_per_node_min_count = mtoken_per_node_min_count;
        master_token_per_node_min = mmaster_token_per_node_min;
        master_token_per_node_max_count = mmaster_token_per_node_max_count;
        master_token_per_node_min_count = mmaster_token_per_node_min_count;

        log_info("node in max room");
        log_info("tokenPerNode_min=%d", token_per_node_min);
        log_info("tokenPerNode_max_count=%d", token_per_node_max_count);
        log_info("tokenPerNode_min_count=%d", token_per_node_min_count);

        log_info("masterTokenPerNode_min_count=%d",
            master_token_per_node_min_count);
        log_info("masterTokenPerNode_max_count=%d",
            master_token_per_node_max_count);
        log_info("masterTokenPerNode_min_count=%d",
            master_token_per_node_min_count);

        int max_s = 0;
        int mmax_s = 0;
        int i = 0;
        for(server_list_type::const_iterator it = available_server.begin();
            it != available_server.end(); it++) {
        if((*it).second != max_machine_room_id)/*先跳过备机房，计算主机房的ds容量 */
            continue;
    if(max_s < token_per_node_max_count) {/*如果N/C+1的ds数量没有超过上限，则ds分
        配N/C+1个数据块 */
        server_capable[*it] = token_per_node_min + 1;
        max_s++;
    }
```

```
        else {
            server_capable[*it] = token_per_node_min;
        }
```

```
/*如果M/C+1的ds数量没有超过上限，则ds分配M/C+1个主数据块
*/
        if(mmax_s < master_token_per_node_max_count) {
            master_server_capable[*it] = master_token_per_node_min + 1;
            mmax_s++;
        }
        else {
            master_server_capable[*it] = master_token_per_node_min;
        }
        i++;
    }
}
{//分配备份机房的ds容量
    token_per_node_min = otoken_per_node_min;
    token_per_node_max_count = otoken_per_node_max_count;
    token_per_node_min_count = otoken_per_node_min_count;

    master_token_per_node_min = omaster_token_per_node_min;
    master_token_per_node_max_count = omaster_token_per_node_max_count;
    master_token_per_node_min_count = omaster_token_per_node_min_count;

    log_info("node not in max room");
    log_info("tokenPerNode_min=%d", token_per_node_min);
    log_info("tokenPerNode_max_count=%d", token_per_node_max_count);
    log_info("tokenPerNode_min_count=%d", token_per_node_min_count);

    log_info("masterTokenPerNode_min_count=%d",
        master_token_per_node_min_count);
    log_info("masterTokenPerNode_max_count=%d",
        master_token_per_node_max_count);
    int max_s = 0;
    int mmax_s = 0;
    int i = 0;
    for(server_list_type::const_iterator it = available_server.begin();
        it != available_server.end(); it++) {
    if((*it).second == max_machine_room_id)
        continue;
    if(max_s < token_per_node_max_count) {
        server_capable[*it] = token_per_node_min + 1;
        max_s++;
    }
    else {
        server_capable[*it] = token_per_node_min;
    }

    if(mmax_s < master_token_per_node_max_count) {
```

```
            master_server_capable[*it] = master_token_per_node_min + 1;
            mmax_s++;
        }
        else {
            master_server_capable[*it] = master_token_per_node_min;
        }
        i++;
    }
}

}
```

方法执行完成后，会形成表 9-23 和表 9-24 两张表。

表 9-23　数据容量表

Data Server	M1	M2	M3	M4	M5	合计
	4	3	3	4	4	18

表 9-24　主数据容量表

Data Server	M1	M2	M3	M4	M5	合计
	1	1	1	2	1	6

第四步，确定每个副本存放的 Data Server。

多机架情况下，调用 is_this_node_OK 判断某个副本是否适合存放在某个 Data Server 上时，Tair 会考虑机架信息和所在机架各个 Data Server 之间的负载均衡。

主要考虑点如下：

❑ Data Server 存储主副本数量不超过 master_server_capable 中计算的上限。

❑ Data Server 存储副本总数量不超过 server_capable 中计算的上限。

❑ 某个机架上总共存储 N 个副本，共有 C 个 Data Server，存储 N/C+1 个副本的 Data Server 个数不超过上限（详见前面代码注解）。

❑ 主副本与其备份副本不能存储在同一个 Data server 上。

❑ 主副本与其备份副本不能存储在同一个机架上。

最终的对照表如表 9-25 所示。

表 9-25　数据容量表

	数据块 D1	数据块 D2	数据块 D3	数据块 D4	数据块 D5	数据块 D6
主桶（line=0）	M1	M4	M5	M2	M3	M1
备桶（line=1）	M2	M3	M1	M4	M5	M4
备桶（line=2）	M5	M2	M3	M1	M4	M5

9.4.2　数据迁移

Tair 每次重新构造对照表之后，会将新的对照表发送给 Data Server，Data Server 拿到新的对照表后，将需要迁移的数据迁移到对应的 Data Server，迁移完成后，Data Server 向 Config Server 发送迁移完成的消息。

图 9-5 是一个稳定状态的示意图。

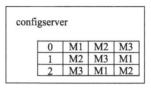

图 9-5　稳定状态

假设新增加了一台 Data server，M4，迁移过程示例如图 9-6 所示。

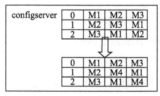

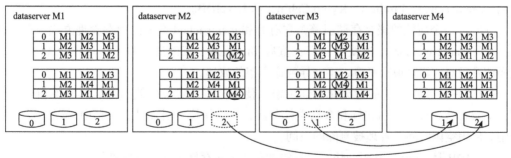

图 9-6　迁移过程

Data Server 收到新的对照表后，通过计算，如果发现需要迁移的数据列表不为空，就通过 migrate_manager::set_migrate_server_list 方法，把迁移列表写入 migrate_manager 的迁移列表里。

migrate_manager 是 Data server 启动后，就启动的一个线程，不断扫描自己的迁移表，发现迁移表不为空的时候，就进行数据迁移的工作。主要源代码摘录如下：

```
void migrate_manager::do_run()
{
    ......
    bool have_task = migrate_servers.empty();
    if (!have_task) {
        migrate_servers.swap(temp_servers);
    } else {
    ......
        return;
    }
    do_migrate();
    ........
}
```

具体的迁移逻辑在 migrate_manager::do_migrate_one_bucket 方法里，主要的逻辑是，开始迁移数据时，设置 current_migrating_bucket 为当前正在迁移的桶 id，之后，Data server 写入这个桶时，都会写入 redolog。然后 migrate_manager 开始迁移内存中桶的数据（或 ldb 文件中的数据）。数据迁移完成后，迁移 redolog。redolog 迁移完成后，将这个桶标记为迁移完成，并把迁移完成信息发送给 Config Server。

9.5　存储引擎

Tair 的存储引擎有一个抽象层（storage_manager），只要满足存储引擎需要的接口，便可以很方便地替换 Tair 底层的存储引擎。比如，如果有需要，可以对 bdb、tc 甚至 MySQL 进行包装，作为 Tair 的存储引擎。

开源的 Tair 默认包含四个存储引擎：mdb、fdb、kdb、ldb。分别基于四种开源的数据存储：Memcached、Firebird、Kyoto Cabinet 和 LevelDB。

mdb 是一个高效的缓存存储引擎，它有着和 memcached 类似的内存管理方式。但 mdb 支持使用 share memory，这使得我们在重启 Tair 数据节点的进程时不会导致数据的丢失，从而使升级对应用来说很平滑，不会导致命中率的波动。

fdb 是一个简单高效的持久化存储引擎，使用树的方式根据数据 key 的 hash 值索引数据，加快查找速度。索引文件和数据文件分离，尽量保持索引文件在内存中，以便减小 IO 开销。使用空闲空间池管理被删除的空间。

LevelDB 是 Google 开源的快速轻量级的单机 KV 存储引擎。基本特性：

❑ 提供 key/value 支持，key 和 value 是任意的字节数组。

❑ 数据按 key 内部排序。

❑ 支持批量修改（原子操作）。

Kyoto Cabinet 是一个数据库管理的 lib，是 Tokyo Cabinet 的改进版本。数据库是一个简单的包含记录的数据文件，每个记录是一个键值对（key/value），key 和 value 都是变长的字节序列。key 和 value 既可以是二进制的，也可以是文本字符串。数据库中的 key 必须唯一。数据库既没有表的概念，也不存在数据类型。所有的记录被组织为 hash 表或 B+ 树。Kyoto Cabinet 的运行速度非常快。例如，保存一百万记录到 hash 数据库中只需要 0.9 秒，保存到 B+ tree 数据库只需要 1.1 秒。而且数据库本身还非常小。例如，hash 数据库的每个记录头只有 16 字节，B+ tree 数据库是 4 字节。更进一步，Kyoto Cabinet 的伸缩性非常大，数据库大小可以增长到 8EB（9.22e18 bytes）。

下面对常用的 mdb 存储做详细的分析，其他的几种存储引擎，在这里不详细描述。

Tair 默认使用 MDB 存储数据，MDB 是一个内存 K/V 存储引擎，有着类似 Memcached 的内存管理模式。图 9-7 是 MDB 具体的内存管理逻辑图。

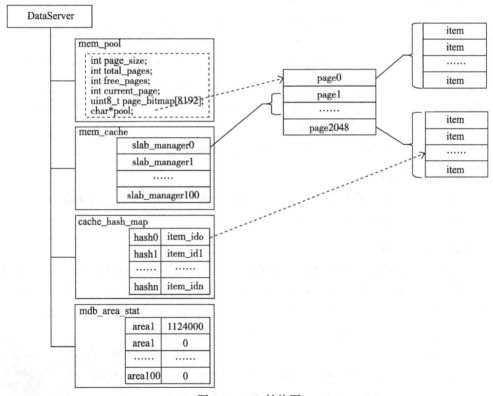

图 9-7　mdb 结构图

如图 9-7 所示，Tair MDB 最主要的四个数据结构为：

❑ Mem_pool，用于管理内存。

❑ Mem_cache，用于管理 slab。

❑ Cache_hash_map：用于存储 hash 表。

❑ Mdb_area_stat：用于维护 area 的状态。

下面分别对每个数据结构详细解释。

1. mem_pool

mem_pool 主要用于内存管理，Tair 通过将内存分为若干个 page 管理内存。每个 page 的大小是 1MB，page 的个数由 Tair 根据 slab_mem_size 配置设置，单位 MB。上图中的例子设置为 2048，即 2GB。

由于 Tair 代码中定义了最大 page 数量 MAX_PAGES_NO = 65536 的限制。所以，单个 Data Server 节点最多可使用 64GB 内存。

mem_pool 里存储了当前已经占用的 page、未分配的 page。

2. mem_cache

Mem_cache 中主要存放了 slab_manager 的列表。

slab_manager 主要用于管理各个 item。每个 slab_manager 中管理了相同大小的数据块，存储在 tair 中的数据，最终存储在这些块里，也就是 item。

Tair 中限制最大 slab 个数为 100（TAIR_SLAB_LARGEST），每个 slab 的数据块大小按照 mdb_param::factor（值为 1.1）递增。最小 slab 中数据块大小 cache_info->base_size = ALIGN(sizeof(mdb_item) + 16)，为 64 字节，可以存储 16 个字节的数据，最大的 slab 可存储 881920 约 800kB 字节每个 item 的数据。

slab_manager 中会分配 page，然后将数据写入 page 中。

3. cache_hash_map

cache_hash_map 中主要存储了一个 hashtable，这个 hashtable 是一个 hash 表，按照数据的 key 进行 hash，hash 冲突的时候，产生一个链表。

4. mdb_area_stat

mdb_area_stat 中维护了 area 的相关数据，主要记录了 area 的数据量限制和属于某个 area 的所有数据的链表。在写入数据的时候，会检查 area 数据量限制，如果数据量达到上限，则会循环 50 次，检查是否有过期的数据，如果找到，则逐出。如果 50 次都没有找到过期数据，则将最后一个数据逐出。参考图 9-8 所示的示例，其中的 key 1 被逐出。

被逐出的数据，有两种可能，一种是，如果配置了 evict_data_path 这个选项，被逐出的数据会记入文件，如果没有配置，数据直接被逐出。

area 中记录的所有数据链表，用于执行 clear 操作。

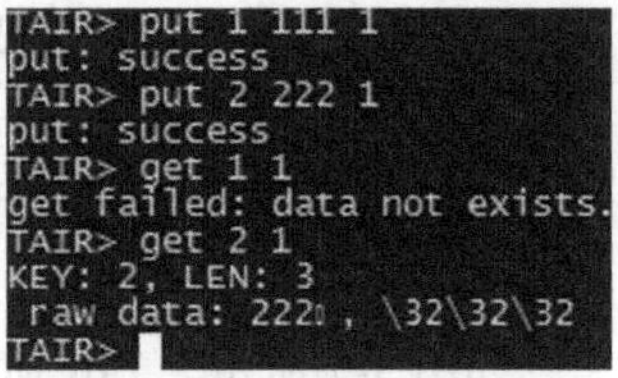

```
TAIR> put 1 111 1
put: success
TAIR> put 2 222 1
put: success
TAIR> get 1 1
get failed: data not exists.
TAIR> get 2 1
KEY: 2, LEN: 3
  raw data: 222, \32\32\32
TAIR>
```

图 9-8 数据逐出试验

9.6 Tair 的 API

Tair 为客户端提供了丰富的 API 支持，主要分为 key/value 操作的 API 和类似 redis

hash 数据结构类似的 prefix 操作的 API。下面对这些 API 做简要的介绍。

9.6.1 key/value 相关 API

下面就来介绍一下与 key/value 相关的 API。

1. key/value 操作 API

普通的 key/value 操作和 redis 的操作很相似，主要包含下面这些操作：

❑ get(short ns, byte[] key, TairOption opt)：获取某个 key 的值。

❑ getHidden(short ns, byte[] key, TairOption opt)：用于获取被标记为隐藏的 key。

❑ put(short ns, byte[] key, byte[] value, TairOption opt)：设置 key/value。

❑ incr(short ns, byte[] key, int value, int defaultValue, TairOption opt)：对计数器扣减。

❑ incr(short ns, byte[] key, int value, int defaultValue, int lowBound, int upperBound, TairOption opt)：对计数器增加。

❑ setCount(short ns, byte[] key, int count, TairOption opt)：对计数器设置值。

❑ decr(short ns, byte[] key, int value, int defaultValue, TairOption opt)：对计数器扣减。

❑ decr(short ns, byte[] key, int value, int defaultValue, int lowBound, int upperBound, TairOption opt)：对计数器扣减。

❑ lock(short ns, byte[] key, TairOption opt)：锁定某个 key。需要注意，mdb 支持，ldb 不支持此操作

❑ unlock(short ns, byte[] key, TairOption opt)：解除某个 key 的锁定。

❑ batchPut(short ns, Map<byte[], byte[]> kv, TairOption opt)：批量 put。

❑ batchGet(short ns, List<byte[]> keys, TairOption opt)：批量 get。

❑ batchLock(short ns, List<byte[]> keys, TairOption opt)：批量锁定。

❑ batchUnlock(short ns, List<byte[]> keys, TairOption opt)：批量解锁。

❑ hideByProxy(short ns, byte[] key, TairOption opt)：隐藏某个 key。

❑ expire(short ns, byte[] key, TairOption opt)：设置某个 key 的失效时间。

参数说明：

❑ ns：namespace 或叫做 area。

❑ TairOption：version、expire 等的设置。

2. version

Tair 中的每个数据都包含版本号，版本号在每次更新后都会递增。这个特性可以帮助防止数据的并发更新导致的问题。

比如系统有一个 value 为"a,b,c"，A 和 B 同时 get 到这个 value。A 执行操作，在后面添加一个 d，value 变为"a,b,c,d"。B 执行操作添加一个 e，value 变为"a,b,c,e"。如果不加控制，无论 A 和 B 谁先更新成功，它的更新都会被后到的更新覆盖。

Tair 无法解决这个问题，但是引入了 version 机制避免这样的问题。还是拿刚才的例子，A 和 B 取到数据，假设版本号为 10，A 先更新，更新成功后，value 变为 "a,b,c,d"，与此同时，版本号会变为 11。当 B 更新时，由于其基于的版本号是 10，服务器会拒绝更新，从而避免 A 的更新被覆盖。B 可以选择 get 新版本的 value，然后在其基础上修改，也可以选择强行更新。

示例程序如图 9-9、图 9-10 所示。

```
18
19⊖    public void TestSimpilePut() {
20         DefaultTairClient tair = null;
21
22         tair = new DefaultTairClient();
23         tair.setMaster("10.198.195.223:5198");
24         tair.setGroup("group_1");
25         try {
26             tair.init();
27         } catch (TairException e) {          这里指定了一个错误版本号
28             e.printStackTrace();
29         }
30
31         TairOption opt = new TairOption(50000000, (short) 9, 0);
32
33         try {
34             Result<Void> result = tair.put((short) 0, "leo1".getBytes(), "123".getBytes(), opt);
35             System.out.println(result);
36         } catch (TairRpcError | TairFlowLimit | TairTimeout | InterruptedException e) {
37             // TODO Auto-generated catch block
38             e.printStackTrace();
39         }
40         tair.close();
```

◀ Markers ☐ Properties 🕸 Servers 📖 Data Sour... 📄 Snippets 🖳 Console ✖ 🖷 Progress 🔍 Search 🚇 JUnit ❖ Debug

报错：版本错误

SimplePut [Java Application] C:\Java\jre-7u67\bin\javaw.exe (2016年3月9日 上午7:47:10)

```
log4j:WARN No appenders could be found for logger (com.taobao.tair3.client.impl.invalid.InvalidServerManager).
log4j:WARN Please initialize the log4j system properly.
[(Code:-3997) (Message:version error)] Result:null
```

图 9-9　version API 使用实例

Tair 使用不同的存储引擎时，存储的数据结构里，都会有一个版本号。

Mdb 的存储数据结构：

```
struct mdb_item
{
    uint64_t h_next;
    uint64_t prev;
    uint64_t next;
    uint32_t exptime;
    uint32_t key_len;
    uint32_t data_len;
    uint16_t version;
    uint32_t update_time;
    uint64_t item_id;
    char data[0];
};
```

ldb 存储的数据结构：

```
19⊖    public void TestSimpilePut() {
20         DefaultTairClient tair = null;
21
22         tair = new DefaultTairClient();
23         tair.setMaster("10.198.195.223:5198");
24         tair.setGroup("group_1");
25         try {
26             tair.init();
27         } catch (TairException e) {
28             e.printStackTrace();
29         }
30                                                          改为正确版本号
31         TairOption opt = new TairOption(50000000, (short) 10, 0);
32
33         try {
34             Result<Void> result = tair.put((short) 0, "leo1".getBytes(), "123".getBytes(), opt);
35             System.out.println(result);
36         } catch (TairRpcError | TairFlowLimit | TairTimeout | InterruptedException e) {
37             // TODO Auto-generated catch block
38             e.printStackTrace();
39         }
40         tair.close();
```

◀

🔲 Markers 🔲 Properties 🔌 Servers 🔌 Data Sour... 📄 Snippets 🖳 Console ⊠ 🔁 Progress 🔍 Search Ju JUnit

tair返回OK

🔲 ✖ ✖ |

implePut [Java Application] C:\Java\jre-7u67\bin\javaw.exe (2016年3月9日 上午7:49:10)
og4j:WARN No appenders could be found for logger (com.taobao.tair3.client.impl.invalid.InvalidServerMan
og4j:WARN Please initialize the log4j system properly.
(Code:0) (Message:OK)] Result:null

图 9-10　version API 使用实例

```
struct LdbItemMetaBase
    {
        uint8_t meta_version_;       //meta data version
        uint8_t flag_;               //flag
        uint16_t version_;           //version
        uint32_t cdate_;             //create time
        uint32_t mdate_;             //modify time
        uint32_t edate_;             //expired time(for meta when get value.dummy with key)
    };
```
kdb存储的数据结构：
```
struct kdb_item_meta {
        uint8_t  flag;
        uint8_t  reserved;
        uint16_t version;
        uint32_t cdate;
        uint32_t mdate;
        uint32_t edate;
    };
```
Fdb存储的数据结构：
```
    typedef struct _item_meta {
        uint16_t magic;
        uint16_t checksum;
        uint16_t keysize;            // key size max: 64KB
        uint16_t version;
        uint32_t prefixsize;         // prefix size
        uint32_t valsize : 24;       // value size
        uint8_t flag;                // for extends
```

```
        uint32_t cdate;              // item create time
        uint32_t mdate;              // item last modified time
        uint32_t edate;              // expire date
};
```

在执行 put 操作的时候，会首先把原来存储的数据拿出来，对比 version：

```
else if(version_care && version != 0
            && it->version != static_cast<uint32_t> (version)) {
    TBSYS_LOG(WARN, "it->version(%hu) != version(%hu)", it->version,
            key.get_version());
    return TAIR_RETURN_VERSION_ERROR;
}
```

如果 version 不匹配，返回错误；如果 version 匹配，则更新数据，并增加版本号。如果不希望使用 version 匹配，可以传入 0。

9.6.2 prefix 相关的 API

Tair 的 prefix 操作，类似于 Redis 的 hash 数据类型。

1. 支持的 API

❑ prefixPut(short ns, byte[] pkey, byte[] skey, byte[] value, TairOption opt)：设置 key/value。

❑ prefixGet(short ns, byte[] pkey, byte[] skey, TairOption opt)：取得 key/value。

❑ prefixGetHidden(short ns, byte[] pkey, byte[] skey, TairOption opt)：取得隐藏的 key/value。

❑ prefixPutMulti(short ns, byte[] pkey, final Map<byte[], Pair<byte[], RequestOption>> kvs, TairOption opt)：批量设置 key/value。

❑ prefixPutMulti(short ns, byte[] pkey, final Map<byte[], Pair<byte[], RequestOption>> kvs, final Map<byte[], Pair<Integer, RequestOption>> cvs, TairOption opt)：批量设置 key/value（使用 kvs），同时批量增加 / 减少计数器值（使用 cvs）。

❑ prefixSetCountMulti(short ns, byte[] pkey, final Map<byte[], Pair<Integer, RequestOption>> kvs, TairOption opt)：批量设置计数器值。

❑ prefixGetMulti(short ns, byte[] pkey, List<byte[]> skeys, TairOption opt)：批量读取。

❑ prefixGetHiddenMulti(short ns, byte[] pkey, List<byte[]> skeys, TairOption opt)：批量读取隐藏值。

❑ prefixSetCount(short ns, byte[] pkey, byte[] skey, int count, TairOption opt)：设置计数器值。

❑ prefixIncr(short ns, byte[] pkey, byte[] skey, int value, int initValue, TairOption opt)：增加计数器值。

❑ prefixIncr(short ns, byte[] pkey, byte[] skey, int value, int initValue, int lowBound, int upperBound, TairOption opt)：增加计数器值。

- ❑ prefixDecr(short ns, byte[] pkey, byte[] skey, int value, int initValue, TairOption opt)：减少计数器值。
- ❑ prefixDecr(short ns, byte[] pkey, byte[] skey, int value, int initValue, int lowBound, int upperBound, TairOption opt)。减少计数器值。
- ❑ prefixIncrMulti(short ns, byte[] pkey, Map<byte[], Counter> skv, TairOption opt)：批量增加计数器值。
- ❑ prefixIncrMulti(short ns, byte[] pkey, Map<byte[], Counter> skv, int lowBound, int upperBound, TairOption opt)：批量增加计数器值。
- ❑ prefixDecrMulti(short ns, byte[] pkey, Map<byte[], Counter> skv, TairOption opt)：批量减少计数器值。
- ❑ prefixDecrMulti(short ns, byte[] pkey, Map<byte[], Counter> skv, int lowBound, int upperBound, TairOption opt)：批量减少计数器值。
- ❑ batchPrefixGetMulti(short ns, Map<byte[], List<byte[]>> keys, TairOption opt)：批量取得 prefix。
- ❑ batchPrefixGetHiddenMulti(short ns, Map<byte[], List<byte[]>> keys, TairOption opt)：批量取得隐藏的 prefix。
- ❑ getRange(short ns, byte[] pkey, byte[] begin, byte[] end, int offset, int maxCount, boolean reverse, TairOption opt)：按照前缀匹配取得 prefix 的子 key/value。
- ❑ deleteRange(short ns, byte[] pkey, byte[] begin, byte[] end, int offset, int maxCount, boolean reverse, TairOption opt)：按照前缀匹配删除 prefix 的子 key。
- ❑ getRangeKey(short ns, byte[] pkey, byte[] begin, byte[] end, int offset, int maxCount, boolean reverse, TairOption opt)：按照前缀匹配取得 prefix 的子 key。
- ❑ getRangeValue(short ns, byte[] pkey, byte[] begin, byte[] end, int offset, int maxCount, boolean reverse, TairOption opt)：按照前缀匹配取得 prefix 的子 key 的 value。

2. 实现的原理

Tair 在接收到含有 prefix 的请求后，会按照 prefix 计算 hash，因此，同一个 namespace 下的同一个 prefix，会 hash 到同一个 hashtable 位置，形成一个链表。后续通过 prefix 操作时，都是操作的这个链表。

3. Range 操作

注意，mdb、fdb、kdb 引擎不支持 range 操作，需要更换为 ldb 引擎。使用 getRange 的示例代码如下：

```
int keyCount = 20;
    byte[] pkey = "leo".getBytes();
    List<byte[]> skeys = this.generateOrderedKeys(pkey, keyCount);
    Map<byte[], Pair<byte[], RequestOption>> kvs = new HashMap<byte[],
```

```
            Pair<byte[], RequestOption>>();
    for (byte[] key : skeys) {
        kvs.put(key, new Pair<byte[], RequestOption>(UUID.randomUUID().
            toString().getBytes(), new RequestOption()));
    }
    try {
        TairOption opt = new TairOption(500, (short) 0, 0);
        ResultMap<byte[], Result<Void>> pm = tair.prefixPutMulti(ns, pkey, kvs,
            null);
        assertEquals(ResultCode.OK, pm.getCode());
        for (Map.Entry<byte[], Result<Void>> entry : pm.getResult().entrySet()) {
            assertEquals(ResultCode.OK, entry.getValue().getCode());
        }
        byte[] start = skeys.get(0);
        byte[] end = skeys.get(keyCount - 1);
        Result<List<Pair<byte[], Result<byte[]>>>> r = tair.getRange(ns, pkey,
            start, end, 0, keyCount, false, opt);
        assertEquals(ResultCode.OK, r.getCode());
        System.out.println("=============getRange=============");
        for (Pair<byte[], Result<byte[]>> e : r.getResult()) {
            System.out.println("first : "+new String(e.first()) + "  second
                :"+new String(e.second().getResult()));
        }
        Result<List<Pair<byte[], Result<byte[]>>>> r1 = tair.getRange(ns, pkey,
            null, null, 0, keyCount, false, opt);
        assertEquals(ResultCode.OK, r1.getCode());
    } catch (TairRpcError e) {
        assertEquals(false, true);
    } catch (TairFlowLimit e) {
        assertEquals(false, true);
    } catch (TairTimeout e) {
        assertEquals(false, true);
    } catch (InterruptedException e) {
        assertEquals(false, true);
    }
```

运行结果如下：

```
=============getRange=============
first : leo0    second :532f8fa9-ee91-4afa-a0a5-d7896fbaefee
first : leo1    second :775aaccc-b1f4-439d-aa0f-010f284ce688
first : leo10   second :386ee021-0370-4986-8040-8162bf51111b
first : leo11   second :2ab883a5-7ae1-41ba-a419-9a95b33e74b1
first : leo12   second :ee54ec0f-0baa-4fe7-9957-d40da64c49b6
first : leo11   second :cac646ae-b1f5-4d99-b255-4f436cefcac7
first : leo14   second :a8e224f7-eed7-4c1c-9b92-1ad3ecbfccf7
first : leo15   second :10fb9776-e7f0-4360-8d3b-9a1e5de495e1
first : leo16   second :5eb60efe-b4ff-4d84-904d-f459411a03b5
first : leo17   second :f9a4ac62-248e-42d8-9e5d-5c35061b4c4c
first : leo18   second :580a783d-c810-46a6-ad55-09b2384ca342
```

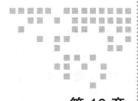

第 10 章

EVCache 探秘

　　云服务不仅为软件系统的开发和部署带来了更多的敏捷性，而且提供了更多创新的可能性。当分布式缓存技术遇到云服务会是怎样的情形呢？ EVCache 就是这样的一种技术。

　　EVCache 是一个开源、快速的分布式缓存，是基于 Memcached 的内存存储和 Spymem-cached 客户端实现的解决方案，主要用在亚马逊弹性计算云服务（AWS EC2）的基础设施上，为云计算做了优化，能够顺畅而高效地提供数据层服务。图 10-1 所示是 EVCache 开源项目在 Github 上的表现。

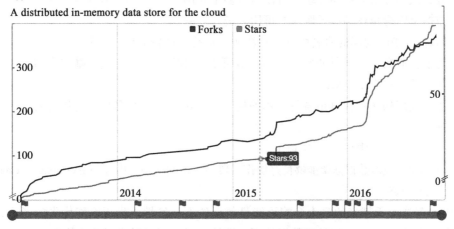

图 10-1　EVCache 开源项目的 fork 和 Star 数量

EVCache 是一个缩写，包括：

❑ Ephemeral：数据存储是短暂的，有自身的存活时间。

❑ Volatile：数据可以在任何时候消失。

❑ Cache：一个内存型的键值对存储系统。

EVCache 实现的主要功能包括分布式键值对存储，亚马逊云服务的跨区域数据复制以及注册和自动发现新节点或者新服务。EVCache 典型的应用是对上下文一致性要求不高的场景，其可扩展性已经可以处理非常大的流量，同时提供了健壮的应用编程接口。

10.1 EVCache 项目介绍

EVCache 是 Netflix 开源软件项目（Open Source Software，OSS）中的一部份，是 Netflix 多个关于数据存储的开源项目中的一个重要成员。在 Netflix 架构中有两个基本元素，一个是控制平面，运行在亚马逊云服务（AWS）之上，用于用户登录，浏览和播放以及一般性服务。另一个是数据平面，叫做 Open Connect，这是一个全球性的视频分发网络。EVCache 是位于控制平面的。

Netflix 是微服务架构领域的实践者，在系统中部署了上百个微服务，每一个微服务只专注做一件事情。这使得 Netflix 所提供的软件系统能够做到高度均衡和松耦合。由于状态都存储在缓存或持久存储中，所以这些微服务大多数是无状态的，易于自动扩展。

EVCache 在 Netflix 内部是一个被广泛使用的数据缓存服务，所提供的低延迟且高可用的缓存方案可以很好地满足 Netflix 微服务架构需要，也用来做一般数据的存储。EVCache 能够使面向终端用户的应用，个性化算法和各种微服务都具备优良的性能。

EVCache 具有如下的特性：

❑ 分布式的键值对存储，缓存可以跨越多个实例。

❑ 数据可以跨越亚马逊云服务的可用区进行复制。

❑ 通过 Netflix 内部的命名服务进行注册，自动发现新节点和服务。

❑ 为了存储数据，键是非空字符串，值可以是非空的字节数组，基本类型，或者序列化对象，且小于 1 MB。

❑ 作为通用的缓存集群被各种应用使用，支持可选的缓存名称，通过命名空间避免主键冲突。

❑ 一般的缓存命中率在 99% 以上。

❑ 与 Netflix 驻留数据框架能够良好协作，典型的访问次序：内存→EVCache→Cassandra/SimpleDB/S3。

使用缓存技术所带来的最大影响可能是数据的不一致性。出于性能优先的考虑，具体的应用会依赖于 EVCache 来处理数据的不一致性。对于存活时间很短的数据，用 TTL 设置数据的失效时间，对于长时间保留的数据，通过构建一致性检查来修复它们。

EVCache 是使用了 Memcached 操作接口（如 get、set、touch 等），基于数据大小和网

络容量可以线性扩展，支持任意数量的数据备份（有的集群支持 2 个，有的支持 9 个）。所有操作都拥有对拓扑结构的感知、重试、回退，以及其他机制来保障操作的完整性，同时优化了亚马逊云服务的架构。每个主键中的数据通过数据分块技术处理后可以是任意大小的。

简而言之，Memcached 是一个单进程应用，在单台主机上工作的很好，而 EVCache 使用它作为一个基础模块，Memcached 是 EVCache 的一个子集。

10.1.1　EVCache 的由来

对于一个流媒体服务来说，提供一个以客户为中心的用户体验意味着要做很多事情，要包括优秀的内容库，直观的用户界面，个性化内容推荐，可以让用户获取所喜爱的内容并可高质量播放的快速服务，等等。

Netflix 期待用户和系统服务交互时能有一个极致的用户体验，对云服务而言，所考虑的目标是：

❑ 与 Netflix 数据中心相对应的快速响应时间。

❑ 从面向会话的应用到云服务中的无会话状态应用。

❑ 使用 NoSQL 的数据驻留，如 Cassandra/SimpleDB/S3。

从数据存储（如 Cassandra，或其他的亚马逊云服务如 S3 或 SimpleDB）中计算或提取数据，这样的数据存储操作大多需要花费数百毫秒，因此会影响用户体验。通过 EVCache 作为数据前端缓存，访问时间更加快速而且是线性的，同时削减了这些数据存储的负载，还能够更有效的分担用户请求。此外，数据加载服务经常是先于缓存响应，这保证了用户可以得到个性化的数据响应而不是通用响应。另外，使用 EVCache 缓存可以有效地削减操作的总体成本。

EVCache 是典型的客户端／服务器结构。服务器端包括一个 Memcached 进程，这是一个流行的且久经考验的内存型键值对存储，还包括一个叫 Prana 的 Java 进程用于与发现服务（基于 Eureka 的实现）通信并托管本地管理，以及监控服务健康状态和统计状态的各种应用，并将统计信息发送给 Netflix 平台的统计服务。具体结构如图 10-2 所示。

其中，面向微服务的 Java 应用提供了一个集成应用程序到微服务生态系统的 HTTP 接口，主要功能如下：

❑ 注册到发现系统。

❑ 其他服务的发现。

❑ 健康检查服务。

❑ HTTP API 和负载均衡要求。

❑ 动态属性加载。

EVCache 客户端是一个 Java 的客户端，用于发现

EVCache 服务器并管理所有的增删改查（CRUD）操作，

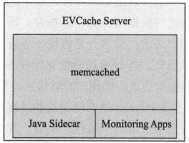

图 10-2　EVCache Server 的基本结构

由客户端处理在集群中添加 / 删除服务器。基于亚马逊云服务可用区，客户端在执行创建、更新和删除操作的时候复制数据。另一方面，客户端的读操作直接从同一可用区的服务器读取数据。图 10-3 展示了 EVCache 的典型部署结构和单节点客户端实例与服务器的关系。

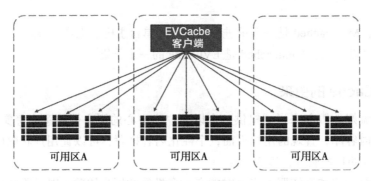

图 10-3　EVCache 单节点客户端实例与服务器的关系

一个 EVCache 客户端连接了多个 EVCache 的服务器集群。在一个区域内，Netflix 有多个全数据集的拷贝，由亚马逊云服务的可用区隔离开来。虚线框描述了区域内的副本，每个都拥有数据的全量镜像，作为隔离亚马逊云服务的自动伸缩组来管理这些镜像。某些缓存在一个区域内有两个镜像，有的拥有更多。这种高层架构长期来看是有效的，不会改变。每个客户端连接自己区域内所有可用区的所有服务器。写操作被发往所有实例，读操作优先选择离读请求近的服务器。

10.1.2　EVCache 的发展

Netflix 的服务在全球 130 个多个国家上线了，很多国家都可以使用。为了应对用户和服务日益增长的需求，Netflix 在全球建立了 EVCache 分布式系统。

Netflix 的全球云服务遍布亚马逊各个服务区域，例如北弗吉尼亚、俄勒冈州和爱尔兰，为这些地区的会员提供就近服务，但是网络流量会因为各种原因改变，比如关键基础设施出了问题故障，或者地区之间进行失败恢复等，因此，Netflix 采用无态应用服务器服务于来自任何地区的会员。

这些数据如果从持久层存储获得将会非常昂贵（造成频繁的数据库访问），Netflix 需要将这种数据写入到本地缓存，而且必须复制到所有地区的缓存中，以便服务于各个地区的用户请求。微服务是依赖于缓存的，必须快速可靠地访问多种类型的数据，比如会员的观影历史，排行榜和个性化推荐等，这些数据的更新与改变都必须复制到全世界各个地区，以便这些地区的用户能够快速可靠地访问。

EVCache 是专门为这些情况而设计的缓存产品，这是建立在于全局复制基础上的，同时也考虑了强一致性。例如，如果爱尔兰和弗吉尼亚的推荐内容有轻微差别，这些差别不会伤害到用户浏览和观看体验，对于非重要的数据，会严重依赖最终一致性模型进行复制，本地和全局两个缓存的差别保持在一个可以容忍的很短的时间内，这就大大简化了数据的复制。EVCache 的并不需要处理全局锁、事务更新、部分提交回滚或其他分布式一致性有关的复杂问题。即使在跨区域复制变慢的情况下，也不会影响性能和本地缓存的可靠性，所有复制都是异步的，复制系统能够在不影响本地缓存操作的情况下悄悄地进行。复制延迟是另外一个问题，快得足够吗？在两个地区之间切换的会员流量有多频繁？什么情况会冲击导致不一致性？宁愿不从完美主义去设计一个复制系统，EVcache 只要能最低限度满足应用和会员用户的要求即可。

图 10-4 介绍了 EVCache 跨地域的复制。

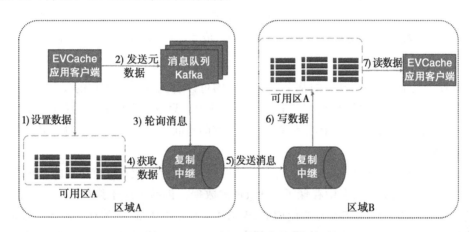

图 10-4　EVCache 跨地域的数据复制

这张图说明复制操作是在 SET 操作以后实现，应用程序调用 EVCache 客户端库的 set 方法，之后的复制路径对于调用者是透明的：

1）EVCache 客户端库发送 SET 到缓存系统的本地地区的一个实例服务器中。

2）EVCache 客户端库同时也将写入元数据（包括 key，但是不包括要缓存的数据本身）到复制消息队列（Kafka）。

3）本地区的复制中继服务将会从这个消息队列中读取消息。

4）中继服务会从本地缓存中抓取符合 key 的数据。

5）中继服务会发送一个 SET 请求到另一个地域的复制中继服务。

6）在另一个区域中，复制中继服务会接受请求，然后执行 SET 操作到它的本地缓存，完成复制。

7）在接受地区的本地应用当通过 GET 操作以后会在本地缓存上看到这个已经更新的数据值。

这是一个简单描述，需要注意的是，它只会对 SET 操作有效，对于其他 DELETE TOUCH 或批 mutation 等操作不会复制，DELETE 和 TOUCH 是非常类似的，只有一点不同：它们不从本地缓存中读取已经存在的值。

跨区域复制主要是通过消息队列进行，一个地区的 EVCache 客户端不会注意到其他地区的复制情况，读写都是只使用本区域缓存，不会和其他地区缓存耦合，通过消息系统来解耦合。

10.1.3 EVCache 的演进

EVCache 作为 Netflix 系统中最大的子系统之一，在系统优化中占有相当的比例，地位独一无二。所有数据存储在内存的成本随着用户基数的增长而上扬，单日个性化批处理输出将加载超过 5 TB 的数据到 EVCache 集群。数据存储成本是存储数据与全局副本个数的乘积。如前所述，不同的 A/B 测试和其他内部数据也增加了更多的数据。对于用户的工作集，如今已经有数十亿的键值，而且在持续增加，成本的压力逐渐显现了出来。

1. 面向数据和时延的优化

在一般情况下，在 Netflex 的某个服务区域内可以看到同一个用户的反复区域切换对用户而言并不是常态。尽管数据在三个区域的内存中，只有一个区域中的数据被所在的用户正常使用。由此推断，在每个区域有着这些缓存的不同工作集，一个小的子集是热数据，其他是冷数据。

除了冷热数据的分类之外，所有在内存中的这些数据存储成本随着用户的基数在增加。Netflix 使用 EVCache 在内存中存储了若干 TB 的数据，包括了用于弹性的多个数据拷贝。随着成本面临的压力。Netflix 开始使用 RocksDB 来降低 EVCache 的存储成本，同时保持了相对低的请求延迟。Netflix 引入了多级缓存机制，即同时使用 RAM 和 SSD。

根据不同区域不同数据访问的情况，Netflix 构建了一个系统将热数据存储在 RAM，冷数据存储在硬盘。这是典型的两级缓存架构（L1 代表 RAM，L2 代表硬盘），依赖于 EVCache 的强一致性和低时延性能。面对尽量低的时延需求，要使用更多的昂贵内存，使用低成本的 SSD 也要满足客户端对低时延的预期。

内存型 EVCache 集群运行在 AWS r3 系列的实例类型上，对大规模内存的使用进行了优化。通过转移到 i2 系列的实例上，在相同的 RAM 和 CPU 的条件下，可以获得比 SSD 存储（r3 系）扩大十倍的增益（80 → 800GB，从 r3.xlarge 到 i2.xlarge）。Netflix 也降级了实例的大小到小型内存实例上。结合这两点，就可以在数千台服务器上做优先的成本优化了。

基于 EVCache，这种充分利用全局化请求发布和成本优化的项目叫做 Moneta，源自拉丁记忆女神的名字，也是罗马神话中财富守护神——Juno Moneta。

2. Moneta 架构

Moneta 项目在 EVCahce 服务器中引入了 2 个新的进程：Rend 和 Mnemonic。Rend 是用 Go 语言写的一个高性能代理，Mnemonic 是一个基于 RocksDB 的硬盘型键值对存储。Mnemonic 重用了 Rend 服务器组件来处理协议解析（如 Memcached 协议），连接管理和并行锁。这三种服务器都使用 Memcached 的文本和二进制协议，所以客户端与它们的交互有着相同的语法，给调试和一致性检查带来了便捷性。Moneta 的系统结构如图 10-5 所示。

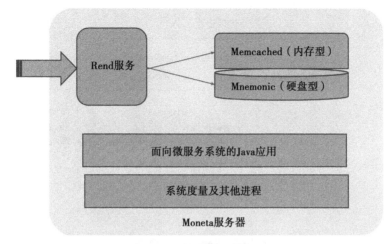

图 10-5　Moneta 的结构组成

3. Rend 代理服务

Rend 作为另外两个真正存储数据进程的代理，是一个高性能服务器，使用二进制和文本 Memcached 协议进行通信。它是 Go 语言写的，具有对并发处理的高性能。这个项目已经在 Github 上开源了。使用 Go 是不错的选择，因为需要比 Java 更好的低时延（垃圾回收时的暂停是个问题），以及比 C 更好的生产效率，同时能处理成千上万的客户端连接，Go 非常适合这样的场景。

Rend 的职责是管理 L1 和 L2 缓存的关系，根据不同的内部使用场景采用不同的策略，还具有裁剪数据的特性，能够将数据分割成固定的大小插入到 Memcached 中以避免内存分配时的病态行为。这种服务器侧的分片代替了客户端分片，已经证明是可行的。

Rend 的设计是模块化的，并且可配置。在内部，有这样一些分层：连接管理，服务器循环，通信协议，请求编排和后台处理器。Rend 也有着独立用来测试的客户端代码库，能够集中发现协议中的 bug 或者其他错误，例如错误对齐，未清除的缓存以及未完成的响应等。Rend 的基本结构如图 10-6 所示。

作为 Moneta 服务的那些缓存，一个服务器就可以服务多种不同的客户端。一类是热路径上的在线分析流量，用户请求的个性化数据。其他是离线分析的流量和近期系统所产生的数据。这些典型的服务是整夜运行的巨量批处理和结束时几个小时的持续写操作。

模块化允许使用默认的实现来优化 Netflix 夜间的批处理计算，直接在 L2 中插入数据并且在 L1 中更换热数据，避免了在夜间预计算时引起 L1 缓存的写风暴。来自其他区域的副本数据通常不是热数据，所以也直接插入 L2。图 10-7 展示了一个 Rend 进程有多个端口连接了各种后台存储。

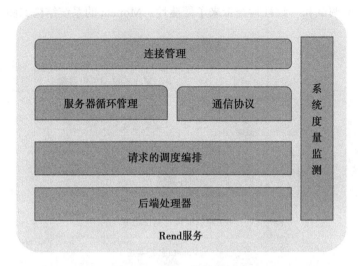

图 10-6 Rend 的结构组成

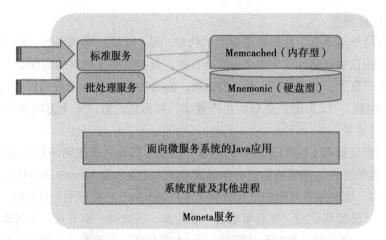

图 10-7 Rend 多端口连接后台存储服务

鉴于 Rend 的模块化，很容易在不同的端口上引入其他的服务器，几行代码就能实现批处理和流量副本。允许不同后台的插件式嵌入，通过一个接口和一个构造函数即可。已经证明了这种设计的有效性，一个工程师在一天内熟悉了相关代码并学习了 LMDB，把它集成起来作为了存储后台。这些代码参见 https://github.com/Netflix/rend-lmdb。

4. Mnemonic 存储

Mnemonic 是基于 RocksDB 的 L2 解决方案，在硬盘上存储数据。协议解析、连接管理、Mnemonic 的并发控制等所有的管理都使用了和 Rend 相同的库。Mnemonic 是嵌入到 Moneta 服务器的一个后台服务，Mnemonic 项目暴露出一个定制化的 C API 供 Rend 处理器使用。Mnemonic 的基本结构如图 10-8 所示。

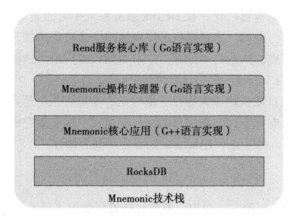

图 10-8　Mnemonic 的基本结构组成

Mnemonic 中有趣的部分是在 C++ 的核心层封装了 RocksDB。Mnemonic 处理 Memcached 协议风格的请求，实现了 Memcached 的所需操作，包括 TTL 支持。它包含了一个重要的特性：将请求分发到一个本地系统的多个 RocksDB 数据库，减少了每个 RocksDB 数据库实例的负载。

在研究过有效访问 SSD 的几种技术之后，Netflix 选择了 RocksDB，一个嵌入式键值对存储，它使用了日志结构合并树的数据结构。写操作首先插入到一个内存数据结构中（一个内存表），当写满的时候再写入到硬盘上。当写入硬盘的时候，内存表是一个不可修改的 SST 文件。这样形成了批量的序列化写入 SSD 的操作，减少了大量的内部垃圾回收，改善了 SSD 在长时间运行实例上的时延。

Netflix 开始使用有层次的精简配置，主要原因是在多个数据库中分发请求。然而，当评估生产数据的精简配置以及与生产环境类似的流量的时候，发现这样的配置会引起大量额外的 SSD 读写，增加了时延。SSD 读流量经常达到 200MB/sec。评估时的流量包括了长时间的高写操作，仿真了每天的批处理计算进程。在此期间，RocksDB 持续的移动 L0 记录达到了一个很高的水平，放大成为非常高的写操作。

为了避免过载，Netflix 切换到 FIFO 型的精简配置。在这种配置中，没有真正的精简操作被完成。基于数据库的最大尺寸，删除旧的 SST 文件。记录在硬盘的 level 0 中，所以只在多个 SST 文件中按时间排序。这种配置的下降趋势在于读操作必须在判断一个键是否命中之前以时间倒序检查每个 SST 文件。这种检查通常不需要硬盘读操作，RocksDB 中的大量过滤器杜绝了高比例的对每个 SST 的硬盘访问。然而，有利有弊，SST 文件的数量影响了赋值操作的有效性，将低于正常有层次风格的精简配置。Netflix 通过初始进入系统时的读写请求在多个 RocksDB 进行分发减少了扫描多个文件的负面影响。

10.2 EVCache 的使用场景

EVCache 的适用场景非常广泛，在 Netflix 服务系统中有超过 25 个的不同用例。一个特殊的用例是用户主页。例如，决定哪些内容展示给一个特定的用户，这就需要知道该用户的兴趣爱好，观影历史，队列，评分等，并采用相关的算法。这些数据通过各种服务的并行处理获得并存储在 EVCache 中。

Netflix 的用户体验重度依赖于大容量、低时延、全球可用的缓存数据层。例如，用户坐在沙发上看电影或者电视节目，在用户的每一次交互中都有缓存的身影，从会话存储到视频历史，到用户状态，都得益于 EVCache 的稳定和高容错性。

10.2.1 典型用例

这里介绍一个典型的用例——向用户推荐与已看历史中节目类似的电影或者电视节目。图 10-9 介绍了推荐相似性内容的服务流程以及 EVCache 在其中的作用。

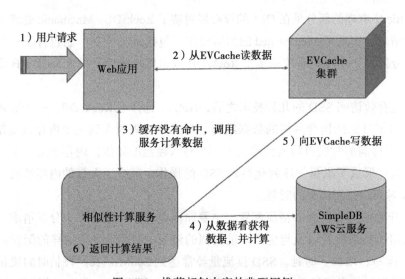

图 10-9　推荐相似内容的典型用例

内容相似性推荐服务给出了与已看历史中节目类似的电影或者电视节目的相似性列表。一旦计算出了相似性，就存储在 SimpleDB/S3 中，前端使用 EVCache。当任何应用或者算法需要这些数据的时候，可以从 EVCache 提取数据，并返回结果。具体过程如下：

1）一个客户向 Web 应用发了一个页面请求，处理这一请求需要得到一个电影或电视节目的相似性列表。

2）Web 应用查询 EVCache 来得到这些数据，这样场景的典型缓存命中率高于 99.9%。

3）如果缓存没有命中，Web 应用将调用相似性计算服务来计算这些数据。

4）如果已经计算过的数据也没有命中的话，相似性计算服务将从 SimpleDB 中读取数据。如果在 SimpleDB 中没有，相似性计算服务根据给出的电影或电视节目重新计算相似性。

5）相似性计算服务在计算出电影或电视节目的数据后，将数据写入到 EVCache 中。

6）最后，相似性计算服务生成客户端所需要的响应并返回给客户端。

10.2.2　典型部署

EVCache 是线性扩展的，通过容量监控，可以在一分钟内扩容，在几分钟内完成重新均衡和数据预热。需要注意的是，Netflix 有一个漂亮的容量模型，所有容量的改变并不频繁，而且在管理缓存命中率时有更好的扩容方法。

1. 单节点部署

图 10-10 展示了亚马逊云服务一个区域的可用区 Zone-A 中有一个 EVCache 集群，集群里面有 3 个实例，一个 Web 应用在 EVCache 系统中执行 CRUD 操作的过程。

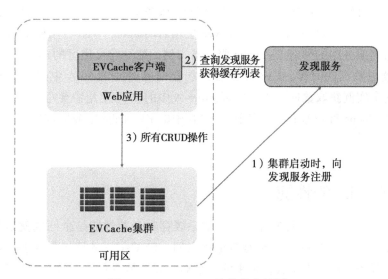

图 10-10　EVCache 的单节点部署

启动的时候，EVCache 服务器将各个实例注册到命名服务（Netflix 内部的命名服务包含了所有运行主机的列表）。在 Web 应用启动的时候，初始化 EVCache 客户端库，查询命名服务中的 EVCache 服务器列表，然后建立链接。

当 Web 应用需要执行 CRUD 操作的时候，客户端通过键值选择一个实例来执行这些操作，使用一致性哈希将数据分片到集群上。

2. 多可用区部署

图 10-11 介绍了在亚马逊云服务中的多可用区部署。在可用区 A 和可用区 B 中各有一个 EVCache 集群，每个集群有 3 个实例，一个 Web 应用。

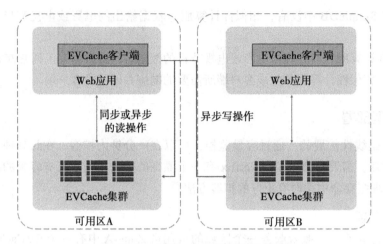

图 10-11   EVCache 的跨可用区复制

集群启动的时候，可用区 A 的一个 EVCache 服务器实例向命名服务注册，声明可用区 A 和 B 都可以使用。在可用区 A 中的 Web 应用启动期间，Web 应用初始化 EVCache 客户端来查询命名服务中的所有 EVcache 服务器实例，建立跨可用区的连接。当 Zone-A 需要从一个键读取数据的时候，EVCache 客户端查询可用区 Zone-A 中的 EVCache 服务器实例，并从这个实例获取数据。当可用区 Zone-A 中的 Web 应用需要写或删除一个键的数据的时候，EVCache 客户端查询可用区 A 和 B 中的 EVCache 服务器实例，并且写入或删除它。

10.3   EVCache 的性能

缓存就是为了解决性能问题存在的，如果缓存本身的性能是个问题就是个天大的笑话。EVCache 宣称，典型的响应延时是毫秒级的。EVCache 的读操作在客户端所在的同一个亚马逊云服务可用区内完成，带来的一个额外好处是不用为内网的数据流量付费。遗憾的是，鉴于 EVCache 开源项目的不完整性，以及亚马逊云服务在中国的特殊性，作者没有在云服务上搭建仿真环境进行压测，本节的部分内容和图示均来自 Netflix 的技术博客。

10.3.1   EVCache 集群的性能

EVCache 集群的管理是集中化的，所有集群实例的管理和监控都可以通过 Web 展现出来，如图 10-12 所示。

其中的服务器视图展示了集群中每个实例的细节，也得到了可用区的统计数据。使用这一工具可以看到一个 Memcached slab 的内容，如图 10-13 所示。

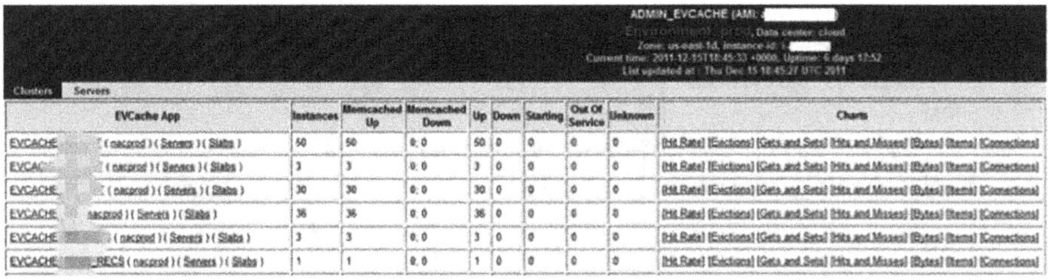

图 10-12　EVCache 集群的管理界面（部分）⊖

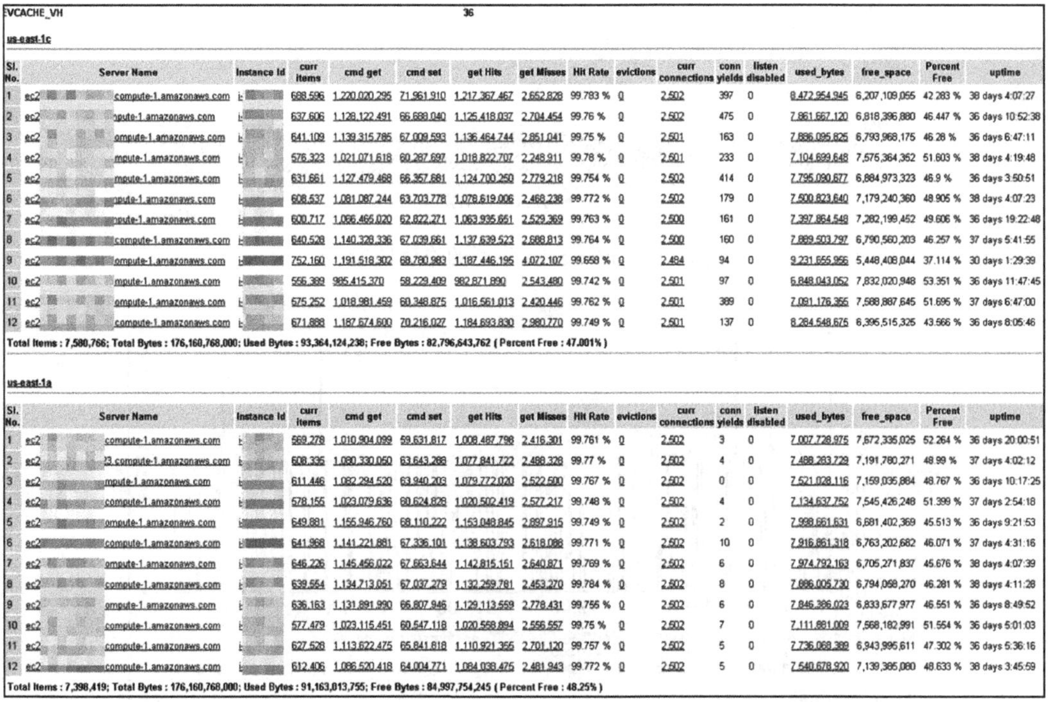

图 10-13　EVCache 集群的相关数据统计

EVCache 集群在峰值每秒可以处理 200K[H2]B 的请求，图 10-14 展示了 EVCache 每小时的请求数。

极端情况下，Netflix 生产系统中部署的 EVCache 经常要处理超过每秒 3000 万请求，数千个 Memcached 实例存储上百个以十亿计的对象。这意味着所有 EVCache 集群每天要处理接近 2 万亿的请求。

EVCache 集群响应的平均时延大约是 1～5 毫米，99% 都不会多于 20 毫秒，如图 10-15 所示。

⊖　本图片及图 10-13 均来自 Netflix 的官方博客。

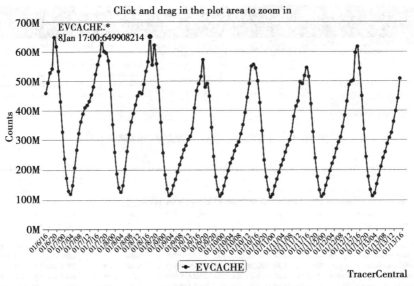

图 10-14　EVCache 集群的峰值处理⊖

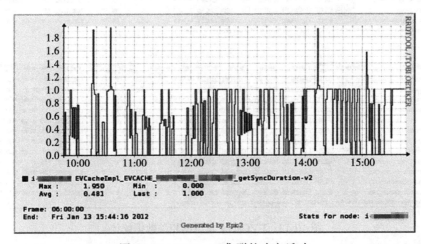

图 10-15　EVCache 集群的响应延时

EVCache 集群的缓存命中率高于 99%，如图 10-16 所示。

10.3.2　全局化复制时的性能问题

全局化复制的特点在于：队列中的复制消息只包含主键和一些元数据，并不包括实际需要更新写入的数据本身。因为保存大量数据会加重 Kafka 的消耗，这里通过小而快速的 Kafka 部署，Kafka 中不会保留所有缓存中已经存在的数据，这样不至于导致性能瓶颈。同时，

⊖　本图片及图 10-15 均来自 Netflix 的官方博客。

复制中继服务会从本地缓存中抓取这些数据，因此也不再需要在 Kafka 中再有一份拷贝了。

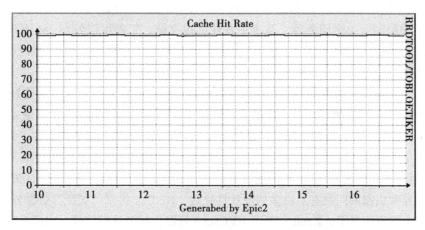

图 10-16　EVCache 集群的缓存命中率⊖

另外一个好处是只传递元数据。因为有时并不需要复制的数据，比如对于一些缓存，一个基于主键的 SET 操作只需要将其他地区的同样主键无效化，这就不需要发送新的数据，只要发送这个 key 的 DELETE 即可。在这样的情况下，其他地区的 GET 操作会发现缓存中这个 key 对应的数据没有了，应用会像处理缓存丢失一样去处理它，这就减少了跨地区之间的流量。

优化处理需要权衡延迟和吞吐量，99% 的端到端复制延迟要求是在 1 秒以下，Netflix 试图在各个地区在批处理消息时以牺牲一点延迟而得以提高吞吐量，99% 的延迟时间大概在 400ms 左右。

另外一个重要优化是使用持久连接，在中继服务服务之间使用持久连接以后，延迟和稳定性大大提高了，它消除了创建新的 TCP 连接所需要的 3 次握手时间，节约了额外创建 TLS/SSL 会话的网络时间。

将多个消息汇集到一个请求以填满一个 TCP 窗口，这种方式会在集群之间提高吞吐量和降低时间延迟。但是，将消息大小变化适配到一个 TCP 窗口大小，这会改变连接的整个状态。实践中可以微调到一个好的吞吐量，当然这样处理会增加延迟，但是它会允许最大化利用每个 TCP 包，降低连接数量，需要很少的服务器用于复制即可。

通过这些措施，跨地区的 EVCache 复制系统最高每天能够处理一百万的 RPS。基于 Kafka 的复制系统已经在 Netflix 产品化超过一年，每秒最高复制了一百五十万个消息。

10.3.3　Moneta 项目中的组件性能

如前所述，Moneta 项目是 EVCache 的演进方向。在 Moneta 中为 EVCache 引入了新的组件 Rend 和 Mnemonic，现在看一下这两个组件的性能。

⊖　图片来自 Netflix 的官方博客。

1. Rend 的性能

Rend 自身有着很高的吞吐量。独立地测试 Rend 时，在 CPU 最大化前，看一下网络带宽和包处理的限制。单个服务器，请求不发往后端存储，每秒可以处理 286 万请求。只使用 Memcached 作为后端存储的话，Rend 可以承受每秒 22.5 万的插入操作，每秒 20 万的读操作，这是在 Netflix 最大实例上测试的结果。

一个 i2.xlarge 实例被配置成 L1 和 L2（内存和硬盘）以及数据分片，这是 Netflix 生产集群的标准实例，能够执行每秒 22k 插入（只是 sets），每秒 21k 读操作（只是 gets），并且是每秒 10k sets 和 10k gets 的并发。这是生产环境的下限，因为测试数据包含了大量的随机键值从而避免了数据访问的局部性。真正的流量在 L1 中的命中率要比随机键值高得多。

Rend 拥有了 2 倍读和 30 倍写的速度提升。幸运的是，Memcached 的 1.4.25 版本，已经对客户端异常引起的问题有了更多的健壮性处理。Netflex 将来可能废弃数据分片的特性。

作为一个代理服务器，Rend 打开了 EVCache 智能化的各种可能性，也完全从协议到通信实现了基础存储的解耦合。取决于 Netflix 的需求，可以将硬盘存储下架，将 Memcached 配合上其他的存储，或者改变服务器的逻辑来增加全局锁或者一致性。

2. Mnemonic 数据存储的性能

Mnemonic 通过最终的配置重新运行测试，在预计算负载的期间，能够达到 99% 的读请求时延在 9ms 左右。在预计算负载完成后，对于同等水平的流量，99% 的读操作削减到 ~600 μs。当然，所有这些测试都在没有 Memcached 和 RocksDB 块缓存的情况下运行的。

这种方案可以有更多的变种，例如可以减少 SST 文件的数量来减少查询请求。探索像 RocksDB 的统一型精简配置或者定制化精简操作来更好的控制精简比率从而降低与 SSD 之间的数据传输。

如今，Netflex 通过 Moneta 项目推出了生产环境的解决方案。Rend 现在在生产环境中服务了最重要的个性化推荐数据。数据表明，Moneta 增加了稳定性并加快了操作的速度，减少了临时的网络问题。Netflix 在早期的适配器上正在部署 Mnemonic(L2) 后端，同时在调优系统，结果看起来是有保证的，简单易用并有效地降低了成本，保证了 EVCache 的一贯速度。

10.4 EVCache 的高可用性

通过无数据丢失的高速缓存部署，EVCache 可以避免缓存故障。尽管个别实例可能会消亡，并且可能会定期这样做，但不会影响客户端应用程序。在 Netflix，有很多服务使用 EVCache 作为一个独立的存储机制，这意味着数据除了 EVCache 没有更适合的地方存放，这归功于 EVCache 拥有强大的容错能力。

10.4.1 AWS 的多可用区

AWS 云服务在全球不同的地方都有数据中心，比如北美、南美、欧洲和亚洲等。与此对应，根据地理位置把某个地区的基础设施服务集合称为一个区域。通过 AWS 的区域，一方面可以使得 AWS 云服务在地理位置上更加靠近用户，另一方面使得用户可以选择不同的区域存储他们的数据以满足法规遵循方面的要求。

　　AWS 的每个区域一般由多个可用区（AZ）组成，而可用区一般是由多个数据中心组成。AWS 引入可用区设计主要是为了提升用户应用程序的高可用性。因为可用区与可用区之间在设计上是相互独立的，也就是说它们会有独立的供电、独立的网络等，这样假如一个可用区出现问题时也不会影响另外的可用区。在一个区域内，可用区与可用区之间通过高速网络连接，从而保证很低的延时。

　　EVCache 实例通过将 Amazon EC2 放到多个可用区，能够预防应用的单点故障。无论在相同的物理区域内还是在不同的物理区域之间，在多个 AZ 上运行独立的应用都是非常重要的。如果一个可用区失效了，在其他可用区上的应用可以继续运行，从而实现高可用性。

10.4.2　EVCache 对 AWS 高可用性的增强

　　典型地，由于跨越了多个亚马逊云服务可用区，EVCache 集群是不会挂掉的。当其中的实例偶然挂掉的时候，通过一致性哈希跨集群分片来使缓存的影响降到最低。

　　在保持高可用性的同时，操作 EVCache 集群的总体成本很低，因为缓存没命中时访问亚马逊云服务的成本较高，如访问 SimpleDB，AWS S3，EC2 上的 Cassandra 等等。EVCache 集群的总体成本在高稳定、线性扩展的条件下还是令人满意的。

　　隐藏在需求后面的是数据或状态所需要的每个请求服务，必须是跨地区可用的。高可靠性数据库和高性能缓存是支持分布式架构的基础设施，一个典型场景是将缓存架构于数据库前面或其他持久存储前面。如果没有缓存的全局复制，一个地区的会员切换到另外一个地区时，会在新的地区缓存中没有原地区的数据，这种情况称为冷缓存。处理这种缓存数据丢失的办法只有重新从数据库加载，但是这种方式会延长响应时间并对数据库形成巨大冲击，EVCache 除了跨可用区复制之外，还提供了跨区域复制，对基于 AWS 的高可用性进行了增强。

10.5　源码与示例

　　由于 Netflix 并没有开源 EVCache 服务器的源码，所以只能从 EVCache 的开源项目中管中窥豹了。这里，直接以 Memcached 来作为 EVCache 服务器，通过客户端示例来了解 EVCache 的具体使用。

10.5.1　源码浅析

　　EVCache 开源项目在 github 上的位置是 https://github.com/Netflix/EVCache，以 gradle

作为构建工具，除了与 gradle 相关的封装和文档资源外，主要提供了 EVCacheproxy 和 EVCacheClient 以及客户端示例代码。

EVCacheproxy 提供了 RESTful 风格的编程接口，方便其他语言使用 EVCache 缓存服务，暂不是关注的重点。在 EVCacheClient 中最醒目的文件是 EVCache.java，它是一个抽象接口，定义了 15 种与服务器之间的操作，具体代码如下：

```java
public static enum Call {
    GET, GETL, GET_AND_TOUCH, ASYNC_GET, BULK, SET, DELETE, INCR, DECR, TOUCH,
    APPEND, PREPEND, REPLACE, ADD, APPEND_OR_ADD
};
```

同时，EVCache 抽象接口还定义了若干操作方法，更重要的是，采用创建者模式提供了 Builder 内部类，通过应用名称、缓存名称、存活时间和转码器就可以创建一个 EVCache 缓存对象。EVCacheImpl 是对抽象接口的具体实现，EVCacheLatch 是对多个服务器进行操作，但是与分布式事务还是有区别的。具体地，EVCacheClient 的组成结构如图 10-17 所示。

图 10-17　EVCache Client 的主要组成

本着面向接口设计的思想，EVCache 客户端将应用和网络做了分离，可以很方便地支持支持任何基于 Memcached 相关协议的客户端，易于扩展。

1. 工具类与异常处理

工具类在每个项目中都很常见，EVCache 开源项目中的工具类有四个：EVCacheConfig，ServerConfigCircularIterator，Sneaky 和 ZoneFallbackIterator。

EVCacheConfig 主要用于从文件或列表中动态获得各种类型的属性，数据类别有 Int，Long，String，boolean 以及这些基本属性的链表，同时可以获取有关监控的配置信息。ServerConfigCircularIterator 是一个副本集的循环迭代器，它保证了所有副本集与请求的数量相等。ZoneFallbackIterator 是一个基于可用区回退的循环迭代器，用于保证在可用区回退的情况下，请求可以跨可用区分发。Sneaky 中提供了两个静态方法，可以静默地检查并不属于本方法声明的异常，这实际上是有争议的，要慎重使用。

异常处理也是每个项目中必不可少的，EVCache 开源项目中异常类的继承关系如图 10-18 所示。

2. 网络协议的支持

EVCache 开源项目中采用的是 SpyMemcached
来支持 Memcached 的协议。Memcached 服务器和客
户端之间采用 TCP 的方式通信，自定义了一套字节
流的格式，里面分成命令行和数据块行，命令行里
指明数据块的字节数目，命令行和数据块后都跟随
\r\n。重要的一点是服务器在读取数据块时是根据命
令行里指定的字节数目，因此数据块中含有 \r 或 \n
并不影响服务器读块操作，数据块后必须跟随 \r\n。

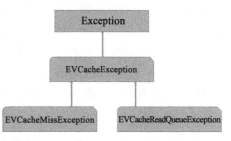

图 10-18　EVCache 中的异常继承关系

Spymemcached 是一个用 Java 开发的异步、单线程的 Memcached 客户端。Spymemcached
中的每一个节点，用 MemcachedNode 表示，这个对象内部含有一个同等网络连接到该节
点。根据主键的哈希值查找某个节点，Spymemcached 中使用了 NodeLocator，默认的定
位器是 ArrayModNodeLocator，这个对象内部包含所有的 MemcachedNode。spy 使用的
哈希算法都在对象 DefaultHashAlgorithm 中，默认使用 NATIVE_HASH，也就是 String.
hashCode()。定位器和客户端中间还有一个对象，叫 MemcachedConnection，它代表客户端
到 Memcached 集群的连接，内部持有定位器。客户端内部会持有 MemcachedConnection。
spy 使用 NIO 实现，因此有一个选择器，这个对象也存在于 MemcachedConnection 中。与
服务器之间进行的各种操作如协议数据发送，数据解析等，spy 中抽象为 Operation，文本协
议的 get 操作最终实现为 net.spy.memcached.protocol.ascii.GetOperationImpl。为了实现工作
线程和 IO 线程之间的调度，spy 抽象出了一个 GetFuture，内部持有一个 OperationFuture。
TranscodeService 执行字节数据和对象之间的转换，在 spy 中的实现方式为任务队列和线程
池，这个对象的实例在客户端中。

EVCache 与 Spymemcached 的继承关系如图 10-19 所示。

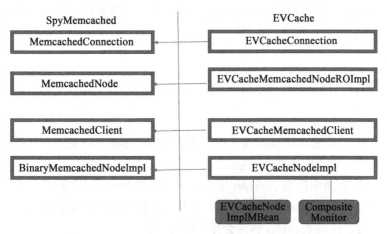

图 10-19　EVCache 与 Spymemcached 的继承关系

EVCacheConnection 继承自 MemcachedConnection，重写了 shutdown 方法、队列和广播操作，保证了每个连接线程的执行。EVCacheMemcachedNodeROImpl 是 MemcachedNode 的子类，实现了与 Memcached 服务器节点间的相关操作。EVCacheNodeImpl 继承自 BinaryMemcachedNodeImpl 并实现了 EVCacheNodeImplMBean 和 CompositeMonitor 两个接口，不仅有节点的相关操作，而且实现了对节点的监控。EVCacheMemcachedClient 继承自 MemcachedClient，作为实体类实现队列的异步操作。

3. 连接管理

连接模块主要以工厂模式来实现客户端与服务器的连接管理，EVCache 的 BaseConnection-Factory 同样继承自 SpyMemcached 的 BinaryConnectionFactory，主要功能如下：

❑ 创建 / 获取 NodeLocator。

❑ 创建 Memcached 的节点和连接，以及连接的观察者。

❑ 创建读写操作的队列。

❑ 获得客户端连接池的管理器。

❑ 获得连接与操作间的相关属性，例如队列长度、重连时间、读数据的缓存大小、操作超时的时间、哈希算法、服务器组所在的时区等。

实际情况通常是，只有到了运行时，才能知道具体要使用哪一个实现类。因此需要元工厂类或服务定位器来增强工厂模式。为了更方便灵活的使用工厂模式，抛弃令人讨厌的 switch 语句，EVCache 使用了 Google 的轻量级依赖注入框架 Guice，通过依赖注入的方式完成关联关系。

一般地，如果方法中创建对象的过程很复杂，就可以考虑把它独立出来，形成一个专门作用的类。Guice 提供了一个接口 Provider。ConnectionFactoryProvider 实现了 IConnectionFactoryProvider 接口，而 defaultFactoryProvider 则实现了 Provider<IConnectionFactoryProvider>。创建一个代表关联关系的 ConnectionModule，然后使用这个 ConnectionModule 即可得到对应关联的对象。具体而言，该模块使用绑定器来连接接口和实现，代码如下：

```
@Override
protected void configure() {
    bind(IConnectionFactoryProvider.class).toProvider(DefaultFactoryProvider.class);
        ......
}
```

这样一来，就可以在 configure 方法中，使用 toProvider 方法来把一种类型绑定到具体的 Provider 类。当需要相应类型的对象时，Provider 类就会调用其 get 方法获取所需的对象。其实，在 configure 方法中使用 Provider 绑定和直接写 @Provides 方法所实现的功能是没有差别的，不过使用 Provider 绑定会使代码更清晰。而且当提供对象的方法中也需要有其他类型的依赖注入时，使用 Provider 绑定会是更好的选择。

4. 事件与事件监听

类 EVCacheEvent 描述了 EVCache 调用过程中的相关事件，主要功能包括：

❑ 获得一个调用——Call 的实体，应用名称，缓存的名称。

❑ 设置 / 获取键的列表。

❑ 设置 / 获取 TTL。

❑ 设置 / 获取缓存数据。

❑ 设置 / 获取 Latch。

❑ 设置 / 获取其他属性等。

EVCacheEventListener 是一个接口，继承自 java.util.EventListener，定义了启动、完成、错误和流量条件四种方法，代码如下：

```
public interface EVCacheEventListener extends EventListener {
    void onStart(EVCacheEvent e);
    void onComplete(EVCacheEvent e);
    void onError(EVCacheEvent e, Throwable t);
    boolean onThrottle(EVCacheEvent e) throws EVCacheException;
}
```

5. 度量与监控

EVCache 提供了三个接口用于定义度量与监控的维度：

❑ Stats: 操作完成的时间，以及每次的缓存命中和没有命中。

❑ Operation: 记录启动和停止的时间，以及操作时长。

❑ EVCacheMetricsMBean：用于获得度量的具体参数，接口定义如下。

```
public interface EVCacheMetricsMBean {
    long getGetCalls();
    long getBulkCalls();
    long getSetCalls();
    long getCacheHits();
    long getCacheMiss();
    long getBulkHits();
    long getBulkMiss();
    double getHitRate();
    double getBulkHitRate();
}
```

EVCacheOperation 实现了 Operation 接口中的所有方法。EVCacheMetrics 实现了 EVCacheMetricsMBean 和 Stats 接口，计算各种计数器，并建立与 Netflix 后台通信实现监控，建立监控的核心代码如下：

```
String mBeanName = "com.netflix.evcache:Group=" + _appName + ",SubGroup=AtlasStats";
if (_cacheName != null) mBeanName = mBeanName + ",SubSubGroup=" + _cacheName;
final ObjectName mBeanObj = ObjectName.getInstance(mBeanName);
final MBeanServer mbeanServer = ManagementFactory.getPlatformMBeanServer();
```

```
if (mbeanServer.isRegistered(mBeanObj)) {
    mbeanServer.unregisterMBean(mBeanObj);
}
mbeanServer.registerMBean(this, mBeanObj);
```

EVCacheMetricsFactory 提供了一组静态方法，提供最终的度量结果。

6. 异步操作

异步操作是 EVCache 的一个特色，主要是通过 java.util.concurrent.Future 实现的。EVCacheFuture 实现了 Future<Boolean>。Future.get() 是最重要的方法。它阻塞和等待直到承诺的结果是可用状态，因此如果确实需要一个结果，就调用 get() 方法然后等待。还有一个接受超时参数的重载版本，如果哪里出现问题就不用一直等待下去，超过设定时间就会抛出 TimeoutException。代码如下：

```
@Override
    public Boolean get(long timeout, TimeUnit unit)
            throws InterruptedException, ExecutionException, TimeoutException {
        return future.get(timeout, unit);
    }
```

同时，EVCacheFuture 还是实现了取消任务操作以及获取相关属性的方法。

EVCacheFutures 实现了 ListenableFuture<Boolean, OperationCompletionListener> 和 OperationCompletionListener 的接口，对一个 Future 的集合列表完成类似 EVCacheFuture 的操作，只是增加了对每个 Future 的监听而已。

BulkGetFuture 是 SpyMemcached 中的一个类，为了实现大数据集的获取。EVCacheBulkGetFuture 继承自 BulkGetFuture，完成大数据集的异步获取。OperationFuture 也是 SpyMemcached 中的一个类，用于实现增删改等行为的异步操作，在 EVCache 中对应的是 EVCacheOperationFuture。对于一个 OperationFuture，应用的代码层面判断一个给定异步操作行为的状态。例如，如果更新一系列键值对 "user:<userid>:name"、"user:<userid>:friendlist"，而且希望验证操作是否正确，就可能要发起多个 IO 操作了。

EVCacheLatchImpl 实现了 EVCacheLatch 接口，为了实现一个特殊的目的——向 EVCache 服务器组中的多台设备发起增删改的异步操作，同时根据相关策略统计挂起、失败、成功和已经完成的异步操作个数。

7. 线程池

线程池模块是 EVCache 的核心，基本上由四部分组成：线程池管理，节点管理，服务器群组配置和连接检测，如图 10-20 所示。

（1）核心模块

EVCacheClient 类是 EVCache 客户端的真切体现，内部持有 EVCacheMemcachedClient 对象，连接工厂 ConnectionFactory，连接的观察者 EVCacheConnectionObserver，服务器节点的地址列表，服务器群组的配置信息，以及与操作处理相关的诸多属性。在构造函数初始化时的流程如图 10-21 所示。

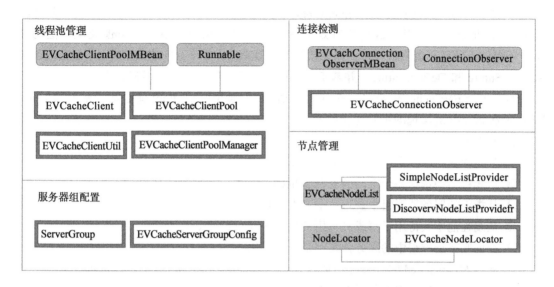

图 10-20　EVCache 项目中的线程池

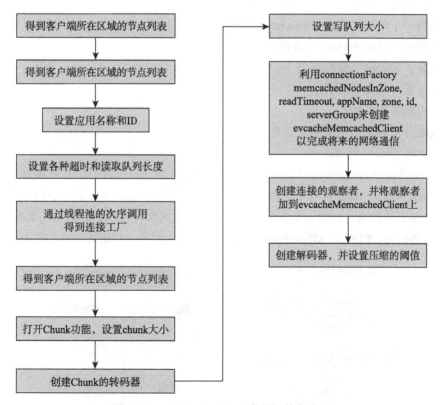

图 10-21　EVCacheClient 类的初始化流程

作为 EVCache 的核心类，为了保证数据的可靠性，EVCacheClient 提供了读写队列的验证方法 validateReadQueueSize 和 ensureWriteQueueSize，以及对服务器节点的有效性检测 validateNode。为了保证数据的有效传输，EVCacheClient 提供了 Chunk 装配方法的多态，还提供了循环冗余校验。为了保证数据的高效操作，EVCacheClient 使用了静态内部类 SuccessFuture 和 DefaultFuture，并基于 Future 实现了读写操作的一系列方法。

如果每个 EVCacheClient 是一个线程的话，EVCacheClientPool 就是线程池的核心了。EVCacheClientPool 实现的主要功能如下：

- ❑ 状态清除。
- ❑ 从线程池中取一个用于读的 EVCacheClient。
- ❑ 从线程池中选择一个空闲的 EVCacheClient。
- ❑ 从指定的服务器群组中获得一个 EVCacheClient。
- ❑ 从线程池中获得用于写或者只用于写的 EVCacheClient。
- ❑ 查询服务器群组中的服务器实例是否有变化。
- ❑ 获得 Memcached 的 socket 地址列表。
- ❑ 关闭一个可用区内的若干客户端。
- ❑ 通过服务器群组建立若干个新的客户端。
- ❑ 更新一个可用区内的 Memcached 读实例。
- ❑ 是否强制清除 Memcached 的实例。
- ❑ 刷新 / 异步刷新线程池。
- ❑ ping 服务器是否活着。
- ❑ 禁用服务器群组。
- ❑ 获取读 / 写 / 可用实例的数量。
- ❑ 建立监控。

EVCacheClientPoolManager 是一个管理类，管理着每个应用的客户端线程池。当 EVCacheClientPoolManager 被初始化的时候，所有定义在 evcache.appsToInit 中的属性也将被初始化并添加到线程池。如果一个服务知道了所有的应用都将使用它，会被定义到属性列表里，然后被初始化。EVCacheClientPoolManager 的构造函数中，初始化流程如图 10-22 所示。

图 10-22　EVCacheClientPoolManager 的初始化流程

可见，一个 EVCache 应用也可以通过 EVCacheClientPoolManager 调用 initEVCache (\<app name\>) 来初始化。

（2）连接检测

EVCacheConnectionObserverMBean 是一个接口，用于获得活跃 / 非活跃服务器的个数和名称，以及连接的数量等。EVCacheConnectionObserver 实现了接口 ConnectionObserver 和 EVCacheConnectionObserverMBean，主要的功能如下：

- 计算已经建立的连接数量。
- 计算所丢失的连接数量。
- 获得活跃 / 非活跃服务器的个数和名称，名称以 Socket 地址表示。
- 获得连接和丢失的次数。
- 获得应用名称和服务器群组。
- 注册活跃节点 / 取消注册非活跃节点。
- 建立监控。

（3）服务器群组配置

服务器群组配置有两个类 ServerGroup 和 EVCacheServerGroupConfig。ServerGroup 类型实现了 Comparable 接口。Comparable 接口强行对实现它的每个类对象进行整体排序。此排序被称为类的自然排序，类的 compareTo 方法被称为它的自然比较方法。实现此接口的对象列表（和数组）可以通过 Collections.sort 和 Arrays.sort 进行自动排序。ServerGroup 对象可以用作有序映射表中的键或有序集合中的元素，无需指定比较器。

EVCacheServerGroupConfig 内部持有了 ServerGroup 对象，主要是封装获取相关信息的方法，例如 getServerGroup、getRendPort、getUdsproxyMemcachedPort 等。

（4）节点管理

EVCacheNodeList 是一个接口，返回值是 ServerGroup 和 EVCacheServerGroupConfig 的映射。EVCache 开源项目中有两个提供者实现了 EVCacheNodelist 接口：SimpleNodeList-Provider 和 DiscoveryNodeListProvider。SimpleNodeListProvider 是通过系统属性来获取节点列表，具有调试的色彩。系统属性的格式如下：

```
<EVCACHE_APP>NODES=setname0=instance01:port,instance02:port,instance03:port;setn
ame1=instance11:port,instance12:port,instance13:port;setname2=instance21:por
t,instance22:port,instance23:port
```

DiscoveryNodeListProvider 通过 Netflix 的发现服务来发现 EVCache Server 的实例，也是与亚马逊云服务紧密关联的部分，是需要学习和关注的，其发现流程如图 10-23 所示。

至此，简单地浏览了 EVCache 的相关源码，可以试一试如何使用 EVCache 了。

10.5.2　EVCache 示例

由于 Netflix 没有开源 EVcache 的服务器部分，这里直接使用 Memchached 作为服务器，在 Mac OS 上展示 EVCache 的使用。

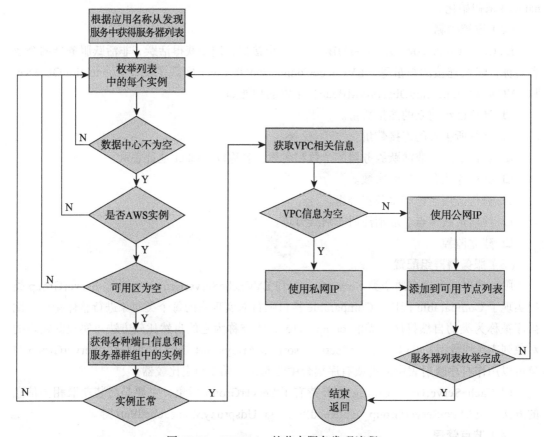

图 10-23　EVCache 的节点服务发现流程

1. 本地服务器的搭建

在 Mac OS 上，brew 是一个很好的包管理器，使用 brew 来安装 Memcached 非常方便。

```
bogon:~ Abel$ sudo chmod -R g+w /usr/local
bogon:~ Abel$ brew install memcached
==> Installing dependencies for memcached: libevent
==> Installing memcached dependency: libevent
==> Installing libevent dependency: cctools
==> Downloading https://homebrew.bintray.com/bottles/cctools-855.el_capitan.bott
############################################################################ 100.0%
==> Pouring cctools-855.el_capitan.bottle.tar.gz
==> Caveats
......
==> Summary
    /usr/local/Cellar/cctools/855: 109 files, 5.3M
==> Downloading https://homebrew.bintray.com/bottles/libevent-2.0.22.el_capitan.
############################################################################ 100.0%
```

```
==> Pouring libevent-2.0.22.el_capitan.bottle.1.tar.gz
    /usr/local/Cellar/libevent/2.0.22: 734 files, 2.0M
==> Installing memcached
==> Downloading https://homebrew.bintray.com/bottles/memcached-1.4.24.el_capitan
######################################################################### 100.0%
==> Pouring memcached-1.4.24.el_capitan.bottle.tar.gz
==> Caveats
To have launchd start memcached now and restart at login:
    brew services start memcached
Or, if you don't want/need a background service you can just run:
    /usr/local/opt/memcached/bin/memcached
==> Summary
    /usr/local/Cellar/memcached/1.4.24: 10 files, 162K
bogon:~ Abel$
```

当然，也可以通过源代码编译的方式来安装 Memcahced，也不麻烦，这里不做赘述。

为了模拟一个 EVCache 服务器群组，这里在本机上启动 4 个 Memcached 的实例，以默认端口 11211 开始，每个实例的缓存大小为 1MB。

```
bogon:~ Abel$ /usr/local/opt/memcached/bin/memcached -d -m 1 -p 11211
bogon:~ Abel$ /usr/local/opt/memcached/bin/memcached -d -m 1 -p 11212
bogon:~ Abel$ /usr/local/opt/memcached/bin/memcached -d -m 1 -p 11213
bogon:~ Abel$ /usr/local/opt/memcached/bin/memcached -d -m 1 -p 11214
```

验证一下结果，至此，EVCache 服务器在本地搭建完毕。

```
bogon:~ Abel$ ps ax|grep memcached
40569   ??  Ss    0:00.02 /usr/local/opt/memcached/bin/memcached -d -m 1 -p 11211
40588   ??  Ss    0:00.00 /usr/local/opt/memcached/bin/memcached -d -m 1 -p 11212
40590   ??  Ss    0:00.00 /usr/local/opt/memcached/bin/memcached -d -m 1 -p 11213
40592   ??  Ss    0:00.00 /usr/local/opt/memcached/bin/memcached -d -m 1 -p 11214
40594 s000  S+    0:00.00 grep memcached
```

2. EVCache 编译与构建

从 github 上克隆 EVCache 项目，执行 gradle 完成编译与构建，命令如下：

```
bogon:~ Abel$git clone https://github.com/Netflix/EVCache.git
bogon:~ Abel$cd EVCache
bogon:~ Abel$./gradlew build
Downloading https://services.gradle.org/distributions/gradle-2.10-bin.zip
.............................................................................
```

由于要下载诸多第三方依赖，所以时间稍显漫长，严重依赖于所在网络的速度了，编译并构建成功的提示如下：

```
:evcache-client:check
:evcache-client:build
:evcache-client-sample:writeLicenseHeader
:evcache-client-sample:licenseMain
Missing header in: evcache-client-sample/src/main/java/com/netflix/evcache/
```

```
        sample/EVCacheClientSample.java
:evcache-client-sample:licenseTest UP-TO-DATE
:evcache-client-sample:license
:evcache-client-sample:compileTestJava UP-TO-DATE
:evcache-client-sample:processTestResources UP-TO-DATE
:evcache-client-sample:testClasses UP-TO-DATE
:evcache-client-sample:test UP-TO-DATE
:evcache-client-sample:check
:evcache-client-sample:build

BUILD SUCCESSFUL

Total time: 47 mins 55.708 secs

This build could be faster, please consider using the Gradle Daemon: https://
    docs.gradle.org/2.10/userguide/gradle_daemon.html
```

可以看一下，build 目录下的文件组织形式，在 libs 目录下生成了 evcache-client-4.66.0-
SNAPSHOT 的 jar 包，reports ／ tests 目录下有测试报告的结果，如图 10-24 所示。

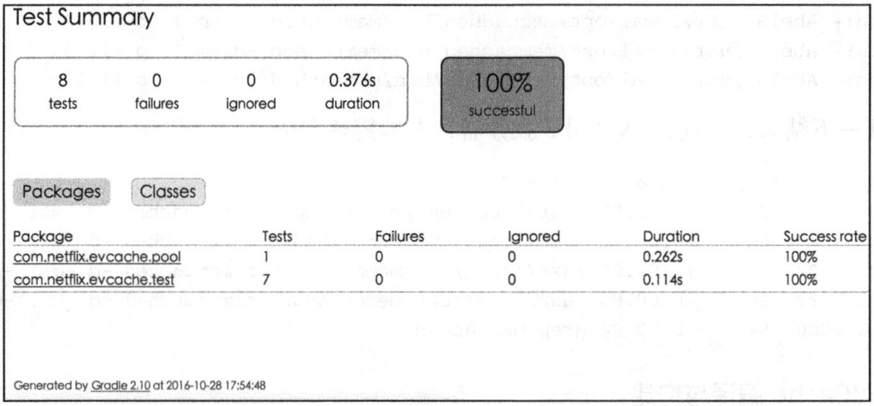

图 10-24　EVCache 编译构建后的测试结果

3. 示例程序解读

EVCache 开源项目中给出的示例程序是一个独立的 Java 应用，使用本机的 Memcached
实例完成读写操作。示例程序默认使用两个 Memcached 进程，将端口为 11211 和 11212
的两个实例作为一个数据分片的两个副本集。通过设置本地的环境变量 EVC_SAMPLE_
DEPLOYMENT 来描述部署的环境，变量的数据格式如下：

```
SERVERGROUP1=host1:port1,host2:port2;SERVERGROUP2=host3:port3,host4:port4
```

以 EVCacheClientSample 作为应用类，在构造函数中获取环境变量 EVC_SAMPLE_
DEPLOYMENT，然后设置应用的系统属性以及数据节点的系统属性。最后，使用
EVCache.Builder 完成初始化。代码如下：

```
public EVCacheClientSample() {
    String deploymentDescriptor =System.getenv("EVC_SAMPLE_DEPLOYMENT");
    if (deploymentDescriptor == null) {
    deploymentDescriptor = "SERVERGROUP1=localhost:11211;SERVERGROUP2=localho
        st:11212";
    }
    System.setProperty("EVCACHE_APP1.use.simple.node.list.provider", "true");
    System.setProperty("EVCACHE_APP1-NODES", deploymentDescriptor);
    evCache = new EVCache.Builder().setAppName("EVCACHE_APP1").build();
}
```

对于写操作，使用 Future 实现异步操作，在写入键值对的同时，需要指定缓存数据的生存周期，主要代码如下：

```
Future<Boolean>[] _future = evCache.set(key, value, timeToLive);
for (Future<Boolean> f : _future) {
    boolean didSucceed = f.get();
}
```

对于读操作，示例程序只是简单的调用了 get 方法：

```
String _response = evCache.<String>get(key)
```

没有使用异步操作，也没有对缓存没有命中和错误做异常处理。

在 main 函数中，先写入了 10 个键值对，存活周期是 24 小时，然后在读出来打印就完成了示例程序的意图。执行示例程序：

```
bogon:~ Abel$./gradlew runSample
```

经过短暂的编译过程后，运行输出结果如下：

```
2016-10-29 22:17:04.996 INFO net.spy.memcached.EVCacheConnection:  Added
    {QA sa=localhost/127.0.0.1:11211, #Rops=0, #Wops=0, #iq=0, topRop=null,
    topWop=null, toWrite=0, interested=0} to connect queue
2016-10-29 22:17:05.018 INFO net.spy.memcached.EVCacheConnection:  Added
    {QA sa=localhost/127.0.0.1:11212, #Rops=0, #Wops=0, #iq=0, topRop=null,
    topWop=null, toWrite=0, interested=0} to connect queue
finished setting key key_0
finished setting key key_1
finished setting key key_2
finished setting key key_3
finished setting key key_4
finished setting key key_5
finished setting key key_6
finished setting key key_7
finished setting key key_8
finished setting key key_9
Get of key_0 returned data_0
Get of key_1 returned data_1
Get of key_2 returned data_2
Get of key_3 returned data_3
```

```
Get of key_4 returned data_4
Get of key_5 returned data_5
Get of key_6 returned data_6
Get of key_7 returned data_7
Get of key_8 returned data_8
Get of key_9 returned data_9
BUILD SUCCESSFUL

Total time: 1 mins 44.709 secs
```

示例程序与每个 Memcached 实例都建立了一条连接，并向每个缓存中写入了 10 条数据，而在读的时候分别从两个实例中读取数据，事实是不是如此呢？可以通过检测网络端口的方法检查一下：

```
bogon:~ Abel$ echo stats | nc localhost 11211 | grep cmd_set
STAT cmd_set 0
bogon:~ Abel$ echo stats | nc localhost 11211 | grep cmd_set
STAT cmd_set 10
bogon:~ Abel$ echo stats | nc localhost 11212 | grep cmd_set
STAT cmd_set 10
bogon:~ Abel$ echo stats | nc localhost 11211 | grep cmd_get
STAT cmd_get 5
bogon:~ Abel$ echo stats | nc localhost 11212 | grep cmd_get
STAT cmd_get 5
```

可以看到的确如此，示例程序分别对两个缓存实例进行了 10 次写操作和 5 次读操作。

EVCache 是缓存技术与公有云服务融合的产物，借助亚马逊云服务的弹性计算节点，实现了分布式缓存的解决方案。技术融合同样是一种创新，尽管 Netflix 没有开放 EVCache 服务器的源码，EVCache 作为基于云服务实现分布式缓存的成功案例，仍然具有一定的参考价值。

第 11 章 *Chapter 11*

Aerospike 原理及广告业务应用

Aerospike 是一个分布式的，可扩展的键 - 值存储的 NoSQL 数据库。支持灵活的数据模式，并且支持满足 ACID 特性的事务。其主要的优势是采用混合存储架构，数据索引信息存储在 RAM（随机存取存储器）中，而数据本身可以存储在 SSD（固态硬盘）或 HDD（机械硬盘）上。并且针对采用多核处理器和多处理器机器的现代硬件进行了优化，通过直接硬盘访问（绕过文件系统），可以带来难以置信的性能。主要应用于百 G，数 T 等大规模并且并发在数万以上，对读写性能要求较高的场景，目前主要集中应用在互联网广告行业，如：MediaV，InMobi，eXelate，BuleKai，时趣互动等。

Aerospike Server 能够根据需求安装到多个数据中心多个集群的多个节点上。方便扩展，只需要将节点添加到集群即可，Aerospike 群集将自动在所有可用的服务器之间重新平衡数据负载，无须分片，无须人工干预。降低运维成本，具有业界最低的 TCO（总体拥有成本）。

本章将会介绍 Aerospike 的架构原理，集群部署，基本用法以及在广告行业中的具体应用；本章基于 Aerospike 的 3.8.4 版本（主要针对具体的部署操作部分，而对于原理，架构的描述则不局限于此）。接下来开始介绍 Aerospike 整体的架构实现和原理。

11.1 Aerospike 架构

Aerospike 的架构针对以下三个主要目标：

❑ 创建一个满足当今网络平台应用的可弹性扩展平台。

❑ 提供与传统数据库一样的鲁棒性和可靠性（比如 ACID）。

❑ 以最小的人工参与，提高运维效率，降低运维成本。

Aerospike 整体架构如图 11-1 所示。

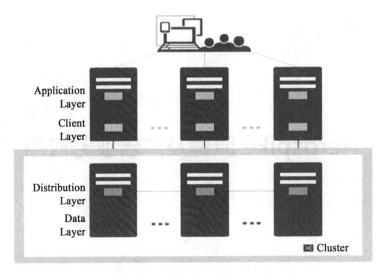

图 11-1　Aerospike 整体架构

如图 11-1 所示，Aerospike 架构的实现主要分为三个层次：Client Layer，Disbution Layer，Data layer，接下来分别进行具体介绍。

（1）Client Layer

访问 Aerospike Server 中的数据（包括读写，批量操作和基于 secondary-index 的查询等）。Aerospike Client 支持绝大部分主流的语言（比如：C/C++，JAVA，GOLANG，PYTHON，C#，PHP，Ruby，JavaScript 等）。Aerospike Client 端能够监控 cluster 的所有节点，并且能自动感知所有节点的更新，同时掌握数据在 cluster 内的分布。Aerospike Client 具有以下特点：

❏ **高效性**：Client 的基础架构确保请求都能够到相应的节点上读写数据，减少响应时间。

❏ **稳定性**：如果节点出错，不需要重启 client 端，并且保持服务的正确性。

❏ **连接池**：为了减少频繁的 open / close TCP 操作，Client 会在内部维护一个连接池保持长连接。

（2）Distibution Layer

负责管理 cluster 内部数据的平衡分布、备份、容错和不同 cluster 之间的数据同步。基于 shared nothing 的架构，如果要提升 Aerospike cluster 的性能，只需要简单地向 cluster 添加新的 Aerospike server，并且不需要停止当前的服务。Distibution Layer 主要包含三个模块：

❏ **Cluster Management Module**：基于"Paxos-like Consensus Voting Process"算法来管理和维护 cluster 内的所有节点，并用"心跳"（Hearbeat，包含 active 和 passive）来监听所有节点的状态，用于监控节点间的连通性。

❏ **Data Migration Mudule**：当有节点添加或移除时，该模块保证数据的重新分布，按照系统配置的复制因子确保每个数据块跨节点和跨数据中心复制。

❑ Transaction Processing Module：确保读写的一致性，写操作先写 Replica，再写 Master。

Transaction Processing Module 模块负责以下任务：

❑ Sync/Async Replication（同步 / 异步复制）：为保证写一致性，在提交数据之前向所有副本传播更新并将结果返回客户端。

❑ Proxy（代理）：集群重配置期间客户端可能出现短暂过期，透明代理请求到其他节点。

❑ Duplicate Resolution（副本解析）：当集群从活动分区恢复时，解决不同数据副本之间的冲突。

（3）Data Layer

负责数据的存储，Aerospike 是 schema-less 的键 - 值数据库，数据存储模式如下：

❑ **命名空间**：数据存在 namespace 中（类比 RDBMS 中的 database）；namespace 可以分为不同的 sets（tables）和 records（rows）；每条 record 包含一个唯一的 key 和一个或多个 bins 值（相当于 cloumns）。

❑ **索引**：Aerospike Indexes 包含 Primary Indexes 和 Second Indexes，为了更高的性能，Aerospike Indexes 只存储在内存中并不会存储在 SSD 中。

❑ **磁盘**：与其他基于文件系统数据库的不同之处，在于 Aerospike 为了达到更好的性能选择了直接访问 SSD 中的 raw blocks（raw device），并特别优化了 Aerospike 的最小化读、大块写和并行 SSD 来增加响应速度和吞吐量。

除了基本的 Aerospike Server 外，Aerospike 还提供了跨数据中心数据同步的功能 XDR（Aerospike Cross Data-Center Replication），具备以下特性。

❑ **实时性**：Aerospike XDR 同步的基本单位是 record。

❑ **稳定性**：类似于 Aerospike Client，XDR 也具有良好的稳定性和错误处理能力，无论是 local cluster 的节点错误或是 remote cluster 的节点错误，XDR 都能够保证服务的正确性。

以上就是 Aerospike 整体的架构情况，下面接着介绍 Aerospike 中的具体实现细节。

11.2　Aerospike 具体实现

Aerospike 内部实现涉及方方面面，这里只挑一些个人比较熟悉而又感觉比较重要的点进行讨论。

11.2.1　Aerospike 集群管理

集群管理子系统处理节点成员身份，并确保当前成员和所有集群中的节点保持一致。诸如，网络故障导致的节点的到达、离开等事件触发集群成员的变更。这些事件既可以是计划的也可以是计划外的，比如，随机发生的网络中断，计划的容量扩容以及硬件 / 软件的升级。集群管理子系统的具体目标是：

- ❑ 在集群中的所有节点上达到当前集群成员的单一一致视图。
- ❑ 自动检测新节点到达 / 离开的无缝集群重新配置。
- ❑ 检测网络故障，并适应这种网络故障。
- ❑ 最小化检测和适应集群成员资格更改的时间。

1. 集群视图

每个 Aerospike 节点都会自动分配唯一的节点标识符，是由 MAC 地址和监听端口组成的一个函数，集群视图由元组定义：<cluster_key, succession_list> 其中：

- ❑ cluster_key 是一个随机生成的 8 字节值，用于标识集群视图的实例。
- ❑ succession_list 是作为集群一部分的唯一节点标识符集合，它使 Aerospike 节点能够使用相同的成员节点集来区分两个集群视图。

对集群视图的每次更改，对运行延迟和整个系统的性能都有显著的影响。这意味着需要快速检测节点到达 / 离开事件，随后需要有效的协调机制来处理对集群视图的任何更改。

2. 集群节点发现

通过在节点之间周期性地交换心跳消息来检测节点的到达或离开。集群中的每个节点维护一个邻接表，它是最近向该节点发送心跳消息的其他节点的列表。离开集群的节点由于在可配置的超时时间间隔内没有检测到心跳消息，之后，它将从邻接列表中删除。

检测机制的主要目标是：

- ❑ 为避免由于零星和瞬间的网络故障，而将节点声明为已离开。
- ❑ 防止异常节点频繁地加入和离开集群。由于 CPU，网络，磁盘等系统级资源在使用上的瓶颈，节点可能会出现异常。

以下部分将介绍如何实现上述目标：

（1）替代心跳机制

在异常或者阻塞的网络中，丢失某些数据包的可能性很大。因此，除了常规的心跳消息外，还使用节点间定期交换的其他消息作为备用的二次心跳机制。例如，副本的写入被用作替代心跳消息。这保障了心跳机制的健壮性。

（2）节点健康评分

集群中的每个节点通过计算平均消息丢失来评估每个相邻节点的运行状态评分。这是对该节点丢失多少个传入消息的估计。这被定期地计算为每个节点接收的预期消息数量与每个节点接收的消息的实际数量的加权移动平均值，如下：

令 t 为心跳消息发送间隔，w 为计算平均值的滑动窗口的长度，r 为在此窗口中接收到的心跳消息数，lw 为该窗口中丢失的消息的分数，α 为平滑因子和 la（prev）是直到现在计算的平均消息损失。la（new）是更新的平均损失，然后计算如下：

```
lw =窗口中丢失的消息/窗口中预期的消息
=(w * t-r)/(w * t)
la(new)=(α* la(prev))+(1-α)* lw
```

平均消息丢失超过所有节点的标准差的两倍的节点是异常值，并被认为是不健康的。一般表现不佳的节点通常具有较高的平均消息丢失率，并且与平均节点行为相差很大。如果不健康的节点是集群的成员，它将从集群中删除。如果它不是，则在其平均消息丢失落在可容忍限度内时，才将它加入集群。实际中，将 α 设定为 0.95，对最近的平均值赋予更大的权重。窗口长度为 1000ms。

（3）集群视图改变

从 11.2.1 节可知，邻接表一旦发生改变，就会触发运行一个 Paxos 共识算法来确定一个新的集群视图。那什么是 Paxos 共识算法？Paxos 算法实现的是分布式系统多个结点之上数据的一致性。在 Paxos 算法中，有三种角色：

❑ Proposer；

❑ Acceptor；

❑ Learners。

在具体的实现中，一个进程可能同时充当多种角色。比如一个进程可能既是 Proposer 又是 Acceptor 又是 Learner。

还有一个很重要的概念叫提案（Proposal）。最终要达成一致的 value 就在提案里。

Aerospike 把邻接表中节点标识符最高的节点当 Proposer，并承担 Proposal 的角色。Paxos Proposal 提出了一个新的集群视图建议。如果提案被接受，则节点开始重新分配数据。通过优化该算法尽可能减少集群中单个故障节点的影响。避免集群大范围的数据迁移和波动，保障集群的稳定性。

11.2.2　数据分布

Aerospike 如何在节点之间分布数据，如图 11-2 所示。使用 RipeMD160（RACE 原始完整性校验消息摘要）算法将记录的主键散列成 160 字节的摘要。Digest Space 被分为 4096 个不重叠的"分区"（partitions），它是 Aersopike 数据归属的最小单位。记录根据主键摘要进行分区。Aerospike 协调索引和数据，以便在运行读取操作或查询时避免任何跨节点流量。写入可能需要基于复制因子的多个节点之间的通信。索引和数据的分配结合数据分布散列函数，最终导致节点间数据分布一致性。

分区分配算法（partition assignment）为每个分区生成复制列表。复制列表是集群继承列表的排列。分区复制列表中的第一个节点是该分区的主节点，第二个节点是第一个的副本，第三个节点是第二个的副本，依此类推。分区分配的结果称为分区映射。还要注意，在一个格式正确的集群中，在任何给定的时间只有一个分区的主控。默认情况下，所有读 / 写流量都指向主节点。读取也可以通过运行时配置设置统一分布在所有副本中。Aerospike

支持任何数量的副本，从单个副本到与集群中的节点一样多的副本。

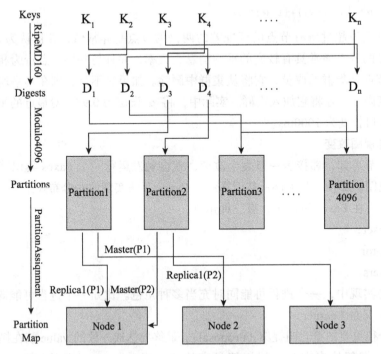

图 11-2　Aersopike 数据分布

分区分配算法具有以下目的：

❑ 确定性，使分布式系统中的每个节点可以独立计算相同的分区映射。

❑ 实现群集中所有节点上的主分区和副本分区的统一分配。

❑ 在集群视图更改期间，尽量减少分区的移动。

该算法被描述为伪代码：

```
function REPLICATION_LIST_ASSIGN(partitionid)
node_hash = empty map
for nodeid in succession_list:
node_hash[nodeid] = NODE_HASH_COMPUTE(nodeid, partitionid)
replication_list = sort_ascending(node_hash using hash) return replication_list
function NODE_HASH_COMPUTE(nodeid, partitionid):
nodeid_hash = fnv_1a_hash(nodeid)
partition_hash = fnv_1a_hash(partitionid)
return jenkins_one_at_a_time_hash(<nodeid_hash, partition_hash>)
```

如图 11-3 所示，（a）显示了复制因子为 3 的 5 个节点的集群的分区分配。

考虑到有节点挂掉的情况，很容易从分区复制列表中看出，该节点将简单地从复制列表中删除，导致所有后续节点的左移位，如图 11-3 中（b）所示。如果此节点没有托管分区的副本，则此分区将不需要数据迁移。如果这个节点托管有数据的副本，一个新节点将取代它的位置。因此，这需要将这个分区中的记录复制到新节点。一旦原始节点返回并再次成为集群的一部分，它将简单地在分区复制列表中恢复其位置，如图 11-3 中（c）所示。在集群中添加一个全新的节点将有助于将该节点插入到各个分区复制列表中的某个位置，从而导致每个分区的后续节点的右移。新节点左边的赋值不受影响。

Partition	Master	Replica 1	Replica 2	Unused	Unused
P1	N5	N1	N3	N2	N4
P2	N2	N4	N5	N3	N1
P3	N1	N3	N2	N5	N4
…	…	…	…	…	…

(a) Partition assignment with replication factor 3

P2	N2	N4	N3	N1	

(b) P2 succession list when N5 goes down

P2	N2	N4	N5	N3	N1

(c) P2 succession list when N5 comes up again

图 11-3　Master/replica 分配

将记录从一个节点移动到另一个节点的过程称为迁移。在每个集群视图更改后，数据迁移的目的是使每个记录的最新版本可用于每个数据分区的当前主节点和副本节点。一旦达成了新的集群视图，集群中的所有节点都将运行分布式分区分配算法，并将主节点和一个或多个副本节点分配给每个分区。

每个分区的主节点为该分区分配唯一的分区版本，该版本号被复制到副本。在集群视图更改之后，每个具有数据的分区的分区版本在节点之间交换。因此，每个节点都知道分区的每个副本的版本号。

11.3　Aerospike 集群配置和部署

Aerospike 的集群配置和部署也是相当简单，只需要做相应的配置，并保证集群中所有的节点在同一个局域网内，Aerospike 通过机架感知的方式组成一个集群。在这里我们安装的 Aerospike 版本是 3.8.4，安装的操作系统环境是 liunx，这里以 Centos 6.5 为例，Aerospike 也是支持其他操作系统的，配置方式基本都是大同小异，所有在这里不再讨论其他操作系统版本的安装，大家只要到官网找到对应的版本就可以了。官网地址：www.aerospike.com。

11.3.1 搭建集群的方式与配置

因为 Aerospike 是通过机架感知（心跳协议）负责维护集群的完整性，所以集群的组成方式和具体的心跳信息发送机制有关，Aerospike 使用以下方法定义一个集群：

1. Multicast（UDP）组播方式

Multicast 利用 IP：POST（IP 地址和端口号）向局域网内可达的机器发送心跳信息。建议在可用时使用多点心跳协议。由于各种原因，网络可能不支持多播。有关如何在环境中验证多播的信息，可以参阅官网的故障排除指南（http://www.aerospike.com/docs/operations/troubleshoot）。

具体的配置方式，如图 11-4 所示。

```
...
heartbeat {
    mode multicast                  # Send heartbeats using Multicast
    multicast-group 239.1.99.2          # multicast address
    port 9918                       # multicast port
    address 192.168.1.100 # (Optional) (Default any) IP of the NIC to
                                    # use to send out heartbeat and bind
                                    # fabric ports
    interval 150                    # Number of milliseconds between heartbeats
    timeout 10                      # Number of heartbeat intervals to wait
                                    # before timing out a node
}
...
```

图 11-4　Multicast 配置方式

由图 11-4 可知，具体的内容如下：

❏ 设置 mode 为 multicast。

❏ 将 multicast-group 设置成一个有效的组播地址（239.0.0.0-239.255.255.255）。

❏ address 为可选配置，可以设置为用于集群内通信的 IP，用于将集群内流量隔离特定网络接口时需要。

❏ 设置间隔（interval：控制发送心跳数据包的频率）和超时（timeout：控制如果没有从节点收到心跳信息，则超过超时时间后则认为节点故障），间隔推荐设置为 150，超时建议设置为 10。

2. Mesh（TCP）网格方式

Mesh 使用一个 Aerospike 服务器的地址来加入集群。Mesh 使用 TCP 点对点心跳连接。集群中的每个节点都保持与所有其他节点的心跳连接，这导致 Mesh 所需的连接很多。因此，建议在可用时使用多点心跳协议。

Mesh 具体的配置方式，如图 11-5 所示：

由图 11-5 可知，具体的内容如下：

❏ 设置 mode 为 mesh。

❑ address 为可选配置，可以设置为用于集群内通信的 IP，用于将集群内流量隔离特定网络接口时需要。

❑ 将 mesh-seed-address-port 设置为集群中节点的 IP 地址和心跳端口。

❑ 设置间隔（interval：控制发送心跳数据包的频率）和超时（timeout：控制如果没有从节点收到心跳信息，则超过超时时间后则认为节点故障），间隔推荐设置为 150，超时建议设置为 10。

```
...
heartbeat {
    mode mesh                                  # Send heartbeats using Mesh (Unicast) protocol
    address 192.168.1.100                      # (Optional) (Default: any) IP of the NIC on
                                               # which this node is listening to heartbeat
    port 3002                                  # port on which this node is listening to
                                               # heartbeat
    mesh-seed-address-port 192.168.1.100 3002 # IP address for seed node in the cluster
                                               # This IP happens to be the local node
    mesh-seed-address-port 192.168.1.101 3002 # IP address for seed node in the cluster
    mesh-seed-address-port 192.168.1.102 3002 # IP address for seed node in the cluster
    mesh-seed-address-port 192.168.1.103 3002 # IP address for seed node in the cluster

    interval 150                               # Number of milliseconds between heartbeats
    timeout 10                                 # Number of heartbeat intervals to wait before
                                               # timing out a node
}
...
```

图 11-5　Mesh 配置方式

11.3.2　部署集群

本节主要介绍 Aerospike 的集群环境的部署安装，辅助工具和集群监控应用的安装。

1. Aerospike Server 集群搭建

Aerospike Server 具体安装步骤如下：

1）下载 Aerospike Server 相应的版本并进行解压。可以通过 Liunx 命令 wget 进行下载：

```
wget http://www.aerospike.com/artifacts/aerospike-server-community/3.8.4/
    aerospike-server-community-3.8.4.tar.gz
```

并通过 tar 命令解压到相应的位置（这里的安装目录为 /data/server）：

```
tar -zxvf aerospike-server-community-3.8.4.tar.gz && cd aerospike-server
```

2）初始化 Aerospike 的 home 目录。Aerospike Server 可以在同一个物理节点上部署多个实例，可以通过 bin/aerospike init –help 查看具体参数配置。这里以一台机器部署两个实例为例进行说明，分别初始化两个实例，命令如下：

```
bin/aerospike --home init /data/server/aerospike1 -instance 1 -p 3000
bin/aerospike --home init /data/server/aerospike2 -instance 2 -p 3010
```

其中 home 为 Aerospike 实例的主目录，instance 为实例的 id，而且每个机器上每个实例必须有一个唯一的 id，而且这个 id 只能在 0 到 15 之间，p 为实例所使用的端口。

3）配置集群的心跳方式。一开始配置的心跳方式是 multicast，但因为环境网络不稳定，导致经常有节点脱离集群的情况，所以在这里采用的是 mesh 模式进行集群搭建，mesh 搭建集群的具体配置如下：

```
network {
    service {
    address 192.168.0.12
    port 3000
    reuse-address
    }

    heartbeat {
        mode mesh
        address 192.168.0.12
        port 3002

        mesh-seed-address-port 192.168.0.12 3002
        mesh-seed-address-port 192.168.0.12 3012
        mesh-seed-address-port 192.168.0.11 3002
        mesh-seed-address-port 192.168.0.11 3012

        interval 150
        timeout 10
    }

    fabric {
        port 3001
    }
    info {
        port 3003
    }
}
```

其中需要注意的是：

❑ network-service-address 可以绑定服务器的局域网 IP，因为在既有公网 IP 又有局域网 IP 的机器上，如果这里设置的是 any，则有可能会获取到公网的 IP，导致集群查询报错，可以在这里绑定机器的局域网 ip。

❑ network-heartbeat-mode 属性可以配置集群模式，设置成 mesh。

❑ mesh-seed-address-port 则是集群其他节点实例的 IP 和对应的端口。

4）配置数据的储存方式。Aerospike 的数据可以配置只存储在内存中，或者是内存、SSD、HDD 混合存储方式，这里使用内存和 SSD 混合存储的方式，配置如下：

```
namespace test {
    replication-factor 2
```

```
    default-ttl 90d
    memory-size 60G
    storage-engine device {
        file /data/aerospike/data/aerospike1
        filesize 100G
        data-in-memory true
    }
}
```

其中：

❑ replication-factor 为复制因子。

❑ default-ttl 为数据过期时间（单位为毫秒）。

❑ memory-size 为分配内存的大小。

❑ storage-engine device 则是配置 ssd 存储的文件存储路径，大小以及是否同时存储在内存中（这里分别包括 file，filesize，data-in-memory 等三个参数）。

5）启动各机器的各个 Aerospike 实例。配置好所有的机器实例之后，可以分别启动各个实例，启动命令如下：

```
./bin/aerospike start
```

实例启动后，可以通过如下命令查看服务状态：

```
./bin/aerospike status
```

也可以查看启动过程中的日志文件，看是否在启动过程中有报错：

```
cat ./var/log/aerospike.log
```

日志文件的路径和具体的配置有关。

到这一步 Aerospike Server 已经安装完成，但是 Aerspike 官方提供的工具包（用于集群管理）和集群监控（AMC）还没有安装，这非常不利于生产的使用，所以，接下来继续。

6）安装 Aeropsike 工具包。首先下载对应的工具包版本，解压安装，命令如下：

```
wget -O aerospike-tools.tgz 'http://www.aerospike.com/artifacts/aerospike-server-
    community/3.8.4/aerospike-server-community-3.8.4-el6.tgz'
tar -zxvf aerospike-tools.tgz
cd aerospike-server-community-3.8.4-el6/
rpm -Uvh aerospike-tools-3.8.3-1.el6.x86_64.rpm
```

安装成功之后，可以在 /opt/aerospike 中查看，增加了如下命令，如图 11-6 所示。

其中包括备份与恢复工具（asbackup 和 asrestore），其他工具介绍如下：

❑ asinfo 是一个命令行工具，提供了一个 Aerospike 集群指挥和控制的接口，包括改变服务器的参数配置，以及 Aerospike 服务的运行能力。

❑ asadm 是一个交互式的 Python 工具，主要用于得到集群当前健康状态的汇总信息，并执行动态配置和调试命令。

❑ aql 工具提供了一个 SQL 数据库的命令行界面，UDF 和索引的管理。Aerspike 不支持 SQL 查询等管理语言，而是提供了一个界面类似的工具来利用 SQL。

❑ asloglatency 工具分析 Aerospike 日志文件，返回延迟测量数据。

❑ ascli 工具则提供了一个命令行操作 Aerospike 数据的窗口。

❑ asmonitor 工具是用来监控性能、调整配置设置和诊断集群问题时启动的。

以上的这些工具都是基于控制台的，不太直观，尤其是对于集群的状况监控来讲，所以，接下来安装集群管理监控界面控制台。

```
aerospike aerospike    1792 Jun  3  2016 add_python_path
aerospike aerospike    2822 Jun  3  2016 afterburner.sh
aerospike aerospike 4490099 Jun  3  2016 aql
aerospike aerospike  101230 Jun  3  2016 asadm
aerospike aerospike 1842275 Jun  3  2016 asbackup
aerospike aerospike 3546827 Jun  3  2016 ascli
aerospike aerospike    2698 Jun  3  2016 ascollectinfo
aerospike aerospike   16002 Jun  3  2016 asgraphite
aerospike aerospike    3126 Jun  3  2016 asinfo
aerospike aerospike   16974 Jun  3  2016 asloglatency
aerospike aerospike  130315 Jun  3  2016 asmonitor
aerospike aerospike 2224112 Jun  3  2016 asrestore
aerospike aerospike    7987 Jun  3  2016 cli
aerospike aerospike    3728 Jun  3  2016 helper_afterburner.sh
aerospike aerospike    1611 Jun  3  2016 remove_python_path
```

图 11-6　Aerospike 集群管理工具

2. 安装集群监控控制台（AMC）

安装之前机器必须满足如下要求：

❑ 操作系统为 RedHat 或 CentOS 5 以上（这里用的是 CentOS 6.x 版本）。

❑ 双核处理器。

❑ 120MB 磁盘空间。

❑ 2GB 内存，当然最好是 4GB。

❑ 端口 8081 必须为空闲。

AMC 可以很方便地查看监控的各个节点的状况，集群的吞吐量和资源的使用情况，还可以查看集群的配置信息。

在安装 AMC 之前需要先安装依赖工具：

```
sudo yum install python
sudo yum install gcc
sudo yum install python-devel
```

接下来就是下载安装：

```
wget http://www.aerospike.com/artifacts/aerospike-amc-community/3.8.4/aerospike-
    amc-community-3.8.4-el5.x86_64.rpm

sudo rpm -ivh aerospike-amc-community-3.6.2-el5.x86_64.rpm
```

安装完成之后，通过以下命令进行启动、停止、查看状态等操作。

启动 amc：

```
sudo /etc/init.d/amc start
```

停止 amc：

```
sudo /etc/init.d/amc stop
```

重启 amc：

```
sudo /etc/init.d/amc status
```

访问地址：

```
http://服务器IP:8081
```

安装成功之后，可以看到图 11-7 的界面。

图 11-7　AMC 主界面

11.4　Aerospike 与 Redis 的对比

Aerospike 以低延迟和高吞吐量而闻名，已经用于许多大型的，要求堪称坎坷的实时平台。而 Redis 同样以速度著称，并且也经常用作缓存。接下来对 Aerospike 和 Redis 做一个对比，方便大家在实际的应用中进行技术选型。

由于 Aerospike 是多线程的，而 Redis 是单线程的，Aerospike 和 Redis 在扩展和分片可管理性差异如下：

- ❑ Redis 需要开发人员自己管理分片并提供分片算法用于在各分片之间平衡数据；而 Aerospike 可以自动处理分片工作。
- ❑ 在 Redis 中，为了增加吞吐量，需要增加 Redis 分片的数量，并重构分片算法及重新平衡数据，这通常需要停机；而在 Aerospike 中，可以动态增加数据卷和吞吐量，无须停机，并且 Aerospike 可以自动平衡数据和流量。

❑ 在 Redis 中，如果需要复制及故障转移功能，则需要开发人员自己在应用程序层同步数据；而在 Aerospike 中，只需设置复制因子，然后由 Aerospike 完成同步复制操作，保持即时一致性；而且 Aerospike 可以透明地完成故障转移。

❑ Aerospike 既可以完全在内存中运行，也可以利用 Flash/SSD 存储的优点，而 Redis 则完全依赖于内存存储。

❑ 从数据结构来看，Aerospike 只支持单一的 key/bins 的结构，而 redis 支持的数据格式相对来说是多样化的，既有 key/value，也有队列，数组，集合等。

❑ 从文档社区来看，Redis 的社区相对成熟，有非常完善的文档和广泛的使用；而 Aerospike 社区不成熟，文档除了官网和国外的一些介绍，目前还没有系统的中文资料。

❑ 从主流应用来看，Redis 主要是网页索引等更多需要高性能的架构中，而 Aerospike 则更加有针对性，主要是为了广告系统存储用户属性数据而设计。

更多对比如表 11-1 所示。

表 11-1　Aerospike 与 Redis 属性对比

项　　目	Aerospike	Redis
分片信息	每个 server	每个 server
数据格式	多种	多种类型
固化方式	自己	有两种固化方式，操作日志 / 数据
负载均衡	4096 个 hash 自动分布	16384 个分片，手动指定分片分布
主备方式	自动	指定主备，同步
索引支持	Key，value	数据结构自己支持
过滤器	Ruby	可以通过 ruby 实现
服务端编程	Ruby	Ruby，上传
多版本控制	最新	只存最新
批量写入支持	不支持	通过日志
主流应用	广告系统存储用户属性	网页索引
补充	区域感知，集群同步	

基于表 11-1 的对比，下面我们重点来介绍一下 Aerospike 在广告行业中的一些具体应用。

11.5　Aeropsike 在广告行业的具体应用

以下讨论的广告范畴都是基于精准广告。

鉴于精准广告的巨大数据量，以及实时性、高可用性要求特别高的系统特点，缓存在广告系统中的应用非常广泛。本节将介绍广告系统中个性化推荐广告和实时竞价广告的缓存应用。

11.5.1 Aerospike 在个性化推荐广告中的应用

个性化推荐广告是建立在了解和掌握消费者独特的偏好和习性的基础之上，对消费者的购买需求做出准确的预期或引导，在合适的位置、合适的时间，以合适的形式向消费者呈现与其需求高度吻合的广告，以此来促进用户的消费行为。

Aerospike 中个性化推荐广告中的应用如图 11-8 所示。

用户行为日志收集系统收集日志之后推送到 ETL 做数据的清洗和转换，把 ETL 过后的数据发送到推荐引擎计算每个消费者的推荐结果，其中推荐逻辑包括规则和算法两部分，具体的规则有用户最近浏览、加入购物车、加入收藏等，算法则包括商品相似性、用户相似性、文本相似性、图片相似性等算法。把推荐引擎的结果存入 Aerospike 集群中，并提供给广告投放引擎实时获取。

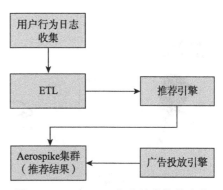

图 11-8　Aerospike 在个性化推荐广告中的应用

因为目前主流的电商基本都是目标客户，用户的基数庞大，覆盖的用户过亿，并且每天还有大量数据更新并实时同步到其他数据中心；每天处理的广告投放请求达几十亿。所以，对用户推荐结果数据库的响应速度、稳定性和可扩展性都有极高的要求。经过对不同的缓存方案进行调研和评估，Aeropsike 不仅性能上最优，而且能够方便地动态扩展，因此我们最终选择了 Aerospike 作为用户推荐信息的数据库，并根据我们的具体业务需求对Aerospike 的功能进行了如下定制：

❑ 在 Aerospike Client 端，为了更快的响应速度，我们选择了 Aerospike Java，实现了异步和同步的读写操作。

❑ 在 Aerospike Server 端，设置 Replication factor=2，在确保当有一个 node 错误时服务的稳定性，并且避免硬件的浪费。同时在保持单机性能的情况下通过增加 nodes 数量，扩展 Aerospike 性能。

❑ 在 Aerospike Storage 端，因为 Aerospike 要求不同的 namespace 必须在不同的物理设备上，所以我们只创建了必要的 namespaces，动态的添加 sets 来分区不同的数据。为了更好地分离硬件和数据，我们选择了 RAID 5，保证磁盘的损坏不影响数据。

❑ 因为这里的用户推荐结果缓存库与下一节要介绍的实时竞价广告中的用户画像缓存

库遇到的问题和解决的办法基本类型，所以具体在下一节中进行讨论。

11.5.2　Aerospike 在实时竞价广告中的应用

首先要介绍的是，什么是实时竞价广告？如图 11-9 所示。

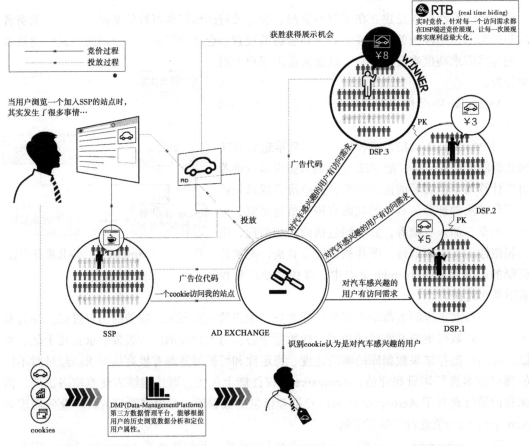

图 11-9　实时竞价广告模式

1. 与广告业务相关的术语

首先介绍几个与广告业务相关的术语：

❑ **RTB（RealTime Bidding）实时竞价**：一种利用第三方技术在数以百万计的网站上针对每一个用户展示行为进行评估以及出价的竞价技术。与大量购买投放频次不同，实时竞价规避了无效的受众到达，针对有意义的用户进行购买。它的核心是DSP 平台（需求方平台），RTB 对于媒体来说，可以带来更多的广告销量、实现销售过程自动化及减低各项费用的支出。而对于广告商和代理公司来说，最直接的好处就是提高了效果与投资回报率。

- ❑ DSP（需求方平台）：需求方平台允许广告客户和广告机构更方便地访问，以及更有效地购买广告库存，因为该平台汇集了各种广告交易平台、广告网络、供应方平台，甚至媒体的库存。有了这一平台，就不需要再出现另一个烦琐的购买步骤——购买请求。
- ❑ Ad Exchange（广告交易平台）：一个开放的、能够将媒体主和广告商联系在一起的在线广告市场（类似于股票交易所）。交易平台里的广告存货并不一定都是溢价库存，只要媒体主想要提供的，都可以在里面找到。
- ❑ DMP（Data-Management Platform）：数据管理平台能够帮助所有涉及广告库存购买和出售的各方来管理数据、更方便地使用第三方数据、增强他们对所有这些数据的理解、传回数据或将定制数据传入某一平台，以进行更好地定位。
- ❑ SSP（Sell-SidePlatform，供应方平台）：供应方平台能够让出版商也介入广告交易，从而使它们的库存广告可用。通过这一平台，出版商希望他们的库存广告可以获得最高的有效每千次展示费用，而不必以低价销售出去。供应方平台，是站长服务平台。站长们可以在 SSP 上管理自己的广告位，控制广告的展现等。
- ❑ UserProfile（用户画像）：用户画像就是把人的属性（用户的属性）数字化，变成机器可理解的方式。用户画像是根据用户的社会属性，生活习惯和消费行为等信息而抽象出的一个标签化的用户模型。构建用户画像的核心工作即是给用户打上合适的标签，而标签是通过对用户信息分析得来的高度精练的特征标识。

2. Aerospike 的具体应用

接下来我们进行具体介绍：

当用户浏览一个加入 SSP（供应方平台）的站点时，SSP 会把此次请求发送到 AD EXCHANGE（广告交易平台），然后 ADX 会把这次请求发送给多家 DSP，DSP（需求方平台）根据自身的 DMP（数据管理平台），通过对此用户的了解程度进行竞价，最终竞价胜出的 DSP 获得展现广告的机会。

DSP 竞价（RTB：实时竞价）胜出的关键是 DMP 能够根据用户的历史浏览等数据分析和定位用户属性，其中实时竞价广告中非常重要的一个环节就是 UserProfile（用户画像）。类似于图 11-10 所示的实时决策流程。

分别通过 HDFS 和 HBASE 对日志进行离线和实时的分析，然后把用户画像的标签结果存入高性能的 Nosql 数据库 Aerospike 中，同时把数据备份到异地数据中心。前端广告投放请求通过决策引擎（投放引擎）向用户画像数据库中读取相应的用户画像数据，然后根据竞价算法出价进行竞价。竞价成功之后就可以展现广告了。而在竞价成功之后，具体给用户展现什么样的广告，就是有上面说的个性化推荐广告来完成的。

在用户画像系统中，缓存主要用来存储用户（设备）的标签属性，根据不同的定向规则，定义的缓存数据格式不同，如图 11-11 所示。

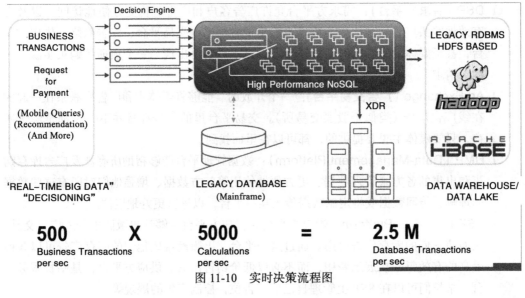

500 X 5000 = 2.5 M

Business Transactions per sec   Calculations per sec   Database Transactions per sec

图 11-10　实时决策流程图

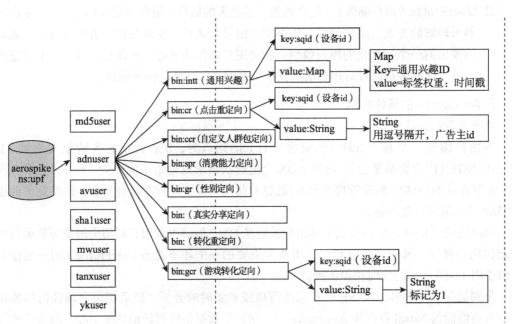

图 11-11　缓存数据格式

根据上图可知，用户数据统一存储在缓存库 UPF 中，然后根据用户 ID 的加密类型（加密方式有 MD5、SHA1、明文）分不同的缓存表，同时也会为每一个第三方 adx 请求过来的数据建立一个缓存库，主要的作用是为了多方数据的打通和相互利用。

接下来主要是根据数据和运营的具体情况，根据不同的定向条件筛选用户人群，比如对用户的兴趣、用户的消费能力、性别、是否有转化等等多个维度进行描述。同时，也会对不同的行业比如金融、游戏、电商等划分不同的定向条件。

而缓存的具体应用架构，如图 11-12 所示。

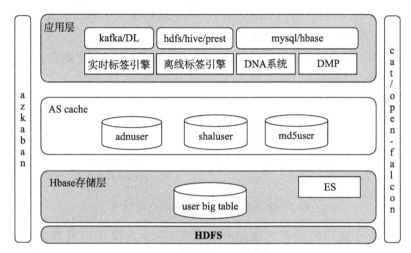

图 11-12　用户画像架构

此应用架构包含实时标签引擎和离线标签引擎两个主要部分，这样设计的原因主要是出于系统投入的成本来考虑。

离线标签引擎通过基于 HDFS 的 HIVE/SPARK 对设备的 APP 安装情况，以及广告投放的效果数据，根据规则和算法，然后把标签数据缓存于 AS CACHE 中，这里的 AS 就是 Aerospike。然后提供给广告引擎做精准广告投放的判断依据。

通过离线计算的数据和日志主要都是数据量大，而且实时要求并不是特别高，比如说广告请求日志、竞价日志等等；而实时标签引擎则主要处理效果数据等，对实时性要求较高的数据，比如广告的展现、点击、转化数据等。

对于 ADX 渠道而言，由于对接的渠道数据各有各的特点，需要区别对待。从设备标识来讲，有些渠道的设备标识是明文，而有些是通过 MD5 或者 SHA1 加密，比如像 BAT 这样的流量渠道把用户的设备 ID 通过加密的方式传给 DSP，为了尽量把这些数据都利用起来，则需要把这些数据分别存放在不同的缓存库中，如 SHA1USER 和 MD5USER 用来存储通过 SHA1 和 MD5 加密的渠道设备数据。如果渠道设备 ID 是明文，则要通过加密后分别保存到 SHA1USER 和 MD5USER 中，以供各渠道之间进行用户数据的共享，终极的目标离不开完善人群库，提高广告的精致度。

3. 实践过程中遇到的问题

下面是在实践过程中遇到的一些问题：

问题 1：在用户画像系统中，经常要对各种标签的总人数进行统计。为了更快地获得统计结果，就需要用到索引的功能。比如说，运营人员对广告主进行通用兴趣标签投放的时候，经常会有广告投放不出去的问题，造成此问题的原因有很多，比如人群标签计算不准确，人群覆盖率不够等等。作为技术人员如何去判断问题到底出在什么地方，这就需要对现有缓存库中的标签人数进行统计，反馈给运营并进行持续的优化。

通过 Aeropsike 在相应的属性上建立索引（索引包括主索引和二级索引），然后通过聚合实时统计，在这里我们使用的是二级索引。

下面通过通用兴趣这一具体的标签定向实例来进行说明，通用兴趣在 Aerospike 库中存储的数据格式如图 11-13 所示。

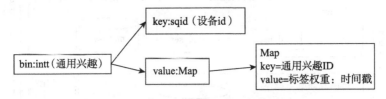

图 11-13　通用兴趣标签定向存储结构

用 intt 属性来存储用户所有的通用兴趣标签，key 为设备 id 通常为 imei 或者 idfa，value 中存储的是一个通用兴趣 id 的 Map，目前就要查出在缓存库中的设备有多少带有游戏兴趣标签。

首先，通过前面介绍的索引创建方式为兴趣标签属性建立索引：

```
aql> create mapkeys index item_idx on upf.demo (intt) string
aql> create mapvalues index item_state_idx on upf.demo (intt) string
```

查询示例如下：

```
aql> select * from upf.demo in mapkeys where intt = '11'
aql> select * from upf.demo in mapkeys where intt = '1101'
aql> select * from upf.demo in mapvalues where intt = '1102'
```

问题 2：在高并发写入和读的时候，性能瓶颈在带宽上。

这个问题可以通过 Aeospike 提供的用户自定义函数（UDF）来进行优化，因为 UDF 是在 Aerospike 服务端执行的，比如在没有使用 UDF 之前需要对缓存中的值进行修改，需要经过图 11-14 所示的网络请求。

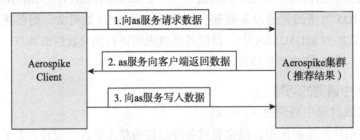

图 11-14　未优化之前修改一个缓存值需要的网络请求

首先，Aerospike Client 根据需要修改的 KEY 向服务端请求旧值，然后服务端通过网络返回旧值给 Arospike Client，客户端得到旧值之后，通过和新值的比较并进行相应的处理之后，把新值 PUT 回服务端。前后需要经历多次网络请求。图 11-15 所示是经过优化之后修改一个缓存值需要的网络请求。

图 11-15　优化之后修改一个缓存值需要的网络请求

而经过优化之后，Aerospike Client 只需要把新值发送到服务端，然后服务端通过 UDF 进行新值和旧值的比较，处理之后更新缓存值，这整个过程只需要一次网络请求，大大地提高了处理性能。

下面以修改用户画像的属性值为例来介绍具体的实现。

Aerospike 可以使用 LUA 脚本语言在服务端创建 UDF，用来提高服务端的操作效率，使用 UDF 的前提是对 LUA 语法有基本的了解。下面我们来创建一个 UDF，主要作用就是判断一个用户的 KEY 是否存在，不存在则创建新的 KEY 和新的属性值；KEY 存在则需要判断 intt 属性（兴趣属性）是否存在，处理 intt 属性的值，进行具体的业务处理。

函数定义如下：

```
local function Split(szFullString, szSeparator) --此方法为Split字符串
    local nFindStartIndex = 1
    local nSplitIndex = 1
    local nSplitArray = {}
    while true do
        local nFindLastIndex = string.find(szFullString, szSeparator, nFindStartIndex)
        if not nFindLastIndex then
            nSplitArray[nSplitIndex] = string.sub(szFullString, nFindStartIndex,
                string.len(szFullString))
            break
        end
        nSplitArray[nSplitIndex] = string.sub(szFullString, nFindStartIndex,
            nFindLastIndex - 1)
        nFindStartIndex = nFindLastIndex + string.len(szSeparator)
        nSplitIndex = nSplitIndex + 1
    end
    return nSplitArray
end

function updateIntt(rec,appendIntt,sqid)--rec参数为Aerospike当前记录本身，默认就传递进
```

来的，后面两参数是具体的业务参数

```
local ret = map()
if not aerospike:exists(rec) then--判断rec记录是否存在
    ret['status'] = 'DOES NOT EXIST'
    rec['sqid'] = sqid['sqid']
    rec['intt'] = appendIntt['appendIntt']
    aerospike:create(rec)--不存在则创建一个新的key，属性为sqid和intt
else--key存在则更新intt属性的值
    --ret['status'] = 'DOES EXIST'
    local intt = rec['intt']
    if intt == nil then
        --rec['sqid'] = userid['userid']
        rec['intt'] = appendIntt['appendIntt']
        ret['status'] = 'INTT DOES NOT EXIST'
ret['intt'] = appendIntt['appendIntt']
    else
        ret['status'] = 'INTT DOES EXIST'
    local intt = rec['intt']
    local appendIntt = appendIntt['appendIntt']
    local list = Split(appendIntt, ':')
    local l1 = list[1] .. ':'
    if string.find(intt, l1) ~= nil then
    ret['status'] = 'appendIntt is old'
    local l2 = list[2]
    --local list2 = Split(intt, ':')
    ret['l2'] = l2
    else
    ret['status'] = 'appendIntt is new'
    rec['intt'] = intt .. ',' .. appendIntt
    ret['intt'] = intt .. ',' .. appendIntt
    end
        end
        aerospike:update(rec)--修改
    end
    --aerospike:update(rec)
    return ret
end
```

把上面的代码保存到 updateIntt.lua 文件中，然后通过 ascli udf-put 命令把这个 UDF 上传到 Aerospike 服务端：

```
ascli udf-put updateIntt.lua
```

上传成功之后通过 ascli udf-list 查看 updateIntt.lua 文件是否上传成功。

接下来如何调用我们上传的 UDF 呢？下面我们用命令行调用和利用 GO 语言调用来进行说明。

通过命令行调用的方法如下：

```
ascli udf-record-apply <ns> <set> <key> <module> <function> ARGS
```

其中：

❑ <ns>：命名空间。

❑ <set>：SET 名称。

❑ <key>：数据 KEY。

❑ <module>：LUA 脚本文件名，不带后缀。

❑ <function>：函数名，在这里是 updateIntt。

❑ ARGS：参数列表。

具体调用方法如下：

```
ascli -h 192.168.0.15 -p 3000 udf-record-apply upf testuser ${var1} updateIntt
    updateIntt "{\"appendIntt\": \"${var2}\"}" "{\"sqid\": \"${var1}\"
```

其中 ${var1} 为 key 的位置，appendIntt 和 sqid 为我定义函数时需要传的参数。

需要注意以下几点：

❑ ARGS 参数传递的时候一定要按照定义函数时的顺序，否则有些参数会取不到。

❑ ARGS 每个参数都是一个单独的 JSON 格式，比如 '{"a":"b"}'，不能把多个参数写到同一个 JSON 里面进行传递。

通过 GO 语言调用的方法如下。

首先需要下载 GO 版本的客户端程序，加入 GOPATH 中：

```
go get github.com/aerospike/aerospike-client-go
```

然后通过如下函数进行调用：

```go
// Execute executes a user defined function on server and return results.
// The function operates on a single record.
// The package name is used to locate the udf file location:
// udf file = <server udf dir>/<package name>.lua
// This method is only supported by Aerospike 3 servers.
// If the policy is nil, the default relevant policy will be used.
  func (clnt *Client) Execute(policy *WritePolicy, key *Key, packageName
      string, functionName string, args ...Value) (interface{}, error) {
  policy = clnt.getUsableWritePolicy(policy)
  command := newExecuteCommand(clnt.cluster, policy, key, packageName,
      functionName, NewValueArray(args))
  if err := command.Execute(); err != nil {
      return nil, err
  }
  record := command.GetRecord()
  if record == nil || len(record.Bins) == 0 {
      return nil, nil
  }
  resultMap := record.Bins
  // User defined functions don't have to return a value.
  if exists, obj := mapContainsKeyPartial(resultMap, "SUCCESS"); exists {
      return obj, nil
```

```
    }
    if _, obj := mapContainsKeyPartial(resultMap, "FAILURE"); obj != nil {
        return nil, fmt.Errorf("%v", obj)
    }
    return nil, NewAerospikeError(UDF_BAD_RESPONSE, "Invalid UDF return value")
}
```

问题 3：在搭建集群的时候就需要根据具体的业务情况搭建好 namespace，否则在后续添加的时候会比较麻烦。

问题 4：对内存和磁盘的使用建议不要超过机器容量的 60%。

社交场景架构进化：从数据库到缓存

本章以一个典型的社交类应用为例，基于一个简化的领域模型和业务场景，叙述该应用在面临不断增加的业务吞吐量时，传统的基于数据库的方案将面临的性能风险，随后阐述如何利用缓存技术对这些典型的性能问题进行解决。

本章分为 5 个小节，首先引入示例应用的领域模型和业务场景，随后分别针对其 relation、post、timeline 三个模型的相关场景分别叙述基于数据库的解决方案和问题，以及在此之上引入的缓存方案。最后一小节讨论对这个示例应用在机房本身面临瓶颈时，如何应用缓存辅助其多机房部署。

12.1　社交业务示例

本章引入的示例应用类似于微博的及时文本发布系统，允许用户相互关注并且浏览其关注用户发布的文本。

12.1.1　业务模型

在这个简化的示例系统里，我们引入三种关键的业务模型：发布内容（post），单向关注（follow），基于时间的内容流（timeline），如图 12-1 所示。

上述示例中，有 8 个用户，其中用户 A 和 A′ 关注了用户 B，用户 B 又关注了用户 C 和 C′。上图中用户间的箭头表示相互的"关注"关系，定义该关系中的两个概念：

❏ follower：B 关注了 C，则 B 是 C 的 follower。

❏ followee：C 被 B 用户关注，则 C 是 B 的 followee。

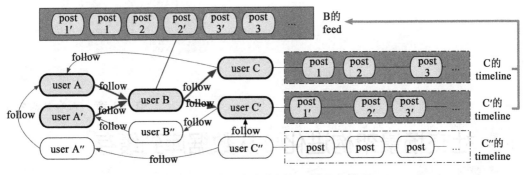

图 12-1　一个社交类应用的 3 种业务模型

通过"关注"关系连接的各个用户就会形成一幅幅有向图，它们的边是关注关系，节点是用户。这些有向图有的很大很密表示它们所代表的用户间的关系很紧密；有的很小且和其他的图分割，形成孤岛，他们是社交关系中相对孤立的用户或者小圈子；有的节点有极多的边指向他，代表这个节点是大 V 很多人关注。复杂的社交关系被这个有向图描述，承载这个有向图的系统也会呈现出及其复杂的特性，但是对于每一个单独的节点（用户）而言，却只有简单的两个信息：它指向了谁、谁指向了它。而常见的社交应用通常也只站在单独一个用户（节点）的视角，为这些数量极多、形状 / 特性极其多样和复杂的有向图中相对简单的部分提供服务。

每一个用户都会发表帖子（post），这些帖子根据时间排序，形成了帖子发布者的 timeline。上述示例中分别展示了用户 C、C′、C″ 各自的 timeline。

针对每一个用户的 followee，其 timeline 根据其中 post 的发表时间排序，组成了这个用户的 feed。也就是说，这个用户可以看到被他关注的用户发表的帖子。

12.1.2　业务场景

基于上述的业务模型，本章示例系统可以进行一系列的操作，通过这些操作形成了这个系统在社交场景下的功能。

1. 主要页面

为简化叙述，本系统为每个用户提供三个页面：

（1）feed 页

feed 页用于展示用户的 followee 们发布的帖子。

❏ 这些 post 按照时间从新到旧的排序在页面上自上而下依次排列。

❏ feed 页的内容允许分页。每一页（page）展示有限条数的 post，page 号从新到旧连续增加，page 内部仍按 post 时间排序。

❏ feed 页是用户进入示例社交系统的首页，所以需要展示一些摘要信息。本示例展示的摘要信息包括：用户的 followee 个数、follower 个数、timeline 的 post 总条数。

（2）timeline 页

timeline 页用于展示指定用户发布的所有帖子。

❏ 这些帖子仍然按照时间从新到旧依次自上而下展示，过多的帖子同样允许分页。

❏ timeline 页面同样需要展示一些摘要信息，包括本 timeline 从属用户的：followee 个数、follower 个数、本 timeline 的总条数。

（3）relation 页

relation 页展示用户的关系相关信息，包含两个子页面：

❏ followee 页，展示被该用户关注的所有用户信息。当该用户有太多的 followee 时，followee 允许分页，每页展示固定数目的 followee 用户信息。用户信息包含用户名、描述和头像等。

❏ follower 页，展示被该用户关注的所有用户信息。分页和信息内容类似 followee 页。

2. 主要操作

在上节描述的几个页面上，用户除了可以查看页面内容，还可以进行一系列与社交相关的操作。操作主要分成两类：

一类是关系相关操作。用户可以为自己增加、删除 followee，即关注某个其他用户或者对其他某个用户取消关注；可以删除 follower，即取消其他某个用户对自己的关注。通过这三类操作可以改变上述小节中描述的有向图中自己相关的部分的拓扑结构。

另一类是与内容相关的操作。用户可以发布新的帖子，每当新帖子发布时，该用户的 follower 就可以在自己的 feed 页面看到帖子的内容、发布时间等信息；该用户的 timeline 页面也会展示出这条帖子。用户还可以删除自己发布的帖子，一旦删除，follower 们的 feed 页里将不再出现这条帖子；用户自身的 timeline 页面也不再展示。随着新的帖子的发布或删除，用户自己的 feed 页的摘要信息部分中的 timeline 总条数会发生变化，timeline 页的相关摘要信息也随之变化。

12.1.3　业务特点

以上就是示例社交系统的业务场景，经过简化，它可以基于关系型数据库以较小的成本实现。当然，小成本的简单实现在数据量、访问量极小的情况下是可以满足需求的。随着数据、访问规模的逐渐增加，我们会发现它面临一个个的问题。本章后续小节的叙述顺序就是对这个社交系统的关系、内容两方面，从最简单的实现出发，逐步引入新的数据、访问特征，考察它将面临的问题，并提出解决方案。但随着更多特性的引入，新方案的复杂度也随之增加，又会引入更多的问题，最后我们再继续提出更加多的方案。在这个过程中，逐步引入本书前述章节讨论的缓存的应用。

社交类系统随着规模的增加，通常会表现出以下特征考验我们"小成本"的设计：

❑ 海量的数据。亿级的用户数量，每个用户千级的帖子数量，平均千级的 follower/followee 数量。

❑ 高访问量。每秒十万量级的平均页面访问，每秒万量级的帖子发布。

❑ 用户分布的非均匀。部分用户的帖子数量/follower 数量、相关页面访问量会超出其他用户一到数个量级。

❑ 时间分布的非均匀。高峰时段的访问量、数据变更量高出非高峰时段一到数个量级；高峰时段的长短也非均匀分布，存在日常的高峰时段和突发事件的高峰时段。

❑ 用户+时间的非均匀分布。某个用户可能突然在某个时间成为热点用户，其follower 可能陡增数个量级。

一个典型社交类系统的典型特性归结为三个关键词：大数据量、高访问量、非均匀性。

12.2 关系（relation）的存储

本小节讨论关系（relation）相关的设计演进。"关注"——是用户和用户间的"关注"关系。我们先从最简单的设计开始。

12.2.1 基于 DB 的最简方案

表达用户信息和相互关系，基于 DB 只需要两张表可实现，示意如图 12-2 所示。

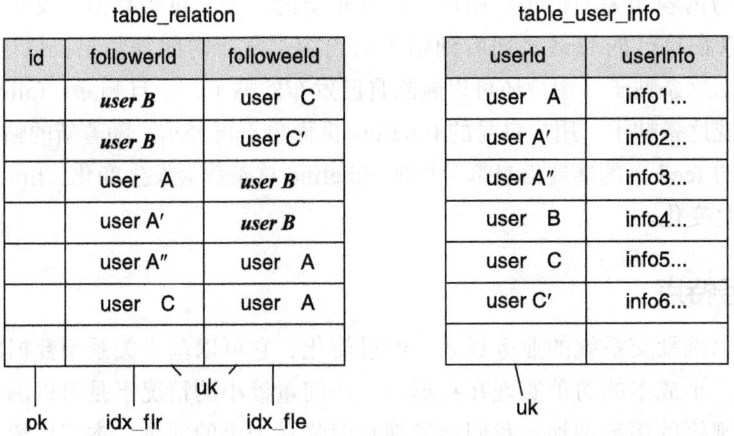

table_relation

id	followerId	followeeId
	user B	user C
	user B	user C'
	user A	*user B*
	user A'	*user B*
	user A"	user A
	user C	user A

pk   idx_flr   idx_fle   uk

table_user_info

userId	userInfo
user A	info1...
user A'	info2...
user A"	info3...
user B	info4...
user C	info5...
user C'	info6...

uk

图 12-2　用户信息与用户关系表示意图

relation 表主要有两个字段 followerId 和 followeeId，一行 relation 记录表示用户关系拓扑的一条边，由 followerId 代表的用户指向 followeeId 代表的用户。

userInfo 表关注每个用户的详细信息，比如用户名、注册时间等描述信息。它可以是多个字段，本示例为了简化描述，统一将这些描述信息简化成一个字段。

1. 场景实现

基于 relation 相关的展示和操作可以用如下方式实现。

1）某用户（例如用户 B）timeline/feed 页面的 relation 摘要信息展示，可以通过两条
SQL 实现：

```
SELECT COUNT(*) FROM table_relation WHERE followerId='userB';
SELECT COUNT(*) FROM table_relation WHERE followeeId='userB';
```

上述两条语句分别展示出了 userB 的 follower 和 followee 数量。

2）某用户（例如用户 B）relation 页面详细信息展示，分成两个子页面：follower 列表
展示和 followee 列表展示：

```
SELECT followeeId FROM table_relation WHERE followerId='userB';
SELECT userId,userInfo FROM table_user_info
WHERE userId IN (#followeeId#...);
SELECT followerId FROM table_relation WHERE followeeId='userB';
SELECT userId,userInfo FROM table_user_info
WHERE userId IN (#followerId#...);
```

上述四条语句分别展示被用户 B 关注的用户和关注用户 B 的用户列表。

3）某用户（例如用户 B）关注 / 取消关注某用户（例如用户 C）：

```
INSERT INTO table_relation (followerId,followeeId)
VALUES ('userB','userC') ;
DELETE FROM table_relation
WHERE followerId='userB' and followeeId='userC'
```

2. 问题引入

随着用户数量的增加，table_relation/info 表的行数膨胀。如前述小节描述的那样，亿
级的用户，每个用户相关关系百级，那么 table_relation 的行数将膨胀到百亿级别，info 表
膨胀到亿级。由此，表的水平拆分（sharding）势在必行。

水平拆分需要根据表的某个字段作为拆分字段，例如 info 表的拆分以 userId 为拆分字
段进行，如图 12-3 所示。

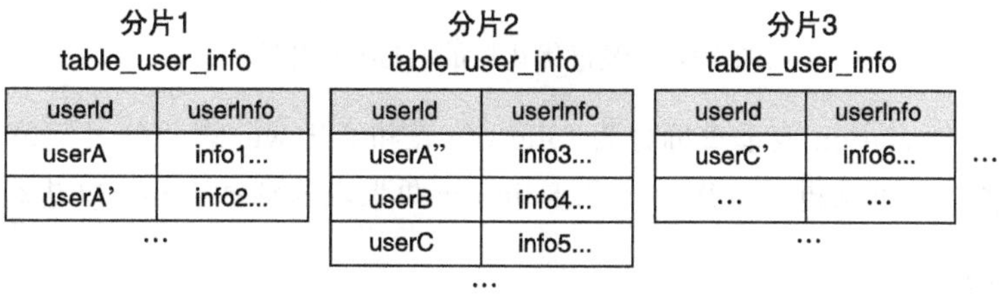

分片1 table_user_info		分片2 table_user_info		分片3 table_user_info	
userId	userInfo	userId	userInfo	userId	userInfo
userA	info1...	userA"	info3...	userC'	info6...
userA'	info2...	userB	info4...	...	...
...		userC	info5...	...	...
		...			

图 12-3　info 表拆分示例

对于某个用户的信息查询，首先根据 userId 计算出它的数据在哪个分片，再在对应
分片的 info 表里查询到相关数据。userId 到分片的映射关系有多种方式，例如 hash 取模，

userId 字段的某几个特殊位，hash 取模的一致性 hash 映射等，本章不展开。

对于 info 表，水平拆分字段的选取较为明确，选取 userId 即可。但是对 relation 的水平拆分，如何选取拆分字段显得不那么简单了，如图 12-4 所示。

table_relation		
id	followerId	followeeId
...	userA	*userB*
...	userA'	*userB*
...	userA''	userA
...		

table_relation		
id	followerId	followeeId
...	userC	userA
...	...	...
...		

table_relation		
id	followerId	followeeId
...	*userB*	userC
...	*userB*	userC'
...		

图 12-4　最简版本水平拆分后的问题

假设根据 followerId 进行拆分，查询某个用户关注的人显得容易，因为相同 followerId 的数据一定分布在相同分片上；但是一旦需要查询谁关注了某个用户，这样的查询需要路由到所有分片上进行，因为相同 followeeId 的数据分散在不同的分片上，查询效率低。由于对于某个用户，查询它的关注者和关注他的用户的访问量是相似的，所以无论根据 followerId 还是 followeeId 进行拆分，总会有一半的场景查询效率低下。

12.2.2　DB 的 sharding 方案

针对 12.2.1 节提出的问题，我们通过优化 DB 的 table_relation 表方案，使之适应 sharding。经过优化后的 relation 设计如图 12-5 所示。

table_followee		
id	userId	followeeId
...	*userB*	userC
...	*userB*	userC'
...		

table_followee		
id	userId	followeeId
...	userA	*userB*
...	userA'	*userB*
...		

table_followee		
id	userId	followeeId
...	userA''	userA
...	userC	userA
...		

table_follower		
id	userId	followeeId
...	userC	*userB*
...	userC'	*userB*
...		

table_follower		
id	userId	followeeId
...	*userB*	userA
...	*userB*	userA'
...		

table_follower		
id	userId	followeeId
...	userA	userA''
...	userA	userC
...		

图 12-5　经过优化后的 relation 设计

首先将原有的 relation 表垂直拆分为 followee 表和 follower 表，分表记录某个用户的关注者和被关注者，接下来再对 followee 和 follower 两张表分别基于 userId 进行水平拆分。

1. 场景实现

相对于上节的实现方案，sharding 后的 relation 相关操作中，变化的部分如下。

1）某用户（例如用户 B）timeline/feed 页面的 relation 摘要信息展示，可以通过两条 SQL 实现：

```
calculate sharding slide index by userB
SELECT COUNT(*) FROM table_followee_xx WHERE userId='userB';
SELECT COUNT(*) FROM table_follower_xx WHERE userId ='userB';
```

针对用户 B 的关系数量查询可以落在相同分片上进行，所以一次展示只需要查询两次 DB。

2）某用户（例如用户 B）relation 页面详细信息展示，分成两个子页面：follower 列表展示和 followee 列表展示：

```
calculate sharding slide index by userB
SELECT followeeId FROM table_followee WHERE followerId='userB';
SELECT followerId FROM table_follower WHERE followeeId='userB';
calculate sharding slide index by follower/followee Ids
SELECT userId,userInfo FROM table_user_info
WHERE userId IN (#followerId#...,#followerId#);
```

上述三条语句分别展示被用户 B 关注的用户和关注用户 B 的用户列表，其中前两条可以落在相同分片上，DB 操作次数为两次，但最后一条仍需查询多次 DB，我们下文继续讨论如何优化它。

3）某用户（例如用户 B）关注某用户（例如用户 C）：

```
calculate sharding slide index by userB
START TRANSACTION;
INSERT INTO table_follower (userId,followerId)
VALUES ('userB','userC') ;
INSERT INTO table_followee (userId,followeeId)
VALUES ('userB','userC') ;
COMMIT
```

上述关注用户的操作由上节所述方案的一条变成了两条，并且包装在一个事务中。写入量增加了一倍，但由于水平拆分带来的 DB 能力的提升远远超过一倍，所以实际吞吐量的提升仍然能够做到随着分片数量线性增加。

2. 问题引入

上述对 relation 表的查询操作仍然需要进行 count，即使在 userId 上建了索引仍然存在风险：

1）对于某些用户，他们被很多人关注（例如大 V 类用户），他们在对 follower 表进行 count 查询时，需要在 userId 上扫描的行数仍然很多，我们称这些用户为热点用户。每一次展示热点用户的关注者数量的操作都是低效的。另一方面，热点用户由于被很多用户关注，它的 timeline 页面会被更频繁的访问，使得原本低效的展示操作总是被高频的访问，性能风险进一步放大。

2）当某个用户的 follower 较多时，通常在 relation 页面里无法一页展示完，因此需要进行分页显示，每一页显示固定数量的用户。然而 DB 实现分页时，扫描效率随着 offset 增加而增加，使得这些热点用户的 relation 页展示到最后几页时，变的低效。

3）用户详细信息的展示，每次展示 relation 页面时，需要对每个 follower 或者

followee 分别查询 info 表，使得 info 的查询服务能力无法随着 info 分片线性增加。

12.2.3　引入缓存

针对上节所述三个问题，我们首先引入缓存，数据划分如图 12-6 所示。

localCache层

userId	userInfo
user A	info1...
userA'	info2...
user C'	info6...
...	...

distributed cache层

userId	followeeId
user A	B
user C''	C',A''
user B	C,C'
user A''	A
...	...

userId	followerId
user C	B
user C'	B
user B	A,A'
user A	A'',C
...	...

userId	userInfo
user A	info1...
userA'	info2...
user A''	info3...
user B	info4...
user C	info5...
user C'	info6...
...	...

userId	followerCnt	followeeCnt
user A	2	1
userA'	0	1
user A''	1	1
user B	2	2
user C	1	1
user C'	2	1
...	...	...

DB层

table_followee

id	userId	followeeId
...	user B	user C
...	user B	user C'
...	user A	user B
...	user A'	user B
...	user A''	user A
...	user C	user A
...	...	...

table_follower

id	userId	followerId
...	user C	user B
...	user C'	user B
...	user B	user A
...	user B	user A'
...	user A	user A''
...	user A	user C
...	...	...

table_user_info

userId	userInfo	followerCnt	followeeCnt
user A	info1...	2	1
userA'	info2...	0	1
user A''	info3...	1	1
user B	info4...	2	2
user C	info5...	1	1
user C'	info6...	2	1
...	...	...	...

图 12-6　数据划分

在 DB 层，增加 userInfo 表的冗余信息，将每个用户的关注者和被关注者的数量存入 DB。这样一来，对于 timeline 和 feed 页的 relation 摘要展示仅仅通过查询 userInfo 表即可完成。

同时引入缓存层，需要注意的是，与关系相关的两张表，在缓存层对应的 value 变成了列表，这样做有两个原因：

1）列表的存储使得查询可以通过一次 IO 完成，无须像数据库那样经过二级索引依次扫描相同 key 对应的所有行。然而数据库很难做到以 list 作为 value 的类型并且很好地支撑 list 相关的增删操作。

2）缓存是 key-value 结构，相同的 userId 难以分为多个 key 存储并且还能保证它们高效扫描（缓存的没有 DB 中的基于 key 前缀的 range 扫描）

同时 userInfo 和 userCnt 相关信息也分别放入了不同的缓存表中，将 DB 的一张表分为两张缓存表，原因是 info 信息和 cnt 信息的展示场景不同，不同 key 的频度也不同。

在最上层，对访问量极高的用户的 info 信息进行服务器端的本地缓存。

1. 场景实现

引入缓存之后的业务操作实现方式也相应做了调整：

1）某用户（例如用户 B）timeline/feed 页面的 relation 摘要信息展示：展示方式变成了首先根据用户 B 作为 key 查询缓存，未命中时，再查询 DB。

2）某用户（例如用户 B）relation 页面详细信息展示，分成两个子页面：follower 列表展示和 followee 列表展示：

- 同样首先查询 follower 和 followee 的缓存，对于频繁被查询的热点用户，它的数据一定在缓存中，由此将 DB 数据量最多、访问频度最高的用户挡在缓存外。
- 对于每个用户的 info 信息，热点用户由于被更多的用户关注，他更有可能在详情页面被查询到，所以这类用户总是在本地缓存中能够查询到。同时，本地缓存设置一个不长的过期时间，使得它和分布式缓存层或者数据库层的数据不会长时间不同步。过期时间的设置和存放本地缓存的服务器数量相关。

3）某用户（例如用户 B）关注 / 取消关注某用户（例如用户 C）：

- 每一次插入 / 删除 DB 的记录时，同时需要对对应缓存的 list 进行变更。我们可以利用 Redis 的 list/set 类型 value 的原子操作，在一次 Redis 交互内实现 list/set 的增删。同时在 DB 的一个事务中，同时更新 userInfo 表的 cnt 字段。
- DB 和缓存无法共处于同一个 ACID 的事务，所以当 DB 更新之后的缓存更新，通过在 DB 和缓存中引入两张变更表即可保证更新事件不丢失：DB 每次变更时，在 DB 的事务中向变更表插入一条记录，同时有一个唯一的变更 ID 或者叫版本号，随后再在缓存中进行修改时，同时也设置这个版本号，再回过来删除 DB 的这条变更记录。如果缓存更新失败，通过引入定时任务补偿的方式保证变更一定会同步到缓存。

2. 问题引入

relation 的相关操作通过缓存和 DB 冗余的方式基本解决了，但仍然遗留了两个问题：

1）热点用户的 follower 详情页查询数据量问题：热点用户由于有过长的缓存 list，它们每次被查询到的时候有着极高的网络传输量，同时因为热点，它的查询频度也更高，加重了网络传输的负担。

2）info 查询的 multi-key 问题仍然没有完全解决：虽然对热点用户本地缓存的方式避免了 distributed 缓存的查询，但是每个用户的 follower/followee 中，大部分用户是非热点用户，它们无法利用本地缓存。由于这些非热点用户的占比更大，info 接收的服务吞吐量需求仍然没有显著减少。

3）info 查询中一个重要的信息是被查询实体的 followee 和 follower 的数量，尤其是 followee 数量上限很高（部分热点用户存在百万甚至千万级的量），这两个 cnt 数量随时变化着，为了使得查询的数值实时，系统需要在尽量间隔短的时间重新进行 count，对于热点用户，如果期望实现秒级数据延迟，那么意味着每秒需要对百万甚至千万级别的数据进行

count。如何解决这些动态变化着的数据的大访问量、实时性成为挑战。

12.2.4 小节叙述如何利用二级缓存和冗余解决这三个问题。

12.2.4 缓存的优化方案

对于上述两个遗留问题，可以通过引入增量化来解决。它对解决上述 3 个问题提供了基础，其思路是将增量数据作为一等公民（first-class），通过对增量数据的流式处理，支撑 relation 的各种查询场景，尤其是热点场景。

对于本章中的示例系统，在引入缓存后仍存在的热点场景如下：

1）热点用户（follower 很多的用户）的关系详情查询：他 / 她的关注者列表。

2）所有用户的计数相关摘要，包括热点用户的计数摘要、热点用户的 follower/ followee 的摘要。

首先来看一下增量数据的流转，如图 12-7 所示。

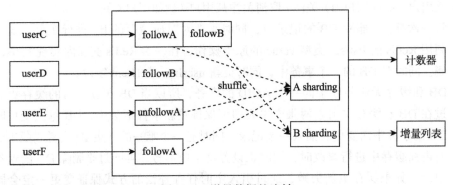

图 12-7　增量数据的流转

最左侧为增量事件的发起者，例如用户 C 关注了 B 和 A，则产生两个 follow 数据，它们将会分别 shuffle 到 A 和 B 所在的数据分片，使得 A、B 所在的分片中存放着它们各自的变更数据。这些变更以某种方式按照变更产生时间排序，例如唯一主键以 createTime 时间戳的某种保序压缩（例如将 timemillis 做 36-base 编码保证字母序关系不变）作为前缀让 DB 的查询实现顺序扫描，使得变更数据的订阅方，如计数器或者近期增量列表能够根据变更事件的时间进行获取。

1. 独立的计数服务

对于实时变更着的 follower/followee 数量的频繁查询，采用数据库的 count 函数来实现无法保证性能和吞吐量，即便引入缓存，为了保证缓存的时效性，也会因较短间隔的 DB count 查询引发性能问题。这些问题通过引入单独的计数服务使得 count 计算做到 O(1) 的查询复杂度可以得到缓解。

计数服务可以设计成 key-value 结构，持久化到分布式缓存，key 为用户 id，value 为该用户的 follower/followee 数量。于是查询服务转化为对缓存的某个 key 的简单 get 操作。

对于 value 的写入，可以利用上述增量化模块，订阅用户收到的变更事件。对于 follow 事件，直接对 key 对应的 value 做自增操作；对于 unfollow 事件，则做自减操作。例如，对于 user C follow 了 A 这个事件，对 key 为 A 的 value 做自增操作。

同时通过对增量化模块中的每个事件记录产生的版本（也可根据时间本身自增来实现），和对计数器每个 key 进行版本记录，可以实现去重防丢失等需求。

每个 key 的更新频率取决于单位时间内针对该 key 的事件数量。例如对于有 1 亿 follower 的热点用户，假设每个 follower 每十天变更一次对某个 followee 的关注与否（实际上变更频率不会这么频繁），那么改 key 的变更频率峰值为 500 次每秒（自然情况下的峰值约等于当天的所有访问平均分布到 5～8 小时之内的每秒访问量），小于数据库单 key 的写入吞度量上限（约等于 800 tps）。如果考虑批量获取变更事件，则单 key 峰值写入会更低。

2. 根据事件时间排列的 relation 详情

当需要查看某个用户的 relation 详情页时，涉及对 follower/followee 列表的分页查询。通常单个用户关注的人数量有限，绝大多数用户在 1000 以内，且每次对第一页的查询频度远高于后续分页，那么无论直接将列表存入 DB 或是分布式缓存，都能做到较高的吞吐量：DB 数据以用户为二级索引，采用默认的排序时大多数情况第一页一个 block 可以承载；分布式缓存时单个 value 可以涵盖这些 followee 列表。

但是，对于热点用户的 follower，情况更加复杂一些：follower 的数量不可控，使得：

❏ 即便是小概率的翻页操作，对于 follower 很多的热点用户，仍然是高访问量的操作；且每次翻页的扫描成本很高。

❏ 单个分布式缓存的 value 列表无法承载过长的 follower 列表。

针对热点用户的 follower 列表查询问题，采用基于增量化的实现辅助解决。

首先，同一个用户 follower 列表的前 N 页（假设为前 5 页）的访问概率占到总访问量的绝大部分（假设超过 99%），而前 N 页的 follower 个数是常数个（假设每页展示 20 个 follower，前 5 页只有 100 个 follower 需要展示）；其次，follower 列表的展示以 follow 时间进行排序，最近加入的 follower 通常排在最前，即增量化模块的最新数据最有可能放在首 N 页。

基于上述两个假设，针对这 99% 访问量的前 N 页，可以直接查询增量数据：作为增量化的消费者每次拉取的最近 N 页条变更事件直接存入热点用户的 follower 缓存中，对外提供查询服务。由于变更事件既有 follow 也有 unfollow，无法直接确定拉取多少条，此时可根据历史的 follow 和 unfollow 数量比例对" N 页条数"进行放大再拉取，之后只取其中的 follow 事件部分存入缓存。

12.3　帖子（post）的存储

本小节讨论帖子相关的设计演进。帖子关注的是用户发布的"帖子"的内容。我们先从最简单的设计开始。

12.3.1 基于 DB 的方案

表达每个用户发出的所有帖子，单张表即可，如图 12-8 所示。

post

postId	userId	postTime	content
…	userA	1477834059	…
…	userA	1477612592	…
…	userB	1473937033	…

…

图 12-8　每个用户发出的所有帖子

其中：

❑ userId 记录这个帖子是谁发的。

❑ postTime 记录发布时刻，这里只需精确到秒即可（同一个用户一秒之内发送的帖子数通常不多于一条）。

❑ content 记录帖子内容。

我们对 userId+postTime 建立二级索引，使得查看特定用户按照时间排列的所有帖子的操作变得更快。

对于帖子的两种典型查询的实现如下：

根据 PostId 查询帖子内容：

```
select * from post where postId=?
```

查询某个用户发送的帖子列表：

```
select * from post where userId=? and posttime between ? and ?
```

1. 查询优化

如果采用 userId+postime 的二级索引方式，对上述第二条查询存在严重的回表（对二级索引查到的每条记录都需要到聚簇索引中重新查询主数据）问题，降低 DB 的吞吐量。为此，可以将 userId 和 postTime 信息冗余进 postId 中，去掉二级索引减少回表。

postId 可用下面的方式来设计格式，如图 12-9 所示。

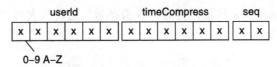

图 12-9　postId 格式

postId 首 6 位为 userId，每一位是 0～9/A～Z 这 36 个字符中的某一个，6 位可以表示 21 亿个不同的用户，后续时间戳（精确到秒）可以标识 70 年范围内的任意一秒，单个用户每秒发放的帖子不超过两位 seq 表达的最大值。14 位的 postId 可以适用于本设计系统的规模。其中对于 timeCompress 的计算，可以设计为：

❑ 帖子发布的时间减去 sns 系统初次发布的时间点中间间隔的秒，进行 36 进制编码。

❑ 这样设计之后，timeCompress 的字母序随时间（粒度为秒）连续递增，可以充分利用 DB 的范围扫描。

对于查询某个用户发送的帖子列表的场景，SQL 变成了：

```
select * from post where postId between postId1 and postId2
```

或者：

```
select * from post where postId like "userAprefix%"
```

由于查询的是同一个用户的帖子，所以所有 postId 的前缀都相同，如果查询这个用户某个时间范围的帖子，那么 6 位 timeCompress 的前面几位也相同（例如 10 分钟以内的帖子前 4 位 timeCompress 一定相同）。由于 DB 的聚簇索引采用 B+ 树类似的存储，相同前缀的数据相邻存放，这样一来使得上述 sql 使用 DB 的 rangescan，避免了回表造成的随机读。

2. 吞吐量优化

随着帖子数量的增加，单机 DB 的数据量和吞吐量达到上限，此时引入水平拆分（sharding）使得数据量和吞吐量线性伸缩，如图 12-10 所示。

post1					post2				
postId	userId	postTime	content		postId	userId	postTime	content	
...	userA	1477834059	...		...	userC	1477834059	...	...
...	userA	1477612592	...		...	userD	1477612592	...	
...	userB	1473937033	...		...	userD	1473937033	...	
		...					...		

图 12-10　引入水平拆分

水平拆分以 userId 作为拆分字段，相同 userId 的数据存放在相同 DB 分片上。

由于 postId 的前缀中完全包含了 userId 的信息。所以 postId 可以独立作为路由运算的单元。

3. DB 方案的问题

帖子数据根据 userId 做拆分，但是某些热点 user（假设 follower 数量为 1 亿）的读取量巨大，它们将被路由到相同的 DB 上，后者也可能存在读取瓶颈。为此，常见的方式为：读写分离。采用 1 写 N 读，利用 DB 自身的同步机制做主备复制。每次读取随机选取 N 个读库中的一个。

基于读写分离的 DB 解法存在两个问题：

1）采用读写分离之后仍然存在数据延迟问题。当读库数量较多时（随着读取量水平伸缩），为保证写入的可用性，通常复制会采用异步方式进行。异步化的引入使得读库的写入时间难以保证。帖子是 sns 的基础服务，下节叙述的时间线同样会读取帖子数据，如果读库的写入延迟高于上层如时间线服务的写入，将会出现时间线上有相关 Postid 但是却查不到内容的情况。

2）同时 sns 的特点是近期数据访问频繁，较早的数据极少访问。而读写分离一旦引入，意味着每一条记录都需要存储多份。当这些数据刚刚发布时，它们是较新的访问频繁的数据，但是随着时间的推移，它们逐渐不再被访问，但是仍然保持着多份副本。假设 sns 系统运行 10 年，而只有近 1 个星期左右的数据被经常访问，那么 98% 的数据副本不会被读取到，存储效率低。

12.3.2 引入服务端缓存

对于读多写少的场景，除了 DB 层的读写分离，缓存也是常见的解法。对于存储效率低的问题，缓存的数据过期机制天然地避免了陈旧数据对空间的占用，所以引入缓存提升 DB 性能成为自然选择。

1. key-value 的选型

缓存设计前首先要确定一个问题：以什么作为 key 和 value。最自然的方案当然是 postId 作为 key，帖子内容作为 value。然而在后续 timeline 的方案中可以看到，查询某个用户一段时间的帖子是一个常见操作。如果此处以 postId 作为 key，那么这个常见操作对于缓存来讲将是 multiple-key 的查询。如何优化？

我们不难发现，同一个用户一天发出的帖子数量是有限的，通常不超过 10 条，平均 3 条左右，访问最频繁的 1 周以内的帖子数很少超过 100 条；同时单条帖子的长度是有限的（假设为 1KB），那么单个用户一周发的帖子很难超过 100KB，极端情况下 1MB，远低于 redis 单 value 的大小上限；同时 redis 这类缓存系统也支持对 list 型元素进行范围扫描。因此，缓存的 key-value 可以按如下方式设计：

- ❏ key：userId+ 时间戳（精确到星期）。
- ❏ value：redis 的 hash 类型，field 为 postId，value 为帖子内容。
- ❏ expire 设置为 1 星期，即最多同时存在两个星期的数据（假设每帖平均长度为 0.1KB，1 亿用户每天发 3 贴预计数量为 400GB）。

对某个用户一段时间范围的查找变为针对该用户本周时间戳的 hscan 命令。用户发帖等操作同时同步更新 DB 和缓存，DB 的变更操作记录保证一致性。

2. 服务端缓存的问题

引入服务端缓存利用了帖子访问频度随时间分布的局部性，降低了 DB 的压力。同时由于失效事件的引入，减少了 DB 副本带来的旧数据空间浪费。但对于热点用户的查询仍然存在问题：假设热点用户的 follower 数量极高（1 亿 follower，10% 活跃），意味着这个热点用户所在 redis 服务器的查询频度为 1000 万每秒，造成单点。

12.3.3　本地缓存

服务端缓存解决了近期数据的访问吞吐量问题，但是对于热点用户存在单点问题，我们进一步引入本地缓存缓解服务端缓存的压力。

对于近期发布（设为 1 周）的某一个帖子，它所属用户的 follower 越多，意味着它被访问的频率越高；follower 越多的用户数量越少，其发布的帖子也越少。因为帖子的访问频度随用户分布的局部性明显，所以本地缓存的目标是解决服务端缓存（近期帖子）中热点用户的访问问题。

本地缓存顶层 key 为用户 id，value 为该用户近期发布的帖子，相同 key 内 value 的逐出规则为基于时间的先进先出（较早的帖子首先逐出），key 键的逐出规则为基于 user 的访问频度较少先出。

对于分散在不同服务器上的本地缓存，数据如何同步成为问题。对于帖子的新增，问题不大，因为即便本地缓存没有数据，降级为查询一次服务端缓存即可。对相同用户针对相同时间范围的查询，通过并发控制，做到单台服务器一个并发，即便对热点用户，落到服务端缓存的流量也是可控的（每台服务器一个并发）。但对于帖子的删除，情况会有些不同。当本地缓存查到有数据时，如何知道该数据是否已被删除？可以采取的解法是为每个缓存中的用户保留一个最近更新时间，当这个用户的本地缓存上次查询服务端缓存距当前超过一定时间（假设 1 秒）时，再重新查询一次服务端缓存。同样通过并发控制，单台缓存服务器上针对热点用户的查询频度正比于服务器数量，也是可控的。

本节首先介绍了基于 DB 的实现方案并在 DB 框架内进行了优化，但随着数据量、访问量的增加，纯 DB 方案遇到瓶颈，随后讨论了缓存方案的演进。帖子的访问频度存在两个维度的非均匀性（局部性）：时间的非均匀性（近期发布的帖子被访问的频率远高于早期）和发布者的非均匀性（follower 多的用户的帖子被访问频率远高于 follower 低的用户），且访问频度越高的帖子，在这两个维度下的数量都越少。本节分别通过服务端缓存和本地缓存利用了上述两种局部性，提升了整体吞吐量。

12.4　时间线（timeline）的存储

timeline 是社交应用的关键场景。每个用户可以看到他们关注的用户发出的帖子，根据这些帖子的发出时间进行排列和分页。

随着用户间 relation 关系的变化，某个用户的 timeline 也随之变化；而一个用户对自己帖子的增删，会影响到多个其他用户的 timeline。可见 timeline 的内容受用户间 relation 影响，当 relation 关系复杂时，timeline 的性能将会受到挑战。

本小节首先基于 DB 设计出最简单的 timeline 实现方案，随后分析它在 relation 变得复杂时面临着何种性能挑战，并尝试在 DB 的基础上优化。随后将缓存引入 DB 的方案中，讨论如何设计缓存解决 DB 方案遗留的问题。

12.4.1 基于 DB 的方案——push 模式

timeline 聚合着某个用户 followee 的所有帖子，我们首先假设整个系统的用户总数、帖子总数庞大，并从已将水平拆分（sharding）作为前提开始，讨论 timeline 典型的两种实现：基于 push 和 pull 的实现。首先讨论 push 模式。

1. 原始实现

push 模式的特点是：用户每次新增一条帖子，将此帖子"推"到他 / 她的 follower 所在的 DB 分片上，后者在每次浏览 timeline 时，直接查询自己分片所存储的数据。这种模式典型的表结构如图 12-11 所示。

post1

postId	userId	postTime	content
a4	user A	1477834059	...
a5	user A	1477612592	...
b6	user B	1473937033	...

...

timeline

userId	posterId	postId	postTime
userE	C	c1	1477834059
userE	D	d2	1477612592
userE	D	d3	1473937033
userE	A	a4	1477834059
userE	A	a5	1477612592
userE	B	b6	1473937033

...

post2

postId	userId	postTime	content
c1	userC	1477834059	...
d2	userD	1477612592	...
d3	userD	1473937033	...

...

图 12-11 push 模式典型的表结构

其中：

- ❑ post 表和 timeline 表都按照它们所属的用户进行水平拆分（相同用户的记录存放在相同分片）。
- ❑ post 表在上一小节已叙述。Timeline 表记录着每个 userId 的 timeline 里所看到他 / 她关注的用户的帖子：userId 就是 timeline 的拥有者、postId 即 timeline 里包含的这条帖子的主键、posterId 标识了帖子的发帖者的 userId、以及帖子的发布时间字段（postTime）。
- ❑ timeline 表的唯一约束只有一个：userId+postId。即，同一个用户的 timeline 下相同的一条帖子只能出现一次。这里不妨用 userId+postId 作为 timeline 表的主键。

回顾上一小节关于 postId 的优化部分。为了加速对某个用户发出的帖子的查询效率，postId 格式为：posterId+compress(time)+seq。因此 postId 里已经包含了发帖者的 userId 了，所以这里 posterId 字段可以省略，如图 12-12 所示。

其中：userId+postId 为主键、userId+postTime 为索引。

常见的操作如下：

timeline

userId	postId	postTime
user E	c1	1477834059
user E	d2	1477612592
user E	d3	1473937033
user E	a4	1477834059
user E	a5	1477612592
user E	b6	1473937033

pk　　　　　idx

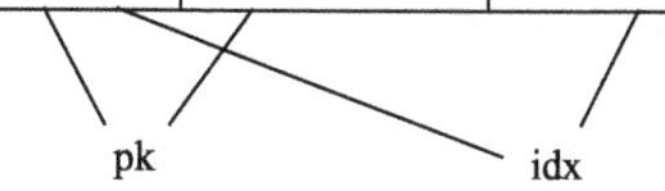

图 12-12　省略 posterId 字段的 postId 格式

操作 1　用户 E 根据时间浏览自己 timeline 下一定时间范围内的帖子。

落在 userId 所属 DB 分片上：

```
select postId from timeline where userId=E and postTime between ? and ?。
```

根据 postId 对应的发帖用户选择分片。涉及多次 DB 查询。对于 post 小节所述缓存策略，如何通过 postId 获取 post 对象不在本小节讨论范围。这里假设获取 post 已经做到了足够优化，将讨论重点落在 timeline 上。

```
select * from post where postId in (...)
```

操作 2　用户 E follow 了新用户 B：在 B 所在分片将 B 的 postId 获取，并插入到 E 的 timeline 表中。

操作 3　用户 E unfollow 了用户 B。

以主键第二个字段的前缀，进行聚簇索引（主记录）的范围扫描，IO 次数可控。

```
delete from timeline where userId='E' and postId like 'B%'
```

上述设计的操作 1 存在以下问题：利用 timeline 的 userId+time 联合索引可以通过范围扫描的方式获取所有 timeline 的主键 /rowkey，所以索引本身的消耗只需少量 IO。但存放关键信息的 postId 字段不在 userId+time 这个二级索引上，意味着需要回表查询，IO 次数不可控。

2. push 模式下的优化

由于查询 timeline 相对于 relation 变更更加频繁，所以索引设计侧重于查询。优化方案如图 12-13 所示。

其中，将原有的 postId 字段替换为 postId'，后者在格式上由（posterId+time+seq）更改为（time+posterId+seq），postId 和 postId' 两者承载的信息相同，可以直接相互转换。

替换之后，上述查询操作变为：

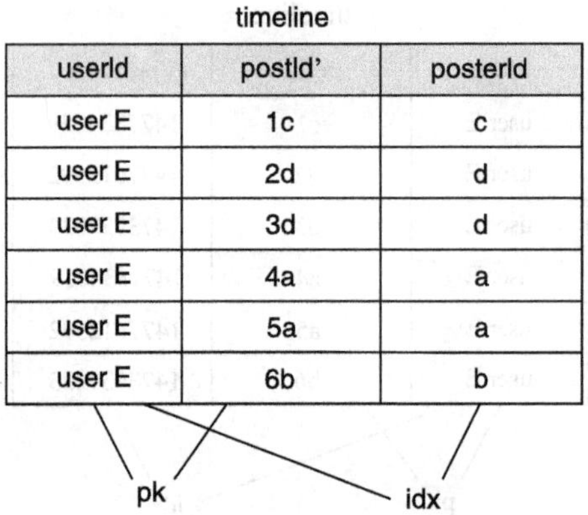

图 12-13　push 模式优化方案

```
select postId from timeline where userId=? and postId between 'time1%' and 'time2%'
```

利用前缀进行范围查找，由于查找的是聚簇索引避免了回表，查询效率得以提升。

上述两种基于 DB 的 push 方案实现都面临一个困难的场景：E 关注的 B 发布 / 删除了自己的帖子时，除了修改 B 本身的 post 表之外，需要插入 / 删除 E 的 timeline 表。假设 B 是一个热点用户，他 / 她拥有上亿的 follower，那么这个用户的每一次新增删除帖子操作，将会被复制上亿次，造成增删帖子瓶颈。

12.4.2　基于 DB 的方案——pull 模式

和 push 模式不同，pull 模式下用户每次新增 / 删除一个帖子时不需要同步到他 / 她的所有 follower，所以不存在 push 模式下热点用户增删帖子瓶颈。但是每个用户查询一段时间的 timeline 时，需要同时查询其所有 followee 的近期帖子列表。

1. 原始实现

对于 pull 模式最简单的实现，并不需要单独新增 timeline 表，每个用户自己发出的帖子都维护在 post 表和前述小节介绍的 post 缓存中。pull 模式下针对写操作，没有额外的开销，但是对于更加频繁的读操作（用户查看一段时间内所有 followee 的帖子）时，需要用户对自己的所有 followee 的帖子进行按时间的扫描。假设每个用户平均关注 500 人，那么每次用户刷新 timeline 页面将进行 100 次查询（假设有 100 个 DB 分片）。一个大型的社交系统，假设同时 1000 万人在线，平均每 10s 刷新一次页面，那么 DB 的查询压力将是每秒 1 亿次查询，仅仅依靠 DB，需要上万个 DB 实例。

那么，基于 pull 的纯 DB 模式，有无可能优化呢？我们发现，当平均每个用户 follow 了 500 个其他用户时，每个用户的平均 follower 也是 500，意味着这个用户的每一条帖子，都有 500 个用户会在构造 timeline 时查询到。假设某一个用户同时被多个 follower 的 timeline 查询着，那么这些并发的查询可以只访问一次 DB，称为代理的查询优化。假设

10% 的用户在线，10s 刷新一次，查询 DB 一次 10ms，那么同一个用户在同一时刻被代理查询优化的概率只有 5%，优化效果甚微。

由此可见，在 pull 模式下，虽然避免了热点用户的更新问题，查询效率和每个用户的 followee 相关，由于单个用户所 follow 的其他用户数量可控，查询的效率也可控，但是仍然存在优化空间。

2. pull 模式的下的优化——push/pull 结合

单纯基于 pull 的模式下，对于最频繁的 timeline 查询操作，由于每个用户的 500 个（平均）followee 分布在全部 DB 分片上（假设 100 个 DB 分片），每个 user 的每次 timeline 查询都是 100 次 DB 查询，查询压力极大。而 push 模式下，由于部分热点用户的存在，使得帖子发布之后的复制份数不可控。有没有一种方式使得复制份数可控，同时查询压力又尽量小呢？

这里介绍一种 pull/push 的结合方案，试图解决上述问题，如图 12-14 所示。

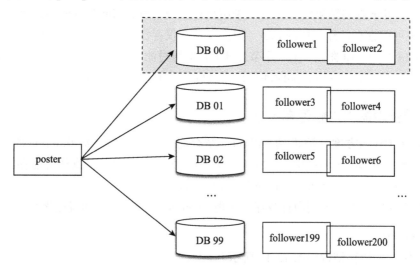

图 12-14　pull/push 的结合方案

当某个用户发布了一个帖子时，只需将 post 同步到 100 个数据库分片上，假设存储这个副本的表叫 post_rep，它至少需要三个字段：posterId, postId, postTime。push 份数可控（无论多少个 follower，只复制 100 份）；数据库按照 timeline 所属用户进行分片，那么每个用户所有 followee 的最新帖子都落在同一个 DB 分片上，即，每个用户每次刷新 timeline，只需要一次 DB 查询，查询数量得到了控制。同样 1000 万用户同时在线，10s 刷新一次，单台 DB 分片的查询频度为每秒 1 万次，落在 DB 能够承受的正常范围。

虽然单台 DB 的查询降低到了 1 万次每秒，但是每次查询的复杂度增加了：

```
select * from post_rep where posterId in (...平均500个id) and postTime between...and...
```

　　如果以 posterId 作为索引的首字段，即便采用覆盖索引（covering index），仍然是 500 次左右独立的索引查询。因此采用 postTime 作为索引首字段。

　　假设每个用户每天平均发布 3 条帖子，且都集中在白天的 8 小时，系统总共 1 亿个用户，那么每 10 秒将会有 10 万条新的 post 插入，每个用户 500 个 followee，预计每 20 秒才会在 timeline 中出现一条新帖子。假设每次 timeline 更新如果查询的时间范围就是最近 10 秒，那么采用推拉结合的方式，每个用户每次扫描 10 万条记录，却只从中选出平均 0.5 条新记录，仍存在一定的性能风险。

3. push/pull 结合全量化查询

　　上节中提到的每次查询的 postTime 范围只有 10 秒，这是基于以下假设：存在一个全量化查询的缓存支持，实现概要如下：

- ❑ 对于每个用户已经查询过的 timeline，可以将其存储并标注"最后查询时间"，使得每次 timeline 刷新时只需要查询"最后查询时间"之后的记录。
- ❑ 对 timeline 查询结果的存储可以采用缓存完成，称为 timeline 的最近查询缓存。缓存中可能存在已经删掉的 post，但由于缓存仅存储 postId，这些删掉的 post 在根据 postId 查询 post 阶段（上一小节已述）将会被过滤掉，不影响查询结果。timeline 最近查询缓存通过一定过期时间保证容量可控，本章不再详述。

12.4.3　增量查询引入服务端缓存

　　上述基于 DB 的方案，演进到 pull/push 结合时，基本能够承载 timeline 的容量规模，遗留一个问题：单 DB 实例每秒 1 万次、单次 10 万记录的索引扫描操作可能存在风险。我们称剩下这个有风险的查询叫作"timeline 增量查询"。

　　本小节引入定制的服务端内存缓存，实现 timeline 增量查询的读写优化。

1. 数据结构

　　这个定制化的缓存结构如图 12-15 所示。

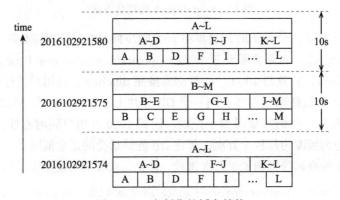

图 12-15　定制化的缓存结构

这个内存中的缓存保存了多个"增量列表"：

- ❑ 每个列表的元素是用户 ID，如上图的 A、B、C...;
- ❑ 每 10 秒产生一个新的列表，这 10 秒内所有发过帖子的用户的 ID 都在本列表内;
- ❑ 同一个列表内的用户 ID 按照字母序排列，并用 B+ 树索引。

作为缓存，增量查询部分不会保留数据。但由于每个用户默认保留了上次查询的结果，可以认为增量部分不会查询太老的数据，假设保留 1 小时。根据前面小节的假设（1 亿用户平均每天 3 条帖子），每 10 秒大约 10 万条帖子，最多 10 万个不同的用户 ID，存储每个 ID 大约占用 32～50 字节，缓存 1 小时的数据大约占用 1.6GB。

2. 读写实现

首先来看对访问最频繁的读取操作，对外提供的服务为查询某个用户所有 followee 在某段时间内是否有发帖。即，扫描某个用户的 followee 列表（平均 500 个）是否包含在扫描时间范围内的这些"增量列表"中。

由于所有的增量列表都已排序，扫描的时间复杂度为：

$$M \cdot \sum_i \text{Log}_k^{N_i}$$

即

$$O\ (M\ \text{Log}\ N)$$

其中 M 为该用户的 followee 个数（平均为 500），N_i 为搜索时间范围内的第 i 个"增量列表"的长度（平均为 10 万）。

假设 Log 以 48 为底（k 为 48），10 万个节点需要 3 层，则每次查询需要耗时约 60 微秒，一个 16 线程的服务器每秒可以支撑 25 万次查询。假设每个用户 10 秒刷新一次，取最近两个增量列表（20 秒范围），单台这样的服务器可以支撑 120 万个用户的访问请求，一个大型社交系统（1 亿用户 10% 在线）需要不超过 10 台缓存服务器。

每当用户发布了一个帖子，他 / 她的 follower 需要在 1～2 秒内看到这条帖子，而上述每个"增量列表"保存的是 10 秒内的数据，意味着增量列表是不断更新着的。这里不妨用 copy-on-write 的方式定期（如 0.5 秒）将最近新写入的数据加入到对应的增量列表。

第 13 章

缓存在社交网络 Feed 系统中的架构实践

在社交网络发展如火如荼的今天，人们越来越倾向于用新媒介来展现自我和沟通交互。以新浪微博为例，作为移动社交时代的重量级社交分享平台，2017 年初日活跃用户 1.6 亿，月活跃用户近 3.3 亿，每天新增数亿条数据，总数据量达千亿级，核心单个业务的后端数据访问 QPS 高达百万级。

在社交网络系统运行过程中，面对庞大用户群的海量访问，良好架构且不断改进的缓存体系具有非常重要的支撑作用。本章将以新浪微博 Feed 系统架构的发展历程作为背景，基于一个典型的社交网络 Feed 系统架构，介绍 Feed 系统的缓存模型、缓存体系架构，以及缓存体系如何伴随业务规模来扩展及演进。

13.1 Feed 系统架构

互联网从门户 / 搜索时代进入移动社交时代，互联网产品从满足单向浏览的需求，发展到今天的以用户、关系为基础，通过对海量数据进行实时分析计算，来满足用户的个性信息获取及社交的需求。

类似微博的信息条目在技术上也称之为 status 或 feed，其技术的核心主要包含三个方面：

❑ Feed 的聚合与分发，用户打开 Feed 首页后能看到关注人的 feed 信息列表，同时用户发表的 feed 需要分发给粉丝或指定用户。

❑ Feed 信息的组装与展现。

❑ 用户关系管理，即用户及其关注 / 粉丝关系的管理。

对于中小型的 Feed 系统，feed 数据可以通过同步 push 模式进行分发。如图 13-1 所示，用户每发表一条 feed，后端系统根据用户的粉丝列表进行全量推送，粉丝用户通过自己的 inbox 来查看所有最新的 feed。新浪微博发展初期也是采用类似方案，通过 LAMP 架构进行 feed push 分发，从而实现快速开发及上线。

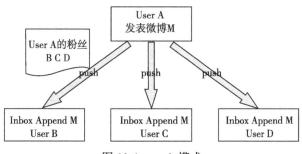

图 13-1 push 模式

　　随着业务规模的增长，用户的平均粉丝不断增加，特别是 V 用户的粉丝的大幅增长，信息延迟就会时有发生，单纯的 push 无法满足性能要求。同时考虑社交网络中多种接入源，移动端、PC 端、第三方都需要接入业务系统。于是就需要对原有架构进行模块化、平台化改进，把底层存储构建为基础服务，然后基于基础服务构建业务服务平台。对数据存储进行了多维度拆分，并大量使用 cache 进行性能加速，同时将同步 push 模式改成了异步 hybrid 模式，即 pull+push 模式。用户发表 feed 后首先写入消息队列，由队列处理机进行异步更新，更新时不再 push 到所有粉丝的 inbox，而是存放到发表者自己的 outbox；用户查看时，通过 pull 模式对关注人的 outbox 进行实时聚合获取。基于性能方面的考虑，部分个性化数据仍然先 push 到目标用户的 inbox。用户访问时，系统将用户自己的 inbox 和 TA 所有的关注人 outbox 一起进行聚合，最终得到 Feed 列表，如图 13-2 所示。

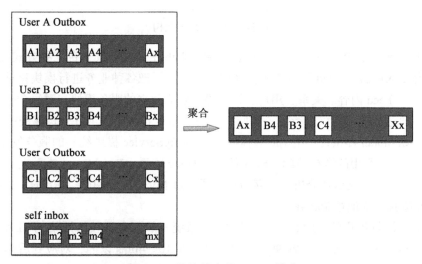

图 13-2 推拉结合的 hybrid 模式

对于大型 Feed 系统，还可以在此基础之上继续对 Feed 架构进行服务化、云化改进，最终形成如图 13-3 所示的一个典型的 Feed 系统架构。

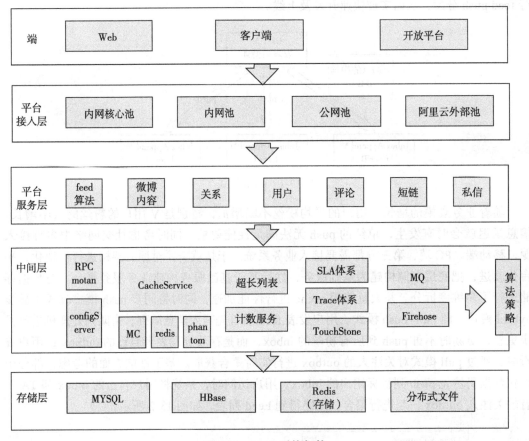

图 13-3　Feed 系统架构

如图 13-3 所示，其对外主要以移动客户端、Web 主站、开放平台三种方式提供服务，并通过平台接入层访问 Feed 平台体系。其中平台服务层把各种业务进行模块化拆分，把诸如 Feed 计算、Feed 内容、关系、用户、评论等分解为独立的服务模块，对每个模块实现服务化架构，通过标准化协议进行统一访问。中间层通过各种服务组件来构建统一的标准化服务体系，如 motan 提供统一的 rpc 远程访问，configService 提供统一的服务发布、订阅，cacheService 提供通用的缓存访问，SLA 体系、Trace 体系、TouchStore 体系提供系统通用的健康监测、跟踪、测试及分析等。存储层主要通过 MySQL、HBase、Redis、分布式文件等对业务数据提供落地存储服务。

为了满足海量用户的实时请求，大型 Feed 系统一般都有着较为严格的 SLA，如微博业务中核心接口可用性要达到 99.99%，响应时间在 10～40ms 以内，对应到后端资源，核心单个业务的数据访问高达百万级 QPS，数据的平均获取时间要在 5ms 以内。因此在整个

Feed 系统中，需要对缓存体系进行良好的架构并不断改进。

13.2　Feed 缓存模型

　　Feed 系统的核心数据主要包括：用户 / 关系、feed id/content 以及包含计数在内的各种 feed 状态。Feed 系统处理用户的各种操作的过程，实际是一个以核心数据为基础的实时获取并计算更新的过程。

　　以刷新微博首页为例，处理用户的一个操作请求，主要包括关注关系的获取、feed id 的聚合、feed 内容的聚合三部分，最终转换到资源后端就是一个获取各种关系、feed、状态等资源数据并进行聚合组装的过程，如图 13-4 所示。

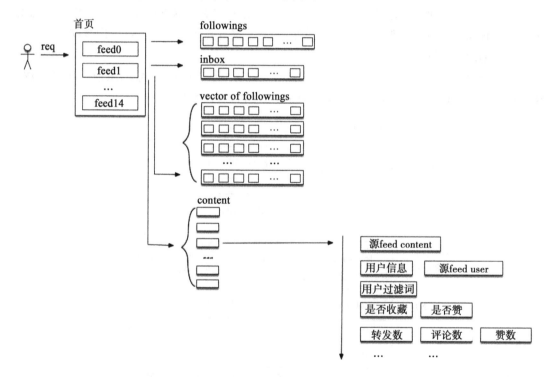

图 13-4　Feed 聚合生成的过程

　　这个过程中，一个前端请求会触发一次对核心接口 friends_timeline 的请求，到资源后端可能会存在 1-2+ 个数量级的请求数据放大，即 Feed 系统收到一个此类请求后，可能需要到资源层获取几十数百甚至上千个的资源数据，并聚合组装出最新若干条（如 15 条）微博给用户。整个 Feed 流构建过程中，Feed 系统主要进行了如下操作：

　　1）根据用户 uid 获取关注列表。

　　2）根据关注列表获取每一个被关注者的最新微博 ID 列表。

3）获取用户自己收到的微博 ID 列表（即 inbox）。

4）对这些 ID 列表进行合并、排序及分页处理后，拿到需要展现的微博 ID 列表。

5）根据这些 ID 获取对应的微博内容。

6）对于转发 feed 进一步获取源 feed 的内容。

7）获取用户设置的过滤条件进行过滤。

8）获取 feed/ 源 feed 作者的 user 信息并进行组装。

9）获取请求者对这些 feed 是否收藏、是否赞等进行组装。

10）获取这些 feed 的转发、评论、赞等计数进行组装。

11）组装完毕，转换成标准格式返回给请求方。

Feed 请求需要获取并组装如此多的后端资源数据，同时考虑用户体验，接口请求耗时要在 100ms（微博业务要求小于 40ms）以下，因此 Feed 系统需要大量使用缓存（cache），并对缓存体系进行良好的架构。缓存体系在 Feed 系统占有重要位置，可以说缓存设计决定了一个 Feed 系统的优劣。

一个典型的 Feed 系统的缓存设计如图 13-5 所示，主要分为 INBOX、OUTBOX、SOCIAL GRAPH、CONTENT、EXISTENCE、CONTENT 共六部分。

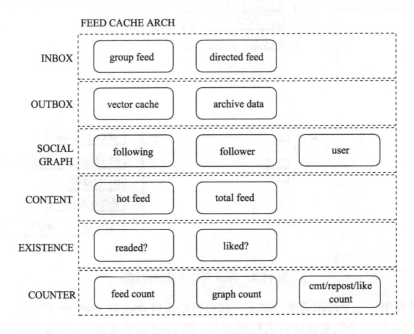

图 13-5　Feed 缓存设计

Feed id 存放在 INBOX cache 和 OUTBOX cache 中，存放格式是 vector（即有序数组）格式如图 13-6 所示。

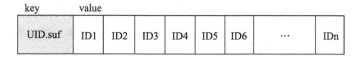

图 13-6　vector 存储格式

其中 INBOX 缓存层用于存放聚合效率低的 feed id（类似定向微博 directed feed）。当用户发表只展现给特定粉丝、特定成员组织的 feed 时，Feed 系统会首先拿到待推送（push）的用户列表，然后将这个 feed id 推送（push）给对应粉丝的 INBOX。因此 INBOX 是以访问者 UID 来构建 key 的，其更新方式是先 gets 到本地，变更后再 cas 到异地 Memcached 缓存。

OUTBOX 缓存层用于直接缓存用户发表的普通类型 feed id，这个 cache 以发表者 UID 来构建 key。其中 outbox 又主要分为 vector cache 和 archive data cache；vector cache 用于缓存最新发表的 feed id、comment id 等，按具体业务类型分池放置。如果用户最近没有发表新 feed，vector cache 为空，就要获取 archive data 里的 feed id。

SOCIAL GRAPH 缓存层主要包括用户的关注关系及用户的 user 信息。用户的关注关系主要包括用户的关注（following）列表、粉丝（follower）列表、双向列表等。

CONTENT 缓存层主要包括热门 feed 的 content、全量 feed 的 content。热门 feed 是指热点事件爆发时，引发热点事件的源 feed。由于热门 feed 被访问的频率远大于普通 feed，比如微博中单条热门 feed 的 QPS 可能达到数十万的级别，所以热门 feed 需要独立缓存，并缓存多份，以提高缓存的访问性能。

EXISTENCE 缓存层主要用于缓存各种存在性判断的业务，诸如是否已赞（liked）、是否已阅读（readed）这类需求。

COUNTER 缓存用于缓存各种计数。Feed 系统中计数众多，如用户的 feed 发表数、关注数、粉丝数，单条 feed 的评论数、转发数、赞数及阅读数，话题相关计数等。

Feed 系统中的缓存一般可以直接采用 Memcached、Redis、Pika 等开源组件，必要时可以根据业务需要进行缓存组件的定制自研。新浪微博也是如此，在 Feed 平台内，Memcached 使用最为广泛，占有 60% 以上的内存容量和访问量，Redis、Pika 主要用于缓存 social graph 相关数据，自研类组件主要用于计数、存在性判断等业务。结合 feed cache 架构，INBOX、OUTBOX、CONTENT 主要用 Memcached 来缓存数据，SOCIAL GRAPH 根据场景同时采用 Memcached、Redis、Pika 作为缓存组件，EXISTENCE 采用自研的缓存组件 Phantom，COUNTER 采用自研的计数服务组件 CounterService。

13.3　Feed 缓存架构的设计

上节提到 Feed 平台缓存模型有 6 个主要层次，各个缓存层的数据类型、缓存格式各异，而且即便在同一缓存层内，不同业务的数据类型、size、命中率也会不同。因此在为业务数据进行缓存架构设计时，首先需要根据业务需求、数据结构确定缓存访问模型，然后确定缓存组件的选型，最后还要根据待缓存数据的 SIZE、命中率、QPS 等进一步进行缓存架构的细化调整。

本节将根据待缓存数据的数据类型，并结合具体的 Feed 业务，对各种缓存结构进行分析。

13.3.1　简单数据类型的缓存设计

一般系统中的大部分数据都是简单 KV 数据类型，Feed 系统也是如此，比如 feed content、user 信息等。这些简单类型数据只需要进行 set、get 操作，不会用于特殊的计算操作，最适合以 Memcached 作为缓存组件。

基于 Memcached 的海量数据、大并发访问场景，不能简单将多种数据进行混存，而需要首先进行容量评估，分析业务待缓存数据的平均 size、数量、峰值读写 QPS 等，同时结合业务特性，如过期时间、命中率、cache 穿透后的加载时间等，最终确定 Memcached 的容量、分布策略。比如缓存数据的 size 分布会影响 Memcached 的 slab 分布，size 差异大的不同数据不能混存，另外对于读写 QPS、命中率等要求比较高的业务需要独立部署。

如微博 Feed 系统上线业务缓存时，会使用如图 13-7 所示的指标进行容量规划，通过分析业务数据的 size、cache 数量、峰值读写等，来确定 Memcached 的容量大小、节点数、部署方式等。

Memcached容量评估表

需求	
业务名称	
用途	
单位（user）	
平均size	
数量	
峰值读（QPS）	
峰值写（QPS）	
命中率	
过期时间	
平均穿透加载时间	

图 13-7　Memcached 容量规划

系统上线初期，需要把业务数据按容量评估属性进行分类。属性接近的数据尽量分配在相同端口的 Memcache 内存池，此阶段不同业务数据如果缓存属性接近可以缓存在相同的内存池，但缓存属性差异较大的不同类数据就要尽早使用独立端口的内存池了。Memcached 内存池一般可以设 4～6 个节点，通过取模或一致性 hash 进行分布式存储，如图 13-8 所示。考虑运维性，相同内存池内的节点实例在内存大小、端口、启动参数可以设置为完全相同。

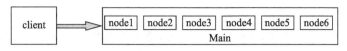

图 13-8　client 访问 Memcached 内存池

　　随着业务量和用户量的不断快速增加，基于缓存数据的安全性、访问性能等的考虑，系统初期混部的核心业务缓存数据需要进行分拆及统一规划。微博 Feed 系统内部也是如此，这一阶段很多业务数据拆分到了独立缓存，Memcached 总的缓存实例数很快增加到数百个，一些业务缓存由于机架紧张甚至同时部署在多个 IDC。数据总量及访问量大增，缓存数据独立分拆，机器节点大量增加，如果再涉及到多 IDC 访问，就可能时常遇到机器故障 / 宕机、网络异常等情况，一些缓存节点不可用，从而导致缓存访问 miss，这些 miss 的请求最终会穿透到 DB 中。

　　为了保障服务的可用性，运维人员可以进行服务调配，使每组缓存资源池尽量独立部署在同一个 IDC 内，避免 IDC 间的网络异常或抖动的影响。但如果机器故障宕机，可能会导致核心业务的缓存节点不可用，进而大量请求穿透到 DB 层，给 DB 带来巨大的压力，极端情况下会引发雪崩，这种情况可以参考微博 Feed 系统的做法，引入了 Main-HA 双层架构，如图 13-9 所示。

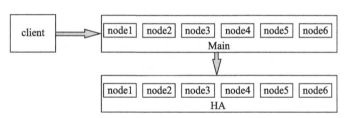

图 13-9　client 访问双层 Memcached 内存池结构

　　对后端数据的缓存访问，会先访问 Main 层，如果 miss 继续访问 HA 层，如果 HA 层命中，则返回 client 结果后，再将 value 回写到 Main 层，后续对相同 key 的访问可以直接在 Main 层命中。由于 Main-HA 两层 cache 中数据不尽相同，通过 Main-HA 结构，业务可以获得更高的命中率。同时，即便出现部分 Main 节点不可用，也可以通过 HA 层保证缓存的命中率、可用性。因为主要压力在 main 层，为了降低机器成本，Feed 系统一般将其他相邻 IDC 的 Main 层互做对方的 HA 层。

　　同时还可以进一步采取其他措施，来提升 Memcached 缓存层的可用性及运维性：

　　1）Memcached 内存池提前设置足够的分片数，并采用取模 hash 分布，在部分节点故障时，立即用新节点替换异常节点，避免数据漂移引入脏数据。

　　2）根据不同的访问频率、容量，对 Memcached 实例进行搭配部署，提高机器使用率。

　　3）对 Memcached 资源进行统一的监控，并提供各种维度的查询和预警。

　　随着业务访问量进一步增加，特别是在峰值期间，社交网络中的突发事件出现爆发式的传播，Main-HA 结构也会出现问题，主要是部分缓存节点的带宽被打满、CPU/ 负荷过载，导致 Memcached 响应严重变慢。微博也曾多次遇到这种问题，通过深入分析，我们发现问题的主因是大量热数据的集中访问，导致缓存服务节点过载，单个节点不能承载热数据的访问量（比如明星发表微博所在的节点），于是我们进一步引入了 L1 结构。

新的 Memcached 结构如图 13-10 所示，新增部署 3 组以上的小容量 L1 缓存，每组 L1 缓存的容量为 Main 层的 1/3-1/6，构成 L1-Main-HA 三层架构。client 访问时，首先随机选择一个 L1 缓存池进行访问，如果 miss 则再按 Main->HA 的顺序依次访问，如果中途命中数据，则在返回结果后按原路径进行数据回写。新数据写入缓存时，在写 Main、HA 内存池的同时，也会写所有的 L1 内存池。由于 L1 的内存容量远远小于 Main，稍冷的数据会迅速剔除，所以 L1 中会持续存储最热的数据，同时由于 L1 有多组，大量热数据访问会平均分散到多个 L1。通过 L1 层的加入，Memcached 缓存层节点的负荷、带宽消耗得到有效控制，响应性能得到明显提升。

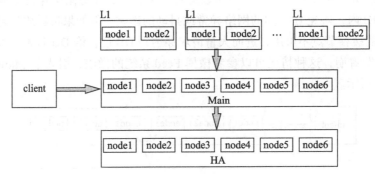

图 13-10　client 访问三层 Memcached 内存池结构

13.3.2　集合类数据的缓存设计

对于需要进行计算的集合类数据，如 Feed 系统中用户关系中的关注列表、分组、双向关注、最新粉丝列表等，需要进行分页获取、关系计算，从而满足诸如"共同关注"、"我关注的人里谁也关注了 TA"等。如果直接用 Memcached 作为简单二进制 value 进行缓存，任何计算类请求都需要获取全量数据在本地进行，即一个微小变更也需要全量获取并更新回写，由于计算请求量大、列表数据量大、变更频繁，对带宽、缓存服务性能都存在严重挑战。

Redis 提供了丰富的集合类存储结构，支持 list、set、zset(sorted set)、hash，并提供了丰富的 api 接口用于服务端计算，可以更好地满足上述业务需求。微博 Feed 系统内部也广泛使用 Redis，当前有数千个 Redis 实例，存储了千亿条记录，每天提供万亿级别的读写操作。

Feed 系统使用 Redis 时，可以采用典型的 Master-slave 方式进行部署访问，如图 13-11 所示。每个业务数据提前分拆到多个 hash 节点（如 8、16 个），每个 hash 节点使用独立的端口，每个 hash 节点有一个 master 和多个 slave。监控系统实时监控 master、slave 的状态，在必要时进行主从切换。Master、多个 slave 都采用域名方式对外暴露服务，这样 master、slave 变更后，只更新域名服务器即可。因为根据域名访问多个 slave 可能存在请求不均衡的现象，同时主从切换后 client 需要能够快速感知，所以需要在 client 端实现负载均衡和主从切换后的 IP 感知，微博采用 clientBalancer 组件来实现，目前已开源。

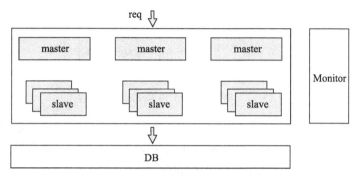

图 13-11　Hash 拆分的 M-S 结构

　　Redis 的数据访问基本都落在内存，缓存数据会以 AOF、RDB 落在磁盘上，供重启时的数据恢复或主从复制使用，因此单个 Redis 实例不能分配过大的内存空间，否则会因为重启、rewrite 时间特别长而影响服务的可用性。对于普通硬盘而言，Redis 加载处理 1G 数据大概需要一分钟，所以线上 Redis 单个实例内存最好不要超过 20G，避免 Redis 重启加载数据的耗时过长。同时，因为 Redis 属于单进程 / 线程模型，为了提高机器效率，还可以根据 CPU 核数进行单机多 Redis 实例部署，具体实例数最高可以为 N（CPU）–1。

　　纯粹使用 Redis 的 master-slave 方式在一些场景下没法很好地满足业务需求。

　　首先是耗时特别大的复杂关系计算性业务，如"我关注的人里谁也关注了 TA"业务，需要基于用户关注列表，多次请求计算哪些关注人也关注了目标 UID，整个处理过程可能长达数十 ms，不仅本次请求处理耗时较长，还会延迟其他请求。即便增加更多的 slave，对整个计算过程的性能提升也还是非常有限。于是我们把计算的中间结果缓存到 Memcached，同时对活跃用户进行预先计算，从而大幅提升请求性能。

　　其次在大集合数据进行全量读取的场景，如用 hgetAll 获取整个关注列表，单次请求可能需要返回数百上千个元素，对单进程 / 线程模型的 Redis，这个响应结果的拼装及发送是一个重量级操作，如果要保证峰值期间的可用性，需要增加多套 Redis slave，成本开销较大。此时也可以在 Redis 前面加一层 Memcached（见图 13-12），全列表读取采用 Memcached 的 get 来抗读，Memcached miss 后，才读取 Redis 或 DB 层并回写，由于 Memcached 的多线程实现方式及对纯粹二进制 kv 的高效读取，可以用较少的 Memcached 内存换取全列表获取性能的大幅提升。

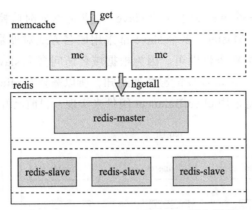

图 13-12　Memcached 和 Redis 混合缓存

因此，通过在 Redis 前端部署 Memcached，来缓存中间计算结果、全量集合数据，可以很好地提升系统的读取性能，还可以减少 slave 数量来降低整体内存占用。

除了用 Memcached 做前置缓存，还可以在调用端增加 local-cache，进一步提升获取效率。在使用多种组合 cache 时，多种 cache 存在穿透、回写策略，这些策略比较通用，可以在 client 端进行抽象封装，使业务开发者使用起来像使用单个 cache 一样，从而提高开发效率。

另外对于容量巨大、冷热区分较明显的集合类数据业务，还可以用 Pika 来代替 Redis 作为缓存组件。Pika 可以将极热数据存到内存、其他数据存放在磁盘，单个节点可以存放百 G 级别的数据，同时兼容 Redis 协议，业务方可以无感的从 Redis 访问切换到 Pika 访问。

13.3.3　其他类型数据的缓存设计

在海量数据的缓存访问模型中，Feed 系统中还有一些业务数据，无法直接当作简单数据类型或集合类数据类型来缓存，也就无法直接使用传统的 cache 组件（如 Memcached、Redis），因为会存在巨大的成本挑战。

首先是存在性判断业务，判断一个用户是否赞了某条 feed、是否阅读了某条 feed 等。如果直接缓存，存储容量几乎是 0（用户数 *Feed 数），即使只存储最近几天的数据，也要耗费巨大的内存。微博的 Feed 系统最初利用 Redis 来缓存最近 3 天的"是否赞"记录，结果发现即使做了极度的存储优化，也要数 T 的内存空间，而且 DB 层有大量的穿透访问。

其次还有计数类业务，存储一个 key 为 8 字节、value 为 4 字节的计数，Redis 需要耗费 65+ 字节，内存有效负荷小于 $(8+4)/65=18.5\%$。Feed 系统存在海量计数，总内存消耗巨大，如按照传统 Redis 缓存方案，微博计数每日新增十亿条级记录，每日新占用内存高达数百 G，这在成本考量上是很难接受的。

对此，需要进行了定制化的缓存组件开发。微博开发了用于存在性判断的 cache 组件 Phantom，内存占用降为原有的 10%～20%，读写性能基本不变；开发了用于计数的 cache

组件 CounterService，内存占用降为原有的 10% 以下，同时通过 SSD 的引入，单机支撑容量进一步增大 1 个数量级。下一节，我们将对这些组件进行进一步的说明。

13.4　Feed 缓存的扩展

通用缓存组件在社交网络系统应用广泛，在 Feed 系统的性能、可用性保障中也占有重要地位。但直接使用通用 cache 组件，在运维性、成本控制等方面仍然有各种痛点，于是微博对通用组件进行了大量的优化、扩展，甚至进行全新定制化开发，来满足业务上的需求，预计这些组件在不远的将来，会逐渐出现在开源社区。

13.4.1　Redis 的扩展

在 Redis 2.8 版本之前，几乎每次 slave 连接 master 都会导致一次全量复制。在一些特殊场景下，如网络异常出现瞬断、Redis 升级重启，短时间多个主从同步中断并重连，如果影响的 slave 数量较大，就会导致网络流量暴增甚至打满，从而导致同步初期网络内所有服务不可用。同时 slave 同步到全量 rdb 数据后，在加载过程中也无法对外提供访问（一个 10G 的 Redis 实例，加载 rdb 过程会阻塞 10+ 分钟）。自 2.8 版本后，Redis 通过 psync 实现了增量复制，一定程度上缓解了主从连接断开会引发全量复制的问题，但是这种机制仍然受限于复制积压缓冲区大小，同时在主库故障需要执行切主操作的场景下，主从仍然需要进行全量复制（Redis 未来的 4.0 版本可能会对此做进一步优化）。

于是微博 Feed 首先调整了 Redis 的持久化机制，将全量数据有机的保存在 RDB 和 AOF 中；然后基于新的持久化机制对同步方式也做了全面调整，实现了完全增量复制，如图 13-13 所示。

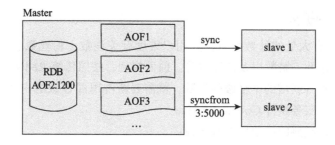

图 13-13　Redis 扩展后的基于 RDB 和 AOF 的完全增量复制

持久化全量数据的过程如下，通过 bgsave 构建 RDB 并落地，同时将当前 AOF 文件及 POSITION 也记录在 RDB 中，新数据写入记入 AOF，AOF 按固定 size 不断滚动存储，这样 RDB 和此后的所有 AOF 文件构成一份全量的 Redis 数据记录。为了避免滚动的 AOF 占用磁盘空间过大的问题，可以在构建新的 RDB 完毕后，在保留一定余量的基础上将 RDB

记录之前的 AOF 文件进行清理（比如将两天前的 AOF 清理掉）。由于 Redis 是单机多实例部署，微博 Feed 同时通过定时持久化配置项 cronsave，将单机部署的多个 Redis 实例分散在不同时间点进行错峰持久化。

Slave 第一次请求复制时向 Master 发出 sync 指令，Master 将 RDB 传给 Slave，同时找到 RDB 记录的 AOF 及 POSITION，将其及之后的所有 AOF 文件数据传给 Slave，即可实现全量同步。后续持续读取最新的 AOF 文件数据并传给 Slave，即可实现实时同步。当因为任何原因发生中断并再次重连时，Slave 只需通过 syncfrom 要告诉 Master 自己复制位置对应的 AOF 文件及 POSITION，Master 即可找到对应位置并将之后的 AOF 记录持续发给Slave，即可完成增量同步。

微博的关注关系最初保存在 Redis 的 hash 结构中，在 Redis cache 发生 miss 后，重建关注关系的 hash 结构是一个重量级的操作。对关注数较多的用户，一次重建过程需要数十毫秒，这对单进程的 Redis 是无法接受的；同时 Redis 的 Hash 结构内存效率不高，为了保证命中率需要的 cache 容量仍然比较大。于是微博 Feed 扩展了 longset 数据结构。通过一个"固定长度开放寻址的 hash 数组"数据结构，在大大降低内存占用的同时，常规读写性能几乎相同。对于 miss 后的数据重建，可以通过 client 端构建 longset 二进制结构一次性写入，实现 $O(1)$ 的时间复杂度。

微博 Feed 还对 Redis 做了许多其他方面的扩展，如热升级等。各种新功能扩展及版本发布后，会产生运维问题，因为每次升级需要重启，而重启过程需要十分钟以上的服务中断，这对线上业务来说是无法忍受的。于是微博 Feed 将 Redis 的核心处理逻辑封装到 lib.so 文件，缓存数据保存在全局变量中，通过调用 lib.so 中的函数来操作缓存数据，实现热升级功能。Redis 版本升级时，只需要替换新的 lib.so 文件，无须重新加载数据，实现毫秒级的升级，升级过程基本对客户请求无任何影响。

13.4.2　计数器的扩展

Feed 系统内部有大量的计数场景，如用户维度有关注数、粉丝数、feed 发表数，feed维度有转发数、评论数、赞数以及阅读数等。前面提到，按照传统 Redis、Memcached 计数缓存方案，单单存每日新增的十亿级的计数，就需要新占用百 G 级的内存，成本开销巨大。因此微博开发了计数服务组件 CounterService。

对于计数业务，经典的构建模型有两种：

1）db+cache 模式，全量计数存在 db，热数据通过 cache 加速；

2）全量存在 Redis 中。方案 1 通用成熟，但对于一致性要求较高的计数服务，以及在海量数据和高并发访问场景下，支持不够友好，运维成本和硬件成本较高，微博上线初期曾使用该方案，在 Redis 面世后很快用新方案代替。方案 2 基于 Redis 的计数接口 INCR、DECR，能很方便地实现通用的计数缓存模型，再通过 hash 分表，master-slave 部署方式，可以实现一个中小规模的计数服务。

但在面对千亿级的历史海量计数以及每天十亿级的新增计数，直接使用 Redis 的计数模型存在严重的成本和性能问题。首先 Redis 计数作为通用的全内存计数模型，内存效率不高。存储一个 key 为 8 字节（long 型 id）、value 为 4 字节的计数，Redis 至少需要耗费 65 字节。1000 亿计数需要 100G*65=6.5T 以上的内存，算上一个 master 配 3 个 slave 的开销，总共需要 26T 以上的内存，按单机内存 96G 计算，扣掉 Redis 其他内存管理开销、系统占用，需要 300～400 台机器。如果算上多机房，需要的机器数会更多。其次 Redis 计数模型的获取性能不高。一条微博至少需要 3 个计数查询，单次 feed 请求如果包含 15 条微博，仅仅微博计数就需要 45 个计数查询。

在 Feed 系统的计数场景，单条 feed 的各种计数都有相同的 key（即微博 id），把这些计数存储在一起，就能节省大量的 key 的存储空间，让 1000 亿计数变成了 330 亿条记录；近一半的微博没有转、评论、赞，抛弃 db+cache 的方案，改用全量存储的方案，对于计数为 0 的微博不再存储，如果查不到就返回 0，这样 330 亿条记录只需要存 160 亿条记录。然后又对存储结构做了进一步优化，三个计数和 key 一起一共只需要 8+4*3=20 字节。总共只需要 16G*20=320G，算上 1 主 3 从，总共也就只需要 1.28T，只需要 15 台左右机器即可。同时进一步通过对 CounterService 增加 SSD 扩展支持，按 table 滚动，老数据落在 ssd，新数据、热数据在内存，1.28T 的容量几乎可以用单台机器来承载（当然考虑访问性能、可用性，还是需要 hash 到多个缓存节点，并添加主从结构）。

计数器组件的架构如图 13-14 所示，主要特性如下。

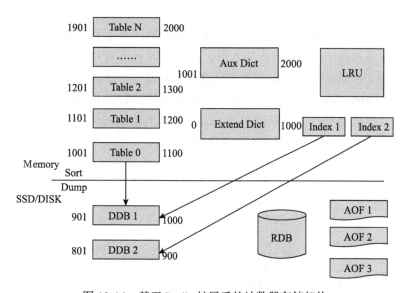

图 13-14　基于 Redis 扩展后的计数器存储架构

1）内存优化：通过预先分配的内存数组 Table 存储计数，并且采用 double hash 解决冲突，避免 Redis 实现中的大量指针开销。

2）Schema 支持多列：一个 feed id 对应的多个计数可以作为一条计数记录，还支持动态增减计数列，每列的计数内存使用精简到 bit。

3）冷热数据分离，根据时间维度，近期的热数据放在内存，之前的冷数据放在磁盘，降低机器成本。

4）LRU 缓存：之前的冷数据如果被频繁访问则放到 LRU 缓存进行加速。

5）异步 IO 线程访问冷数据：冷数据的加载不影响服务的整体性能。

通过上述的扩展，内存占用降为之前的 5%~10% 以下，同时一条 feed 的评论 / 赞等多个计数、一个用户的粉丝 / 关注 / 微博等多个计数都可以一次性获取，读取性能大幅提升，基本彻底解决了计数业务的成本及性能问题。

13.4.3　存在性判断的扩展

Feed 系统中有不少"存在性判断"业务，比如判断用户对某条 feed 是否已"赞"、是否"收藏"、是否"阅读"等。

由于越新的 Feed 访问量越大，所以最初考虑直接使用 Redis 或 CounterService 来存储这些记录，上线后发现记录数增加太快，仅仅每日新增的阅读记录数就高达百亿级别，Redis 的存储结构根本无法支撑，即便用 CounterService 存储，每天新增的数据也需要占用数百 G 内存，机器成本开销太大。

对于存在性判断业务，直接记录的机器成本太大，如果采用 Bloomfilter 算法，在业务能容忍一定误判的前提下，可以大幅的降低内存占用。

BloomFilter 利用 bit 数组来表示一个集合（如阅读了某条微博的所有用户），可以快速判断一个元素是否属于这个集合。写入前，BloomFilter 是每一位都是零的 bit 数组，加入元素时，采用 k 个相互独立的 hash 函数计算，将元素分布映射的 K 个位置设置为 1。如图 13-15 所示，BloomFilter 将 X1、X2 用 3 个 hash 函数映射到 bit 数组。判断元素是否在集合中存在时，只需要对目标元素做 K 次 hash，如果每次 hash 计算的 bit 位都是 1，则认为目标元素是集合中的元素，否则就不是集合中的元素。

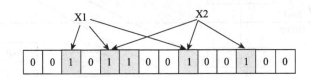

图 13-15　bloomfilter 的存储结构

这种算法存在一定的误判率，因为可能存在一个元素虽然不在集合中，但 k 次 hash 都被命中的情况。BloomFilter 占用内存空间极低，且误判率可控，平均每条记录占用 1.2 字节时仅有 1% 的误判率，而且这个误判率还可以根据调整记录占用的内存空间来进一步降低。

于是微博 Feed 基于 BloomFilter 算法开发了 Phantom，实现架构如图 13-16 所示。

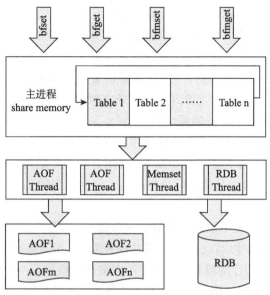

图 13-16　Phantom 整体架构设计

主线程采用循环队列实现缓存过期策略，通过将所有 key 排序并划分区间，依次将所有的 key 存放在不同的 table 中并滚动，数值越大的 key 放在越新的 table 中。过期时根据配置将最老的表一次性删除或落地，再将该表的内存空间初始化为最新的 table 进行新数据的存储。Phantom 可以很好满足 Feed 业务场景，因为 feed id 也是随时间增长，且越新的 feed 访问量越大。

Phantom 落地也采用 RDB+AOF 模式，执行落地操作时，将循环队列中的所有 table 写入 RDB 文件，并在 RDB 中记录当前时刻的 AOF 文件名及位置，后续的数据恢复可以直接加载 RDB 及之后 AOF 即可。基于这种落地方式，也可以方便的支持完全增量复制。同时，Phantom 采用 System V 共享内存方案，将数据 table 放在共享内存，进程升级、重启甚至 crash 都不会丢失内存中的数据。

为了方便业务使用，Phantom 采用 Redis 协议格式，目前主要支持 bfset、bfget、bfmset、mfmget 四组指令，这样可以通过对 Redis client 做简单的新指令扩展，即可访问 Phantom 服务。

通过使用 Phantom 组件，读写性能基本不变，内存占用却降为原有方案的 10%～20%，可以很好的支持 Feed 系统中存在性判断的需求。

13.5　Feed 缓存的服务化

通过前面介绍的多级 Memcached 缓存结构、混合 Memcached-Redis 结构，以及扩展的计数器、Phantom 组件等，可以较好地解决访问性能与访问峰值的压力，大大降低内存占用。不过在缓存的运维性、可管理性方面依然存在不足。不同业务之间只有经验、缓存组件可以复用，在缓存的可用性、运维性方面经常需要各种重复的劳动。

首先，随着业务的发展，Feed 缓存的访问量、容量都会非常大。线上有成千上万个缓存节点，都需要在业务前端去配置，导致缓存配置文件很大也很复杂。同时如果发生缓存节点扩容或切换，需要运维通知业务方，由业务方对配置做修改，再进行业务重启上线，这个过程比较长，而且会影响服务的稳定性。

其次，系统开发一般会主要选择一种语言开发，如微博的 Feed 平台主要采用 Java 开发，我们基于 Java 语言定制了缓存层 Client 来访问各种缓存结构、缓存组件，内置了不少访问策略。这时候，如果公司其他部门也想使用，但由于用的是其他开发语言如 PHP，就没法简单推广了。

最后，资源的可运维性也不足，基于 IP、端口运维复杂性比较高。比如一个线上机器宕机，在这个机器上部署了哪些端口、对应了哪些业务调用，没有简单直观的查询、管理入口。

于是就需要开始考虑缓存的服务化，主要的方案及策略如下：

1）引入了一个 proxy 层，用于接受并路由业务对资源的请求，通过 cahceProxy 支持多种协议（Memcached、Redis 等）、多种业务访问，不同业务通过 namespace Prefix 进行区分。

2）引入一个 updateServer 层，用于处理写请求和数据同步。

3）读写及数据复制策略如图 13-17 所示，cacheProxy 收到资源请求后，对 read 类请求直接路由到后端资源，对 write 类请求路由到本 idc 的 updateServer；updateServer 首先更新本地资源，成功后再路由到 master idc 的 updateServer。Master idc 的 updateServer 接受所有 write 请求，记录到 AOF，并逐级复制到其他 idc 的 updateServer，实现 idc 间的 cache 数据同步。

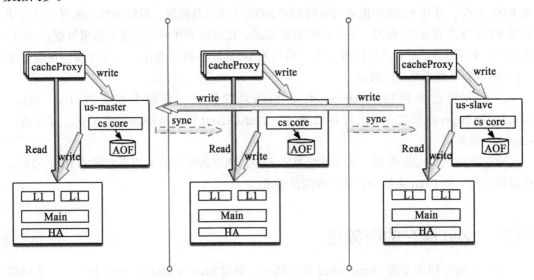

图 13-17 缓存服务化后的读写及复制策略

4）引入 cluster，并内嵌了 Memcached Cluster、Redis cluster 等的访问策略，包括多层的更新、读取，以及 miss 后的穿透、回写等。

5）接入配置中心，可以方便地支持 API 化、脚本化管理资源和 proxy。

6）接入监控体系，方便查看缓存体系的服务状态。

7）Web 化管理，通过 Web 界面管理缓存的整个生命周期。

8）其他服务化策略。

通过上述方案及策略，可以大大简化业务前端的配置，简化开发、运维。业务方只需要知晓 namespace，即可实现对后端各种业务的多层缓存进行访问。

对于缓存的服务化治理，不少工作可以逐步展开，采用小步快跑的方式进行循序推进。

1. 接入配置中心

将缓存资源层、proxy 层、updateServer 层接入了配置中心 configServer（微博内部叫 vintage），实现缓存、cacheProxy、updateServer 的动态注册和订阅。运维把 cache 资源 / updateServer 的 IP 端口、hash 算法、分布式策略等也以配置的形式注册在配置中心，cacheProxy、updateServer 启动后通过到配置中心订阅这些资源 IP 及访问方式，从而正确连接并访问后端缓存资源。同时 cacheProxy 在启动后，也把自身动态的注册到配置中心；client 端即可到配置中心订阅这些 cacheProxy 列表，然后选择最佳的 cacheProxy 节点访问各种缓存资源。运维也可以在线管理缓存资源，在网络中断、机器宕机，或业务需要进行扩容时，只需要启动新的缓存节点，并通过脚本调用 API 通知配置中心修改资源配置，就可以使新资源快速生效，从而实现缓存资源管理的 API 化、脚本化。

2. IDC 数据复制

通过 updateServer 实现不同 IDC 间的 cache 数据复制。不同 IDC 的 updateServer 数量相同，AOF 文件也相同；updateServer 的 slave 节点记录同步的 AOF 文件名及位置，在连接断开重连后，通过 AOF 文件名及位置确定复制位置，从而实现完全增量复制。

利用公有云部署服务应对日常峰值或突发峰值流量时，公用云上的 cache 资源不再需要持续部署及更新，只需要提前 1 小时左右部署并完成数据同步，即可对公有云业务提供服务，从而较好的降低服务成本。

3. Web 化管理

通过缓存层管理组件 clusterManager（微博内部叫 captain），把之前的 API 化、脚本化管理进一步的升级为界面化管理。运维可以通过使用 clusterManager，界面化管理缓存的整个生命周期，包括业务缓存的申请、审核，缓存资源的变更、扩缩容、上下线等。

4. 监控与告警

把 cacheProxy、updateServer、后端各种缓存资源纳入到了 Graphite 体系，通过日志工具将缓存的访问日志、内部状态推送到 Graphite 系统，用 dashboard 直接展现或者按需聚合后展现。

通过 clusterManager 对缓存资源、cacheProxy 等进行实时状态探测及聚合分析，结合 Graphite 的历史数据，监控缓存资源的 SLA，必要时进行监控报警。

在微博 Feed 内部，clusterManager 后续会继续整合 jpool（编排发布系统）、DSP（混合云管理平台）等系统，实现了对 cacheProxy、updateServer、各种缓存资源的一键部署和升级。

5. 开发工具

对于 client 端，可以基于分布式服务框架（如微博的 motan）扩展 Memcached、Redis 协议，使 client 与后端资源解耦，后端资源变更不会导致业务系统重启，同时获取服务列表、调整访问策略也更加方便。方便开发者实现面向服务编程，比如微博内部业务开发时，开发者在和运维确定好缓存的 SLA 之后，通过一行 spring 配置 <weibo:cs namespace="unread-feed" registry="vintage"…/>，即可访问 unread-feed 业务对应的后端资源；后续在资源层面的扩缩容、节点切换等都不需要开发者介入，运维直接在线变更即可。

6. 部署方式

由于 updateServer 需要将 write 类请求落地 AOF，并担负复制任务，所以只能选择独立机器进行部署。而对于 cacheProxy 的部署，微博目前有两种方式，一种是本地化部署，就是跟业务前端部署在一起的，在对 cacheProxy 构建 Docker 镜像后，利用 jpool 管理系统进行动态部署。另外一种是集中化部署，即 cacheProxy 在独立的机器上部署，由不同的业务方进行共享访问。

7. 处理流程及总结

缓存服务化后的业务处理流程如图 13-18 所示。

首先运维通过 clusterManager 把缓存资源的相关配置注册到 configServer。cacheProxy/updateServer 启动后通过 configServer 获取资源配置并预建连接；cacheProxy 在启动准备完毕后将自己也注册到 configServer，业务方 client 通过到 configServer 获取 cacheProxy 列表，并选择最佳的 cacheProxy 发送请求指令；cacheProxy 收到请求后，对于 write 类请求直接路由到 updateServer，对于 read 类请求则直接根据 namespace 选择缓存的 cluster，并按照配置中的 hash 及分布策略进行 read 请求的路由、穿透、回写。updateServer 根据 namespace 选择 cluster 完成写请求及数据同步。clusterManager 同时主动探测 cacheProxy、updateServer、缓存资源等，同时到 Graphite 获取历史数据进行展现和分析，发现异常后进行报警。

最后，对于服务化的其他一些方面的实践总结如下：

❑ 对于部分缓存节点故障，Memcached 可以通过有多级 Cache 解决，Redis、CounterService、Phantom 等通过 master-slave 切换、多 slave 来解决。

❑ 对于较多缓存 / cacheProxy 节点异常，我们通过重新部署新节点来替换异常节点，并通过 captain 在线通知配置中心，进而使新节点快速生效来解决。

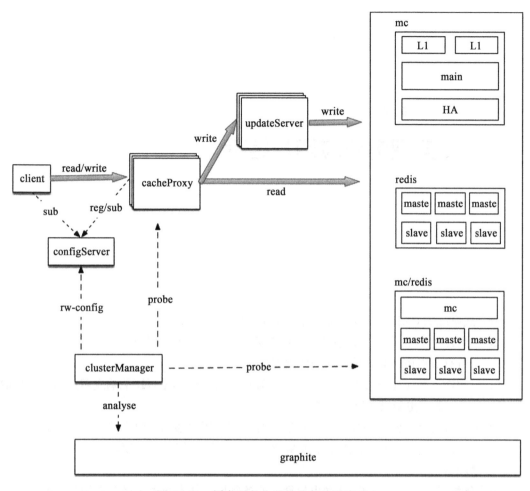

图 13-18　缓存服务化后的业务处理流程

❑ 对于 updateServer 节点异常，cacheProxy 会将请求通过一致性 hash 均分路由到其他节点处理。

❑ 对于配置中心的故障，可以通过访问端的 snapshot 机制，利用之前的 snapshot 信息来访问 cacheProxy 或后端缓存资源。

❑ 对于运维，可以通过 Graphite、clusterManager 实现标准化运维，节点故障、扩缩容按标准流程进行界面操作即可。运维在处理资源变更时，不再依赖开发修改配置和业务重启，可以直接在后端部署及服务注册。对于是否可以通过系统自动判断故障，并由系统直接部署资源 / 组件、变更配置，实现自动化运维，微博 Feed 也还在探索中。

从微博缓存历年的演进经验来看，缓存服务化未来的道路还很长，需要进一步的对各 Cache 服务组件进行打磨和升级，微博缓存体系架构也会在这条路上不断前行。

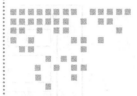

Chapter 14 | 第 14 章

典型电商应用与缓存

分布式系统的 CAP 理论首先把分布式系统中的三个特性进行了如下归纳：

❏ 一致性（C）：在分布式系统中的所有数据备份，在同一时刻是否是同样的值（等同于所有节点访问同一份最新的数据副本）。

❏ 可用性（A）：在集群中一部分节点故障后，集群整体是否还能响应客户端的读写请求（对数据更新具备高可用性）。

❏ 分区容忍性（P）：以实际效果而言，分区相当于对通信的时限要求。系统如果不能在时限内达成数据一致性，就意味着发生了分区的情况，必须就当前操作在 C 和 A 之间做出选择。

电商领域是典型的要在 CAP 做出权衡的业务领域。从参与者来区分有用户、商户、平台运营人员；从基础领域模型来看有商品、订单、库存、库房、营销、物流、干系人等。

用户的诉求是什么？买到好东西（正品，价格最好还便宜），支付方便，安全快捷。

商户的诉求是什么？业务模式上解决快速回款；技术上解决对账清晰，数据准确。

平台的诉求是什么？越来越多的用户，越来越多的品类，越来越好的商家。

基于以上三方的诉求，那么电商平台会面临及时响应性的用户需求（我购买成功，还是失败）；数据准确性需求（我的钱有没有多扣）；平台海量请求的诉求（营销活动、秒杀、大促等）；高可用的诉求（每一秒都是钱，每一笔成交背后都是收入，如果平台不可用，对应可以直接换算成资金损失）。

14.1 电商类应用的挑战及特点

传统的金融行业比如银行可能半年才发布一次版本，现在已与时俱进到月度了，越少变更、越少发布,自然是越稳定。这个道理不难理解,我们可以把所有的应用系统当成一个"黑匣子",如果外部因素没有变化,内部构成没有变化,那么黑匣子就不会有变化。也就是说对于若干年前的银行而言,如果机房、专线网络、运维没有变更,基本上不会出问题。但是对于不断试错以及营销驱动的电商业务而言,三天两头搞活动、上新产品是司空见惯的事情。规模小一点还好,骂你的人少,对于大电商而言则无异于是高速公路上换轮胎,或者叫作给飞行中的飞机换引擎,可见风险非同一般。

电商类应用具有如下特点:

1)**稳定性决定服务能力**:在前几个月,某电商网站搞"买 200 减 100"活动,才进行了 2 小时就卡得不行。购物车的商品无法下单结算,查看商品详情也非常慢,属于一路塞车的节奏。该网站研发团队通过限流恢复了部分能力,但是对于蜂拥而至的用户而言,大部分用户的体验很差,因为他们买不到商品。

2)**高并发性场景**:大家都知道,扩展分为 Scale Out 和 Scale Up 两种模式。

❑ Scale Out:横向扩展,增加处理节点提高整体处理能力,俗称加机器。

❑ Scale Up:纵向扩展,通过提升单个节点的处理能力达到提升整体处理能力的目的。

在互联网架构中,采用廉价的服务器做 Scale Out 已经是非常通用的手段了,但是不是所有场景扛不住都可以加机器?比如秒杀场景,除了高流量以外,压力在于秒杀商品的高并发,那么热点商品拆分、上缓存、队列等技术自然就很重要了。

3)**业务发展性能也得发展**:举一个例子,有一个系统做支付链路的规则决策,起初可能就 4 万行代码;后来增加到 8 万,现在又增加到 10 万。代码行增加了,该应用的职责增加了,也可能调用逻辑的运算复杂度也增加了。那么如何保持对外 API 的 TPS 不降低,RT 不降低?每次 release 不仅要完成功能用例的构建,亦要完成性能的测试。

4)**产品快速试错**:多年前,就有人想把软件从业者变成像制造工人一样,不断流水线工作。但是这几乎没什么可能,因为要解决的问题域太复杂。虽然业界有很多规范、标准、套装软件,但是仍然未解决问题之万一。我们来看一下是如何复杂的。

以我们的一个团队为例,7 个人 1 年做了 400 多个需求。大家都知道满足需求,实现业务价值是软件的天职,无论是为了更好适应未来发展的平台化能力也好、新特性也好,这些只能在业务发展的过程中做。在做这么多需求的过程中,除了技术以外,对于业务包括规则要有深度把握,包括上下游的一些问题。如有评估不到位,问题就大了。若分析到设计阶段出现缺失,到代码、测试、发布这些阶段则必然会出现缺失。早些年,某些系统已经复杂到只有 1~2 个人能搞懂部分了,幸好这些系统今天都完成了拆分和治理。

14.2 应用数据静态化架构高性能单页 Web 应用

在电商网站中,单页 Web 是非常常见的一种形式,比如首页、频道页、广告页等都属于单页应用。这种页面是由模板 + 数据组成,传统的构建方式一般通过静态化实现。而这种方式的灵活性并不是很好，比如页面模板部分变更了需要重新全部生成。因此最好能有一种实现方式是可以实时动态渲染，以支持模板的多变性。另外也要考虑好如下几个问题：

- ❑ 动态化模板渲染支持。
- ❑ 数据和模板的多版本化：生产版本、灰度版本和预发布版本。
- ❑ 版本回滚问题，即当前发布的生产版本出问题时如何快速的回滚到上一个版本。
- ❑ 异常问题，假设渲染模板时遇到了异常情况（比如获取 Redis 出问题了），如何处理。
- ❑ 灰度发布问题，比如切 20% 量给灰度版本。
- ❑ 预发布问题，目的是在正式环境测试数据和模板的正确性。

14.2.1 整体架构

静态化单页 Web 应用方案如图 14-1 所示。

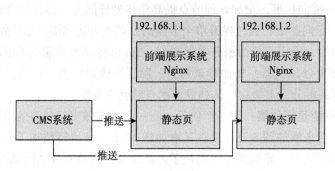

图 14-1 静态化单页 Web 应用方案

如图 14-1 所示，直接将生成的静态页推送到相关服务器即可。使用这种方式要考虑文件操作的原子化问题，即从老版本切换到新版本如何做到文件操作原子化。

而动态化方案的整体架构如图 14-2 所示，分为三大系统：CMS 系统、控制系统和前端展示系统。

下面就详细介绍这三大系统。

14.2.2 CMS 系统

在 CMS 系统中可以配置页面的模板和数据。模板动态在 CMS 系统中维护，即模板不是一个静态文件，而是存储在 CMS 中的一条数据，最终发布到"发布数据存储 Redis"中，前端展示系统从 Redis 中获取该模板进行渲染，从而前端展示系统更换了模板也不需要重启，纯动态维护模板数据。

原始数据存储到"元数据存储 MySQL"中即可，比如频道页一般需要前端访问的URL、分类、轮播图、商品楼层数据等，这些数据按照相应的维度存储在 CMS 系统中。

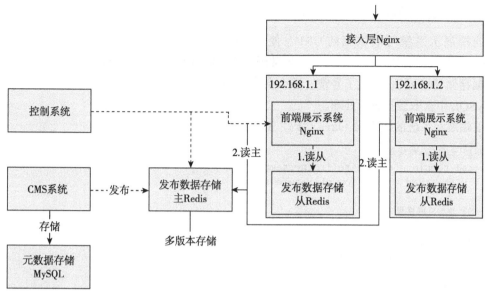

图 14-2　动态化方案

CMS 系统提供发布到 "发布数据存储 Redis" 的控制。将 CMS 系统中的原始数据和模板数据组装成聚合数据（JSON 存储）同步到 "发布数据存储 Redis"，以便前端展示系统获取进行展示。此处提供三个发布按钮：正式版本、灰度版本和预发布版本。

CMS 系统目前存在如下几个问题：

❏ 用户如访问 http://channel.jd.com/fashion.html 怎么定位到对应的聚合数据呢？我们可以在 CMS 元数据中定义 URL 作为 KEY，如果没有 URL，则使用 ID 作为 KEY，或者自动生成一个 URL。

❏ 多版本如何存储呢？ 使用 Redis 的 Hash 结构存储即可，KEY 为 URL（比如 http://channel.jd.com/fashion.html），字段按照维度存储：正式版本使用当前时间戳存储（这样前端系统可以根据时间戳排序然后获取最新的版本）、预发布版本使用 "predeploy" 作为字段，灰度版本使用 "abVersion" 作为字段即可，这样就区分开了多版本。

❏ 灰度版本如何控制呢？可以通过控制系统的开关来控制如何灰度。

❏ 如何访问预发布版本呢？比如在 URL 参数总带上 predeploy=true，另外可以限定只有内网可以访问或者访问时带上访问密码，比如 pwd=absdfedwqdqw。

❏ 模板变更的历史数据校验问题？比如模板变更了，但是使用历史数据渲染该模板会出现问题，即模板是要兼容历史数据的；此处的方案不存在这个问题，因为每次存储的是当时的模板快照，即数据快照和模板快照推送到 "发布数据存储 Redis" 中。

14.2.3　前端展示系统

前端展示系统可获取当前 URL，使用 URL 作为 KEY 首先从本机"发布数据存储 Redis"获取数据。如果没有数据或者异常则从主"发布数据存储 Redis"获取。如果主"发布数据存储 Redis"也发生了异常，那么会直接调用 CMS 系统暴露的 API 直接从元数据存储 MySQL 中获取数据进行处理。

前端展示系统的伪代码（Java 代码）如下：

```
--1、加载Lua模块库
local template = require("resty.template")
template.load = function(s) return s end

--2、动态获取模板
local myTemplate = "<html>{* title *}</html>"
--3、动态获取数据
local data = {title = "iphone6s"}

--4、渲染模板
local func = template.compile(myTemplate)
local content = func(data)

--5、通过ngx API输出内容
ngx.say(content)
```

由上述代码可知，模板和数据都是动态获取的，然后使用动态获取的模板和数据进行渲染。

此处假设最新版本的模板或数据有问题怎么办？这个可以从流程上避免：

1）首先进行预发布版本发布，测试人员验证没问题后进行下一步。

2）接着发布灰度版本，在灰度时自动去掉 CDN 功能（即不设置页面的缓存时间），发布验证。

3）最后发布正式版本，正式版本发布的前 5 分钟内是不设置页面缓存的，这样就可以防止发版时遇到问题，但是若问题版本已经在 CDN 上，问题会影响到全部用户，且无法快速回滚。不过这个流程比较麻烦，可以按照自己的场景进行简化。

14.2.4　控制系统

控制系统是用于版本降级和灰度发布的，当然也可以把这个功能放在 CMS 系统中实现。

❑ **版本降级**：假设当前线上的版本遇到问题了，想要快速切换回上一个版本，可以使用控制系统实现，选中其中一个历史版本然后通知给前端展示系统，使用 URL 和当前版本的字段即可，这样前端展示系统就可以自动切换到选中的那个版本；当问题修复后，再删除该降级配置即切换回最新版本。

❑ **灰度发布**：在控制系统控制哪些 URL 需要灰度发布和灰度发布的比例，与版本降级类似，将相关的数据推送到前端展示系统即可，当不想灰度发布时则删除相关数据。

1. 数据和模板动态化

我们将数据和模板都进行动态化存储，这样可以在 CMS 进行数据和模板的变更；实现了前端和后端开发人员的分离；前端开发人员进行 CMS 数据配置和模板开发，而后端开发人员只进行系统的维护。另外，因为模板的动态化存储，每次发布新的模板不需要重启前端展示系统，后端开发人员更好地得到了解放。

模板和数据可以是一对多的关系，即一个模板可以被多个数据使用。假设模板发生变更后，我们可以批量推送模板关联的数据，首先进行预发布版本的发布，由测试人员进行验证，验证没问题即可发布正式版本。

2. 多版本机制

我们将数据和模板分为多版本后，可以实现：

❑ **预发布版本**：更容易让测试人员在实际环境进行验证。
❑ **灰度版本**：只需要简单的开关控制，就可以进行 A/B 测试。
❑ **正式版本**：存储多个历史正式版本，假设最新的正式版本出现问题，可以非常快速地切换回之前的版本。

14.3　应用多级缓存模式支撑海量读服务

本节不涉及缓存数据结构优化、缓存空间利用率跟业务数据相关的细节问题，主要从架构和提升命中率等层面来探讨缓存方案；本节也不讨论写服务，而是聚焦在读服务。这里将基于多级缓存模式来介绍应用缓存时需要注意的问题和一些解决方案，其中一些方案已经在业务中实施。

14.3.1　多级缓存介绍

所谓多级缓存，即在整个系统架构的不同系统层级进行数据缓存，以提升访问效率，这也是应用最广的方案之一。我们应用的整体架构如图 14-3 所示。

整体流程分析如下：

1）首先接入 Nginx 将请求负载均衡到应用 Nginx，此处常用的负载均衡算法是轮询或者一致性哈希，轮询可以使服务器的请求更加均衡，而一致性哈希可以提升应用 Nginx 的缓存命中率，相对于轮询，一致性哈希会存在单机热点问题，一种解决办法是热点直接推送到接入层 Nginx，另一种办法是设置一个阀值，当超过阀值，改为轮询算法。

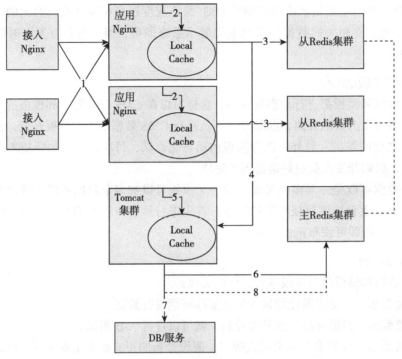

图 14-3　多级缓存方案

2）接着应用 Nginx 读取本地缓存，如果本地缓存命中则直接返回。应用 Nginx 本地缓存可以提升整体的吞吐量，降低后端的压力，尤其应对热点问题非常有效。本地缓存可以使用 Lua Shared Dict、Nginx Proxy Cache（磁盘 / 内存）、Local Redis 实现。

3）如果 Nginx 本地缓存没命中，则会读取相应的分布式缓存（如 Redis 缓存，另外可以考虑使用主从架构来提升性能和吞吐量），如果分布式缓存命中则直接返回相应数据（并回写到 Nginx 本地缓存）。

4）如果分布式缓存也没有命中，则会回源到 Tomcat 集群，在回源到 Tomcat 集群时也可以使用轮询和一致性哈希作为负载均衡算法。

5）在 Tomcat 应用中，首先读取本地堆缓存，如果有则直接返回（并会写到主 Redis 集群），为什么要加一层本地堆缓存将在 14.3.6 节详细介绍。

6）作为可选部分，如果步骤 4 没有命中可以再尝试一次读主 Redis 集群操作，目的是防止当从 Redis 集群有问题时的流量冲击。

7）如果所有缓存都没有命中，只能查询 DB 或相关服务获取相关数据并返回。

8）步骤 7 返回的数据异步写到主 Redis 集群，此处可能有多个 Tomcat 实例同时写主 Redis 集群，造成数据错乱，如何解决该问题将在 14.3.5 节详细介绍。

应用整体分了三部分缓存：应用 Nginx 本地缓存、分布式缓存、Tomcat 堆缓存，每一层缓存都用来解决相关的问题，如应用 Nginx 本地缓存用来解决热点缓存问题，分布式缓存用来减少访问回源率、Tomcat 堆缓存用于防止相关缓存失效 / 崩溃之后的冲击。

虽然都是加缓存，但是怎么加、怎么用，细想下来还是有很多问题需要权衡和考量的，接下来我们就详细来讨论一些缓存相关的问题。

14.3.2　如何缓存数据

下面将从缓存过期、维度化缓存、增量缓存、大 Value 缓存、热点缓存几个方面来详细介绍如何缓存数据。

1. 过期与不过期

对于缓存的数据我们可以考虑不过期缓存和带过期时间缓存，什么场景应该选择哪种模式则需要根据业务和数据量等因素来决定。

1）**不过期缓存**场景一般思路如图 14-4 所示。

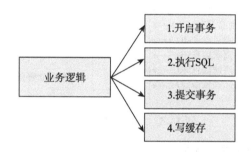

图 14-4　不过期缓存方案

使用 Cache-Aside 模式，首先写数据库，如果成功，则写缓存。这种场景下存在事务成功、缓存写失败但无法回滚事务的情况。另外，不要把写缓存放在事务中，尤其写分布式缓存，因为网络抖动可能导致写缓存响应时间很慢，引起数据库事务阻塞。如果对缓存数据一致性要求不是那么高，数据量也不是很大，则可以考虑定期全量同步缓存。

也有提到如下思路：先删缓存，然后执行数据库事务；不过这种操作对于如商品这种查询非常频繁的业务不适用，因为在你删缓存的同时，已经有另一个系统来读缓存了，此时事务还没有提交。当然对于如用户维度的业务是可以考虑的。

不过为了更好地解决以上多个事务的问题，可以考虑使用订阅数据库日志的架构，如使用 canal 订阅 MySQL 的 binlog 实现缓存同步。

对于长尾访问的数据，大多数数据访问频率都很高的场景，若缓存空间足够则可以考虑不过期缓存，比如用户、分类、商品、价格、订单等，当缓存满了可以考虑 LRU 机制驱逐老的缓存数据。

2）**过期缓存**机制，即采用懒加载，一般用于缓存其他系统的数据（无法订阅变更消息，或者成本很高）、缓存空间有限、低频热点缓存等场景。常见步骤是：首先读取缓存，如果不命中则查询数据，然后异步写入缓存并过期缓存，设置过期时间，下次读取将命中缓存。热点数据经常使用，即在应用系统上缓存比较短的时间。这种缓存可能存在一段时间的数据不一致情况，需要根据场景来决定如何设置过期时间。如库存数据可以在前端应用上缓存几秒钟，短时间的不一致是可以忍受的。

2. 维度化缓存与增量缓存

对于电商系统，一个商品可能拆成如基础属性、图片列表、上下架、规格参数、商品介绍等；如果商品变更了，要把这些数据都更新一遍，那么整个更新成本（接口调用量和带宽）很高。因此最好将数据进行维度化并增量更新（只更新变更的部分）。尤其如上下架这种只是一个状态变更，但是每天频繁调用的，维度化后能减少服务很大的压力。维度化缓存方案如图 14-5 所示。

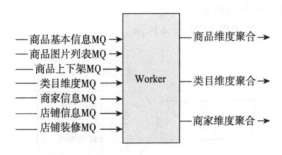

图 14-5　维度化缓存方案

按照不同维度接收 MQ 进行更新。

3. 大 Value 缓存

要警惕缓存中的大 Value，尤其是使用 Redis 时。遇到这种情况时可以考虑使用多线程实现的缓存（如 Memcached）来缓存大 Value；或者对 Value 进行压缩；或者将 Value 拆分为多个小 Value，客户端再进行查询、聚合。

4. 热点缓存

对于那些访问非常频繁的热点缓存，如果每次都去远程缓存系统中获取，可能会因为访问量太大导致远程缓存系统请求过多、负载过高或者带宽过高等问题，最终可能导致缓存响应慢，使客户端请求超时。一种解决方案是通过挂更多地从缓存，客户端通过负载均衡机制读取从缓存系统数据。不过也可以在客户端所在的应用 / 代理层本地存储一份，从而避免访问远程缓存，即使像库存这种数据，在有些应用系统中也可以进行几秒钟的本地缓存，从而降低远程系统的压力。

14.3.3　分布式缓存与应用负载均衡

此处说的分布式缓存一般采用分片实现，即将数据分散到多个实例或多台服务器。算法一般采用取模和一致性哈希。如之前说的做不过期缓存机制可以考虑取模机制，扩容时一般是新建一个集群；而对于可以丢失的缓存数据可以考虑一致性哈希，即使其中一个实例出问题只是丢一小部分，对于分片实现可以考虑客户端实现，或者使用如 Twemproxy 中间件进行代理（分片对客户端是透明的）。如果使用 Redis 可以考虑使用 redis-cluster 分布式集群方案。

　　应用负载均衡一般采用轮询和一致性哈希，一致性哈希可以根据应用请求的 URL 或者 URL 参数将相同的请求转到同一个节点；而轮询即将请求均匀地转发到每个服务器，如图 14-6 所示。

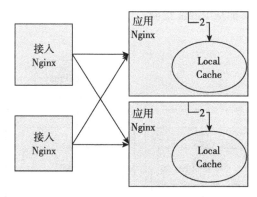

图 14-6　应用负载均衡方案

整体流程如下：

1）首先请求进入接入层 Nginx。

2）根据负载均衡算法将请求转发给应用 Nginx。

3）如果应用 Nginx 本地缓存命中，则直接返回数据，否则读取分布式缓存或者回源到 Tomcat。

　　轮询的优点：应用 Nginx 的请求更加均匀，使得每个服务器的负载基本均衡，不会因为热点问题导致其中某一台服务器负载过重。

　　轮询的缺点：随着应用 Nginx 服务器的增加，缓存的命中率会下降，比如原来 10 台服务器命中率为 90%，再加 10 台服务器将可能降低到 45%。

　　一致性哈希的优点：相同请求都会转发到同一台服务器，命中率不会因为增加服务器而降低。

　　一致性哈希的缺点：因为相同的请求会转发到同一台服务器，因此可能造成某台服务器负载过重，甚至因为请求太多导致服务出现问题。

　　那么到底选择哪种算法呢？答案就是根据实际情况动态选择：

1）负载较低时使用一致性哈希，比如普通商品访问。

2）热点请求时降级一致性哈希为轮询，比如京东首页的商品访问。

当然，某些场景是将热点数据推送到接入层 Nginx，直接响应给用户，比如秒杀商品的访问。

14.3.4 热点数据与更新缓存

热点数据会造成服务器压力过大，导致服务器性能、吞吐量、带宽达到极限，出现响应慢或者拒绝服务的情况，这肯定是不允许的。可以用如下几个方案去解决。

1. 单机全量缓存 + 主从

如图 14-7 所示，所有缓存都存储在应用本机，回源之后会把数据更新到主 Redis 集群，然后通过主从复制到其他从 Redis 集群。缓存的更新可以采用懒加载或者订阅消息进行同步。

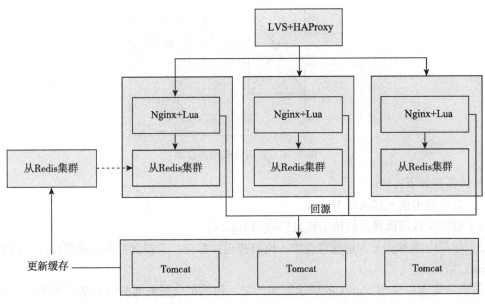

图 14-7 单机全量缓存 + 主从方案

2. 分布式缓存 + 应用本地热点

对于分布式缓存，我们需要在 Nginx+Lua 应用中进行应用缓存来减少 Redis 集群的访问冲击，即首先查询应用本地缓存，如果命中则直接缓存，如果没有命中则接着查询 Redis 集群、回源到 Tomcat，然后将数据缓存到应用本地，如图 14-8 所示。

此处到应用 Nginx 的负载机制采用：正常情况采用一致性哈希，如果某个请求类型访问量突破了一定的阈值，则自动降级为轮询机制。另外对于一些秒杀活动之类的热点我们是可以提前知道的，可以把相关数据预先推送到接入层 Nginx 并将负载均衡机制降级为轮询。

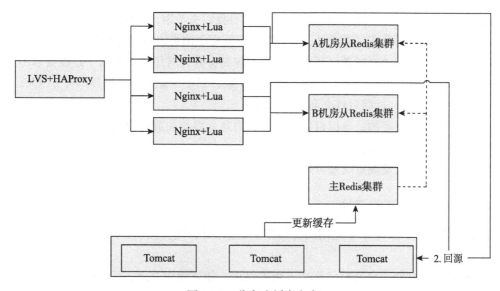

图 14-8　分布式缓存方案

另外可以考虑建立实时热点发现系统来发现热点，如图 14-9 所示。

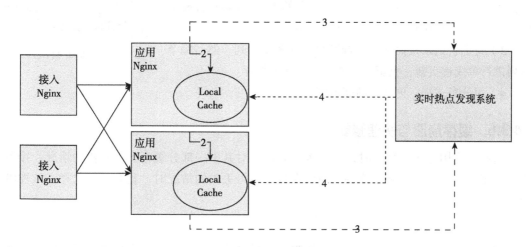

图 14-9　实时热点发现方案

1）接入 Nginx 将请求转发给应用 Nginx。

2）应用 Nginx 首先读取本地缓存，如果命中直接返回，不命中会读取分布式缓存、回源到 Tomcat 进行处理。

3）应用 Nginx 会将请求上报给实时热点发现系统（如使用 UDP 直接上报请求，或者将请求写到本地 kafka，或者使用 flume 订阅本地 Nginx 日志），上报给实时热点发现系统后，它将进行热点统计（可以考虑 storm 实时计算）。

4）根据设置的阈值将热点数据推送到应用 Nginx 本地缓存。

因为做了本地缓存，因此对于数据一致性需要我们去考虑，即何时失效或更新缓存：

1）如果可以订阅数据变更消息，那么可以订阅变更消息进行缓存更新。

2）如果无法订阅消息或者订阅消息成本比较高，并且对短暂的数据一致性要求不严格（比如在商品详情页看到的库存，可以短暂的不一致，只要保证下单时一致即可），那么可以设置合理的过期时间，过期后再查询新的数据。

3）如果是秒杀之类的，可以订阅活动开启消息，将相关数据提前推送到前端应用，并将负载均衡机制降级为轮询。

4）建立实时热点发现系统来对热点进行统一推送和更新。

14.3.5　更新缓存与原子性

正如之前说的，如果多个应用同时操作一份数据很可能造成缓存数据是脏数据，解决办法有：

1）更新数据时使用更新时间戳或者版本对比，如果使用 Redis 可以利用其单线程机制进行原子化更新。

2）使用如 canal 订阅数据库 binlog，如图 14-10 所示。此处把 MySQL 看成发布者，binlog 是发布的内容，canal 看成消费者，canal 订阅 binlog 然后更新到 Redis。

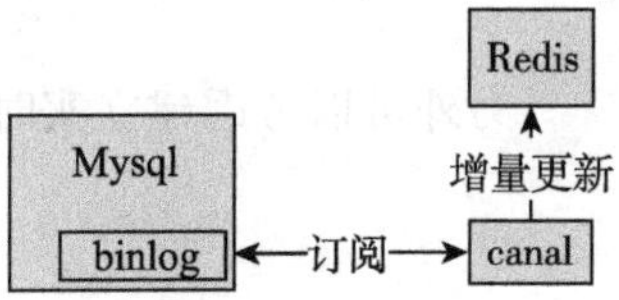

3）将更新请求按照相应的规则分散到多个队列，然后每个队列进行单线程更新，更新时拉取最新的数据保存。

图 14-10　canal 订阅方案

4）用分布式锁，更新之前获取相关的锁。

14.3.6　缓存崩溃与快速修复

当我们使用分布式缓存时，应该考虑如何应对其中一部分缓存实例宕机的情况。接下来将介绍分布式缓存的常用算法。当缓存数据是可丢失的情况时，我们可以选择一致性哈希算法。

1. 取模

对于取模机制如果其中一个实例故障，如果摘除此实例将导致大量缓存不命中，瞬间大流量可能导致后端 DB/ 服务出现问题。对于这种情况可以采用主从机制来避免实例故障的问题，即其中一个实例故障可以用从 / 主顶上来。但是取模机制下如果增加一个节点将导致大量缓存不命中，所以一般是建立另一个集群，然后把数据迁移到新集群，然后把流量迁移过去。

2. 一致性哈希

对于一致性哈希机制如果其中一个实例故障，摘除此实例将只影响一致性哈希环上的部分缓存不命中，不会导致瞬间大量回源到后端 DB/ 服务，但是也会产生一些影响。

另外也可能因为一些误操作导致整个缓存集群出现问题，如何快速恢复呢？

3. 快速恢复

如果出现之前说到的一些问题，可以考虑如下方案：

1）主从机制，做好冗余，即其中一部分不可用，将对等的部分补上去。

2）如果因为缓存导致应用可用性已经下降可以考虑：部分用户降级，然后慢慢减少降级量；后台通过 Worker 预热缓存数据。

也就是如果整个缓存集群故障，而且没有备份，那么只能去慢慢将缓存重建。为了让部分用户还是可用的，可以根据系统承受能力，通过降级方案让一部分用户先用起来，将这些用户相关的缓存重建。另外通过后台 Worker 进行缓存数据的预热。

14.4　构建需求响应式亿级商品详情页

商品详情页是展示商品详细信息的一个页面，承载着网站的大部分流量和订单的入口，如图 14-11 所示。京东商城目前有通用版、全球购、闪购、易车、惠买车、服装、拼购、今日抄底等许多套模板。各套模板的元数据是一样的，只是展示方式不一样。目前商品详情

图 14-11　商品详情页

页个性化需求非常多，数据来源也是非常多的，而且许多基础服务做不了的都放我们这，因此我们需要一种架构能快速响应和优雅地解决这些需求问题。因此我们重新设计了商品详情页的架构，主要包括三部分：商品详情页系统、商品详情页统一服务系统和商品详情页动态服务系统；商品详情页系统负责静态部分，而统一服务负责动态部分，而动态服务负责给内网其他系统提供一些数据服务。

14.4.1 商品详情页前端结构

前端展示可以分为这么几个维度：商品维度 (标题、图片、属性等)、主商品维度 (商品介绍、规格参数)、分类维度、商家维度、店铺维度等，另外还有一些实时性要求比较高的如实时价格、实时促销、广告词、配送至、预售等是通过异步加载，如图 14-12 和图 14-13 所示。

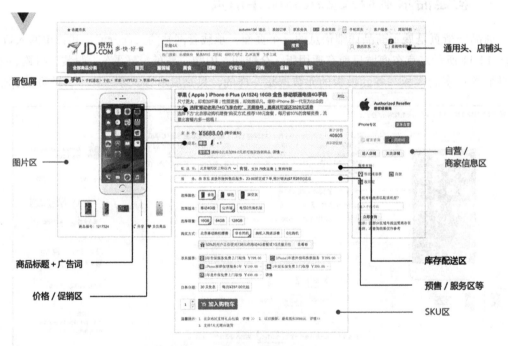

图 14-12　商品详情页结构前端布局 1

京东商城还有一些特殊维度数据，比如套装、手机合约机等，这些数据是主商品数据外挂的。

14.4.2 单品页技术架构发展

如图 14-14 所示，单品页技术架构发展经历了如下 4 个时期。下面会依次介绍这 4 个时期的技术方案。

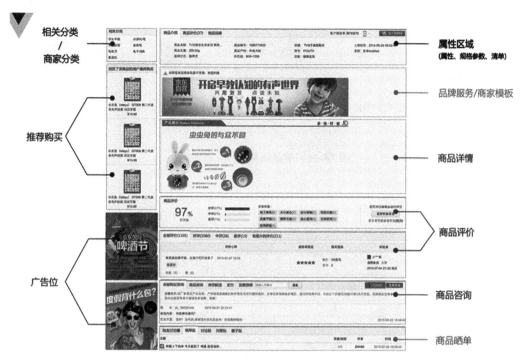

图 14-13　商品详情页结构前端布局 2

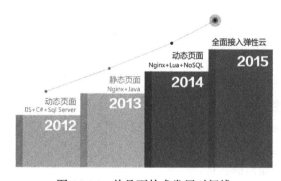

图 14-14　单品页技术发展时间线

1. 架构 1.0

IIS+C#+SQL Server，最原始的架构，直接调用商品库获取相应的数据，扛不住时加了一层 Memcached 来缓存数据，如图 14-15 所示。这种方式经常受到依赖的服务不稳定而导致的性能抖动。

2. 架构 2.0

如图 14-16 所示，该方案使用了静态化技术，按照商品维度生成静态化 HTML。
主要思路：

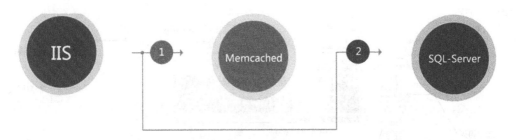

图 14-15　单品页架构 1.0 示意图

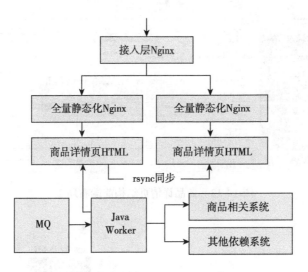

图 14-16　单品页架构 2.0 示意图

1）通过 MQ 得到变更通知。

2）通过 Java Worker 调用多个依赖系统生成详情页 HTML。

3）通过 rsync 同步到其他机器。

4）通过 Nginx 直接输出静态页。

5）接入层负责负载均衡。

该方案的主要缺点：

1）假设只有分类、面包屑变更了，那么所有相关的商品都要重刷。

2）随着商品数量的增加，rsync 会成为瓶颈。

3）无法迅速响应一些页面需求变更，大部分都是通过 JavaScript 动态改页面元素。

随着商品数量的增加，这种架构的存储容量到达了瓶颈，而且按照商品维度生成整个页面会存在如分类维度变更就要全部刷一遍这个分类下所有信息的问题，因此我们又改造了一版按照尾号路由到多台机器，如图 14-17 所示。

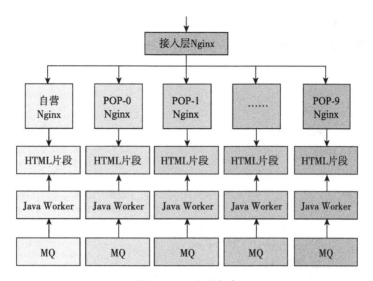

图 14-17　改进方案

主要思路:

1)容量问题通过按照商品尾号做路由分散到多台机器,按照自营商品单独一台,第三方商品按照尾号分散到 11 台。

2)按维度生成 HTML 片段(框架、商品介绍、规格参数、面包屑、相关分类、店铺信息),而不是一个大 HTML。

3)通过 Nginx SSI 合并片段输出。

4)接入层负责负载均衡。

5)多机房部署也无法通过 rsync 同步,而是使用部署多套相同的架构来实现。

该方案主要缺点:

1)碎片文件太多,导致如无法 rsync。

2)机械盘做 SSI 合并时,高并发时性能差,此时我们还没有尝试使用 SSD。

3)模板如果要变更,数亿商品需要数天才能刷完。

4)到达容量瓶颈时,我们会删除一部分静态化商品,然后通过动态渲染输出,动态渲染系统在高峰时会导致依赖系统压力大,抗不住。

5)还是无法迅速响应一些业务需求。

我们的痛点:

1)之前架构的问题存在容量问题,很快就会出现无法全量静态化问题,所以还是需要动态渲染;不过对于全量静态化可以通过分布式文件系统解决该问题,这种方案没有尝试。

2)最主要的问题是随着业务的发展,无法满足迅速变化的需求。

3. 架构 3.0

我们要解决的问题:

❑ 能迅速响应瞬变的需求和其他需求。

❑ 支持各种垂直化页面改版。

❑ 页面模块化。

❑ AB 测试。

❑ 高性能、水平扩容。

❑ 多机房多活、异地多活。

方案如图 14-18 所示。

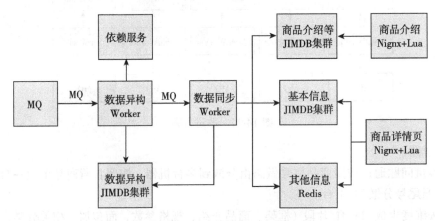

图 14-18 单品页架构 3.0 示意图

主要思路是：

1）数据变更还是通过 MQ 通知。

2）数据异构 Worker 得到通知，然后按照一些维度进行数据存储，存储到数据异构 JIMDB 集群（JIMDB：Redis+ 持久化引擎），存储的数据都是未加工的原子化数据，如商品基本信息、商品扩展属性、商品其他一些相关信息、商品规格参数、分类、商家信息等。

3）数据异构 Worker 存储成功后，会发送一个 MQ 给数据同步 Worker，数据同步 Worker 也可以叫作数据聚合 Worker，按照相应的维度聚合数据存储到相应的 JIMDB 集群；三个维度：基本信息（基本信息 + 扩展属性等的一个聚合）、商品介绍（PC 版、移动版）、其他信息（分类、商家等维度，数据量小，直接 Redis 存储）。

4）前端展示分为两个：商品详情页和商品介绍，使用 Nginx+Lua 技术获取数据并渲染模板输出。

另外我们目前架构的目标不仅仅是为商品详情页提供数据，只要是 Key-Value 结构获取而非关系结构的我们都可以提供服务，我们叫作动态服务系统，如图 14-19 所示。

该动态服务分为前端和后端，即公网还是内网，如目前该动态服务为列表页、商品对比、微信单品页、总代等提供相应的数据来满足和支持其业务。

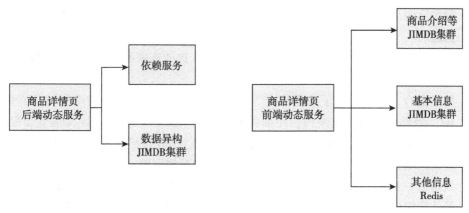

图 14-19　动态服务系统示意图

14.4.3　详情页架构设计原则

总体来说，详情页架构设计要遵从如下原则：数据闭环、数据维度化、拆分系统、Worker 无状态化＋任务化、异步化＋并发化、多级缓存化、动态化、弹性化、降级开关、多机房多活、多种压测方案。下面就详细介绍这几大原则。

1. 数据闭环

数据闭环即数据的自我管理，或者说是数据都在自己系统里维护，不依赖于任何其他系统，去依赖化。这样得到的好处就是别人抖动跟我没关系，如图 14-20 所示。

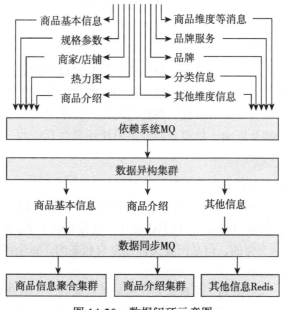

图 14-20　数据闭环示意图

- 数据异构是数据闭环的第一步，将各个依赖系统的数据拿过来，按照自己的要求存储起来。
- 数据原子化，数据异构的数据是原子化数据，这样未来我们可以对这些数据再加工再处理而响应变化的需求。
- 数据聚合，将多个原子数据聚合为一个大 JSON 数据，这样前端展示只需要一次 get，当然要考虑系统架构，比如我们使用的 Redis 改造，Redis 又是单线程系统，我们需要部署更多的 Redis 来支持更高的并发，另外存储的值要尽可能的小。
- 数据存储，我们使用 JIMDB，Redis 加持久化存储引擎，可以存储超过内存 N 倍的数据量，我们目前一些系统是 Redis+LMDB 引擎的存储，是配合 SSD 进行存储；另外我们使用 Hash Tag 机制把相关的数据哈希到同一个分片，这样 mget 时不需要跨分片合并。

我们目前的异构数据是键值结构的，用于按照商品维度查询，还有一套异构是关系结构的，用于关系查询使用。

2. 数据维度化

对于数据应该按照维度和作用进行维度化，这样可以分离存储，进行更有效的存储和使用。我们数据的维度比较简单：

- **商品基本信息**：标题、扩展属性、特殊属性、图片、颜色尺码、规格参数等。
- **商品介绍信息**：商品维度商家模板、商品介绍等。
- **非商品维度其他信息**：分类信息、商家信息、店铺信息、店铺头、品牌信息等。
- **商品维度其他信息（异步加载）**：价格、促销、配送至、广告词、推荐配件、最佳组合等。

3. 拆分系统

将系统拆分为多个子系统虽然增加了复杂性，但是可以得到更多的好处，比如数据异构系统存储的数据是原子化数据，这样可以按照一些维度对外提供服务；而数据同步系统存储的是聚合数据，可以为前端展示提供高性能的读取。前端展示系统分离为商品详情页和商品介绍，可以减少相互影响；目前商品介绍系统还提供其他的一些服务，比如全站异步页脚服务，如图 14-21 所示。

4. Worker 无状态化 + 任务化

Worker 无状态化 + 任务化，可以帮助系统做水平扩展，如图 14-22 所示。

1）数据异构和数据同步 Worker 无状态化设计，这样可以水平扩展。

2）应用虽然是无状态化的，但是配置文件还是有状态的，每个机房一套配置，这样每个机房只读取当前机房数据。

3）任务多队列化，等待队列、排重队列、本地执行队列、失败队列。

4）队列优先级化，分为：普通队列、刷数据队列、高优先级队列，例如一些秒杀商品会走高优先级队列保证快速执行。

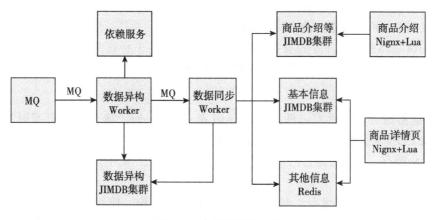

图 14-21　系统拆分方案

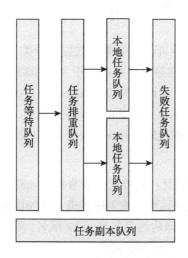

图 14-22　Worker 无状态化 + 任务化方案

5）副本队列，当上线后业务出现问题时，修正逻辑可以回放，从而修复数据；可以按照比如固定大小队列或者小时队列设计。

6）在设计消息时，按照维度更新，比如商品信息变更和商品上下架分离，减少每次变更接口的调用量，通过聚合 Worker 去做聚合。

5. 异步化 + 并发化

我们系统大量使用异步化，通过异步化机制提升并发能力。首先我们使用了消息异步化进行系统解耦合，通过消息通知变更，然后再调用相应接口获取相关数据；之前老系统使用同步推送机制，这种方式系统是紧耦合的，出问题需要联系各个负责人重新推送还要考虑失败重试机制。数据更新异步化，更新缓存时同步调用服务，然后异步更新缓存。可并行任务并发化，商品数据系统来源有多处，但是可以并发调用聚合，经过这种方式我们可以把原先串行需要 1s 的时间提升到 300ms 之内。异步请求合并，异步请求做合并，一次请求调用就能拿到所有数据。前端服务异步化 / 聚合，实时价格、实时库存异步化，使用如线程或协程机制将多个可并发的服务聚合。异步化还有一个好处就是可以对异步请求做合并，原来 N 次调用可以合并为一次，还可以做请求的排重。

6. 多级缓存化

1）浏览器缓存，当页面之间来回跳转时走 local cache，或者打开页面时拿着 Last-Modified 去 CDN 验证是否过期，减少来回传输的数据量。

2）CDN 缓存，用户去离自己最近的 CDN 节点拿数据，而不是全部回源到北京机房获取数据，提升访问性能。

3）服务端应用本地缓存，我们使用 Nginx+Lua 架构，使用 HttpLuaModule 模块的 shared dict 做本地缓存（reload 不丢失）或内存级 Proxy Cache，从而减少带宽。

另外我们还可以使用一致性哈希（如商品编号 / 分类）做负载均衡内部对 URL 重写提升命中率。

我们对 mget 做了优化，如取商品其他维度数据，分类、面包屑、商家等差不多 8 个维度数据，如果每次 mget 获取性能差而且数据量很大，30KB 以上；而这些数据缓存半小时也是没有问题的，那么我们可以设计为先读 local cache，然后把不命中的再回源到 remote cache 获取，这个优化减少了一半以上的 remote cache 流量。

4）服务端分布式缓存，我们使用内存 +SSD+JIMDB 持久化存储。

7. 动态化

数据获取动态化，商品详情页：按维度获取数据，如商品基本数据、其他数据（分类、商家信息等）；而且可以根据数据属性，按需做逻辑，比如虚拟商品需要自己定制的详情页，那么我们就可以跳转走，比如全球购的需要走 jd.hk 域名，那么也是没有问题的；

模板渲染实时化，支持随时变更模板需求；

重启应用秒级化，使用 Nginx+Lua 架构，重启速度快，重启不丢共享字典缓存数据；

需求上线速度化，因为我们使用了 Nginx+Lua 架构，可以快速上线和重启应用，不会产生抖动；另外 Lua 本身是一种脚本语言，我们也在尝试把代码如何版本化存储，直接内部驱动 Lua 代码更新上线而不需要重启 Nginx。

8. 弹性化

我们所有应用业务都接入了 Docker 容器，存储还是物理机。我们会制作一些基础镜像，把需要的软件打成镜像，这样不用每次去运维那安装部署软件了。未来可以支持自动扩容，比如按照 CPU 或带宽自动扩容机器，目前京东一些业务支持一分钟自动扩容。

9. 降级开关

推送服务器推送降级开关，开关集中化维护，然后通过推送机制推送到各个服务器。

可降级的多级读服务为：前端数据集群→数据异构集群→动态服务（调用依赖系统），这样可以保证服务质量，假设前端数据集群坏了一个磁盘，还可以回源到数据异构集群获取数据。开关前置化，如 Nginx → Tomcat，在 Nginx 上做开关，请求就到不了后端，减少后端压力。

将可降级的业务线程池隔离，从 Servlet3 开始支持异步模型，Tomcat7/Jetty8 开始支持，相同的概念是 Jetty6 的 Continuations。我们可以把处理过程分解为一个个的事件。通过这种将请求划分为事件的方式我们可以进行更多的控制。如，我们可以为不同的业务再建立不同的线程池进行控制：即我们只依赖 Tomcat 线程池进行请求的解析，对于请求的处理可以交给我们自己的线程池去完成，如图 14-23 所示。这样 Tomcat 线程池就不是我们的瓶颈，造成现在无法优化的状况。通过使用这种异步化事件模型，我们可以提高整体的吞吐量，不让慢速的 A 业务处理影响到其他业务处理。慢的还是慢，但是不影响其他的业务。我们通过这种机制还可以把 Tomcat 线程池的监控拿出来，出问题时可以直接清空业务线程池，另外还可以自定义任务队列来支持一些特殊的业务。

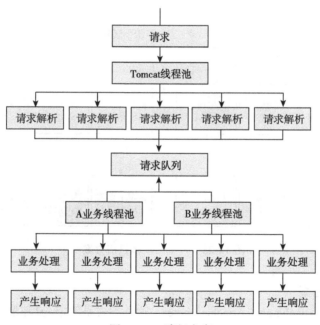

图 14-23　降级方案

10. 多机房多活

应用无状态，通过在配置文件中配置各自机房的数据集群来完成数据读取，如图 14-24 所示。

数据集群采用一主三从结构，防止当一个机房挂了，另一个机房压力大产生抖动，如图 14-25 所示。

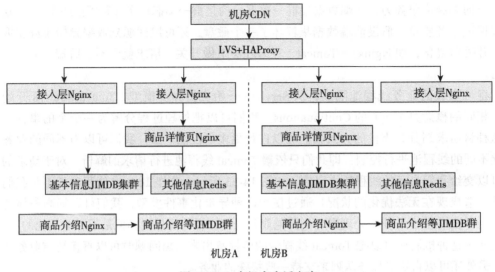

图 14-24 多机房多活方案

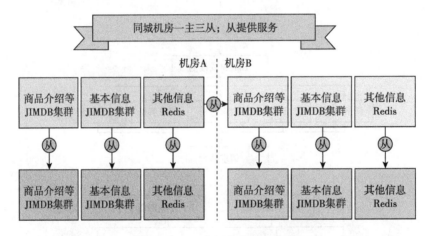

图 14-25 一主三从多机房方案

11. 多种压测方案

线下压测使用 Apache ab、Apache Jmeter，这种方式是固定 url 压测，一般通过访问日志收集一些 url 进行压测，可以简单压测单机峰值吞吐量，但是不能作为最终的压测结果，因为这种压测会存在热点问题。

线上压测，可以使用 Tcpcopy 直接把线上流量导入到压测服务器，这种方式可以压测出机器的性能，而且可以把流量放大，也可以使用 Nginx+Lua 协程机制把流量分发到多台压测服务器，或者直接在页面埋点，让用户压测，此种压测方式可以不给用户返回内容。

14.4.4　遇到的一些问题

1. SSD 性能差

使用 SSD 做 KV 存储时发现磁盘 IO 非常低。配置成 RAID10 的性能只有 3～6MB/s；配置成 RAID0 的性能有约 130MB/s，系统中没有发现 CPU、MEM、中断等瓶颈。一台服务器从 RAID1 改成 RAID0 后，性能只有约 60MB/s。这说明我们用的 SSD 盘性能不稳定。

根据以上现象，初步怀疑以下几点：SSD 盘，线上系统用的三星 840Pro 是消费级硬盘。RAID 卡设置，Write back 和 Write through 策略。后来测试验证，有影响，但不是关键。RAID 卡类型，线上系统用的是 LSI 2008，比较陈旧。压测数据如图 14-26 所示。

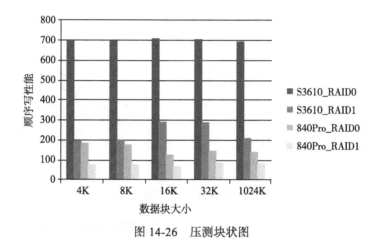

图 14-26　压测块状图

本实验使用 dd 顺序写操作简单测试，严格测试需要用 FIO 等工具。

2. 键值存储选型压测

对于存储选型，我们尝试过 LevelDB、RocksDB、BeansDB、LMDB、Riak 等，最终根据需求选择了 LMDB。

- ❑ 机器：2 台。
- ❑ 配置：32 核 CPU、32GB 内存、SSD（512GB 三星 840Pro→600GB Intel 3500/Intel S3610）。
- ❑ 数据：1.7 亿数据（800GB 以上的数据）、大小 5~30KB 左右。
- ❑ KV 存储引擎：LevelDB、RocksDB、LMDB，每台启动 2 个实例。
- ❑ 压测工具：tcpcopy 直接线上导流。
- ❑ 压测用例：随机写 + 随机读。

LevelDB 压测时，随机读 + 随机写会产生抖动（我们的数据出自自己的监控平台，分钟级采样），如图 14-27 所示。

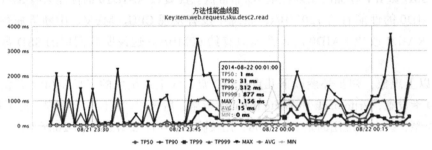

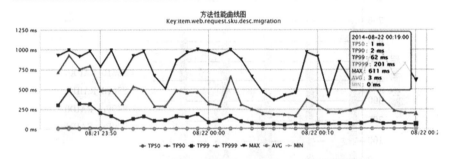

图 14-27　LevelDB 压测数据

RocksDB 是改造自 LevelDB，对 SSD 做了优化，我们压测时单独写或读，性能非常好，但是读写混合时就会因为归并产生抖动，如图 14-28 所示。

LMDB 引擎没有大的抖动，基本满足我们的需求，如图 14-29 所示。

我们目前一些线上服务器使用的是 LMDB，其他一些正在尝试公司自主研发的 CycleDB 引擎。

3. 数据量大时 JIMDB 同步不动

Jimdb 数据同步时要 dump 数据，SSD 盘容量用了 50% 以上，dump 到同一块磁盘容量不足。解决方案是：

1）一台物理机挂 2 块 SSD(512GB)，单挂 raid0；启动 8 个 jimdb 实例；这样每实例差不多 125GB 左右；目前是挂 4 块 raid0；新机房计划 8 块 raid10。

2）目前是千兆网卡同步，同步峰值在 100MB/s 左右。

3）dump 和 sync 数据时是顺序读写，因此挂一块 SAS 盘专门来同步数据。

4）使用文件锁保证一台物理机多个实例同时只有一个在 dump。

5）后续计划改造为直接内存转发而不做 dump。

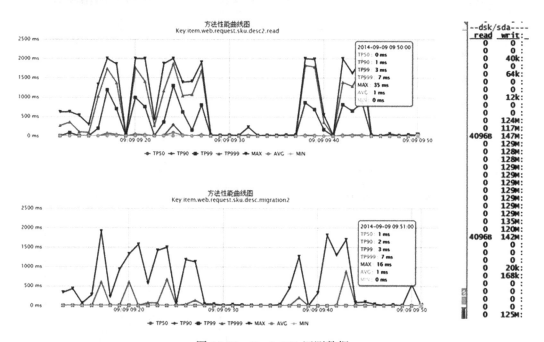

图 14-28　RocksDB 压测数据

4. 切换主从

之前存储架构是一主二从（主机房一主一从，备机房一从）切换到备机房时，只有一个主服务，读写压力大时有抖动，因此我们改造为之前架构图中的一主三从。

5. 分片配置

之前的架构是分片逻辑分散到多个子系统的配置文件中，切换时需要操作很多系统，解决方案：

1）引入 Twemproxy 中间件，我们使用本地部署的 Twemproxy 来维护分片逻辑。

2）使用自动部署系统推送配置和重启应用，重启之前暂停 MQ 消费保证数据一致性。

3）用 unix domain socket 减少连接数和端口占用不释放启动不了服务的问题。

6. 模板元数据存储 HTML

起初不确定 Lua 做逻辑和渲染模板性能如何，就尽量减少 for、if/else 之类的逻辑；通过 Java Worker 组装 HTML 片段存储到 jimdb，HTML 片段会存储诸多问题，假设未来变了也是需要全量刷出的，因此存储的内容最好就是元数据。因此通过线上不断压测，最终

jimdb 只存储元数据，Lua 做逻辑和渲染，逻辑代码在 3000 行以上，模板代码 1500 行以上，其中包含大量 for、if/else 语句，目前渲染性能可以接受。

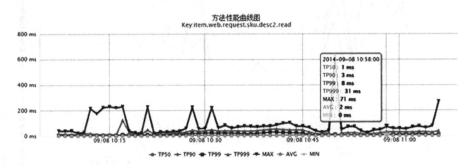

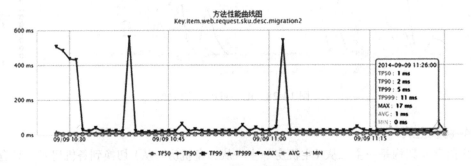

图 14-29　LMDB 压测数据

线上真实流量，整体 TP99 性能从 53ms 降到 32ms，如图 14-30 所示。

绑定 8 CPU 测试的结果如图 14-31 所示，渲染模板的性能可以接受。

7. 库存接口访问量 600 万 / 分钟

商品详情页库存接口 2014 年被恶意刷，每分钟超过 600 万访问量，Tomcat 机器只能定时重启；因为是详情页展示的数据，缓存几秒钟是可以接受的，因此开启 Nginx Proxy Cache 来解决该问题，开启后降到正常水平。我们目前正在使用 Nginx+Lua 架构改造服务，数据过滤、URL 重写等在 Nginx 层完成，通过 URL 重写 + 一致性哈希负载均衡，不怕随机 URL，一些服务提升了 10% 以上的缓存命中率。

8. 微信接口调用量暴增

通过访问日志发现某 IP 频繁抓取，而且按照商品编号遍历，但是会有一些不存在的编号，解决方案是：

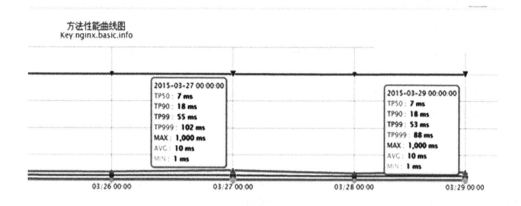

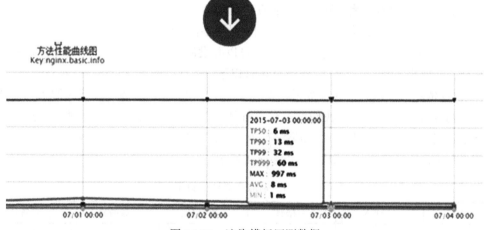

图 14-30　渲染模板压测数据

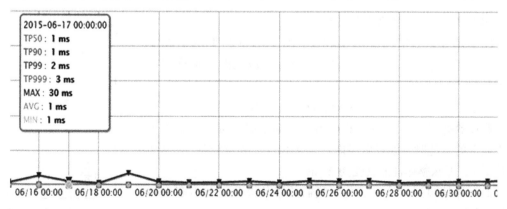

图 14-31　渲染模板性能

1）读取 KV 存储的部分不限流；

2）回源到服务接口的进行请求限流，保证服务质量。

9. 开启 Nginx Proxy Cache 性能不升反降

开启 Nginx Proxy Cache 后，性能下降，而且过一段时间内存使用率到达 98%，解决方案是：

1）对于内存占用率高的问题是内核问题，内核使用 LRU 机制，本身不是问题，不过可以修改内核参数：

```
sysctl -w vm.extra_free_kbytes=6436787
sysctl -w vm.vfs_cache_pressure=10000
```

2）使用 Proxy Cache 在机械盘上性能差可以通过 tmpfs 缓存或 nginx 共享字典缓存元数据，或者使用 SSD，我们目前使用内存文件系统。

10. "配送至" 读服务因依赖太多，响应时间偏慢

"配送至" 服务每天有数十亿调用量，响应时间偏慢。解决方案是：

1）串行获取变并发获取，这样一些服务可以并发调用，在我们某个系统中能提升一倍多的性能，从原来 TP99 差不多 1s 降到 500ms 以下；

2）预取依赖数据回传，这种机制还有一个好处，比如我们依赖三个下游服务，而这三个服务都需要商品数据，那么我们可以在当前服务中取数据，然后回传给他们，这样可以减少下游系统的商品服务调用量，如果没有传，那么下游服务再自己查一下。

假设一个读服务需要如下数据，如表 14-1 所示。

表 14-1　读服务需要的数据

目标数据	数据 A	数据 B	数据 C	数据 D	数据 E
获取时间	10ms	15ms	10ms	20ms	5ms

如果串行获取，那么需要 60ms。

而如果数据 C 依赖数据 A 和数据 B 、数据 D 谁也不依赖、数据 E 依赖数据 C，那么我们可以这样来获取数据，如图 14-32 所示。

如果并发获取，则需要 30ms，能提升一倍的性能。

假设数据 C 还依赖数据 F（5ms），而数据 F 是在数据 C 服务中获取的，此时，就可以考虑在取 A/B/D 服务数据时，并发预取数据 F，那么整体性能就变为 25ms。

商品详情页通过这种优化，我们的服务提升了差不多 10ms 性能，如图 14-33 所示。

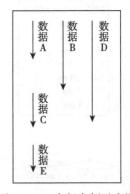

图 14-32　串行实例示意图

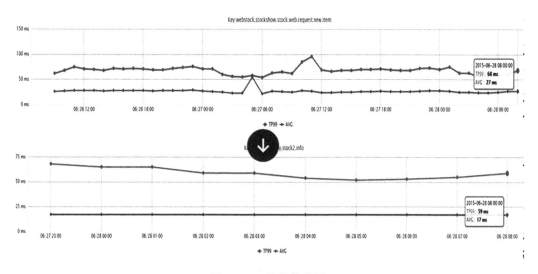

图 14-33　性能优化图

如图 14-34 所示的服务，它在抖动时的性能：老服务 TP99 是 211ms，优化后的新服务是 118ms，此处我们主要就是并发调用 + 超时时间限制，超时直接降级。

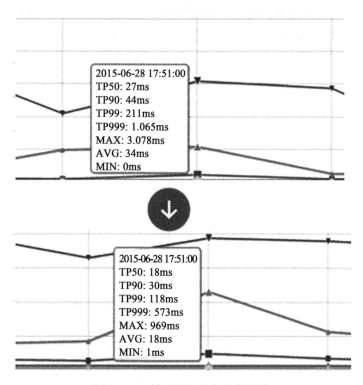

图 14-34　抖动引起的服务性能图

11. 网络抖动时，返回 502 错误

Twemproxy 配置的 timeout 时间太长，之前设置为 5s，而且没有分别针对连接、读、写设置超时。后来我们减少超时时间，内网设置在 150ms 以内，当超时时访问动态服务。

12. 机器流量太大

2014 年双 11 期间，服务器网卡流量到了 400Mbps，CPU 30% 左右。原因是我们所有压缩都在接入层完成，因此接入层不再传入相关请求头到应用，随着流量的增大，接入层压力过大。因此我们把压缩下放到各个业务应用，添加了相应的请求头，Nginx GZIP 压缩级别在 2~4 吞吐量最高，应用服务器流量降了差不多 5 倍，目前正常情况 CPU 在 4% 以下，如图 14-35 所示。

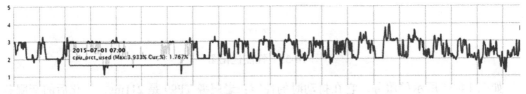

图 14-35　CPU 使用情况

综上所述，在电商应用中，随着业务规模的发展，应用的和缓存相关的技术有数据静态化架构、多级缓存模式、队列异步化、并行化等。可以把电商应用架构定义为高流量、高并发、高可用类应用。

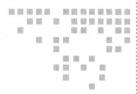

第 15 章　*Chapter 15*

同程凤凰缓存系统基于 Redis 的设计与实践

本章和大家分享一下同程凤凰缓存系统在基于 Redis 方面的设计与实践。在本章中除了会列举我们工作过程中遇到各种问题和误区外，还会给出我们相应的解决办法，希望能够抛砖引玉为大家带来一定的启示。

15.1　同程凤凰缓存系统要解决什么问题

2012 年～2014 年，我们的业务开始使用一种新的互联网销售模式——秒杀抢购，一时间，各个产品线开始纷纷加入，今天秒杀门票，明天秒杀酒店。各种活动轮番登场，用户在不亦乐乎地玩着秒杀活动的同时，也对后端技术的支撑提出了一波又一波的挑战。

在第一个秒杀抢购系统上线后不久，流量越来越大，发现不对了：只要秒杀抢购一开始，卡顿、打不开的故障就会此起彼伏。一旦出现故障，所有人都急得直跳脚，因为秒杀抢购流量一下而过，没有机会补救。其实问题也很简单，一个有点经验的兄弟就很快就将问题定位出来：抢购那一下太耗费服务器资源，在同一时间段内涌入的人数大大超过了服务器的负载，服务器根本承受不了，CPU 占用率很多时候都接近了 100%，请求的积压也很严重，从请求接入到数据的读取都有问题，尤以数据的读取最为严重。在原来的设计方式中虽然也考虑了大并发量下的数据读取，但是因为数据相对分散，读取时间相对拉长，不像秒杀抢购是对同一批或同一条数据进行超高并发的读取。当然秒杀抢购不仅仅是数据读取的集中并发，同时也是数据写入的集中并发。

问题是发现了，表面上看起来解决没那么简单。应用层的问题解决起来相对容易，实在不行多加点机器也能解决；但数据的问题就不是那么简单了，靠增加机器来解决是不行的。大部分关系型数据库没有真正的分布式解决方案，最多做一个主从分离或多加从库分担读取的压力。但因为秒杀抢购是数据集中式超高并发的读，所以一般的关系型数据库因为它本身局限性很难支撑这样瞬间突发的高并发，就算勉强顶上，也会因为秒杀抢购还有写的高并发，影响到读节点的数据同步问题。当然也可以拼命提升一下服务器的硬件性能，比如换最好的 CPU、把硬盘换成 SSD 等等，但效果应该不会太显著，没有解决本质的问题，还比较费钱。

其实寻找新的解决方案也很简单，因为在当时那个年代的开源社区中有很多的 NoSQL 明星产品（如 Redis 等等）方案，这些方案也都提供了丰富的数据类型，拥有原子性操作和强大的并发性能特性，感觉简直就是为抢购量身定做的。于是我们也基于此做了一些方案，例如：数据在抢购活动开始前被先放到 NoSQL 数据库里，产生的订单数据先被放到队列中，然后通过队列慢慢消化……这一系列的操作解决了抢购的问题，这里主要不是讲抢购技术方案，我们不再细化下去。

其实这样的解决方案在技术蛮荒时代还是相对靠谱的，在我们技术强壮的今天，这个方案还是单薄和弱小了一些，但是所有的技术点都是这样一路走来的。下面我们来看一下，从弱小走向长大，经历了哪些。

15.1.1 Redis 用法的凌乱

从运维角度来想，Redis 是很简单的东西，安装一下，配置一下，就轻松上线了，再加上 Redis 的一些单进程、单线程等特性，可以很稳定地给到应用层去随便使用。就像早期的我们，在很短的时间内，Redis 实例部署达到了千个以上，用得多了真正的问题开始出现。什么问题？乱的问题。Redis 从使用的角度来讲是需要像应用服务一样去治理的。为什么是需要治理的？我们先来看一些常见的运维与开发的聊天记录，大家会不会有一些风趣的感觉：

开发："Redis 为啥不能访问了？"

运维："刚刚服务器内存坏了，服务器自动重启了。"

开发："为什么 Redis 延迟这么久？"

运维："大哥，不要在 Zset 里面放几万条数据，插入排序的后果很严重啊！"

开发："我写进去的 key 呢，为什么不见了？"

运维："你的 Redis 超过最大大小了，不常用的 key 都丢了呀！"

开发："刚刚为啥读取全部失败了？"

运维："刚刚网络临时中断了一下，slave 全同步了，在全同步完成之前，slave 的读取全部失败。"

开发："我刚刚想到一个好方案，我需要 800GB 的 Redis，什么时候能准备好呢？"

运维："大哥，我们线上的服务器最大也就 256GB，别玩这么大好吗？"

光看这么一小点就感觉问题很多了，开发和运维都疲于奔命地解决这些看上去很无聊的问题。这些问题从本质上来讲还只是麻烦，谈不上困难。但是每当这些麻烦演变成一次 Redis 的故障时，哪怕是小故障，有时也会造成大痛苦，因为毕竟保存在内存里的数据太脆弱了，一不小心数据就会全部消失了。为此，当时也是绞尽脑汁，想了很多种办法：

- 单机不是不安全吗？那么就开启主从 +Keepalived，用虚 IP 地址在 master 和 slave 两边漂移，master 挂了直接切换到 slave。
- 数据放内存不是不安全吗？可以开启数据落盘，根据业务需要决定落盘规则，有 AOF 的，也有 RDB 的。
- 使用上不是有问题吗？那么多开几场培训，跟大家讲讲 Redis 的用法和规范。

以上策略在当时似乎很完美，但是没多久，均宣告失败，这是必然的。

为什么呢？先看那个主从 +Keepalived 的方案，这本来是个很好的方案，但是忽略了主数据节点挂掉的情况。我们在前面说过，Redis 的单进程、单线程设计是其简单和稳定的基石，只要不是服务器发生了故障，在一般情况下是不会挂的。但同时，单进程、单线程的设计会导致 Redis 接收到复杂指令时会忙于计算而停止响应，可能就因为一个 Zset 或者 keys 之类的指令，Redis 计算时间稍长，Keepalived 就认为其停止了响应，直接更改虚 IP 的指向，然后做一次主从切换。过不了多久，Zset 和 keys 之类的指令又会从客户端发送过来，于是从机上又开始堵塞，Keepalived 就一直在主从机之间不断地切换 IP。终于主节点和从节点都堵了，Keepalived 发现后，居然直接将虚 IP 释放了，然后所有的客户端都无法连接 Redis 了，只能等运维到线上手工绑定才行。

数据落盘也引起了很大的问题，RDB 属于非阻塞式的持久化，它会创建一个子进程来专门把内存中的数据写入 RDB 文件里，同时主进程可以处理来自客户端的命令请求。但子进程内的数据相当于是父进程的一个拷贝，这相当于两个相同大小的 Redis 进程在系统上运行，会造成内存使用率的大幅增加。如果在服务器内存本身就比较紧张的情况下再进行 RDB 配置，内存占用率就会很容易达到 100%，继而开启虚拟内存和进行磁盘交换，然后整个 Redis 的服务性能就直线下降了。

另外，Zset、发布订阅、消息队列、Redis 的各种功能不断被介绍，开发者们也在利用这些特性，开发各种应用，但从来没想过这么一个小小的 Redis 有这么多新奇的功能，它的缺点在什么地方，什么样的场景是不合适用的？这时 Redis 在大部分的开发者手上就是像是一把锤子，看什么都是钉子，随时都一锤了事。同时也会渐渐地淡忘了开发的一些细节点和规范，因为用它解决性能的问题是那么轻松简单，于是一些基于 Redis 的新奇功能就接连不断地出现了：基于 Redis 的分布式锁、日志系统、消息队列、数据清洗，等等，各种各样的功能不断上线使用，从而引发了各种各样的问题。这时候原来那个救火神器就会变成四处点火的神器，Redis 堵塞、网卡打爆、连接数爆表等问题层出不穷，经过这么多折腾，Redis 终于也变成了大家的噩梦了。

15.1.2　从实际案例再看 Redis 的使用

在一个炎热的夏天，引爆了埋藏已久的大炸弹。首先是一个产品线开发人员搭建起了一套庞大的价格存储系统，底层是关系型数据库，只用来处理一些事务性的操作和存放一些基础数据；在关系型数据库的上面还有一套 MongoDB，因为 MongoDB 的文档型数据结构，让他们用起来很顺手，同时也可以支撑一定量的并发。在大部分情况下，一次大数据量的计算后结果可以重用但会出现细节数据的频繁更新，所以他们又在 MongoDB 上搭建了一层 Redis 的缓存，这样就形成了数据库→ MongoDB → Redis 三级的方式，对方案本身先不评价，因为这不是本文重点，我们来看 Redis 这层的情况。由于数据量巨大，所以需要 200GB 的 Redis。并且在真实的调用过程中，Redis 是请求量最大的点，当然如果 Redis 有故障时，也会有备用方案，从后面的 MongoDB 和数据库中重新加载数据到 Redis，就是这么一套简单的方案上线了。

当这个系统刚开始运行的时候，一切都还安好，只是运维同学有点傻眼了，用 200GB 的 Redis 单服务器去做，它的故障可能性太大了，所以大家建议将它分片，没分不知道一分吓一跳，各种类型用得太多了，特别是里面还有一些类似消息队列使用的场景。由于开发同学对 Redis 使用的注意点关注不够，一味地滥用，一锤子事，所以让事情变得困难了。有些侥幸不死的想法是会传染的，这时的每个人都心存侥幸、懒惰心理，都想着："这个应该没事，以后再说吧，先做个主从，挂了就起从"，这种侥幸也是对 Redis 的虚伪的信心，无知者无畏。可惜事情往往就是怕什么来什么，在大家快乐并放肆地使用时，系统中重要的节点 MongoDB 由于系统内核版本的 BUG，造成整个 Mongodb 集群挂了！（这里不多说 MongoDB 的事情，这也是一个好玩的"哭器"）。当然对天天与故障为朋友的运维同学来说这个没什么，对整个系统来说问题也不大，因为大部分请求调用都是在最上层的 Redis 中完成的，只要做一定降级就行，等拉起了 MongoDB 集群后自然就会好了。

但此时可别忘了那个 Redis，是一个 200GB 大的 Redis，更是带了个从机的 Redis，所以这时的 Redis 是绝对不能出任何问题的，一旦有故障，所有请求会立即全部打向最底层的关系型数据库，在如此大量的压力下，数据库瞬间就会瘫痪。但是，怕什么来什么，还是出了状况：主从 Redis 之间的网络出现了一点小动荡，想想这么大的一个东西在主从同步，一旦网络动荡了一下下，会怎么样呢？主从同步失败，同步失败就直接开启全同步，于是 200GB 的 Redis 瞬间开始全同步，网卡瞬间打满。为了保证 Redis 能够继续提供服务，运维同学，直接关掉从机，主从同步不存在了，流量也恢复正常。不过，主从的备份架构变成了单机 Redis，心还是悬着的。俗话说，福无双至，祸不单行。这 Redis 由于下层降级的原因并发操作量每秒增加到 4 万多，AOF 和 RDB 库明显扛不住。同样为了保证能持续地提供服务，运维同学也关掉了 AOF 和 RDB 的数据持久化。连最后的保护也没有了（其实这个保护本来也没用，200GB 的 Redis 恢复太大了）。

至此，这个 Redis 变成了完全的单机内存型，除了祈祷它不要挂，已经没有任何方法了。悬着好久，直到修复 MongoDB 集群，才了事。如此侥幸，没出大事，但心里会踏实吗？不会。在这个案例中主要的问题在于对 Redis 过度依赖，Redis 看似简单而方便地为系统带来了性能提升和稳定性，但在使用中缺乏对不同场景的数据的分离造成了一个逻辑上的单点问题。当然这个问题我们可以通过更合理的应用架构设计来解决，但是这样解决不够优雅也不够彻底，还增加了应用层的架构设计的麻烦。Redis 的问题就应该在基础缓存层来解决，这样即使还有类似的情况也没有问题，因为基础缓存层已经能适应这样的用法，也会让应用层的设计更为简单（简单其实一直是架构设计所追求的，Redis 的大量随意使用本身就是追求简单的副产品，那我们为什么不让这种简单变为真实呢？）

再来看第二个案例。有个部门用自己现有 Redis 服务器做了一套日志系统，将日志数据先存储到 Redis 里面，再通过其他程序读取数据并进行分析和计算，用来做数据报表。当他们做完这个项目之后，这个日志组件让他们觉得用得很过瘾。他们都觉得这个做法不错，可以轻松地记录日志，分析起来也挺快，还用什么公司的分布式日志服务啊。于是随着时间的流逝，这个 Redis 上已经悄悄地挂载了数千个客户端，每秒的并发量数万，系统的单核 CPU 使用率也接近 90% 了，此时这个 Redis 已经开始不堪重负。终于，压死骆驼的最后一根稻草来了，有程序向这个日志组件写入了一条 7MB 的日志（哈哈，这个容量可以写一部小说了，这是什么日志啊），于是 Redis 堵死了，一旦堵死，数千个客户端就全部无法连接，所有日志记录的操作全部失败。其实日志记录失败本身应该不至于影响正常业务，但是由于这个日志服务不是公司标准的分布式日志服务，所以关注的人很少，最开始写它的开发同学也不知道会有这么大的使用量，运维同学更不知有这个非法的日志服务存在。这个服务本身也没有很好地设计容错，所以在日志记录的地方就直接抛出异常，结果全公司相当一部分的业务系统都出现了故障，监控系统中 "5XX" 的错误直线上升。一帮人欲哭无泪，顶着巨大的压力排查问题，但是由于受灾面实在太广，排障的压力是可以想象的。这个案例中的问题看似是因为一个日志服务没做好或者是开发流程管理不到位导致的。而且很多日志服务也都用到了 Redis 做收集数据的缓冲，好像也没什么问题。其实不然，像这样大规模大流量的日志系统从收集到分析要细细考虑的技术点是巨大的，而不只是简单的写入性能的问题。在这个案例中 Redis 给程序带来的是超简单的性能解决方案，但这个简单是相对的，它是有场景限制的。在这里这样的简单就是毒药，无知地吃下是要害死自己的，这就像 "一条在小河沟里无所不能傲慢的小鱼，那是因为它没见过大海，等到了大海……"。在这个案例中的另一问题：一个非法日志服务的存在，表面上是管理问题，实质上还是技术问题，因为 Redis 的使用无法像关系型数据库那样有 DBA 的监管，它的运维者无法管理和提前知道里面放的是什么数据，开发者也无须任何申明就可以向 Redis 中写入数据并使用，所以这里我们发现 Redis 的使用没这些场景的管理后在长期的使用中比较容易失控，我们需要一个对 Redis 使用可治理和管控的透明层。

通过两个小例子可以看到，在 Redis 乱用的那个年代里，使用它的兄弟们一定是痛的，承受了各种故障的狂轰滥炸：

- ❑ Redis 被 keys 命令堵塞了。
- ❑ Keepalived 切换虚 IP 失败，虚 IP 被释放了。
- ❑ 用 Redis 做计算了，Redis 的 CPU 占用率成了 100% 了。
- ❑ 主从同步失败了。
- ❑ Redis 客户端连接数爆了。
- ❑ ……

15.1.3 如何改变 Redis 用不好的误区

这样的乱象一定是不可能继续了，最少同程这样的使用方式不可以再继续了，使用者也开始从喜欢到痛苦了。怎么办？这是一个很沉重的事："一个被人用乱的系统就像一桌烧坏的菜，让你重新回炉，还让人叫好，是很困难的。"关键是已经用成这样了，总不可能让所有系统都停下来，等待新系统上线并瞬间切换吧？这是个什么活？高速公路上换轮胎！

但问题出现了总是要解决的，想了再想，论了再论，总结了以下几点：

1）必须搭建完善的监控系统，在这之前要先预警，不能等到发生了，我们才发现问题。

2）控制和引导 Redis 的使用，我们需要有自己研发的 Redis 客户端，在使用时就开始控制和引导。

3）Redis 的部分角色要改，将 Redis 由 storage 角色降低为 cache 角色。

4）Redis 的持久化方案要重新做，需要自己研发一个基于 Redis 协议的持久化方案，让使用者可以把 Redis 当 DB 用。

5）Redis 的高可用要按照场景分开，根据不同的场景决定采用不同的高可用方案。

留给开发同学的时间并不多，必须两个月的时间来完成这些事情。这其实还是很有挑战的，考验开发同学这个轮胎到底能不换下来的时候到了。同学们开始研发我们自己的 Redis 缓存系统，下面我们来看一下这个代号为凤凰的缓存系统的第一版方案。

首先是监控系统。原有的开源 Redis 监控从大面上讲只一些监控工具，不能算作一个完整的监控系统。当然这个监控是全方位从客户端开始一直到返回数据的全链路的监控。

其次是改造 Redis 客户端。广泛使用的 Redis 客户端有的太简单有的太重，总之不是我们想要的东西，比如，.Net 下的 BookSleeve 和 servicestack.Redis（同程还有一点老的 .Net 开发的应用），前者已经好久没人维护了，后者直接收费了。好吧，我们就开发一个客户端，然后督促全公司的研发用它来替换目前正在使用客户端。在这个客户端里面，我们植入了日志记录，记录了代码对 Redis 的所有操作事件，例如耗时、key、value 大小、网络断开等，我们将这些有问题的事件在后台进行收集，由一个收集程序进行分析和处理，同时取消了直接的 IP 端口连接方式，通过一个配置中心分配 IP 地址和端口。当 Redis 发生问题并需要切换时，直接在配置中心修改，由配置中心推送新的配置到客户端，这样就免去了 Redis 切换时需要运维人员修改配置文件的麻烦。另外，把 Redis 的命令操作分拆成两部分：安全的命令和不安全的命令。对于安全的命令可以直接使用，对于不安全的命令需要分析和审批后才能打开，这也是由配置中心控制的，这样就解决了研发人员使用 Redis 时的规范问题，并且将 Redis 定位为缓存角色，除非有特殊需求，否则一律以缓存角色对待。

最后，对 Redis 的部署方式也进行了修改，以前是 Keepalived 的方式，现在换成了主从 + 哨兵的模式。另外，我们自己实现了 Redis 的分片，如果业务需要申请大容量的 Redis 数据库，就会把 Redis 拆分成多片，通过 Hash 算法均衡每片的大小，这样的分片对应用层也是无感知的。

当然重客户端方式不好，并且我们要做的缓存不仅仅是单纯的 Redis，我们还会做一个 Redis 的 Proxy，提供统一的入口点，Proxy 可以多份部署，客户端无论连接的是哪个 Proxy，都能取得完整的集群数据，这样就基本完成了按场景选择不同的部署方式的问题。这样的一个 Proxy 也解决了多种开发语言的问题，例如，运维系统是使用 Python 开发的，也需要用到 Redis，就可以直接连 Proxy，然后接到统一的 Redis 体系中来。做客户端也好，做 Proxy 也好，不只是为代理请求而是为了统一治理 Redis 缓存的使用，不让乱象出现。让缓存在一个可管可控的场景下稳定的运维，让开发者可以安全并肆无忌惮继续乱用 Redis，但这个"乱"是被虚拟化的乱，因为它的底层是可以治理的。系统架构如图 15-1 所示。

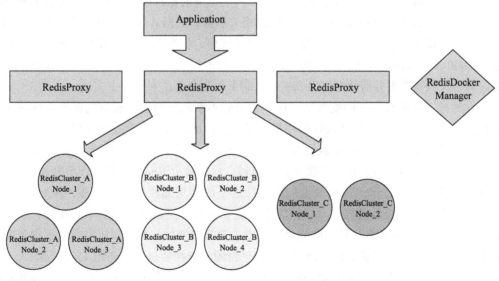

图 15-1　系统架构图

当然以上这些改造都需要在不影响业务的情况下进行。实现这个其实还是有不小的挑战，特别是分片，将一个 Redis 拆分成多个，还能让客户端正确找到所需要的 key，这需要非常小心，因为稍有不慎，内存的数据就全部消失了。在这段时间里，我们开发了多种同步工具，几乎把 Redis 的主从协议整个实现了一遍，终于可以将 Redis 平滑过渡到新的模式上了。

15.1.4 凤凰缓存系统对 Redis 系统化改造

当全公司的 Redis 在快速平稳地过渡到新开发的缓存系统之后，这个方案经过了各种考验，证明了整体思路是对的，所以是时候大张旗鼓地开始做它的第二个版本——完整全套的缓存体系架构平台。特别是运维部分，因为在第一版中运维部分做得太少。当然每个系统都有一个开发代号，这个缓存系统的代号就是"凤凰"，其中的含义很明显：之前的 Redis 总是死掉，现在的 Redis 是不死的，就像凤凰一样。

在整体的平台化过程中为了更好地扩容、弹性和运维，我们决定基于 Docker 将它改造成一个云化的缓存系统，当然要能称之为云，那么平台最基本的要求就是具备资源计算、资源调度功能，且资源分配无须人工参与。对用户来讲，拿到的应该是直接可用的资源，并且天生自带高可用、自动备份、监控告警、日志分析等功能，无须用户关心资源背后的事情。其次是各种日常的运维操作需求服务化输出。下面我们就来讲讲我们这个平台是如何一步步实现的。任何项目都可以接入这个缓存系统，并从里面获取资源。使用只需一个申请，给它的场景名字就能使用了，不需要知道缓存的具体位置，也不需要知道缓存的具体大小，更不需要关注具体的流量，一切都交给云来管理。

我们进一步改造了监控系统，将其改造为一个完整的监控系统，这个系统会不断地收集整个云环境中的服务器和 Redis 等各方面的相关信息，根据具体的阈值报警，并且通知到运维系统，运维系统再基于运维数据来自动故障转移、扩容等等，到目前为止，整个缓存系统中 5000 多个 Redis 实例，每月的运维人力平均不到 0.2 个人，对于整个缓存系统来说只要向其中加入物理服务器就可以完成扩容，剩下的事全部由系统自主完成。

开发的另一个重点——调度系统，这个系统会不断地分析前面提到的监控系统搜集到的数据，对整个云进行微调：Redis 的用量大了，会自动扩容；扩容空间不够了，会自动分片；网络流量大了，也会自动负载均衡。以前的 Redis 固定在一台服务器上，现在的 Redis 通过我们开发的同步工具，在各个服务器中流转，而且每个 Redis 都很小，不会超过 8GB。备份和处理都不再是难事，现在要做的只是往这个集群里面注册一台机器，注册完之后，监控系统就会启动并获取监控信息，调度系统就会根据监控数据决定要不要在新机器上建立 Redis。容量动态的数据迁移（集群内部平衡，新节点增加）和流量超出时的根据负载再平衡集群，也是这个调度系统在管理的。缓存平台的平滑扩容过程，如图 15-2 所示。

除了服务端的加强，同时在客户端上进一步下功夫，在支持 Redis 本身的特性的基础上，通过自定义来实现一些额外的功能。让客户端开始支持场景配置，我们考虑根据场景来管控 Redis 的使用内容，客户端每次用 Redis 的时候，必须把场景上报给系统。增加场景配置之后，在缓存服务的中心节点，就可以把它分开，同一个应用里面两个比较重要的场景就会不用到同一个 Redis，避免无法降级一个内容过于复杂的 Redis 实例。

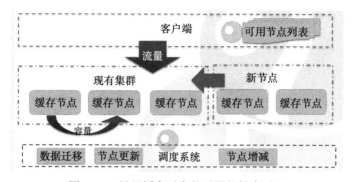

图 15-2　凤凰缓存平台的平滑的扩容过程

同时也利用调度系统将场景的服务端分离，不同的场景数据工作在不同的 Redis 集群之上。另外在客户端里也可以增加本地 cache 的支持以提高性能和减少资源的使用。当然这些都是对应用层透明的，应用层不需要关心真正的数据源是什么。

缓存平台的客户端结构如图 15-3 所示。

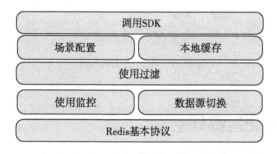

图 15-3　凤凰缓存平台客户端的结构图

对于 Proxy 我们也进行了升级，新的 Proxy 完全实现了 Redis 的协议和其他的缓存服务协议，如 Memcache。Proxy 可以解决客户端过重的问题，在很多情况下，升级客户端是很难进行的事。再好的程序员写出来的东西还是可能会有 bug 的，如果客户端发现了一个 bug 需要紧急升级，我们不大可能一下去升级线上几千个应用。因此我们的 Proxy 方案中也加入了之前在客户端做的很多事情，我们的想法就是让每一个项目的每一个开发者自己开发的代码是干净的，不要在他的代码里面嵌额外的东西，访问的就是一个 Redis。把 Redis 本身沉在我们的 Proxy 之后，我们也可以做更多的改进了，如冷热区分方面，我们分析大量的 Redis 请求发现一些场景根本不需要用 Redis，压力并不大，这样使用 Redis 是一种资源的浪费，所以通过 Proxy 直接将数据放到了 RocksDB 里面，用硬盘来支撑它。

缓存平台的代理设计如图 15-4 所示。

最后，把 Redis 的集群模式 3.0 纳入到整个体系里，并对 3.0 版本进行了一定的改造，替代了之前的分片技术，这样在迁移 Redis 时就更方便了，原生的 Redis 命令可以保证更好的稳定性。

整个凤凰缓存系统的架构如图 15-5 所示。

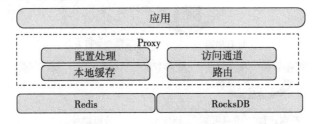

图 15-4　凤凰缓存平台的代理设计

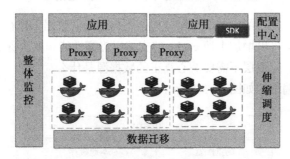

图 15-5　凤凰系统架构图

15.2　用好 Redis 先运维好它

我一直认为评价一款中间件的优劣，不能只评价它的本身。我们要综合它的周边生态是否健全，比如高可用方案、日常维护难度、人才储备等等。当然对于 Redis 也一样，正是因为 Redis 很小很简单所以相对缺乏好的辅助工具是一定的。我们在 Redis 基础上做的凤凰缓存系统也正是为解决 Redis 缺少的点。一款中间件从引入到用好其实最关键的点就是运维，只有运维好它才有可能用好它。这里我们就讲一下运维。

15.2.1　传统的 Redis 运维方式

讲了这了凤凰缓存系统的种种，再细细的看一下如何大批量运维 Redis，通常的运维方式有两种：

1. 统一大集群方式部署

这种部署是将所有的 Redis 集中在一起，形成一个超大的 Redis 集群，通过代理的方式统一对外提供连接，使外部看来就是个完整的超大 Redis，所有的项目都共享这个 Redis，在这个超大 Redis 内部，可以自动增添服务、修改配置等，而外部完全无感知。

这种方式的优点很多：

❑ 扩容比较方便，直接在集群内新增机器即可，使用者完全无感知。

❑ 利用率高，运维简单，只需要关注整个集群的大小就可以，不需要关心里面某个 Redis 的具体状态（特殊情况除外）。

❑ 客户端使用方便，无论哪个项目，面对的就是一组 Redis，内部的细节对客户端来说是透明的，他们可以简单地认为链接上了一个内存无限大的 Redis。

缺点也很明显：

❑ 扩容虽然方便，但是具体某个项目用了多少，无法获知，极端情况下有些项目超时设置不合理，写入数据大于过期和删除的数据，极有可能会导致整个 Redis 的内存一直增长直到用完。

❑ 整个超大的 Redis 的内部其实还是由各个小 Redis 组成的，每个 key 都单独存储到小的 Redis 内部，那么如果某个 key 很热，读取访问非常频繁，很有可能将某个小 Redis 的网卡打满，导致的结果就是 1 个分片直接不可用，而项目又是集体共享一组 Redis，某个分片不可用，可能导致的结果就很难评估。

这种部署方式的典型代表有很多，它们会预分配 1024 个槽，并将这些槽分配到集群内的这些机器上去，还会提供一个大集群的 Proxy，所有的客户端都可以通过这个 Proxy 读写。

2. 多集群分散式部署

这种部署主要提供了自动化部署，部署的各个 Redis 相互独立，而一般情况下一组 Redis 也是单独供某个项目独占，隔离性非常好，不会因为某个项目的问题导致整个集群不可用，但是由于需要维护一大堆的 Redis，各个 Redis 的情况又不一样，在自动化部署方面就显得比较麻烦。

优点：

❑ 隔离性非常好，各个项目之间互不影响，不会因为某个项目的动作导致整个集群受到影响。

❑ 灵活性高，针对各个项目的使用情况的不同可以定制不同的部署方式，可以最大化利用 Redis。

缺点：

❑ 部署麻烦，要针对各个项目单独部署，各个项目的定制又各有不同。

❑ 客户端使用麻烦，不同的 Redis 有自己的 IP、端口，经常容易搞混，当某个 Redis 需要停机维护时，又需要通知具体项目修改 IP 地址，非常麻烦。

同程的 Redis 的部署运维方式早期没有做平台时也是出现了各种各样的问题，大概总结如下：

❑ 部署忙不过来，每天都有很多项目申请 Redis，每天部署的工作就消耗了很大部分时间。

❑ 如果服务器需要调整、修改，通知业务修改新的 IP 再重新发布，耗时往往很长，很多事情都耽误了。

□ 服务器的资源利用率低，项目在使用 Redis 的时候，比较倾向于申请比较大的 Redis，这样下次就不用再提要求增加容量了，而运维在某台服务器上部署了很多 Redis 后，为了防止内存撑爆，就不会在这台服务器上继续部署了，但实际上项目用得很少，这就造成了大量的浪费。

比如，统一大集群方式有一些开源解决方案，看上去确实很不错，我们当时也决定尝试一下，结果很快就出现了问题，由于一个大集群是供大家公用的，所以我们很难实时计算某个项目的配额，而某个项目插入过量数据后，又很容易将其他项目的数据挤掉（Redis 配置了 LRU 策略），我们研究了很久，觉得各个项目公用，问题较多，不太好处理，只能采用第二种方式。那么问题回到了如何解决分布式部署方式的缺点，我们经过研究，将问题总结如下：

□ 部署问题，有没有自动化的部署方式，可以一键部署 Redis。
□ 监控问题，如何监控大量的 Redis 及其所在的主机，并提供运行状态查询和监控。
□ 客户端使用问题，如何在修改和停机时，不需要客户端修改配置、重新上传这些步骤。
□ 运维问题，Redis 本身只是个很小的工具，代码部分很简单，缺少很多分析和运维工具。

15.2.2 Redis 的 Docker 化部署

凤凰缓存系统这个分布式的 Redis 解决方案，通过 Docker 解决部署问题。Docker 是一个非常好的自动化部署工具。一个新机器配置好后直接就能通过 Docker 的 RESTful API 进行操作，所以我们的运维就开发了一个基于 Docker 的自动化运维平台。用 Docker 就会想到 kubernetes 和 swarm。但我们在做凤凰缓存时，是自己开发一个 Docker 调度系统。因为我们以 Redis 为主要发布对象，而像 kubernetes 的资源调度、均衡容灾、服务注册、动态扩缩容这些操作都比较宽泛，我们需要是针对 Redis 做这方面的定制，而定制的过程又需要深入了解 kubernetes 的内部结构，处理起来比较烦琐。而 Docker 本身的提供的 API 接口完全够用，使用 kubernetes 反倒是增加了复杂度，而得到的红利却很少，所以不太适合。至于 swarm，提供的功能又比较简单。

相对来说只是对 Redis 做 Docker 化的部署还是相对简单的，要做的事情也不是很多，主要集中在以下方面：

1. Redis 在 Docker 下的 CPU 控制

Redis 本身对 CPU 的使用敏感性不是很大，所以我们在 CPU 的使用隔离限制上不需要花太多的精力。用 Docker 隔离分配就可以满足需求。

2. Redis 在 Docker 下的内存控制

在内存的控制上，就相对麻烦一点，Redis 的内存使用有两个属性，实际使用的内存和操作系统分配的内存，反映在 Redis 上就是 used_memory（实际使用的内存）和 used_memory_rss（操作系统分配的内存）这两个参数，maxmemory 实际控制的是 used_memory，而不是 used_memory_rss，由于 Redis 在后端执行 RDB 操作或者频繁地增删改产生大量的碎片，rss 的值就会变得比较大。如果通过 Docker 强制限制内存，这个进程很可能直接就被 kill 了，所以，在内存上，我们没有采用 Docker 控制，而是通过自己的监控程序进行控制。举个例子来说，某个项目新申请的 Redis 是 10GB，我们在通过 Docker 部署这个 Redis 的时候，只是开启了 1 个 500MB 的 Redis，随着项目的使用，当 Redis 实际空闲内存量小于 250MB 的时候，我们就通过 Redis 命令设置 maxmemory 为 1GB，然后继续监控，直到内存到 10GB 为止。等项目的内存到达 10GB 后，我们就根据策略的不同做不同的处理了，比如，有些项目只是拿 Redis 作为缓存而已，10GB 的数据足够了，万一超过，可以放弃掉部分冷数据，在这样的情况下，就不会继续加大内存。如果项目很重要，也可以设置一个超额的量，这样程序会自动进行扩容同时发出警报，让项目开发人员及时检查，防止出现问题。

3. Docker 网卡的控制

用 Redis 都有个很头疼的问题，就是 Redis 的网卡打满问题，由于 Redis 的性能很高，在大并发请求下，很容易将网卡打满。通常情况下，1 台服务器上都会跑几十个 Redis 实例，一旦网卡打满，很容易干扰到应用层可用性。所以我们基于开源的 Contiv netplugin 项目，限制了网卡的使用，主要功能是提供基于 Policy 的网络和存储管理。Contiv 比较"诱人"的一点就是，它的网络管理能力，既有 L2（VLAN）、L3（BGP），又有 Overlay（VxLAN），有了它就可以无视底层的网络基础架构，向上层容器提供一致的虚拟网络了。最主要的一点是，既满足了业务场景，又兼容了以往的网络架构。在转发性能上，它能接近物理网卡的性能，特别在没有万兆网络的老机房也能很好地使用。在网络流量监控方面，我们通过使用 ovs 的 sflow 来抓取宿主机上所有的网络流量，然后自开发了一个简单的 sflow Collecter，服务器收到 sflow 的数据包进行解析，筛选出关键数据，然后进行汇总分析，得到所需要的监控数据。通过这个定制的网络插件，我们可以随意地控制某个 Redis 的流量，流量过大，也不会影响其他的项目，而如果某个服务器上的 Redis 流量很低，我们也可以缩小它的配额，提供给本机其他需要大流量的程序使用。这些，通过后台的监控程序，可以实现完全自动化。

15.2.3　凤凰缓存系统对 Redis 的监控

要良好地运维一个系统，监控的好坏是关键点，监控的基础主要是收集服务器和 Redis 的运作信息，并将这些信息丢入一个信息处理管道，在分析之前结合经验数据输出一系列的具体处理方式。这样缓存系统自己就能处理掉大部分的故障，不需要大量的人工介入。凤凰缓存系统整个监控由搜集器、存储器、分析器和执行器 4 部分组成：

- ❑ **搜集器**是我们利用 Go 开发的一个程序，这个程序搜集两个部分的数据，即服务器本身的数据和 Redis 的数据。首先，搜集程序会查询当前所在服务器的 CPU、网卡、内存、进程等信息。然后，搜集程序查询这个服务器上的 Redis，然后遍历这些 Redis，获取 info、slowlog、client 等信息，再把这些信息整理好，上报到存储器上去。

❑ **存储器**负责存储监控数据，它对外就是一组 RESTful API。存存器对这些信息进行汇总和整理，再进行一些简单的计算，然后将数据存储到分析平台中。

❑ **分析器**的工作是从查询 ES 开始的，针对各种数据进行分析和处理，然后产出各种具体处理意见，提交给执行器。比如，分析器发现某个服务的 CPU 在 10 分钟内都是 100% 的，这就会触发了一个警报阈值，分析器会产出一个处理意见，建议人工介入处理。这个处理意见提交给执行器，由执行器具体执行。

❑ **执行器**是一个根据处理意见进行处理的分析程序，简单分类问题并结合处理意见进行判断是人工介入还是先自动处理。对于自动处理的事件，如 Redis 的内存不够，进行扩容操作等。

15.2.4　凤凰缓存系统对 Redis 的集群分片优化

Redis 的集群分片我们在凤凰缓存系统中进行了完整的私有实现，但从 Redis 3.0 开始，提供了集群功能，可以将几台机器组织成一个集群。在凤凰缓存系统中也对 Redis 3.0 的集群模式进行了支持。我们先看一下 Redis3.0 的一些分片特性：

❑ 节点自动发现。

❑ slave->master 选举，集群容错。

❑ 在线分片。

❑ 基于配置的集群管理。

❑ ASK 转向 /MOVED 转向机制。

Redis 3.0 集群中，采用 slot(槽) 的概念，一共分成 16384 个槽。对于每个进入 Redis 的键值对，根据 key 进行散列，分配到这 16384 个 slot 中的某一个中。使用的 hash 算法也比较简单，就是 CRC16 后 16384 取模。

整套的 Redis 集群基于集群中的每个 node(节点) 负责分摊这 16384 个 slot 中的一部分，也就是说，每个 slot 都对应一个 node 负责处理。当动态添加或减少 node 节点时，需要将 16384 个槽做个再分配，槽中的键值也要迁移。这个过程，需要人工介入。

为了增加集群的可访问性，官方推荐的方案是将 node 配置成主从结构，即一个 master 主节点，挂多个 slave 从节点。这时，如果主节点失效，Redis Cluster 会根据选举算法从 slave 节点中选择一个上升为主节点，整个集群继续对外提供服务。这非常类似之前的 Sentinel 监控架构成主从结构，只是 Redis Cluster 本身提供了故障转移容错的能力。

通过这样的设计，Redis 实现了完整的集群功能。但是，这个集群功能比较弱，表现在以下这些方面：

❑ Redis 集群之间只对 Redis 的存活负责，而不对数据负责。这样，当客户端提交请求之后，如果这个 key 不归这个服务器处理，就会返回 MOVE 命令，需要客户端自行实现跳转，增加了客户端的复杂度。

❑ 当 Redis 需要迁移或槽重新分配时，需要人工介入，发送命令操作。虽然官方也提供了一个迁移脚本，但是本身功能比较简单，也没有办法很好的自动化。

❑ 集群进行分片，所有的 key 被分散在各节点上。之前说过集群之间只处理死活和槽分配，不处理数据，所以所有的多 key 操作（事务、MGET、MSET 之类）的操作不能再用。

针对这些问题，我们在凤凰缓存系统中对 Redis 3.0 的集群做了些改造，解决了上述令人痛苦的地方。

首先，我们修改了客户端的实现，按照 Redis 的协议只是进行了一些自定义的修改，如对在集群中加入机器以及迁移槽的过程中的一些问题进行了优化，使客户端能更平滑的迁移。

其次，迁移槽还是比较麻烦的，主要涉及 CLUSTER SETSLOT 和 MIGRATE 两个命令，MIGRATE 的主要问题是 key 的大小不能确定，开发迁移工具时我们主要解决网卡流量和 CPU 的压力问题，使之在迁移的过程中不影响 Redis 的正常使用。这个工具主要工作场景是当监控程序发现某个分片流量过大，或者 key 特别多时，就自动开始迁移过程，省去了人工的麻烦。迁移工具也会实时微调线上的 Redis，保证各个分片的正常。

最后，在集群环境中，多 key 的操作都无法使用，这个直接导致了类似事务、MGET、MSET 这样的操作无法进行。我们针对问题对 Redis 进行了改造，将 Redis 的分槽策略进行了改动。原本针对 key 进行分区，改造为当 key 满足类似 {{prefix}}key 这样的格式时我们将只针对 {{}} 内的内容计算 hash 值。这样，相关性的一组 key 可以使用统一的前缀，并保存到同一片中。这样保证事务以及多 key 操作能顺利执行。

15.2.5　客户端在运维中的作用

凤凰缓存系统应用层客户端在解决运维方面最大的作用有 3 个：

❑ 系统调整后 Proxy 接入地址改变的问题，平滑切换的问题。

❑ 类似 KEYS 这样的命令导致 redis 堵塞的问题。

❑ 应用操作异常的发生地详细信息不透明的问题。

先来看第一个问题，我们提供的是一套完整的配置管理系统——分布式的配置系统。服务器端对 Redis 接入的操作和修改都会通知配置中心，然后，再由配置中心分发到所有的客户端，客户端接收到配置更新后，会修改自己的连接平滑过渡。这样客户端就可以在不重启的情况下动态切换连接，另外，在客户端有个连接池的实现，当老的连接重新回到连接池后，就会被销毁掉。这样，客户端的切换是平滑的，不会因为切换导致客户端的请求抖动。

再来看第二个问题。由于 Redis 的单进程单线程的特性，不太适合做密集的 CPU 计算，但是很多开发人员对具体命令的掌握不熟，经常会导致 Redis 的 CPU 使用率达到 100%。悲催的是，当这样的情况发生之后，就不会处理任何客户端的请求了，它要等当前的这个任务执行完成之后才会继续下一个任务。针对这个问题，我们将容易导致 CPU 打满的命令和普通的命令区分了开来，并提供了自己的实现。Redis 服务有两个版本，基础版和 Plus 版。普通版只有最基础的 Redis 命令，在大部分场景的使用下，都不会引起问题。Plus 版从普通版继承而来，里面添加了大量的 Redis 复杂操作命令，当正常使用的时候，直接在普通版中操作数据；当需要高级功能，可以自动转换到 Plus 版，这样一些特殊的命也可以无脑使用了。

最后第三个问题，在大部分异常使用中，对于异常发生的现场情况，开发人员都可以通过自己的日志看到，但对于凤凰缓存系统的运维这个信息的透明度就不高，这样就在故障处理上浪费了时间，所以我们在客户端中记下了完整的操作日志信息，并整合到凤凰缓存系统的监控后台。

15.2.6　凤凰缓存系统在 Redis 运维上的工具

Redis 的毕竟只是个简单的 KV 数据库，当初老的版本，作者用了数万行代码就实现了整体的功能，在完善的运维方面，是比较欠缺的。所以，我们针对运维方面的问题点，开发了一些小工具，这些工具，大部分都整合到了凤凰缓存系统里面，可以直接由执行器操作，进行自动化运维。如 Redis 运行状态监控，在 Redis 使用过程中，经常有开发人员问，我们目前哪些 key 是热 key？当前的 Redis 并发访问量比较高，能不能看一下主要是哪些命令导致的？但是 Redis 本身并没有提供这些命令。好在 Redis 有个命令 monitor，可以将当前的 Redis 操作全部导出来，我们就基于这个命令，开发了一个 Redis 监控程序。当开始监控某个 Redis 时，会发送 monitor 命令，然后，Redis 会将它接收到的命令源源不断的吐给我们，我们接到后，就可以进行分析：当前 Redis 正在执行什么操作、什么操作最频繁、具体是哪些 key、占用的比例是多少、哪些 key 比较慢等等。然后生成一个报表，就可以获得当前的状态了，不过要注意的是，monitor 命令对 Redis 本身有一定的影响，一般情况下，不建议打开，只在需要分析问题的时候，可以打开。另外，也可以配置一些阈值，当达到阈值的时候，自动打开。这样就可以在问题一发生，就抓取到最新的监控日志信息。

还有 Redis 的数据迁移，Redis 的部署方式比较复杂，有单机主从、集群各种模式。而所有的数据都在内存里面，如果我们需要在各个 Redis 中迁移数据，就非常的麻烦。所以，我们开发了一个迁移工具，专门在 Redis 中迁移数据。这个程序在启动之后，会冒充自己是 Redis 的一个从机，然后发送从机命令从主机同步数据，主机在把数据发送给程序之后，程序会对这些数据进行解析，解析之后的内容写到具体的后端 Redis 中，这样，就完成了两个 Redis 间的数据转换。这个客户端可以智能地查看当前 Redis 状态，针对集群，主从模式有不同的处理方式。这样的工具我们还有很多，就不再一一说明了。

15.3　凤凰缓存系统的使用效果

　　这个凤凰缓存系统在 2016 年初整个系统正式全部完成并上线，到目前为止，在整个凤凰系统上运行着 5000 多个 Redis 实例、上百 TB 的内存。从申请到销毁，所有过程都由凤凰系统自动化完成，不需要人工参与其中。在凤凰系统上线后，几乎就没有再出现过 Redis 的故障了，曾经焦头烂额的 Redis 如今已经被凤凰系统驯得服服帖帖。同时凤凰系统每天会将异常的信息实时发送给各个负责人，并自动处理绝大多数异常，对于少部分无法判定的问题会通知运维人员来做具体的判定和操作。

新 的 旅 程

在介绍了分布式理论体系、自己动手写缓存、若干开源缓存框架等内容之后，如同一段美好的旅程，本书也需要一个总结性的停顿。谈及缓存我们会情不自禁地想起淘汰算法、过期处理等，但开发设计中如何更好地引入缓存技术，完整的缓存知识体系又是怎样的，笔者尝试梳理一下，算是为本书做一个收尾。

其中关于缓存究竟涉及哪些知识点，可以通过图 16-1 了解其骨架，包括分布式概念、缓存分类、缓存各种知识点 Tips 等，我们在本章后两节也会做进一步的阐述。

16.1 更好的引入缓存技术

缓存不是系统架构的必选项，只有在遇到性能瓶颈的业务场景，才可能需要引入缓存。引入缓存时，要从"大处着眼、小处着手"，即首先要从宏观考虑整体的缓存场景、缓存层次及缓存（更新 / 同步）策略，然后从局部考虑选择合适的缓存组件及使用方式（数据结构、分布、部署），并制定缓存系统的 SLA，最后在系统运行过程中，要对缓存系统进行监控报警，还要根据业务发展、访问规模的变化，不断地对缓存架构进行优化及演进。

16.1.1 缓存引入前的考量

缓存引入前，首先要分析业务的应用规模、访问量级。对于规模不大的小系统或系统发展初始阶段，数据量和访问量不大，引入缓存并不能带来明显的性能提升，反而会增加开发、运维的复杂性。另外对于单条数据尺寸比较大的业务，如图片系统，虽然访问量可能较大，但更佳的选择可能是分布式文件系统而非缓存。而对于具有一定规模的常规业务系统（特别是互联网系统），数据规模、访问量较大，且持续快速增加，要保证服务的稳定性，在突发流量下也能快速响应用户请求，就需要把频繁读写的数据从磁盘访问变为内存访问，也就是说需要引入缓存。

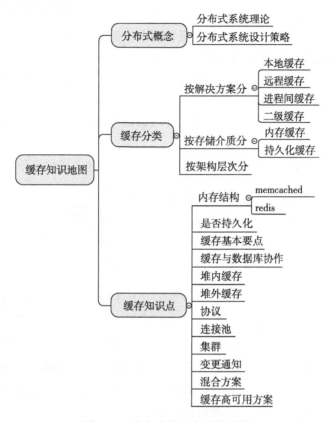

图 16-1 分布式概念与缓存分类

其次还要分析系统架构，在系统架构中合适的模块、层次引入缓存，并考虑各个缓存系统之间的更新方式、一致性保障策略等，让缓存系统和其他架构层（如持久层、分布式文件层）有机结合。

16.1.2 缓存组件的选择

缓存的种类很多，我们实际使用时，需要根据缓存位置（系统前后端）、待存数据类型、访问方式、内存效率等情况来选择最适合的缓存组件。本小节接下来将主要探讨在应用层后端如何选择分布式缓存组件。

一般业务系统中，大部分数据都是简单 KV 数据类型，如前述微博 Feed 系统中的 feed content、feed 列表、用户信息等。这些简单类型数据只需要进行 set、get、delete 操作，不需要在缓存端做计算操作，最适合以 memcached 作为缓存组件。

其次对于需要部分获取、事务型变更、缓存端计算的集合类数据，拥有丰富数据结构和访问接口的 Redis 也许会更适合。Redis 还支持以主从（master-slave）方式进行数据备份，支持数据的持久化，可以将内存中的数据保持在磁盘，重启时再次加载使用。因磁盘缓存（diskstore）方式的性能问题，Redis 数据基本只适合保存在内存中，由此带来的问题是：在某些业务场景，如果待缓存的数据量特别大，而数据的访问量不太大或者有冷热区分，也必须将所有数据全部放在内存中，缓存成本（特别是机器成本）会特别高。如果业务遇到这种场景，可以考虑用 pika、ssdb 等其他缓存组件。pika、ssdb 都兼容 Redis 协议，同时采用多线程方案，支持持久化和复制，单个缓存实例可以缓存数百 G 的数据，其中少部分的热数据存放内存，大部分温热数据或冷数据都可以放在磁盘，从而很好地降低缓存成本。

对前面讲到的这些后端常用的缓存组件，可以参考表 16-1 进行选择。

表 16-1　常用的缓存组件对比

缓存组件	数据类型	访问方式	数据容量（单实例）	同步	内存效率
Memcached	简单 KV	GET SET DEL 等常规接口	100GB 以下	Client 多写	一般
Redis	丰富	更丰富的常规接口、事物更新等	30GB 以下	主从复制	一般
Pika/ssdb	较丰富，部分 Redis 数据结构不支持	较丰富	数百 GB 以上	主从复制	一般

最后，对于对存储效率、访问性能等有更高要求的业务场景，结合业务特性进行缓存组件的定制化设计与开发，也是一个很好的选择。

总之，缓存组件的选型要考虑数据模型、访问方式、缓存成本甚至开发人员的知识结构，从而进行因地制宜的取舍，不要盲目引入不熟悉、不活跃、不成熟的缓存组件，否则中途频繁调整缓存方案，会给开发进度、运维成本带来较大的挑战。

16.1.3　缓存架构的设计

确定缓存组件后，首先需要结合业务场景，设计业务数据对应的缓存结构及缓存容量规划。如微博在用 Memcached 缓存 feed content 时，最初采用 json、xml 格式进行缓存，后来又改为更紧促的 PB（protocol buffer）结构；而对 feed content 的容量规划设计，则包含了 content 的平均 size、缓存数据量、峰值读写 QPS、命中率、过期时间、平均穿透加载时间等。

其次要结合缓存组件特点，设计缓存的读写策略、分布策略、过期策略等。如在海量数据、大并发访问场景下使用 Redis 时，要考虑如何在主从之间进行读写分离，要考虑 key 的 hash 算法、分布策略，以使数据分散和请求访问更均衡，同时还要考虑如何让冷数据 /

过期数据更快从内存剔除（如主动删除冷数据、低峰 scan 清理过期数据），让更多的热数据常驻内存，从而确保缓存有持续的高命中率。

最后还要从开发、运维等角度，设计缓存的一致性、高可用性方案。如微博在 memcached 对 feed vector 进行更新时，如果该 vector 不存在则不更新，待有请求时再从持久层获取最新数据，如果该 vector 存在，则通过 MAIN 层的 CAS、HA 层 / L1 层的 SET 来进行更新和一致性保证。又如微博对 Redis 采用 DNS 方式进行主从的访问及运维，如果是 master 故障，运维系统可以根据策略快速选择新的 master，并将其他所有 slave 指向新的 master，并更新 DNS，确保 Redis 缓存的快速恢复；而对于 slave 故障，则直接将其摘除 slave DNS 即可，访问基本不受影响。

16.1.4 缓存系统的监控及演进

在系统运行过程中，需要对缓存系统进行实时监控报警，在缓存组件出现故障或无法满足（突发流量）需求时，进行修复及快速扩展。监控可以采用集中探测的方式，也可以采用分布式汇报的方式，具体探测方案需要根据监控系统的特点进行确定。

另外，随着业务发展和访问规模的变化，缓存架构也需要不断进行优化及演进。如在微博发展过程中，单个核心数据的访问量从万级别增加到十万、百万级别，同时突发事件可能在短时间带来 30% 以上的访问流量，微博为此在 memcached 先后引入 Main-HA、L1-Main-HA 多层结构，以确保缓存系统持续的高可用性。

16.2 缓存分类总结

所有缓存的目的都是为了加快访问的速度，提升性能。当然在缓存的选择中，也需要考虑成本、方案的复杂性等。下面将会对前面涉及到的各种缓存，从部署结构，架构层次等进行大概的分类总结。

1. 按宿主层次区分

按宿主层次，缓存可以分为本地缓存、进程间缓存，远程缓存，二级缓存。

- **本地缓存 / 进程内缓存**：应用服务器本地的缓存模式，比如在一个 JVM 内。本地缓存又称为进程内缓存，进程内缓存直接访问进程所属内存，无须做进程间通信，速度是各种缓存方式中最高的。本地缓存又可分为堆内缓存和堆外缓存，堆内缓存对 GC 的影响较大，堆外缓存又会增加额外的序列化和反序列化的开销。
- **进程间缓存**：如果进程内缓存较大，那么重启后，缓存就需要重新加载，导致系统启动过慢，特别在需要紧急重启的情况下，影响较大。可以通过在本机单独启动一个进程专门放缓存，通过 Domain Socket 通信。
- **远程缓存**：远程缓存（Remote Cache）特指需要跨服务器访问的缓存，一般缓存数据存放于单独的缓存服务器上。典型的如 Memcached、Redis。图 16-2 为查询远程缓存的示意图。

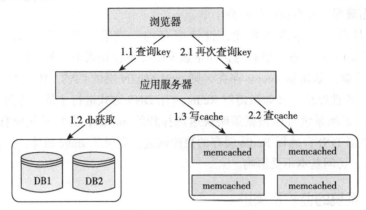

图 16-2　查询远程缓存

❑ **二级缓存**：就是本地缓存和远程缓存的结合。互联网系统中，对于大量易变的数据，一般是散列到分布式部署的远程缓存，减少不必要的 DB 层访问，来获得大幅的性能提升；而对于不易改变但访问量巨大的数据，则可以进一步放置到本地缓存，来获得比远程缓存高 3～4 个数量级的访问性能。

2. 按存储介质区分

按存储介质，缓存可以划分为内存缓存和持久化缓存。

❑ **内存缓存**：内存缓存就是把数据驻留在内存中，支持高速并发访问，读写高效和简单，能满足大部分需求场景，但宕机或者服务重启会导致数据丢失。

❑ **持久化缓存**：持久化缓存则会把数据写入到磁盘，读写性能较低，但容量更大、成本更低。随着 SSD、Fusion-io 硬盘技术的日趋完善，以及基于这些硬盘技术的 fatcache、flashcache 等开源软件的不断涌现，可以预计在不久的未来，持久化缓存将会得到广泛的应用。

3. 按架构层次区分

按架构层次分，如第 1 章所述，分为页面缓存、浏览器缓存、Web 服务器缓存、反向代理缓存和应用级缓存。数据库也有对应的缓存机制，本书不涵盖数据库缓存的内容。

16.3　缓存知识结构更多 Tips

互联网公司对缓存的依赖越来越重，缓存往往是提升性能的关键手段。缓存的解决方案越来越多，各个公司也针对自身的业务场景实现了各种各样的解决方案。缓存方案需要和具体的业务场景结合才能更好地发挥缓存的价值，如果对缓存的知识结构有一个本质的了解，可以更好地让缓存为业务服务，让缓存发挥更大的价值。

16.3.1 缓存使用模式

缓存是为解决性能问题而生，在具体的代码编写中，最好使用函数封装，把缓存和数据库的操作提炼为模块，避免出现散弹式代码。缓存与数据库的操作关系根据同步、异步以及操作顺序可以区分为下面几类。

1. Cache-Aside

Cache-Aside 就是业务代码中管理维护缓存。某些缓存中间件没有关联缓存和存储之间的逻辑，则只能由业务代码来完成了。读场景，先从缓存中获取数据，如果没有命中，则回源到存储系统并将源数据放入缓存供下次使用。写场景，先将数据写入到存储系统，写入成功后同步将数据写入缓存。或者写入成功后将缓存数据过期，下次读取时再加载缓存。此模式的优势在于利用数据库比较成熟的高可用机制，数据库写成功，则进行缓存数据更新；如果缓存数据写失败，可以发起重试。

2. Cache-As-SoR

SoR 是记录系统，就是实际存储原始数据的系统。Cache-As-SoR 顾名思义就是把 Cache 当作 SoR，业务代码只对 Cache 操作。而对于 SoR 的访问在 Cache 组件内部。传统来讲，具体又分为 Read-Through、Write-Through、Write-Behind 三种实现。笔者进一步归纳了 Refresh-Ahead 模式。

3. Read-Through

在 Read-Through 模式下，当我们业务代码获取数据时，如果有返回，则先访问缓存；如果没有，则从数据库加载，然后放入缓存。Guava Cache 即支持该模式。

4. Refresh-Ahead

业务代码访问数据时，仅调用 cache 的 get 操作。通过设定数据的过期时间在数据过期时，自动从数据库重新加载数据的模式。此模式相较于 Read-Through 模式的好处是性能高，坏处是可能获取到非数据库的最新数据。在对数据精确度有一定容忍的场景适合使用。

5. Write-Through

Write-Through 被称为穿透写模式，业务代码首先调用 Cache 写，实际由 Cache 更新缓存数据和存储数据。

6. Write-Behind

在 Write-Behind 模式下，业务代码只更新到缓存数据，什么时候更新到数据库，由缓存到数据库的同步策略决定。

16.3.2 缓存协议

缓存常见有 Redis 和 Memcached 协议。Redis 协议为 RESP（REdis Serialization Protocol）。Memcached 协议主要分两种：文本（classic ASCII）和二进制（binary）协议，一般客户端

均支持文本协议和二进制协议，默认选择的是文本协议。如果选择二进制协议，采用中间件，还需要考虑中间件是否能够支持二进制协议。

1. Redis 协议

redis 通过 CRLF(\r\n) 进行拆包。主要包含两部分：类型和 data，类型为标识 data 的数据格式。redis 主要协议实现有 pipeline，事务，pub/sub，cluster 等。

❑ Pipeline：将多个请求合并成一个请求进行发送，减少网络请求。在请求数据包较小并且请求次数较多的情况下，pipeline 可有效提升性能；如果请求包的长度大于 MTU（Maximum Transmission Unit）一般为 1500byte，由于拆包，并不能有效提升性能。

❑ **事务**：和 pipieline 的相同点是可以进行网络请求的合并。不同点为事务可以保证操作的原子性；事务是执行了 exec 才会把所有的请求结果一起返回。

❑ Pub/sub：实际上是 hold 住长连接，redis 端会主动将消息推送到监听的客户端。

❑ Cluster：服务端通过 gossip 协议实现分布式。集群关系由服务端维护，通过 moved 或者 ack 协议进行重定向来通知客户端访问到正确的数据节点。

2. Memcached 协议

Memcached 的协议有文本协议和 Binary 协议。其中，文本协议和 Redis 比较类似，也是通过 CRLF(\r\n) 来进行拆包。由于 Memcached 存储结构简单，只有很少的命令。

如图 16-3 所示，Binary 协议简单高效，支持更多的特性，扩展性更强。

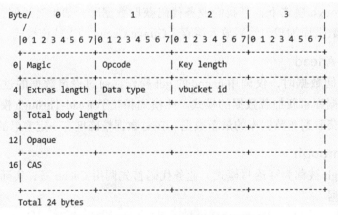

图 16-3　Memcached Binary 协议格式

比如 Opaque，Memcached 收到该字段后，再返回到客户端。这样客户端就有能力识别返回的数据是由哪个请求发送的 (实现连接的多路复用)。

16.3.3　缓存连接池

连接池是将连接进行复用，提升访问性能。缓存对性能要求较高，连接池的合理应用更加重要。连接池的实现主要依赖于集群方式和底层 IO 机制。集群方式比如：单点，

sharding 和 cluster 。底层 IO 比如 BIO，NIO。下面介绍几个常用的缓存客户端：

1. Jedis 客户端

Redis 客户端，连接池是基于 common-pool，下面看一下 jedis 对于单点，sharding 和 cluster 部署结构的连接池实现。

单点连接池如图 16-4 所示，连接池里面放置的是空闲连接，如果被使用（borrow）掉，连接池就会少一个连接，连接使用完后进行放回（return），连接池会增加一个可用连接。如果没有可用连接，便会新建连接，具体连接池的特性，这里不做详细描述。

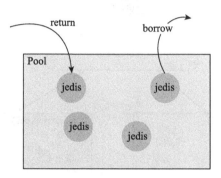

图 16-4　单点连接池模型

sharding 连接池如图 16-5 所示，比如有两个 redis 服务进程（redis1，redis2），对 key 按照 sharding 策略选择访问哪一个 redis。相较于单点连接池，sharding 连接池里面的连接为 redis1 和 redis2 两个连接。每次申请使用一个连接，实际上是拿到了两个不同的连接，然后通过 sharding 选择具体访问哪一个 redis。该方案的缺点是会造成连接的浪费，比如需要访问 redis1，但是实际上也占用 redis2 的连接。

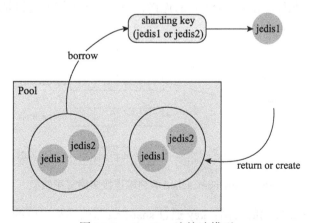

图 16-5　sharding 连接池模型

Cluster 连接池如图 16-6 所示，在客户端启动的时候，会从某一个 redis 服务上面，获取到后端 cluster 集群上面所有的 redis 服务列表 (比如 redis1 和 redis2)，并且对每一个 redis 服务建立独立的连接池。如果访问后端 redis 服务，会先通过 CRC16 计算访问的 key 确定 slot，再通过 slot 选择对应的连接池 (比如 redis1 的 pool)，再从对应的连接池里面获取连接，访问后端服务。

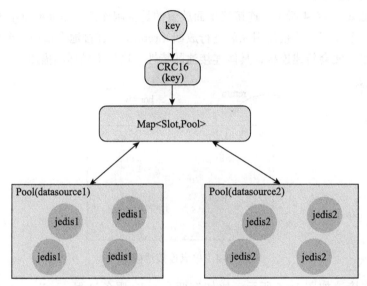

图 16-6　cluster 连接池模型

2. Spymemcached 客户端

Memcached 客户端，IO 为 NIO 的实现，在异步系统中可以极大提升系统的性能。客户端实现了连接的多路复用，如图 16-7 所示，一个连接可以多个请求同时复用，可以通过极少的连接支持较高的访问。对于 MySQL 的连接，一个请求占用的连接是不能被其他请求使用的，一般需要建立大量的连接。

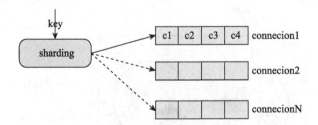

图 16-7　spymemcached 客户端连接多路复用模型

spymemcached 多路复用的机制：key 通过 sharding 策略选择对应的连接，每个连接有一个 FIFO 队列，会将当前的请求封装成 Task 放置到 FIFO 队列上面，异步 NIO 线程进行异步的发送与接收。多路复用机制强制依赖于在同一个连接上的请求必须顺序发送，顺序响应。

16.3.4 几个关注点

使用缓存组件时，需要关注集群组建方式、缓存统计；还需要考虑缓存开发语言对缓存的影响，如对于 JAVA 开发的缓存需要考虑 GC 的影响；最后还要特别关注缓存的命中率，理解影响缓存命中率的因素，及如何提高缓存命中率。

1. 集群组建方式

集群方式主要有客户端 sharding、proxy 和服务集群三种方式。

（1）客户端 sharding：如图 16-8 所示，key 在客户端通过一致性 hash 进行 sharding。该种方案服务端运维简单，但是需要客户端实现动态的扩缩容等机制。

（2）proxy：如图 16-9 所示，proxy 实现对后端缓存服务的集群管理。Proxy 同时也是一个集群。有两种方案管理 proxy 集群，通过 LVS 或者客户端实现。如果流量较大，LVS 也需要考虑进行集群的管理。proxy 方案运维复杂，扩展性较强，可以在 proxy 上面实现限流等扩展功能。

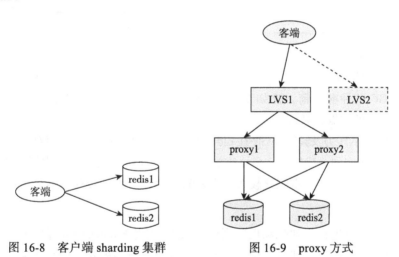

图 16-8　客户端 sharding 集群　　　　图 16-9　proxy 方式

（3）服务端集群：主要是 Redis 的 cluster 机制，基于 Gossip 协议实现。

2. 统计

在实际应用中，需要不断的改进缓存的功能和性能，需要对缓存进行关键数据的监控。进程内缓存的监控项目如表 16-2 所示。

对于进程外缓存，除监控进程内缓存的各种指标外，一般还需要监控 cpu、进程内存使用情况、连接数等数据。

3. GC 影响

二级缓存存在热 key 或者大 key 等难以解决的问题，可以通过本地缓存来有效的解决。对于 Java 的本地缓存，一般有堆内（on-heap）和堆外（off-heap）两种方案。堆内缓存的空间由 JVM 分配及回收，由于缓存的数据量一般较大，堆内缓存对 GC 的影响较大。堆外缓存是直接在 Page Cache 中申请内存，生命周期不由 JVM 管理。

表 16-2　缓存监控项

监 控 项	说　　明
uptime	启动总时长
total mem	总分配内存量
used mem	已使用内存量
free mem	可用内存量
keys count	缓存对象总数
total commands	总计执行命令数
hits/s	每秒命中数
miss/s	每秒未命中数
expire/s	每秒失效数量
slow query	慢查询

堆外缓存主要的优点为：

❑ 支持更大的内存。

❑ 减少 GC 的性能开销，比如 YGC，会将 Eden 区有引用的对象拷贝到 S0 或者 S1，堆内缓存的数据会频繁拷贝。

❑ 减轻 FGC 的压力及频率。FGC 在 old 区进行数据整理，会进行内存对象的标注及迁移。由于 old 区空间一般较大，会导致整个处理时间较长。另外，堆内缓存的数据一般存放在 old 区，占用的空间比较大，容易触发 FGC，堆外缓存则不会存在这种情况。

4. 序列化

访问缓存，需要进行序列化和反序列化。Redis 或者 Memcached 存储的都是字节类型的数据。如果需要存储数据到缓存中，需要先在本机进行序列化，转化为字节，通过网络传输，缓存以字节的形式进行存储。如果需要读取数据，从缓存中读取的是字节形式的数据，需要进行反序列化，将字节转换为对象。

访问本地缓存，对于 JVM 语言，有堆内和堆外缓存可以进行选择。由于堆内直接以对象的形式进行存储，不需要考虑序列化，而堆外是以字节类型进行存储，就需要进行序列化和反序列化。堆外存储对 GC 的影响较小，但是序列化和反序列化的开销却不能忽略。

序列化带来的性能损耗是非常可观的，笔者曾遇到在 Redis 批量获取的场景下，使用 JDK 对象序列化机制，每次批量获取 100 条数据，每条数据均需要进行反序列化的开销，导致 CPU 运行非常高，对应用的正常服务带来很大的影响。

序列化性能主要考虑如下：

❑ **序列化的时间**：对于层级比较深的对象结构或者字段比较多的对象，不同的序列化机制，序列化时间开销也有较大的差异。

❑ **序列化之后包的大小**：序列化之后包的大小越小，网络传输越快，同时后端缓存服务在一定的存储空间内，存储的对象也越多。序列化之后，在数据量特别大的情况下一般会选择是否开启压缩，开启压缩的目的就是减少传输的包大小。

❑ **序列化消耗的 CPU**：序列化后的数据，在获取的时候会进行反序列化，特别是批量获取数据的操作，反序列化带来的 CPU 消耗特别大。序列化一般需要解析对象的结构，而解析对象结构，会带来较大的 CPU 消耗，所以一般的序列化（比如 fastJonn）均会缓存对象解析的对象结构，来减少 CPU 的消耗。

具体序列化性能对比这里就不做罗列，具体可查看：https://github.com/eishay/jvm-serializers/wiki。

5. 缓存命中率

命中：可以直接通过缓存获取到需要的数据。

不命中：无法直接通过缓存获取到想要的数据，需要再次查询数据库或者执行其他的操作。原因可能是由于缓存中根本不存在，或者缓存已经过期。

通常来讲，缓存的命中率越高则表示使用缓存的收益越高，应用的性能越好（响应时间越短、吞吐量越高），抗并发的能力越强。

由此可见，在高并发的互联网系统中，缓存的命中率是至关重要的指标。

（1）如何监控缓存的命中率

在 Memcached 中，运行 state 命令可以查看 Memcached 服务的状态信息，其中 cmd_get 表示总的 get 次数，get_hits 表示 get 的总命中次数，命中率 = get_hits/cmd_get。

当然，我们也可以通过一些开源的第三方工具对整个 Memcached 集群进行监控，如图 16-10 所示。比较典型的包括：zabbix、MemAdmin 等。

同理，在 redis 中可以运行 info 命令查看 redis 服务的状态信息，其中 keyspace_hits 为总的命中次数，keyspace_misses 为总的 miss 次数，命中率 =keyspace_hits/（keyspace_hits+keyspace_misses）。

开源工具 Redis-Stat 能以图表方式直观 Redis 服务相关信息，同时，zabbix 也提供了相关的插件对 Redis 服务进行监控。

（2）影响缓存命中率的几个因素

之前的章节中我们提到了缓存命中率的重要性，下面分析一下影响缓存命中率的几个因素。

❑ **业务场景和业务需求**：缓存适合"读多写少"的业务场景，反之，使用缓存的意义其实并不大，命中率会很低。业务需求决定了对时效性的要求，直接影响到缓存的过期时间和更新策略。时效性要求越低，就越适合缓存。在相同 key 和相同请求数的情况下，缓存时间越长，命中率会越高。互联网应用的大多数业务场景下都是很适合使用缓存的。

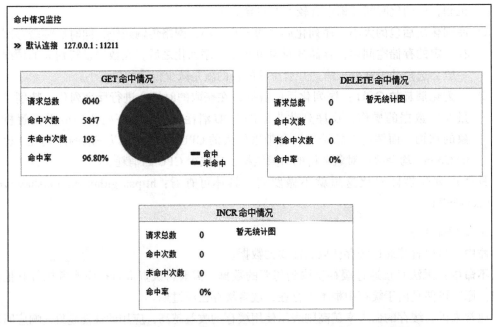

图 16-10　MemAdmin 对 memcached 服务的命中率情况的监控统计

- **缓存的设计**：通常情况下，缓存的粒度越小，命中率会越高。当缓存单个对象的时候（例如：单个用户信息），只有当该对象对应的数据发生变化时，我们才需要更新缓存或者移除缓存。而当缓存一个集合的时候（例如：所有用户数据），其中任何一个对象对应的数据发生变化时，都需要更新或移除缓存。

- **缓存容量和基础设施**：缓存的容量有限，容易引起缓存失效和被淘汰（目前多数的缓存框架或中间件都采用了 LRU 算法）。同时，缓存的技术选型也是至关重要的，比如采用应用内置的本地缓存就比较容易出现单机瓶颈，而采用分布式缓存则容易扩展。所以需要做好系统容量规划，并考虑是否可扩展。此外，不同的缓存框架或中间件，其效率和稳定性也是存在差异的。

- **其他因素**：当缓存节点发生故障时，需要避免缓存失效并最大程度降低影响，这种特殊情况也是架构师需要考虑的。业内比较典型的做法就是通过一致性 Hash 算法，或者通过节点冗余的方式来实现高可用。

可能会有这样的理解误区：既然业务需求对数据时效性要求很高，缓存的时间比较短，容易失效，缓存命中率无法有效保证，那么系统就别使用缓存了。其实这忽略了一个重要因素——并发。通常来讲，在相同缓存时间和 key 的情况下，并发越高，缓存的收益会越高，即便缓存时间很短。

（3）提高缓存命中率的方法

应用尽可能地通过缓存直接获取数据，并避免缓存失效。这需要在业务需求，缓存粒度，缓存策略，技术选型等各个方面去通盘考虑并做权衡。尽可能的聚焦在高频访问且时效性要求不高的热点业务上，通过缓存预加载（预热）、增加存储容量、调整缓存粒度、更新缓存等手段来提高命中率。

16.3.5 管理缓存

在使用缓存过程中，如果缓存数据没有命中就会存在缓存穿透，如果穿透率较高，我们需要分析穿透原因并予以解决，选择不同的缓存策略、缓存淘汰算法，避免攻击性穿透、并发更新穿透等情况，同时让缓存数据的失效过程尽可能平滑。

1. 缓存穿透

我们在项目中使用缓存通常都是先检查缓存中是否存在，如果存在直接返回缓存内容，如果不存在就回源，然后再将结果进行缓存。这个时候如果我们查询的某一个数据在缓存中一直不存在，就会造成每一次请求都会回源，这样缓存就失去了意义，在流量大时，回源系统的压力就会非常大。

那这种问题有什么好办法解决呢？要是有人利用不存在的 key 频繁攻击我们的应用，这就是漏洞。有一个比较巧妙的做法是，可以将这个不存在的 key 预先设定一个值。比如 key 和 "&&"。在返回这个 && 值的时候，我们的应用就可以认为这是不存在的 key，应用就可以决定是否需要回源。

缓存穿透的第二个场景：网站并发访问高，一个缓存如果失效，可能出现多个进程同时查询 DB，同时设置缓存的情况，如果并发确实很大，这也可能造成回源系统压力过大。笔者的方案是对缓存查询加锁，如果 KEY 不存在，就加锁，然后回源，将结果进行缓存，然后解锁；其他进程如果发现有锁就等待，然后等解锁后返回数据或者回源查询。这种情况和刚才说的预先设定值的问题有些类似，只不过利用锁的方式，会造成部分请求等待。

进一步的方案：双 key，主 key 生成一个附属 key 来标识数据修改到期时间，然后快到的时候去重新加载数据，如果觉得 key 多可以把结束时间放到主 key 中，附属 key 起到锁的功能。这种方案的缺点是会产生双份数据，而且需要同时控制附属 key 与 key 之间的关系，操作上有一定复杂度。

mutex 的解决方案，新浪微博的杨卫华先生提出过一种思路（参见微博 cache 设计谈），大意思路是：

1）热点 key 过期，则增加 key_mutex。

2）从数据库中 load key 的数据放入缓存。

3）添加成功，则删除 key_mutex。

4）返回 key 的值给上层应用。

几个可以思考的点：这段逻辑放到 cacheclient，还是 cache server？如若放到 client，则可能有上百台机器在访问，增加 key_mutex 的逻辑无法跨集群加锁，如果在 cache server 就简单了，但是需要考虑如何把代码 plugin in 到 cache server。

第二个思考点是，如果增加 key_mutex，是否要 sleep 和 retry，sleep 多长时间较好。

这些都需要实际环境测试才有较准确的方案。

2. 缓存失效

引起这个问题的主要原因还是高并发的时候，平时我们设定一个缓存的过期时间时，可能有一些会设置 1 分钟，5 分钟，并发很高可能会出现在某一个时间同时生成了很多的缓存，并且过期时间都一样，这个时候就可能引发过期时间到后，这些缓存同时失效，请求全部转发到 DB，DB 可能会压力过重。那如何解决这些问题呢？

其中的一个简单方案就是将缓存失效时间分散开，比如我们可以在原有的失效时间基础上增加一个随机值，比如 1-5 分钟随机，这样每一个缓存的过期时间的重复率就会降低，就很难引发集体失效的事件。

如果缓存集中在一段时间内失效，DB 的压力凸显。这没有完美解决办法，但可以分析用户行为，尽量让失效时间点均匀分布。

上述是缓存使用过程中经常遇到的并发穿透、并发失效问题。一般情况下，我们解决这些问题的方法是，引入空值、锁和随机缓存过期时间的机制。

3. 淘汰算法

为更有效利用内存，并维持缓存中对象数量不会过多，缓存组件应该具有灵活的淘汰策略。目前常见的淘汰策略如表 16-3 所示。

表 16-3　常见的淘汰策略

策　　略	变　　种	说　　明
LRU	LRU	最近最少使用
	LRU-K	最近使用过 K 次
	Two queues	算法有两个缓存队列，一个是 FIFO 队列，一个是 LRU 队列
	Multi Queues	根据访问频率将数据划分为多个队列，不同的队列具有不同的访问优先级
LFU	LFU	根据数据的历史访问频率来淘汰数据
	LFU*	只淘汰访问过一次的数据
	LFU-Aging	除了访问次数外，还要考虑访问时间
	LFU*-Aging	LFU* 和 LFU-Aging 的合成体
	Window-LFU	Window-LFU 并不记录所有数据的访问历史，而只是记录过去一段时间内的访问历史
FIFO	FIFO	先进先出
	Second Chance	如果被淘汰的数据之前被访问过，则给其第二次机会
	Clock	通过一个环形队列，避免将数据在 FIFO 队列中移动

下面描述一下 LRU 和 LRU-K 算法。

LRU（Least recently used，最近最少使用）算法根据数据的历史访问记录来进行淘汰数据，其核心思想是"如果数据最近被访问过，那么将来被访问的概率也更高"。

最常见的实现是使用一个链表保存缓存数据，详细算法实现如图 16-11 所示。

由图 16-11 可知：

1）新数据插入到链表头部；

2）每当缓存命中（即缓存数据被访问），则将数据移到链表头部；

3）当链表满的时候，将链表尾部的数据丢弃。

但是这样的实现固然简单，但是有固有的缺点，当存在热点数据时，LRU 的效率很好，但偶发性的、周期性的批量操作会导致 LRU 命中率急剧下降，缓存污染情况比较严重。

另一种比较科学的实现是 LRU-K。LRU-K 中的 K 代表最近使用的次数，因此 LRU 可以认为是 LRU-1。LRU-K 的主要目的是为了解决 LRU 算法"缓存污染"的问题，其核心思想是将"最近使用过 1 次"的判断标准扩展为"最近使用过 K 次"。相比 LRU,LRU-K 需要多维护一个队列，用于记录所有缓存数据被访问的历史。只有当数据的访问次数达到 K 次的时候，才将数据放入缓存。当需要淘汰数据时，LRU-K 会淘汰第 K 次访问时间距当前时间最大的数据。详细实现如图 16-12 所示。

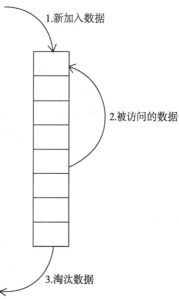

图 16-11 LRU 淘汰算法

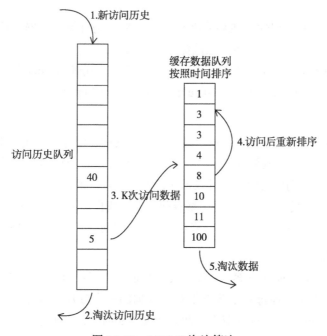

图 16-12 LRU-K 淘汰算法

由图 16-12 可知：

1）数据第一次被访问，加入到访问历史列表。

2）如果数据在访问历史列表里后没有达到 K 次访问，则按照一定规则（FIFO，LRU）淘汰。

3）当访问历史队列中的数据访问次数达到 K 次后，将数据索引从历史队列删除，将数据移到缓存队列中，并缓存此数据，缓存队列重新按照时间排序。

4）缓存数据队列被再次访问后，重新排序。

5）需要淘汰数据时，淘汰缓存队列中排在末尾的数据，即：淘汰"倒数第 K 次访问离现在最久"的数据。

LRU-K 具有 LRU 的优点，同时能够避免 LRU 的缺点，实际应用中 LRU-2 是综合各种因素后最优的选择，LRU-3 或者更大的 K 值命中率会高，但适应性差，需要大量的数据访问才能将历史访问记录清除掉。LRU-K 虽然降低了"缓存污染"带来的问题而且命中率比 LRU 要高，但是也有一定的代价，由于 LRU-K 还需要记录那些被访问过、但还没有放入缓存的对象，因此内存消耗会比 LRU 要多；当数据量很大的时候，内存消耗会比较可观。LRU-K 需要基于时间进行排序（可以需要淘汰时再排序，也可以即时排序），CPU 消耗比 LRU 要高。还存在有其他的一些算法实现，比如 Two queues（Q2），Multi Queue（MQ）等等，留给读者自己分析。

16.3.6 缓存可用性

为提高缓存系统的可用性，在部分缓存节点异常时仍可保证数据的访问，我们可以采用主备方案，用备用 Cache 层来承接已故障的主 cache 节点；也可以采用 cluster 集群方案，每个 cluster 节点拥有多个 slave 节点，slave 节点不仅可以分担 master 节点的访问压力，在 master 节点异常时，还可以选择一个 slave 节点晋级为新的 master。

1. 主备方案

缓存的主要目标是提升性能，理论上缓存数据丢失或者缓存不可用，不会影响数据正确性，数据库里还有数据呢！但是由于缓存的存在，挡住了大部分访问，如果缓存服务器挂掉，则存在大量的请求穿透到数据库，这对数据库访问是灾难性的，有可能数据库完全不能承受这样的压力而宕机。因此，有些网站通过缓存热备等手段提高可用性，如图 16-13 所示。

如图 16-13 所示，微博通过 M-S 模式来解决高可用问题，但带来的影响是数据一致性问题。

2. cluster 方案

如 8.4 节的 Redis Cluster 方案，一个 Redis Cluster 由多个 Cluster 节点组构成。不同节点组服务的数据无交集，即每一个节点组对应数据的一个分片。节点组内部分为主备两类节点，对应前述的 master 和 slave 节点，两者数据准实时一致，通过异步化的主备复制机制保证。一个节点组有且仅有一个 master 节点，同时有 0 到多个 slave 节点。只有 master 节点对用户提供写服务,读服务可以由 master 或者 slave 提供。在 master 节点异常时,还可以从 slave 节点中选择一个节点晋级为新的 master 节点。

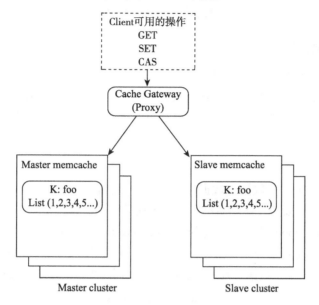

图 16-13　主备方案⊖

Redis cluster 的节点结构示例如图 16-14 所示。

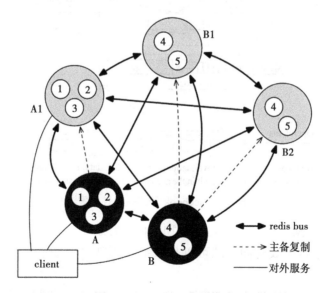

图 16-14　cluster 集群模式

⊖　来源于 http://timyang.net/data/cache-failure/.

该示例下，key-value 数据全集被分成了 5 份，即 5 个 slot（实际上 Redis cluster 总共有 16384 个 slot，每个节点服务一部分 slot，见后述章节。这里为了讲述方便，以 5 个 slot 为例）。A 和 B 分别为两个 master 节点，对外提供数据的读写服务，分别负责 1/2/3 三个 slot 和 4/5 两个 slot。

16.3.7 数据一致性

大家都了解，依据 CAP 原理，在高可用性、一致性和分区容忍性三者只能取其二。而使用缓存最大的好处就是提升性能，减少数据库访问的压力。如何保障数据一致性是一个不得不面对的问题。这里的一致性包括缓存数据与数据库数据的一致性，亦包括多级缓存数据之间的一致性。在绝大部分场景下，追求最终一致性。

1. 最终一致性

大部分情况下对于缓存数据与数据库数据的一致性没有绝对强一致性要求，那么在写缓存失败的情况下，可以通过补偿动作进行，达到最终一致性。

我们来看看 Facebook 是如何做的。Facebook 是通过更新数据库（图 16-15 中的 Storage）之后，把需要删除的 key 给到 McSqueal，然后异步删除缓存数据的模式。这样下一次 get 请求时，如果没有数据，则从数据库里查询同时更新到 Memcached 集群。

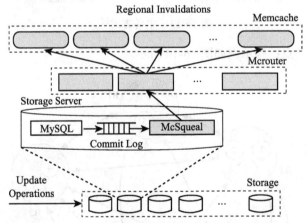

图 16-15 Facebook 最终一致性方案⊖

对于时间敏感数据可以设置很短的过期时间（失效时间），这样一旦超过失效时间，就可以从数据库重新加载。

保持最终一致性的方法有很多，再举一列。京东采用了通过 canal 更新缓存原子性的方法，如图 16-16 所示。

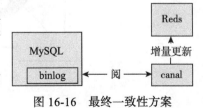

图 16-16 最终一致性方案

⊖ 来源于：Scaling memcache At Facebook

几个关注点：

❑ 更新数据时使用更新时间戳或者版本对比，如果使用 Redis 可以利用其单线程机制进行原子化更新；

❑ 使用如 canal 订阅数据库 binlog，此处把 MySQL 看成发布者，binlog 是发布的内容，canal（canal 是阿里巴巴 MySQL 数据库 binlog 的增量订阅 & 消费组件）看成消费者，canal 订阅 binlog 然后更新到 Redis。

❑ 将更新请求按照相应的规则分散到多个队列，然后每个队列的进行单线程更新，更新时拉取最新的数据保存；更新之前获取相关的锁再进行更新。

2. 强一致性

可以使用 InnoDB memcached 插件结合 MySQL 来解决缓存数据与数据库数据一致性问题。图 16-17 是其应用架构图。

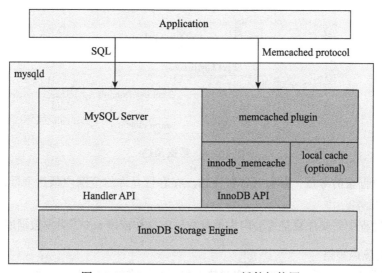

图 16-17　InnoDB memcached 插件架构图

在安装配置中就能发现，cache_policies 表定义了缓存策略，包含如下选择：

❑ innodb_only：只使用 InnoDB 作为数据存储。

❑ cache-only：只使用传统的 Memcached 引擎作为后端存储。

❑ caching：二者皆使用，如果在 Memcached 里找不到，就查询 InnoDB。

那么在数据库读操作的时候，使用 caching 模式，则使用了 Memcached 缓存。在数据库写操作层面，在存储引擎中实现缓存数据和存储数据一致性。经过评测，读性能比直接读数据库提升 1 倍以上，当然，性能不如单纯的内存 Memcached 存储模式。

16.3.8　热点数据处理

设计缓存时，使用 sharding 或者 cluster 模式，来将不同的 key，sharding 到不同的机器上面，避免所有请求访问同一台机器导致性能瓶颈。但是对于同一个 key 的访问都是在同一个缓存服务，如果出现热 key，很容易出现性能瓶颈。一般的解决方案为：主从，预热和本地缓存等。

1. 数据预热

提前把数据读入到缓存的做法就是数据预热处理。数据预热处理要注意一些细节问题：

1）是否有监控机制确保预热数据都写成功了！笔者曾经遇到部分数据成功而影响高峰期业务的案例；

2）数据预热配备回滚方案，遇到紧急回滚时便于操作。对于新建 cache server 集群，也可以通过数据预热模式来做一番手脚。如图 16-18 所示，先从冷集群中获取 key，如果获取不到，则从热集群中获取。同时把获取到的 key put 到冷集群。

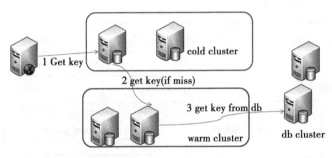

图 16-18　数据预热

3）预热数据量的考量，要做好容量评估。在容量允许的范围内预热全量，否则预热访问量高的。

4）预热过程中需要注意是否会因为批量数据库操作或慢 sql 等引发数据库性能问题。

2. 非预期热点策略

对于非预期热点问题，一般建立实时热点发现系统来发现热点，如图 16-19 所示。

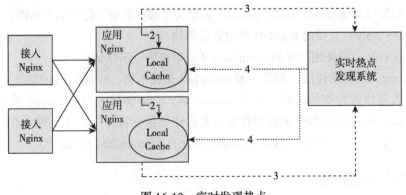

图 16-19　实时发现热点

具体方法可参见 14.3.4 节。无论是京东通过 Nginx+Lua 来做应用内缓存，或者是别的 local cache 方案；亦无论分布式缓存 tair 还是 redis，对于实时热点发现系统的实现策略大同小异。通过实时统计访问分布式缓存的热点 key，把对应的 key 推到本地缓存中，满足离用户最近的原则。当然，使用本地缓存，业务上要容忍本地缓存和分布式缓存的非完全一致。比如秒杀场景，查看详情浏览的库存数量，而最终是以成功下单的为准。

3. 多级缓存模式

类似于秒杀这类场景，一旦某个热点触发了一台机器的限流阀值，那么这台机器 Cache 的数据都将无效，进而间接导致 Cache 被击穿，请求落地应用层数据库出现雪崩现象。这类问题需要与具体 Cache 产品结合才能有比较好的解决，一个通用的解决思路就是在 Cache 的 client 端做本地 cache，当发现热点数据时直接 Cache 在 client 里，而不要请求到 Cache 的 Server，具体如图 16-20 所示。

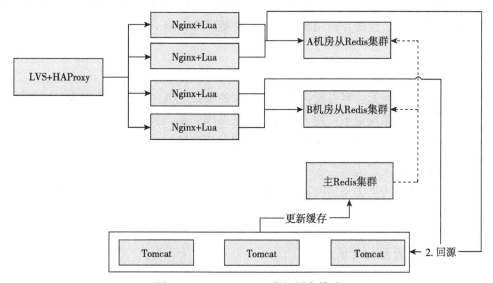

图 16-20　Nginx+Lua 多级缓存模式

以京东的解决方案为例，对于分布式缓存，需要在 Nginx+Lua 应用中进行应用缓存来减少 Redis 集群的访问冲击。即首先查询应用本地缓存，如果命中则直接缓存，如果没有命中则接着查询 Redis 集群、回源到 Tomcat，然后将数据缓存到应用本地。

应用 Nginx 的负载机制采用：正常情况采用一致性哈希，如果某个请求类型访问量突破了一定的阀值，则自动降级为轮询机制。另外对于一些秒杀活动之类的热点我们是可以提前知道的，可以把相关数据预先推送到应用 Nginx 并将负载均衡机制降级为轮询。

4. 数据复制模式

在 Facebook 有一招，就是通过多个 key_index（key:xxx#N）来解决数据的热点读问题。解决方案是所有热点 key 发布到所有 web 服务器；每个服务器的 key 有对应别名，可以通过 client 端的算法路由到某台服务器；做删除动作时，删除所有的别名 key。可简单总结为一个通用的 group 内一致模型。把缓存集群划分为若干分组（group），在同组内，所有的缓存服务器，都发布热点 key 的数据。

对于大量读操作而言，通过 client 端路由策略，随意返回一台机器即可；而写操作，有一种解法是通过定时任务来写入，Facebook 采取的是删除所有别名 key 的策略。如何保障这一个批量操作都成功？

1）容忍部分失败导致的数据版本问题。

2）只要有写操作，则通过定时任务刷新缓存；如果涉及 3 台服务器，则都操作成功代表该任务表的这条记录成功完成使命，否则会重试。

16.3.9　注意事项 Tips

在缓存使用中，存在一些误用缓存的例子。比如把缓存当作存储来用；在 DB 基本上负载很低的情况下，为了用缓存而用缓存等。本文最后来介绍一下缓存使用中要注意的一些事项 Tips。

1. 慎把缓存当存储

关键链路中，如果无法容忍缓存不可用带来的致命危机，那么还是应该把缓存仅作为提升性能的手段，如果缓存不可用，可以访问数据库兜底。当然，缓存本身的高可用是另外一个话题。在 5.3.5 节，笔者就介绍过一个亲身经历的案例。

2. 缓存就近原则

缓存所有的策略均是优先访问离自己最近的数据。下面看几种常见的就近原则的访问方式：

（1）CPU 缓存

CPU 访问缓存如表 16-4 所示。

表 16-4　CPU 缓存

从 CPU 到	大约需要的 CPU 周期	大约需要的时间
主存	约 120-240 cycles	约 60-120ns
QPI 总线传输（between sockets, not drawn）		约 20ns
L3 cache	约 40-45 cycles	约 15ns
L2 cache	约 10 cycles	约 3ns
L1 cache	约 3-4 cycles	约 1ns
寄存器	1 cycle	约 1ns

可以看到离 CPU 越近，访问速度最快。

（2）客户端缓存

客户端缓存又称为本地缓存，本地缓存能比远程缓存获得较高的性能，本地缓存使用过程中如果数据不仅仅是读，还有写，那么要解决写数据同步给集群其他节点的本地缓存的问题。

（3）CDN 缓存

用户端优化的常见手段便是 CDN，静态资源一般通过 CDN 缓存提升访问性能。CDN 的全称是 Content Delivery Network，即**内容分发网络**。其基本思路是尽可能避开互联网上有可能影响数据传输速度和稳定性的瓶颈和环节，使内容传输得更快、更稳定。CDN 系统能够实时地根据**网络流量**和各节点的连接、负载状况以及到用户的距离和响应时间等综合信息将用户的请求重新导向离用户最近的服务节点上。CDN 也是基于离用户越近，性能越高。

3. 并发控制手段

保证并发控制的一些常用高性能手段有：乐观锁、Latch、mutex、CAS 等；多版本的并发控制 MVCC 通常是保证一致性的重要手段，在 2.3.10 节有介绍；Latch 是处理数据库内部机制的一种策略。缓存设计和并发控制的关系如表 16-5 所示。

表 16-5　缓存设计和并发控制的关系

	版本号	mutex	CAS
Memcached	通过 version 支持	参见 16.3.5 节，自己实现	参见 5.3.7 节，支持
Redis	N	自己实现	通过 watch 命令支持

推荐阅读

分布式系统：概念与设计（原书第5版）

作者：George Coulouris 等 ISBN：978-7-111-40392-0 定价：128.00元

本书全面介绍分布式系统的原理、体系结构、算法和设计，
内容涵盖分布式系统的相关概念、系统模型、数据复制、分布式文件系统、分布式事务、
分布式系统设计等，内容全面，巨细靡遗，是分布式领域的著名教材，被国外多所大学选作为教材。

云计算与分布式系统：从并行处理到物联网

作者：Kai Hwang 等 ISBN：978-7-111-41065-2 定价：85.00元

本书覆盖高性能计算、分布式与云计算、虚拟化和网格计算等技术，
阐述了如何为科研、电子商务、社会网络和超级计算等创建高性能、可扩展的可靠系统，
介绍了硬件和软件、系统结构、新的编程范式，以及强调速度性能和节能的生态系统方面的最新进展。
作者将应用与技术趋势相结合，揭示了计算的未来发展，提供的案例研究来自亚马逊、微软、谷歌等。

推荐阅读

系统架构：复杂系统的产品设计与开发

作者：[美] 爱德华·克劳利 等 ISBN: 978-7-111-55143-0 定价：119.00元

本书由系统架构领域3位领军人物亲笔撰写，系统架构领域资深专家Norman R. Augustine作序推荐，Amazon全五星评价。

阐述了架构思维的强大之处，目标是帮助系统架构师规划并引领系统开发过程中的早期概念性阶段，为整个开发、部署、运营及演变的过程提供支持。

架构真经：互联网技术架构的设计原则（原书第2版）

作者：[美] 马丁 L. 阿伯特 等 ISBN: 978-7-111-56388-4 定价：79.00元

本书系统阐释50条支持企业高速增长的有效而且易用的架构原则，将技术架构和商业实践完美地结合在一起，可以帮助互联网企业的工程师快速找到解决问题的方向。

多位业内专家联袂力荐。

软件架构

作者：[法] 穆拉德·沙巴纳·奥萨拉赫 ISBN: 978-7-111-54264-3 定价：59.00元

从软件架构的概念、发展和最常见的架构范式入手，详细介绍20年来软件架构领域取得的研究成果；

全面讲解软件架构的知识、工具和应用，涵盖复杂分布式系统开发、服务复合和自适应软件系统等当今最炙手可热的主题。

DevOps：软件架构师行动指南

作者：[澳] 伦恩·拜斯 等 ISBN: 978-7-111-56261-0 定价：69.00元

本书从软件架构师视角讲解了引入DevOps实践所需要掌握的技术能力，涵盖了运维、部署流水线、监控、安全与审计以及质量关注。

通过3个经典案例研究，讲解了在不同场景下应用DevOps实践的方法，这对于想应用DevOps实践的组织具有切实的指导意义。

跟老男孩学linux运维：web集群实战

书号：978-7-111-52983-5 作者：老男孩 定价：99.00元

资深运维架构实战专家及教育培训界顶尖专家十多年的运维实战经验总结，系统讲解网站集群架构的框架模型以及各个节点的企业级搭建和优化

本书不仅讲解了Web集群所涉及的各种技术，还针对整个集群中的每个网络服务节点给出解决方案，并指导你细致掌握Web集群的运维规范和方法，实战性强。

互联网运维涉及的知识面非常广，本书涵盖了构架一个Web网站集群所需要的基础知识，以及常用的Web集群开源软件使用实践。通过本书的实战指导，能够帮助新人很快上手搭建一个完整的Web集群架构网站，并掌握相关的知识点，从而胜任企业的运维工作。